# Maya

# 三维建模设计与制作案例实战


主　编◎邢继国　王焕东　刘子玉
副主编◎程子飞　王丽蓉　黄　荣
　　　　张艳钊　赵秀玉
编　委◎谢梦真　张　浩　刘　臻
　　　　郎延超　徐增肖　冯龙飞
主　审◎赵遵军





北京希望电子出版社
Beijing Hope Electronic Press
www.bhp.com.cn

## 内容简介

本书以Maya软件为平台，围绕知识应用展开，全面解析三维建模的多项功能。全书共8章，内容设计遵循由浅入深、循序渐进的原则，依次介绍了Maya基础知识、Maya入门操作、多边形基础建模、多边形高级建模、NURBS曲线建模、NURBS曲面建模、材质贴图与灯光、摄影机与渲染设置等核心知识点。每章结尾安排了“课堂演练”“课后作业”等版块，旨在实现学以致用、举一反三的学习效果。

全书结构设计合理，内容丰富，语言表述易懂，易教易学，所选案例贴合实际需求，实操性强。本书既可作为应用型本科、职业院校设计与制作相关课程的教材，也可作为三维建模设计制作人员的参考用书。

图书在版编目（CIP）数据

Maya三维建模设计与制作案例实战 / 邢继国，王焕东，刘子玉主编. -- 北京 : 北京希望电子出版社，2024. 10. -- ISBN 978-7-83002-902-9

Ⅰ. TP391.414

中国国家版本馆CIP数据核字第202425B62L号

出版：北京希望电子出版社
地址：北京市海淀区中关村大街22号
　　　中科大厦A座10层
邮编：100190
网址：www.bhp.com.cn
电话：010-82620818（总机）转发行部
　　　010-82626237（邮购）
经销：各地新华书店

封面：赵俊红
编辑：石文涛
校对：周卓琳
开本：787 mm×1 092 mm　1/16
印张：15
字数：384千字
印刷：三河市中晟雅豪印务有限公司
版次：2025年1月1版1次印刷

定价：59.80元

# 前　　言

# PREFACE

如今，Maya这款强大的三维软件，已成为三维模型技术领域的佼佼者。无论是影视特效、游戏开发，还是产品设计、建筑设计领域，Maya都以其卓越的性能和广泛的兼容性赢得了无数专业人士的青睐。

本书全面落实党的二十大精神，贯彻实施科教兴国战略、人才强国战略、创新驱动发展战略，秉承立德树人的教学理念，以能力和素质培养为核心，科学安排知识结构，循序渐进地对Maya三维建模的知识展开讲解，并针对各知识点安排了相应的应用实例。通过学习本书，读者可以了解到Maya基本建模技能、材质灯光、以及渲染等各环节的基础应用，以帮助初学者逐步建立起扎实的建模基础。

## 写 / 作 / 特 / 色

### 1. 从零开始，快速上手

无论读者是否接触过Maya，都能从本书中获益，快速掌握Maya软件的操作技能。

### 2. 面向实际，精选案例

本书从软件的基础讲起，循序渐进地对软件功能进行全面论述，让读者充分熟悉软件的各大功能。同时，结合各领域的实际应用，对案例进行有针对性的讲解和制作，增强操作技能。

### 3. 举一反三，触类旁通

每章结尾都有针对性地安排了课堂演练和课后作业，帮助读者切实掌握并拓展本章知识点，实现学习成果的自我检验。

### 4. 书云结合，互动教学

本书的案例视频、教学课件、素材文件等配套资源将通过出版社微信公众号、微博和官网提供，其内容与书中知识紧密结合并互相补充。

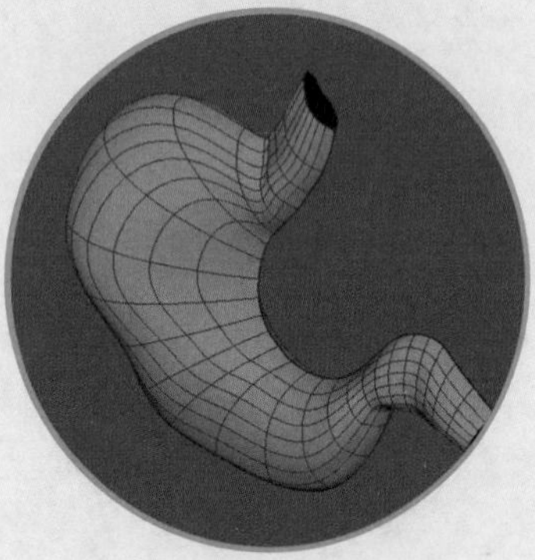

## 课/时/安/排

全书共8章，每章内容的课时安排如下：

| 章节 | 内容 | 理论教学 | 上机实训 |
|---|---|---|---|
| 第1章 | Maya基础知识 | 2课时 | 2课时 |
| 第2章 | Maya入门操作 | 2课时 | 2课时 |
| 第3章 | 多边形基础建模 | 4课时 | 4课时 |
| 第4章 | 多边形高级建模 | 4课时 | 4课时 |
| 第5章 | NURBS曲线建模 | 4课时 | 4课时 |
| 第6章 | NURBS曲面建模 | 2课时 | 2课时 |
| 第7章 | 材质贴图与灯光 | 2课时 | 2课时 |
| 第8章 | 摄影机与渲染设置 | 2课时 | 2课时 |

本书结构合理，讲解细致，特色鲜明，侧重于综合职业能力与职业素养的培养，融“教、学、做”为一体，适合应用型本科、职业院校、培训机构作为教材使用。

参与本书编写的各位老师在长期的工作中均积累了大量的经验，在写作的过程中始终坚持严谨细致的态度，力求精益求精，书中疏漏之处仍在所难免，希望读者朋友批评指正。

编　者

2024年9月

# 目 录
# CONTENTS

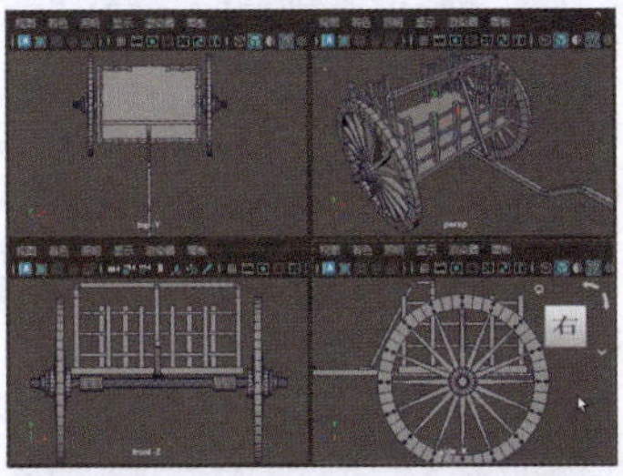

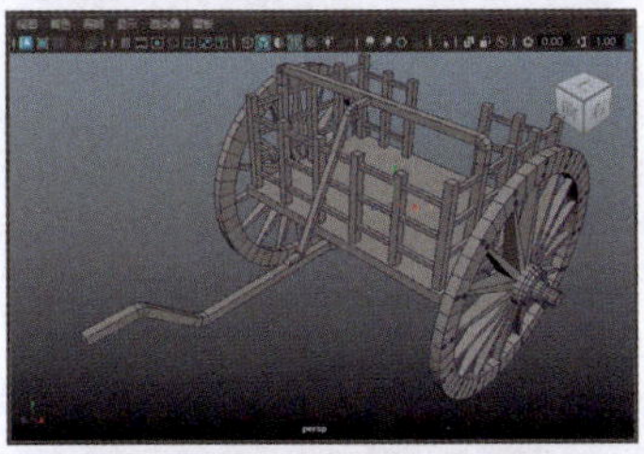

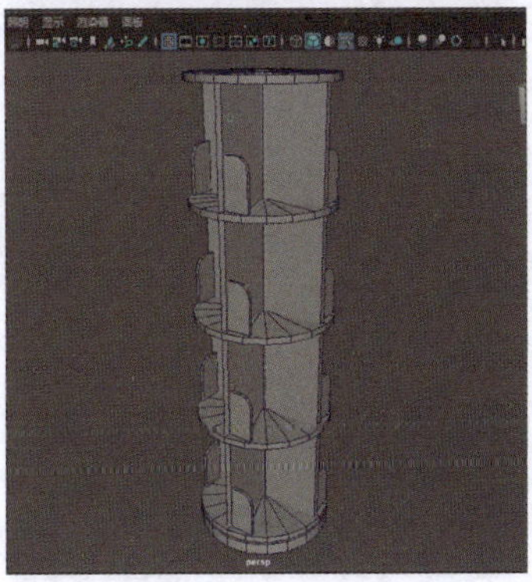

## 第1章 Maya基础知识



## 第2章 Maya入门操作

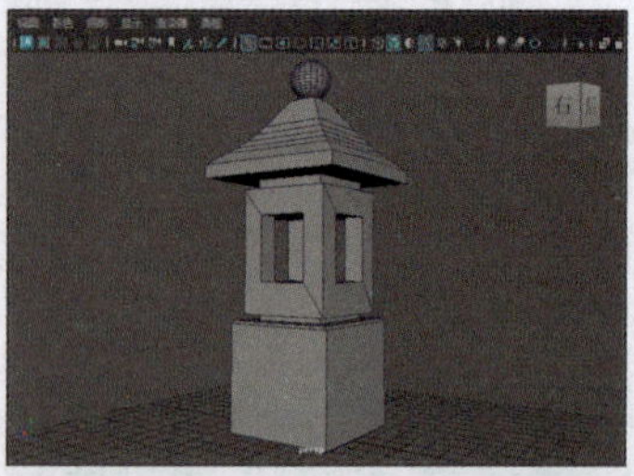

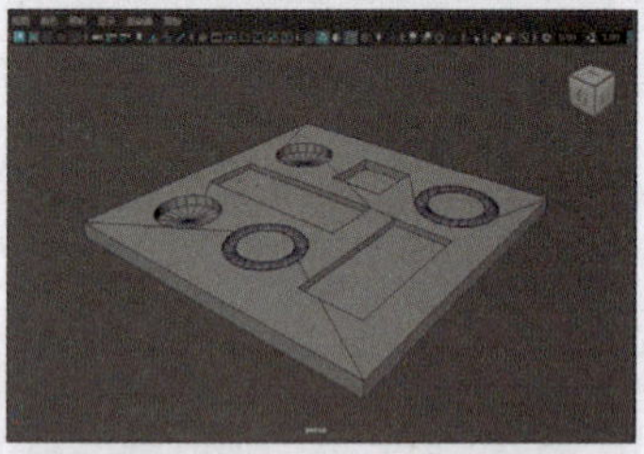

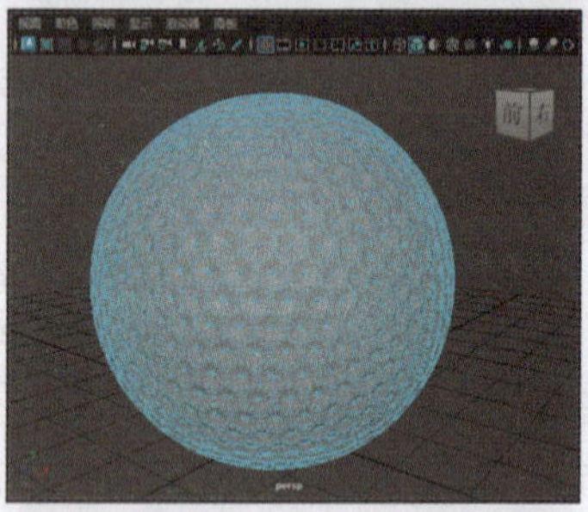

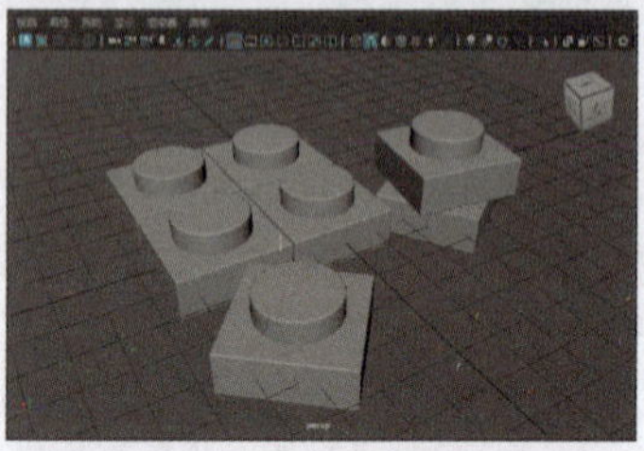

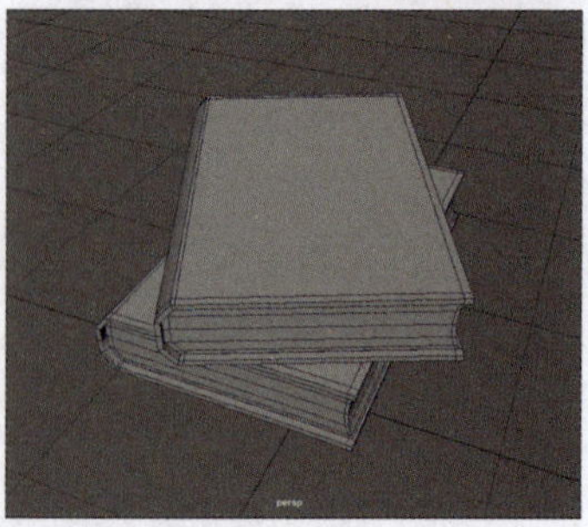

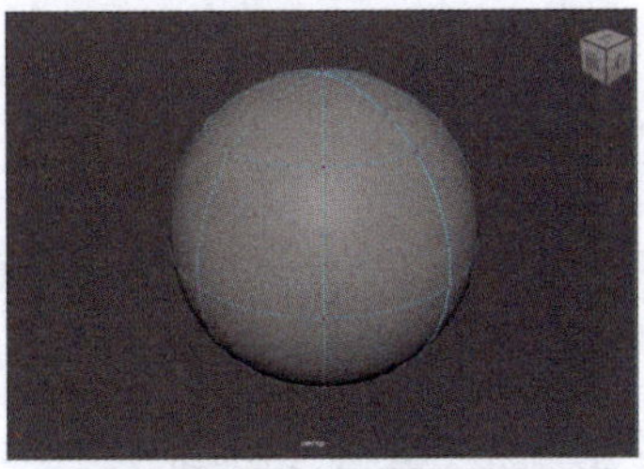

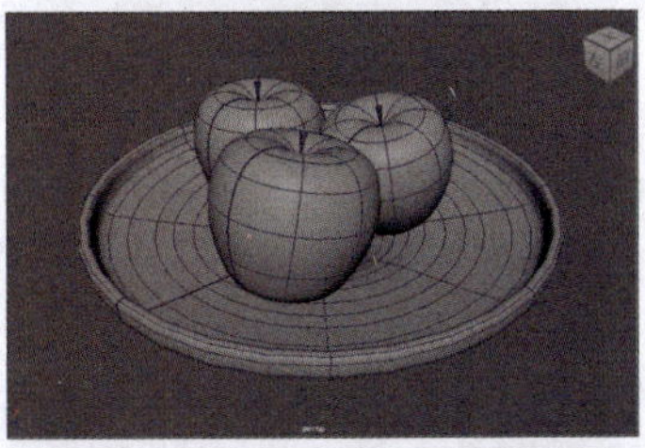

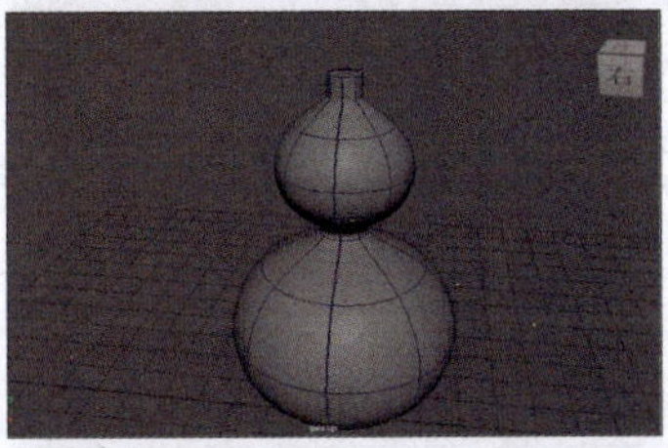

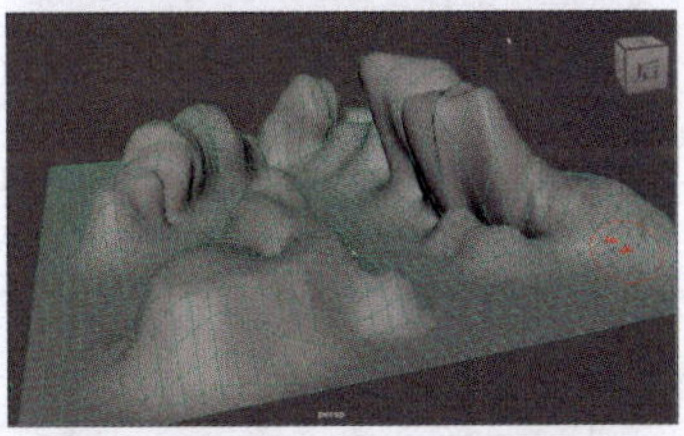

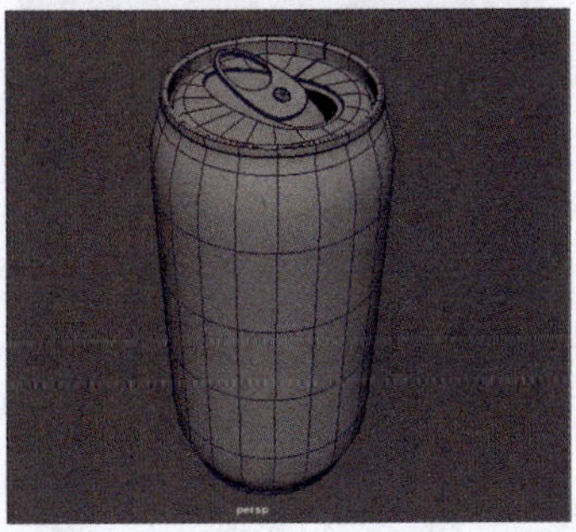

## 第5章 NURBS曲线建模



## 第6章 NURBS曲面建模

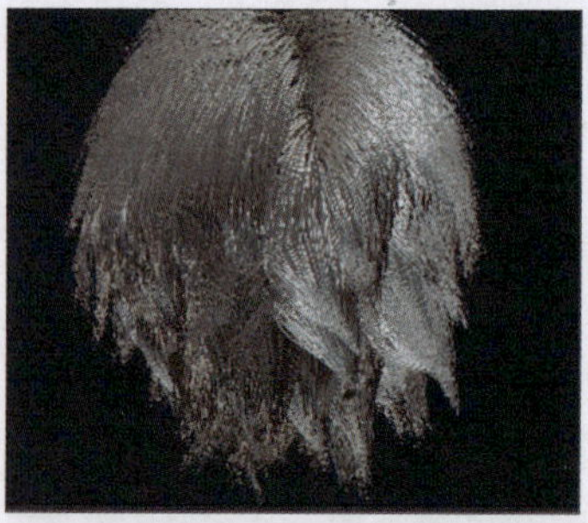

# 第1章

# Maya基础知识

## 内容概要

Maya是一款由Autodesk公司开发的三维制作软件，广泛应用于电影、电视、游戏和广告等多个领域。该软件提供了全面且先进的功能，包括建模、动画、渲染、特效和合成等。本章将带读者全面认识Maya软件，并对其界面操作进行介绍。

## 素质要点

- 软件熟练度：掌握Maya界面布局、视图区操作等基础技能，高效地进行界面设置。
- 职业道德：树立正确的职业观念，培养责任感，为成为优秀的三维建模师打下坚实基础。

## 数字资源

【本章素材】："素材文件\第1章"目录下

# 1.1 Maya知识概述

Maya是一款功能强大的三维建模及动画制作软件，它集成了建模、动画、模拟、渲染、合成、非线性编辑等一整套工具集，为三维设计师提供了从概念设计到最终产品输出的全面支持。

## ■1.1.1 Maya的主要功能

Maya软件主要包含以下几种功能。

### 1. 建模

Maya提供了丰富的建模工具，包括多边形建模、曲面建模和手动建模，让用户能够轻松创建出复杂的三维形状和角色。无论是硬表面建模（具有明确边角、棱角分明和平整表面特征的物体，如汽车、飞机、机械部件等）还是生物建模（具有更复杂的表面形状、肌肉结构和动态变化，如人物、动物、植物等），Maya都能满足高要求的制作需求。

### 2. 动画

在动画方面，Maya拥有强大的角色动画系统，包括正向动力学（forward kinematics, FK）和反向动力学（inverse kinematics, IK）解算器，以及骨骼绑定、蒙皮权重、表情动画和肌肉系统等工具，可帮助三维动画师创建出自然流畅的角色动画。此外，Maya还支持非线性动画编辑，可以灵活调整动画序列。

### 3. 特效与模拟

Maya内置了强大的粒子系统、流体模拟、布料和毛发模拟等工具，这使得创建逼真的物理效果和复杂场景变得可能。无论是爆炸、火焰、水流，还是人物角色的毛发和衣物，Maya都能轻松创建。

### 4. 渲染

Maya的渲染引擎Arnold因其高质量、高性能和易用性而闻名。它支持物理真实的渲染效果，包括全局光照、体积散射、次表面散射等，让设计师能够轻松实现电影级的视觉效果。此外，Maya还支持多种渲染器，如mental ray（现已并入Arnold）和VRay等，可满足不同项目的需求。

## ■1.1.2 Maya的应用领域

Maya软件的应用范围很广，涵盖了影视特效、游戏开发、工业设计、广告营销等多个行业领域。

### 1. 影视特效

Maya在影视特效和动画制作领域占据着重要的地位。它提供了丰富的工具和功能，能够创建逼真的角色、场景和动画，以及高质量的特效，如各种变异的角色、大楼崩塌、汽车爆炸、烟火、闪电等效果。这使得Maya成为制作电影、电视节目、动画片和广告等制作中不可或缺的工具之一，如图1-1所示。

图 1-1 三维动画片段

## 2. 游戏开发

在游戏开发领域，Maya同样备受青睐。游戏开发人员可以利用Maya的建模、动画和渲染工具创建逼真的角色、物体和环境，从而提升游戏的视觉质量和玩家体验。Maya的灵活性和强大功能使它成为游戏开发过程中的重要工具，如图1-2所示。

图 1-2 三维游戏场景效果

## 3. 工业设计

Maya在工业设计中也发挥着重要作用。设计师可以利用Maya的建模和渲染功能设计和展示各种产品，如汽车、家电等，如图1-3所示。Maya的精确性和灵活性使得它成为工业设计中不可或缺的工具。

图 1-3　三维汽车模型设计

### 4. 广告营销

Maya的特效和动画功能可以帮助广告制作人员创建出各种吸引人的视觉效果。无论是产品展示、角色动画还是特效场景，Maya都能提供丰富的工具集，帮助广告制作人员实现创意，使广告更加生动有趣，吸引观众的注意力。此外，Maya的模型和数据可以导入到VR和AR平台中，创建沉浸式的互动体验，如图1-4所示。这种新型的广告形式能够为用户提供更加直观和有趣的互动体验，提高广告的参与度和转化率。

图 1-4　VR 虚拟游戏体验

# 1.2 Maya操作界面的构成

了解并熟悉Maya的操作界面以及主要命令面板是学习软件操作的第一步。下面以Maya 2024版本为例对其进行介绍，图1-5所示是Maya 2024默认操作界面。

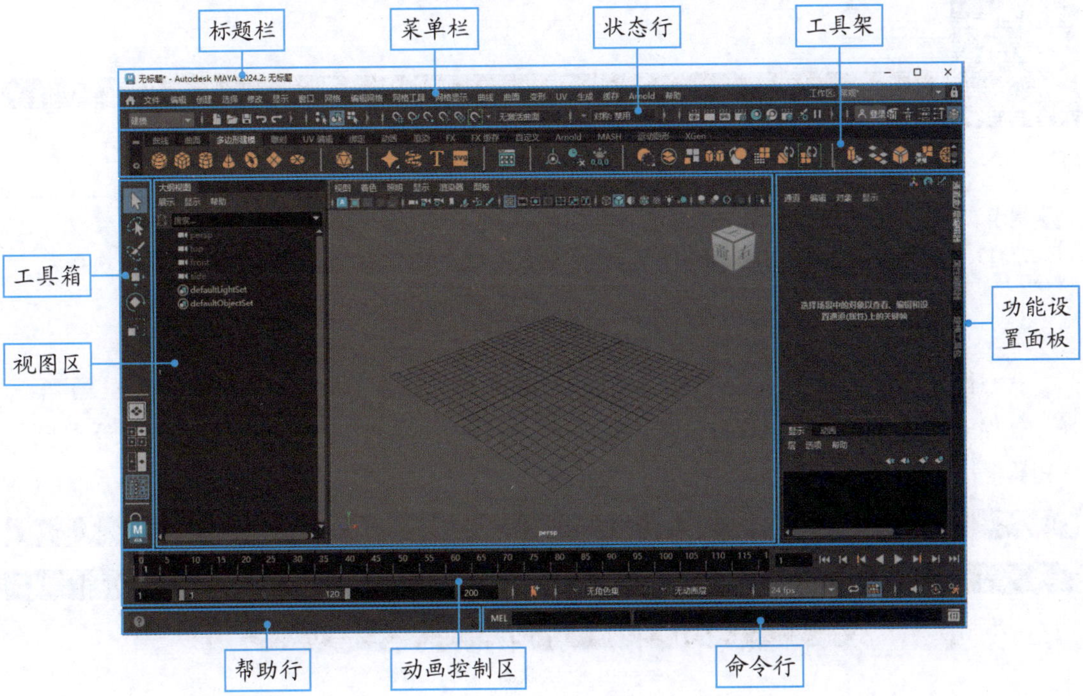


图 1-5 Maya 2024 默认操作界面

## ■1.2.1 认识操作界面

Maya的初始操作界面由10个部分组成，分别为标题栏、菜单栏、状态行、工具架、工具箱、视图区、功能设置面板、动画控制区、帮助行和命令行。下面分别对这些区域进行介绍。

### 1. 标题栏

标题栏左侧用于显示文件的相关信息，包括Maya的图标、当前软件的版本、文件名称和文件存储路径。标题栏右侧用于显示窗口控制按钮，包括最小化窗口、最大化窗口和关闭窗口，如图1-6所示。

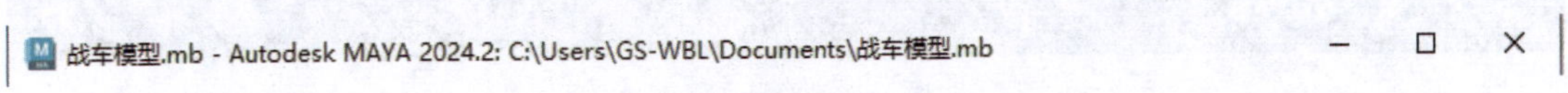


图 1-6 标题栏

### 2. 菜单栏

菜单栏包含了Maya所有的命令和工具。为了能快速找到相应的命令或工具，Maya对菜单进行了模块化的分区，包括建模、绑定、动画、FX、渲染、自定义6大模块。不同模块的菜单栏所显示的命令是不一样的，图1-7所示为动画模块的菜单栏。用户可以按F2~F6键进行各模块的切换。

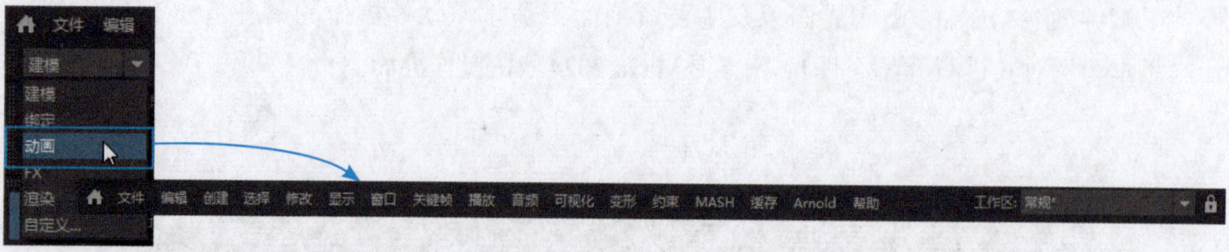

图 1-7　动画模块的菜单栏

**提示**：在菜单栏中有10个菜单不会随模块选择而变动，包括文件、编辑、创建、选择、修改、显示、窗口、缓存、Arnold和帮助。这10个菜单命令被称为公共菜单，其他变动菜单则统称为模块菜单。

### 3. 状态行

状态行也称为工具栏，它会显示一些常用的视图操作及显示按钮，如模块选择器、遮罩选择、捕捉开关、编辑器开关等。这些开关按钮都是按组进行排列，可通过单击“显示/隐藏”按钮▮将其展开或者折叠，如图1-8所示。

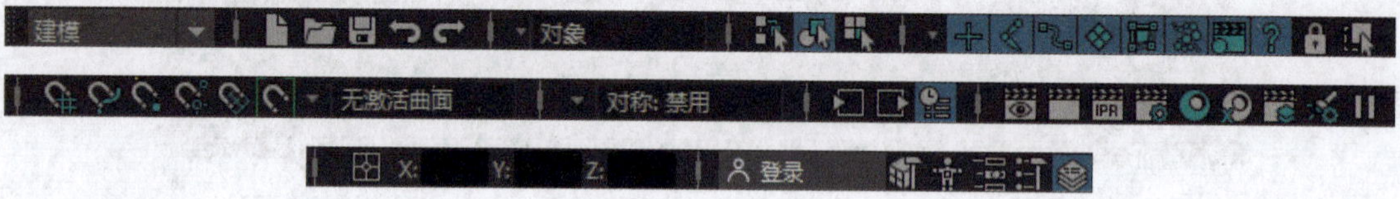

图 1-8　状态行

### 4. 工具架

工具架集合了各个模块最常用的命令，它是由命令标签和命令图标组成的。每个命令标签包含了多个与该标签相关联的命令图标，通过单击命令标签可进行切换。

曲线工具架包含了各类曲线的创建及编辑的相关工具，如图1-9所示。

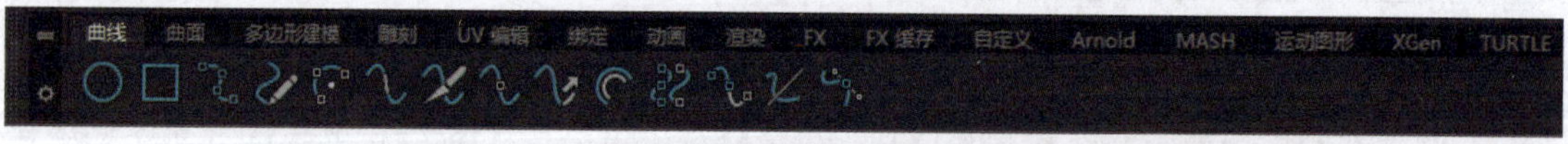

图 1-9　曲线工具架

曲面工具架包含了各种曲面创建及曲面编辑的相关工具，如图1-10所示。

图 1-10　曲面工具架

多边形建模工具架包含了各种多边形创建及编辑的相关工具，如图1-11所示。

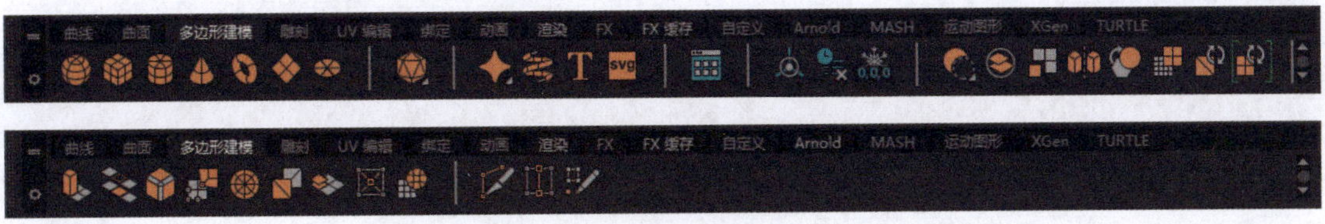

图 1-11 多边形建模工具架

雕刻工具架包含了多种对模型进行雕刻操作的相关工具，如图1-12所示。

图 1-12 雕刻工具架

UV编辑工具架包含了多种模型贴图坐标设置的相关工具，如图1-13所示。

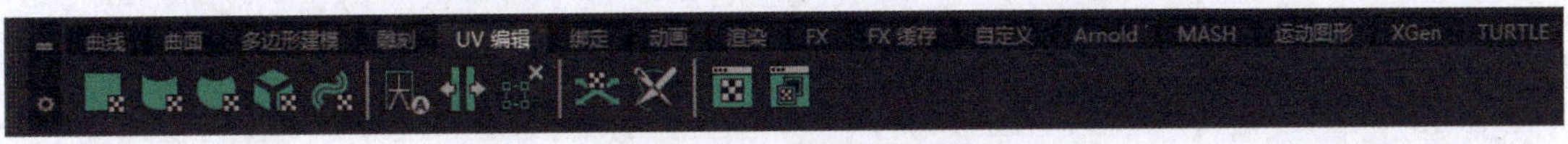

图 1-13 UV 编辑工具架

绑定工具架包含了多种对角色骨骼的绑定和约束动画设置的相关工具，如图1-14所示。

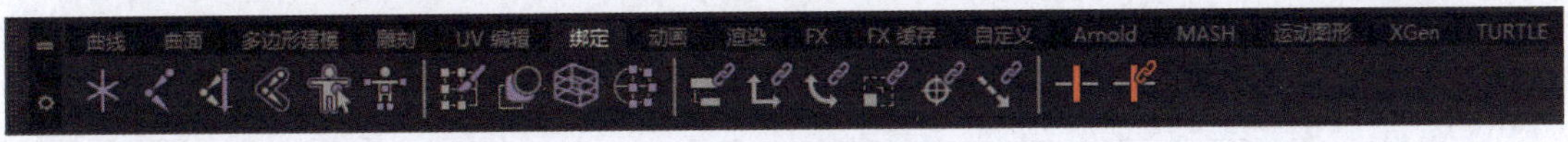

图 1-14 绑定工具架

动画工具架包含了多种动画制作及约束动画设置相关的工具，如图1-15所示。

图 1-15 动画工具架

渲染工具架包含了各类灯光、材质的创建和渲染设置的相关工具，如图1-16所示。

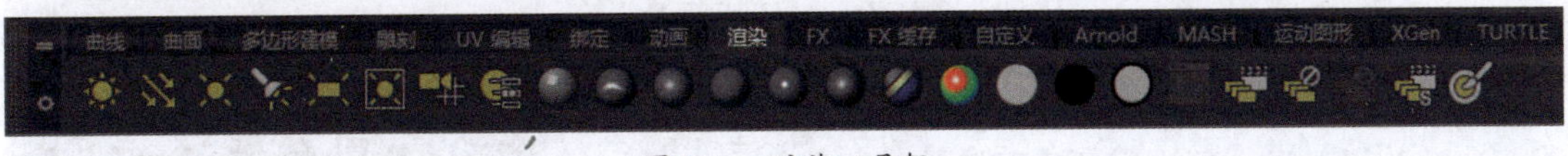

图 1-16 渲染工具架

FX工具架包含了粒子、流体及布料动力学设置的相关工具，如图1-17所示。

图 1-17 FX 工具架

FX缓存工具架包含了动力学设置及动画缓存设置的相关工具，如图1-18所示。

图 1-18 FX 缓存工具架

自定义工具架则为空白工具架。用户可以将一些常用的工具添加至此，方便以后设置操作。

Arnold工具架包含了Arnold渲染器的各类灯光、天空环境及渲染设置的相关工具，如图1-19所示。

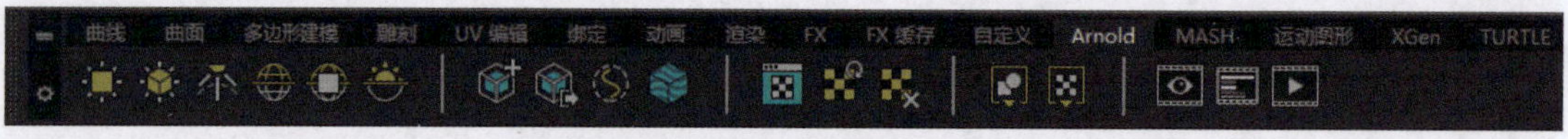


图 1-19　Arnold 工具架

MASH工具架包含了创建MASH网格对象的相关工具，如图1-20所示。

图 1-20　MASH 工具架

运动图形工具架包含了几何体、曲线、灯光、粒子创建及设置的工具，如图1-21所示。

图 1-21　运动图形工具架

XGen工具架包含了多种关于毛发设置的工具，如图1-22所示。

图 1-22　XGen 工具架

TURTLE工具架包含了一系列与TURTLE渲染器配套的常用编辑工具，如图1-23所示。

图 1-23　TURTLE 工具架

在工具架左侧单击“⚙”按钮，会打开项目架的菜单列表，在此可对工具架进行新建、删除或加载等操作，如图1-24所示。

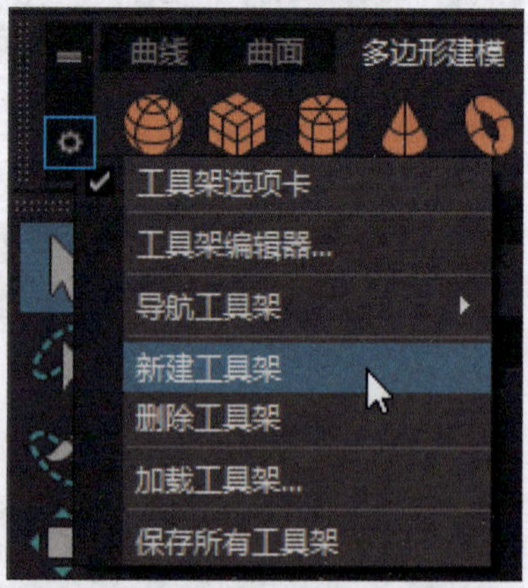


图 1-24　项目架菜单列表

### 5. 工具箱

工具箱可分为三部分，分别为对象操作工具、面板布局模式和搜索工具。其中，对象操作工具包括选择工具、套索工具、绘制选择工具、移动工具、旋转工具、缩放工具，如图1-25所示；面板布局模式包含3种常用模式和大纲视图列表，如图1-26所示；搜索工具用于搜索指定的工具、命令或场景对象，如图1-27所示。

图 1-25　对象操作工具

图 1-26　面板布局模式

图 1-27　搜索工具

## 6. 视图区

视图区是主要的活动区域，大部分操作（如建模、动画和渲染等）都会在该区域中进行，如图1-28所示。用户可以通过单击视图区上方的视图工具栏中的命令按钮对当前视图的样式、显示状态、照明等参数进行设置。

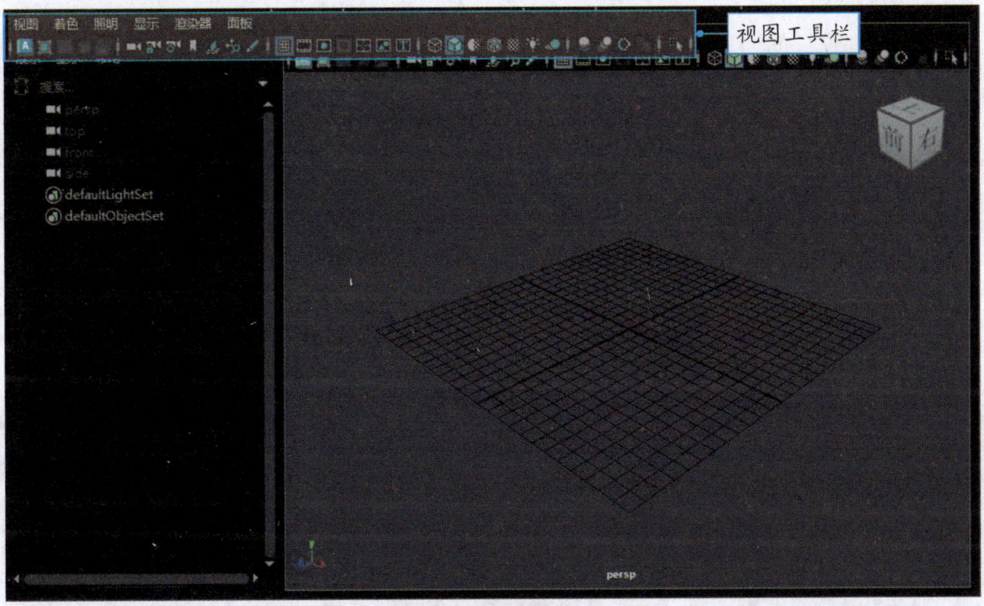


图 1-28　视图区

## 7. 功能设置面板

该面板位于视图区右侧，它是由通道盒/层编辑器、属性编辑器和建模工具包3种设置面板组成。

（1）通道盒/层编辑器

通道盒的功能很强大，可对所选对象的变换参数进行更改，如设置平移、旋转、缩放等，如图1-29所示。

Maya中的层有两种类型，分别是“显示”层和“动画”层。“显示”层用于管理放入层的物体是否被显示。用户可将场景中的物体添加至层内，在层中可对其进行隐藏、选择和模板化等操作，如图1-30所示。“动画”层则是与动画设置相关的层，在其中可进行相应的操作，如图1-31所示。

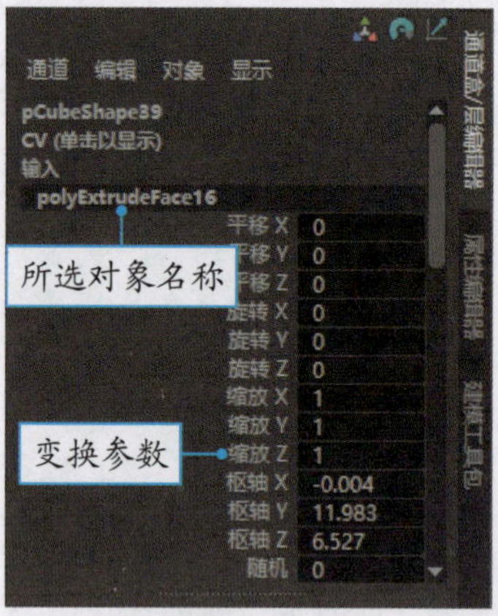


图 1-29 通道盒

图 1-30 “显示”层

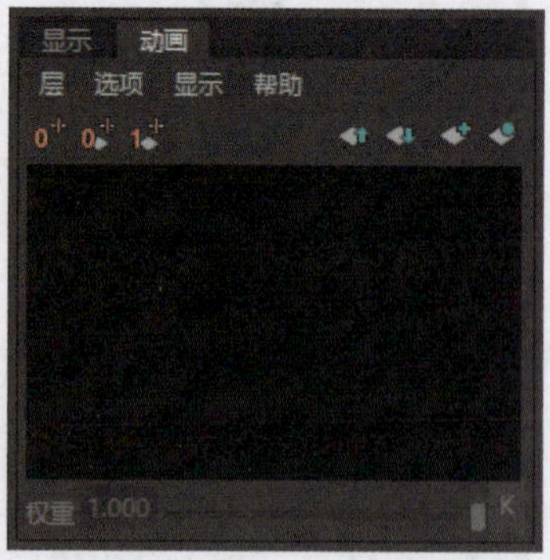


图 1-31 “动画”层

单击“◩”按钮可打开“编辑层”对话框，在该对话框中可设置层的名称、显示类型、颜色、是否可见和选择模板等，如图1-32所示。

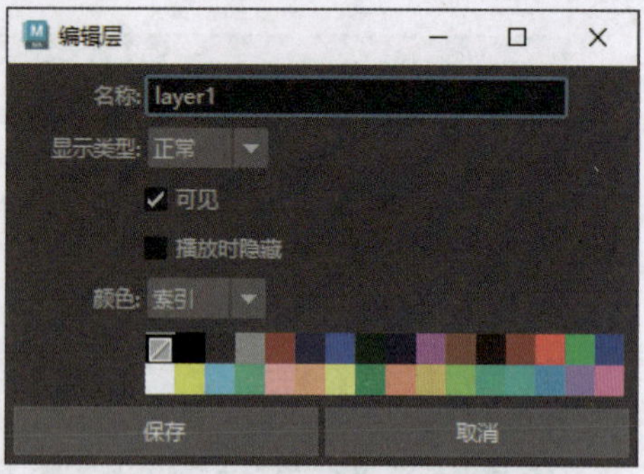


图 1-32 “编辑层”对话框

（2）属性编辑器

该面板主要用于编辑和管理所选对象的各种属性，包括对象的变换属性、材质纹理属性、灯光参数、动画关键帧等，如图1-33所示。

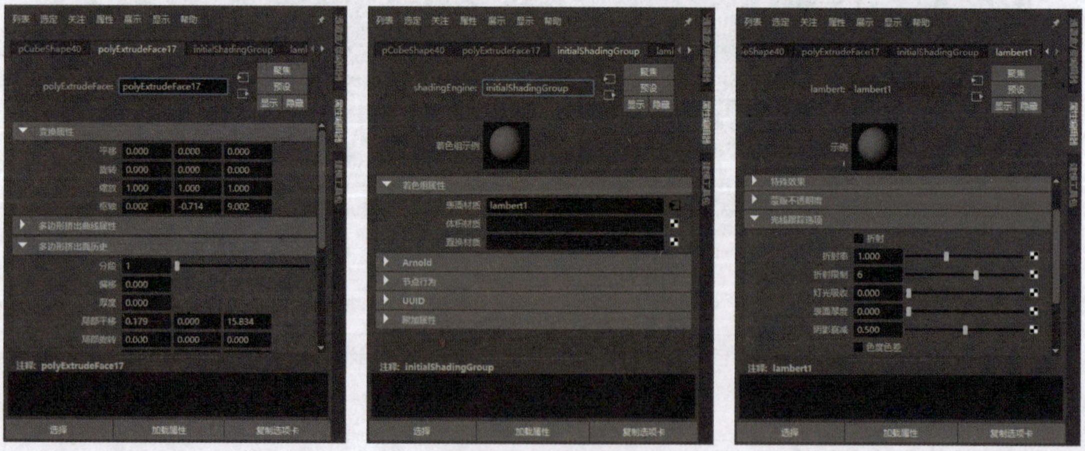

图 1-33 属性编辑器

（3）建模工具包

该面板主要是对模型的顶点、边线、面等参数进行编辑和调整，其操作类似于3ds Max中的多边形建模功能，如图1-34所示。

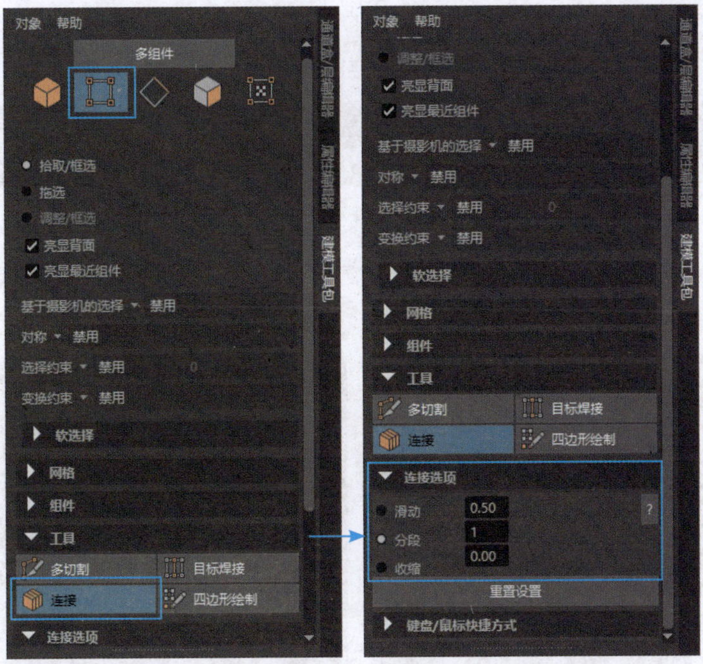


图 1-34 建模工具包

## 8. 动画控制区

动画控制区是用于制作和播放动画的主要区域，包括时间滑块和范围滑块两个部分。其中，时间滑块包含播放控制按钮和当前时间指示器，而范围滑块则包含动画开始时间和动画结束时间、播放开始时间和播放终止时间、时间范围滑块、自动关键帧切换按钮及动画参数设置按钮，如图1-35所示。

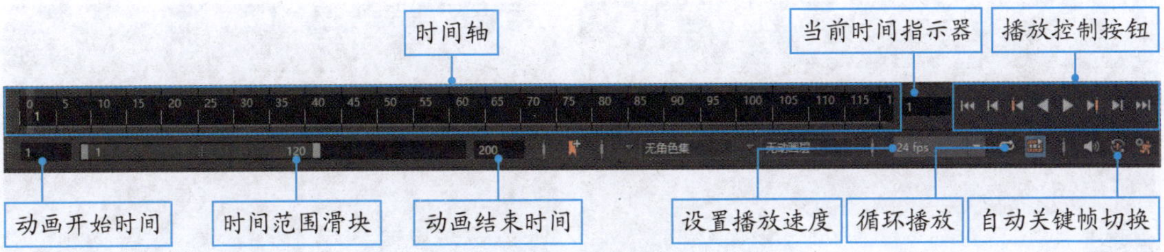


图 1-35 动画控制区

## 9. 帮助行和命令行

帮助行主要用于显示工具和当前选择的简短帮助提示。通常情况下，在选择一种工具后，就会在帮助行出现该工具的名称和使用方法。命令行分为命令输入栏、命令回馈栏和脚本编辑器3个区域，命令输入栏用于输入Mel语言（Maya专用脚本语言），命令反馈栏则会在操作出现错误时及时进行错误信息的提示，如图1-36所示。

图 1-36 帮助行和命令行

用户可根据自己的使用习惯，将一些常用的工具添加到工具架，以方便建模时直接调用。

步骤 01 在工具架上单击“自定义”标签，可看到当前标签下的工具架为空白状态，如图1-37所示。

图 1-37　自定义工具架

步骤 02 在工具箱中选择所需工具，按住鼠标中键不放，将其拖至自定义工具架中，即可添加该工具，如图1-38所示。

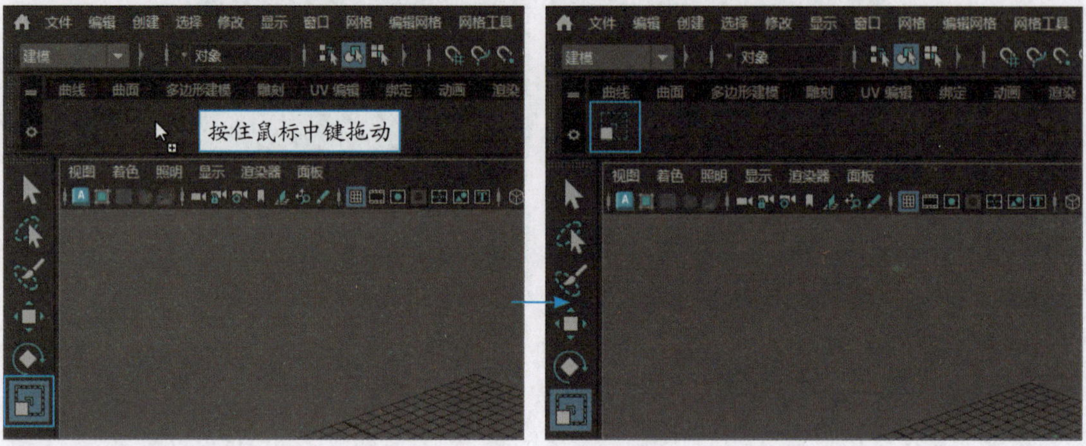


图 1-38　添加缩放工具

步骤 03 在菜单栏中选择某个命令选项，在按住Ctrl+Shift组合键的同时单击该命令选项，也可将其添加到工具架，如图1-39所示。

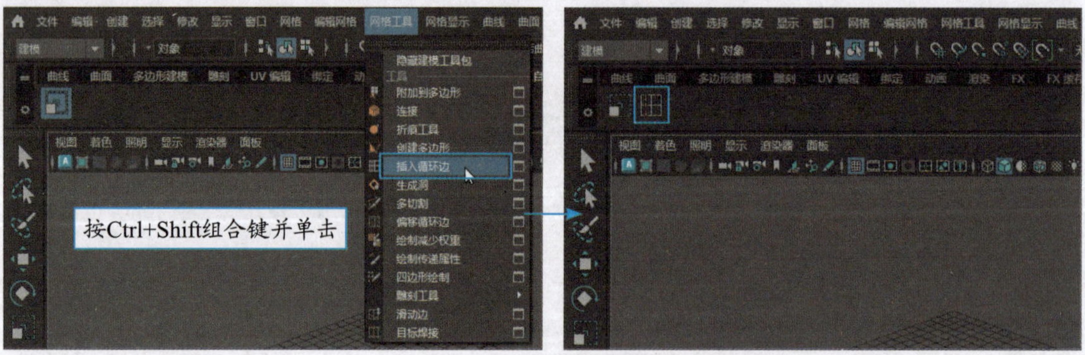


图 1-39　添加菜单栏命令

步骤 04 若想删除工具架上的工具，可单击工具架左下角的“⚙”按钮，在列表中选择“工具架编辑器”选项，在打开的“工具架编辑器”对话框中先选择所需的工具架标签名称，然后选择要删除的工具架名称，单击“🗑”按钮，即可将其删除，如图1-40所示。

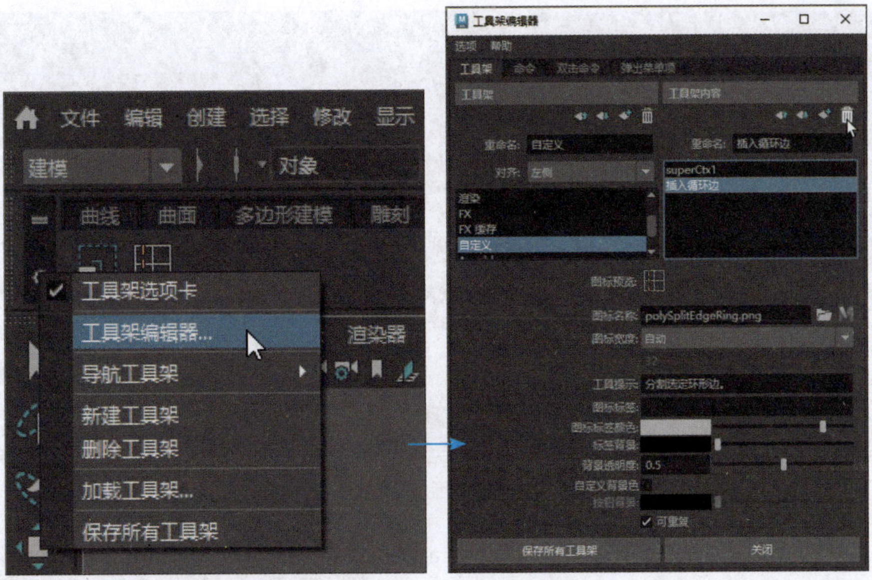


图 1-40　删除工具架上的工具

## ■1.2.2　隐藏界面UI元素

界面中一些不常用的UI元素是可以根据需求进行隐藏的。在菜单栏中选择“窗口”→“UI元素”选项，在其级联菜单中取消勾选所需的UI元素，即可将其隐藏，如图1-41所示。UI元素若为勾选状态，则为显示。此外，还可选择“窗口”→“设置/首选项”→“首选项”选项，在“首选项”对话框的“类别”列表中选择“UI元素”，在右侧区域中可对当前界面的UI元素进行详细设置，如图1-42所示。

图 1-41　隐藏工具箱中的 UI 元素

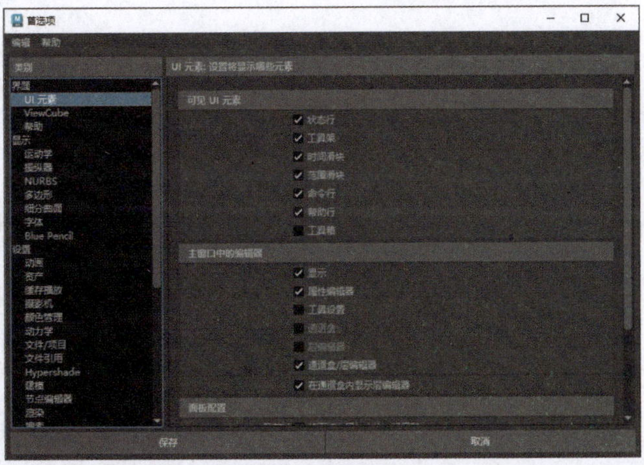


图 1-42　在“首选项”对话框中设置 UI 元素

默认情况下，视图区中只会显示坐标轴、视图名称、ViewCube、视图工具栏等元素，用户可以根据需要开启其他视图元素。在菜单栏中选择“显示”→“题头显示”选项，在其级联菜单中勾选所需显示的视图元素即可，如图1-43所示。

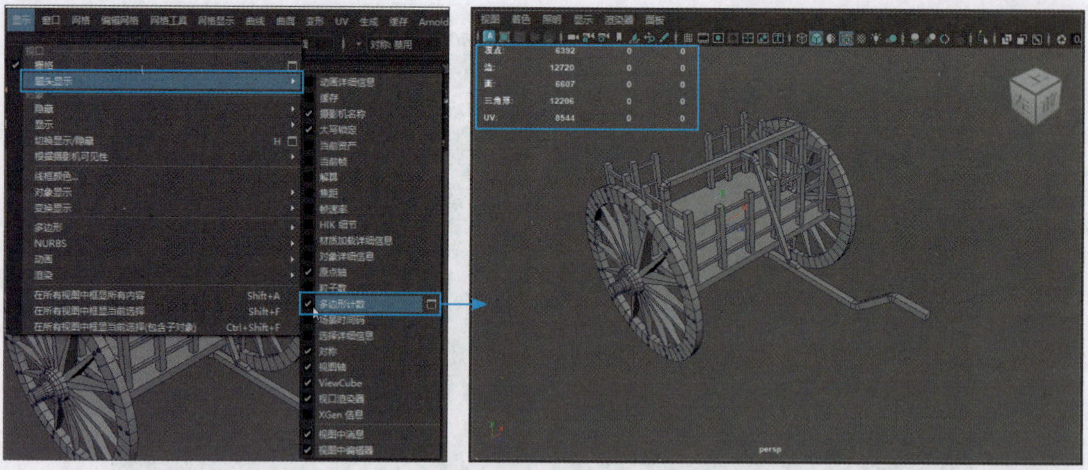

图 1-43　设置视图元素的显示

默认的操作界面比较适合新手，如果对Maya的操作比较熟练，则可以隐藏界面中的大部分命令面板，从而扩大视图区，以便进行复杂建模。

**步骤 01** 在菜单栏中选择“窗口”→“工作区”→“建模-专家”选项，如图1-44所示。

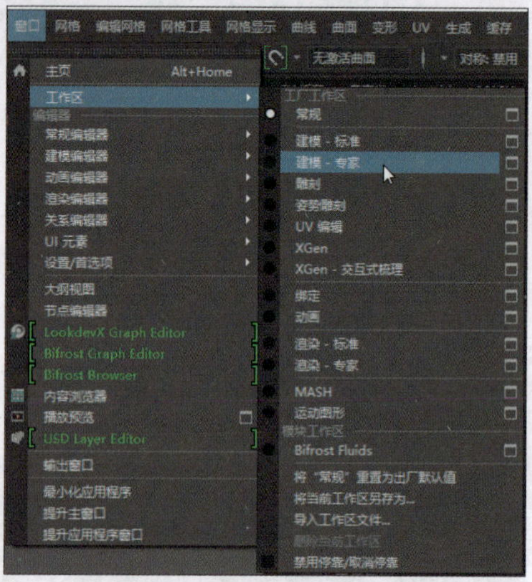


图 1-44　选择“建模 - 专家”模式

**步骤 02** 此时的操作界面已切换至“建模-专家”模式，如图1-45所示。

图 1-45　“建模 - 专家”模式效果

**步骤 03** 在菜单栏中选择“窗口”→“UI元素”选项，在其级联菜单中取消勾选“命令行”和“帮助行”选项，还可以更大限度地扩展视图区，如图1-46所示。

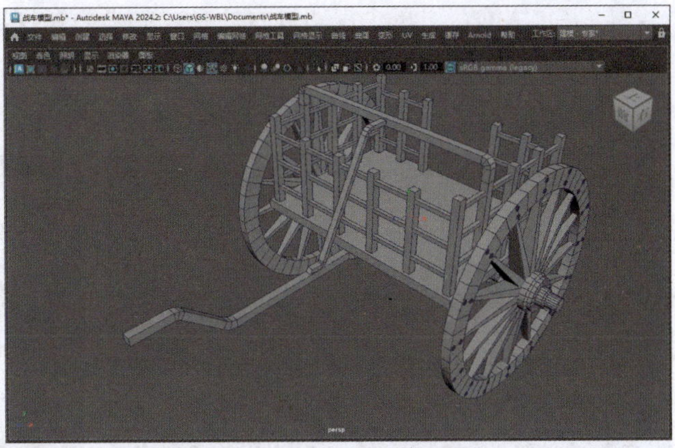

图 1-46　隐藏命令行和帮助行

# 1.3　视图区的操作

无论是创建场景模型还是角色动画，都需要在视图区中进行操作，所以视图区也是最常用的区域。用户需要熟练掌握视图区中相关的操作，才能更好地提升建模效率。

## ■1.3.1　多视图的切换

默认情况下，视图区只会显示persp（透视）视图。为了保证模型的精准度，通常需要从多个视角观察模型。可在视图工具栏中选择“面板”→“正交”选项，在其级联菜单中选择所需视图，即可切换，如图1-47所示。

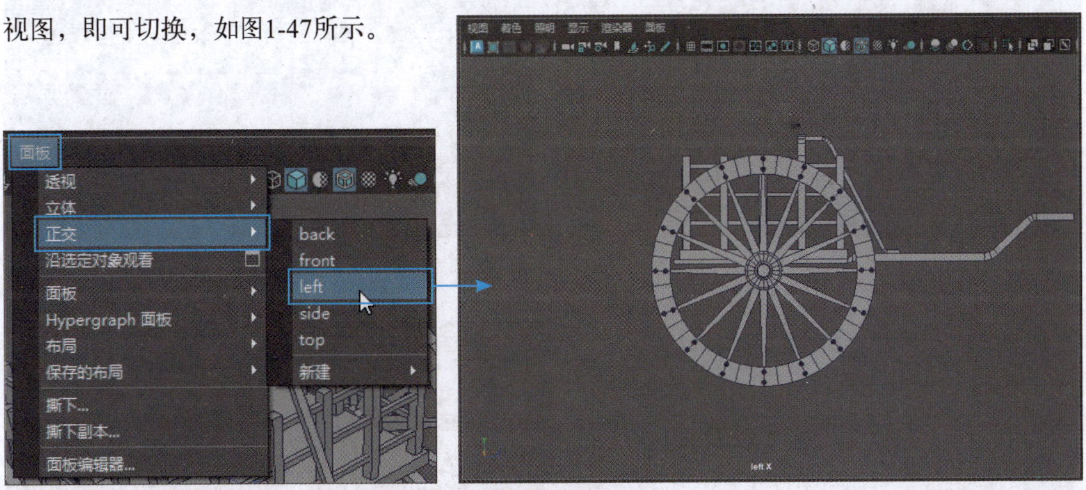


图 1-47　切换到左视图

❗ **提示**：在视图区中单击左上角的ViewCube（视图导航器）也可进行视图的切换，如图1-48所示。

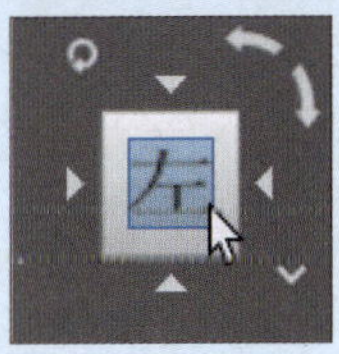


图 1-48　ViewCube

以上介绍的是对单个视图进行切换。如果想在视图区中显示多个视图，以便实时观察模型，可在工具箱的面板布局模式中单击“”或“”按钮，即可切换至相应的视图模式，如图1-49所示。

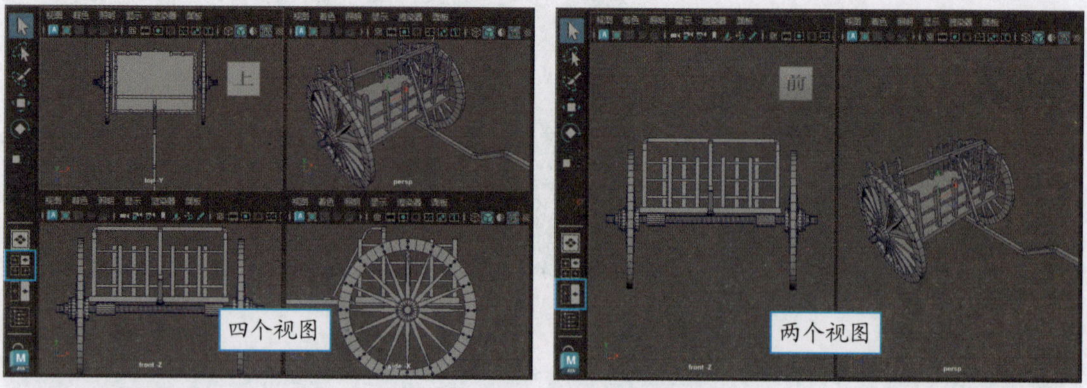


图 1-49　切换为多视图模式

在多视图的情况下，将光标移至任意视图中，按空格键即可切换到单个视图模式，再次按空格键可返回到多视图模式，如图1-50所示。

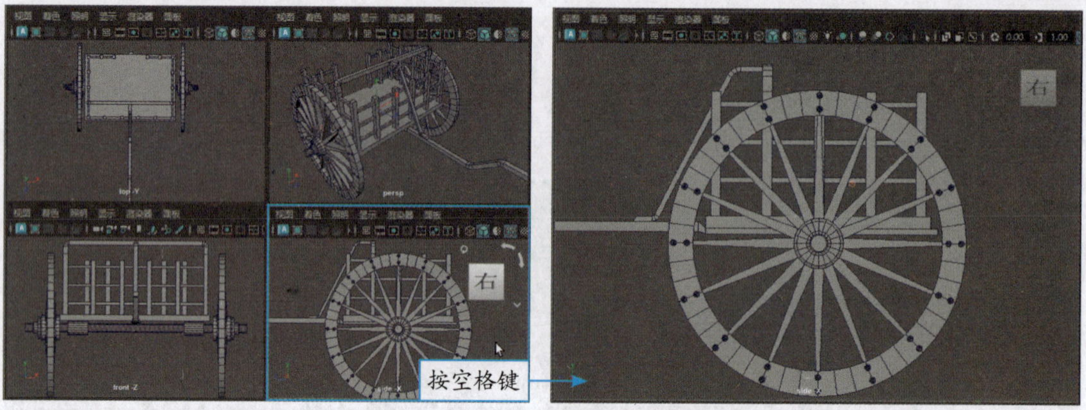


图 1-50　多视图与单个视图的切换

## ■1.3.2　多模型的显示模式

视图区中模型的显示模式有很多种，比较常用的有线框模式、平滑线框模式、使用默认材质模式、灯光照明模式等。用户可从视图工具栏中的“着色”“照明”列表中进行选择，也可以在快捷工具栏中单击相应的按钮进行选择，如图1-51所示。

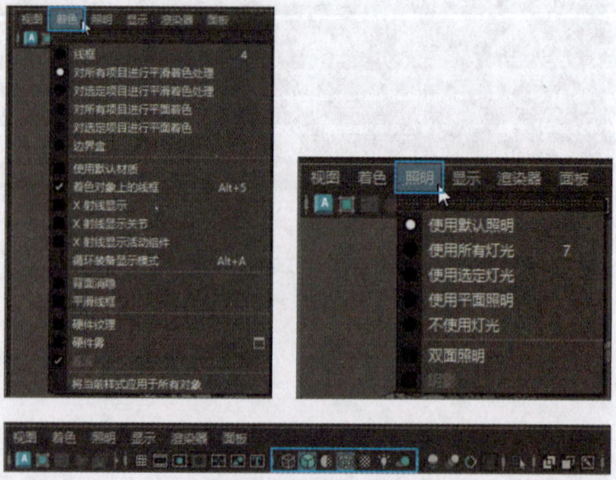


图 1-51　设置显示模式

## ■1.3.3 视图区的基本设置

在模型创建过程中，经常需要对视图进行平移、缩放、旋转、最大化显示等操作。接下来分别对其进行介绍。

### 1. 平移视图

使用Alt+鼠标中键，当光标变成，可以任意移动视图，如图1-52所示。同时也可使用Shift+Alt+鼠标中键在水平或垂直方向上进行视图的移动操作。

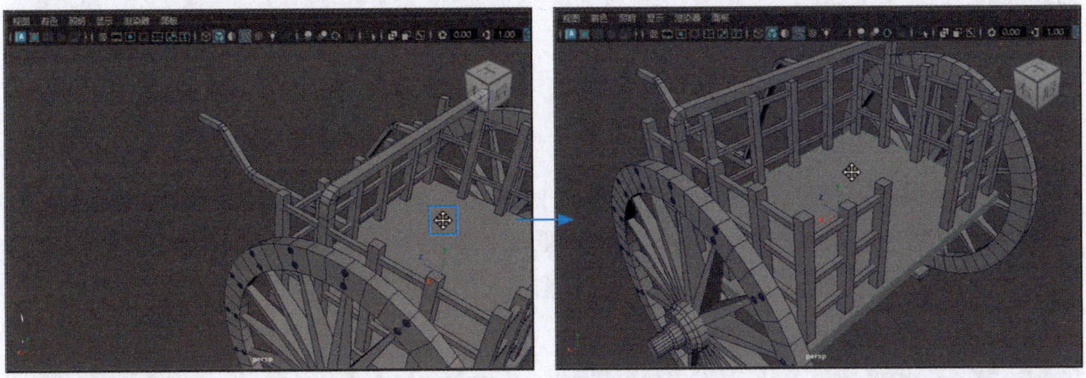

图 1-52 平移视图

### 2. 缩放视图

如果需要查看模型的局部，可向上滚动鼠标中键放大视图，向下滚动鼠标中键则可缩小视图。当使用Ctrl+Alt+鼠标左键在视图中框选出某个区域，释放鼠标，被框选的区域将会最大化显示，如图1-53所示。

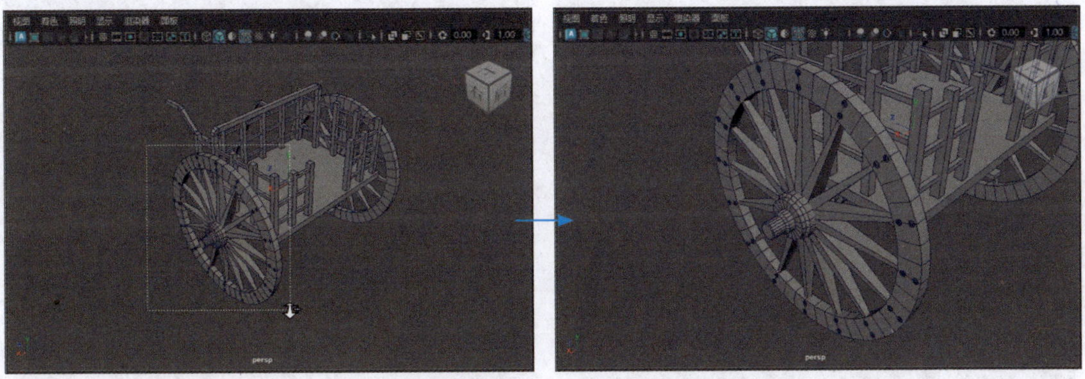

图 1-53 最大化显示选中的区域

### 3. 旋转视图

使用Alt+鼠标左键，当光标变成，可以对视图进行任意角度的旋转操作，如图1-54所示。若仅让视图在水平方向或垂直方向上旋转，可使用Shift+Alt+鼠标左键进行操作。需注意的是，旋转视图只用于透视视图中。

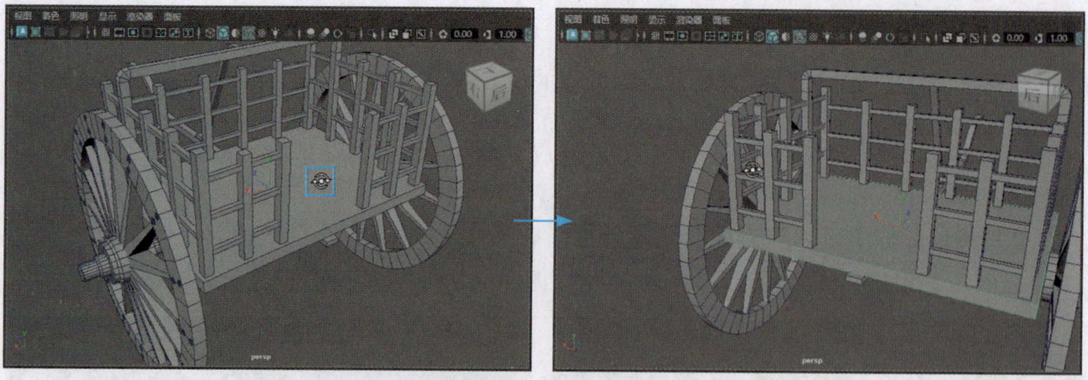

图 1-54　旋转视图

### 4. 最大化显示视图

在视图中未选定任何对象时，按F键可以将当前视图中所有模型最大化显示。若选中某个对象，再按F键，则会将选定对象最大化显示在当前视图中，如图1-55所示。如果处于多视图模式下，可以按Shift+F组合键一次性将全部视图最大化显示，如图1-56所示。

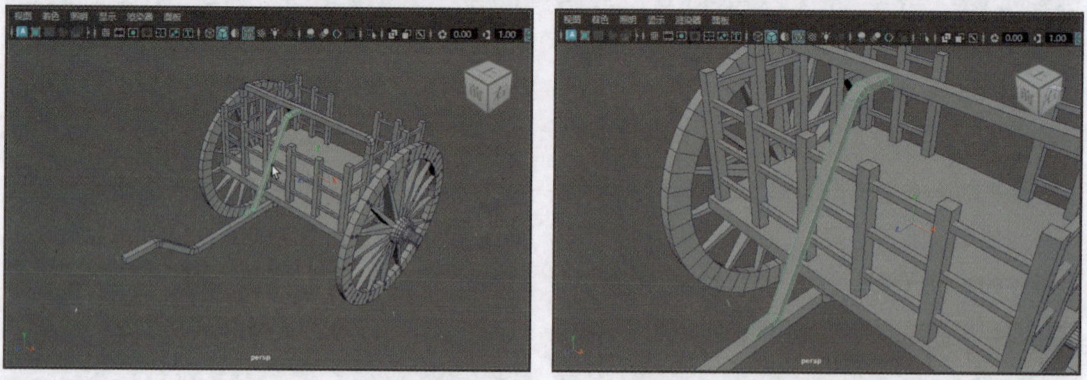

图 1-55　最大化显示选中对象

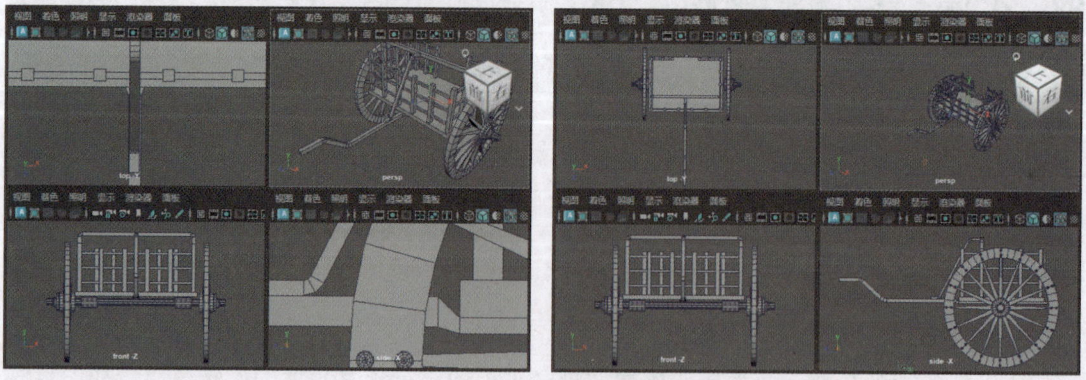

图 1-56　多个视图最大化显示

如果用户比较习惯使用多视图模式建模，可以将当前默认的单视图模式更换成多视图模式。下面介绍设置“四个视图”为默认视图模式的具体操作。

**步骤01** 在菜单栏中选择“窗口”→“设置/首选项”→“首选项”选项，打开“首选项”对话框。

步骤02 在“类别”列表中选择“UI元素”选项，然后在“面板配置”选项下将“使用下面指定的布局”设为“四个视图”选项，如图1-57所示，单击“保存”按钮即可。

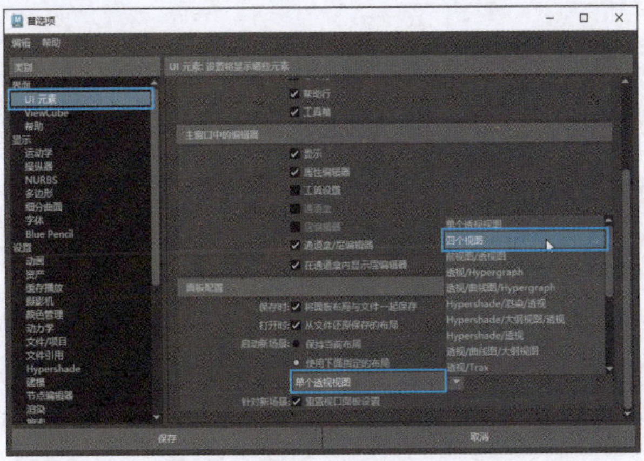


图 1-57 设置“四个视图”布局

### 5. 设置视图背景色

默认的视图背景色为深灰色，可以根据操作需求更换其背景色。按Alt+B组合键可快速切换4种预设的背景色，如图1-58所示。

图 1-58 预设的 4 种视图背景色

如果预设的背景色不满意，也可对其颜色进行自定义设置。在菜单栏中选择“窗口”→“设置/首选项”→“颜色设置”选项，打开“颜色”对话框。在“常规”选项卡中展开“3D视图”

选项栏，单击“背景”选项后的色块，在打开的调色窗口中可进行颜色的自定义设置，如图1-59所示。设置完成后，视图背景色也会随之发生变化。

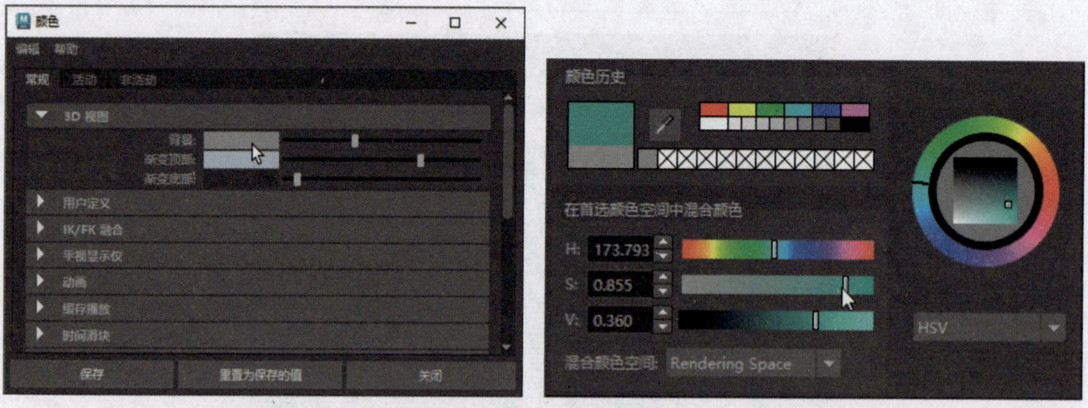


图 1-59　自定义视图背景色

### 6. 打开和关闭栅格

新建Maya文件后，视图区中会默认显示出栅格。单击视图工具栏中的“栅格”按钮▦可将其关闭，如图1-60所示。再次单击该按钮，则可开启栅格状态。

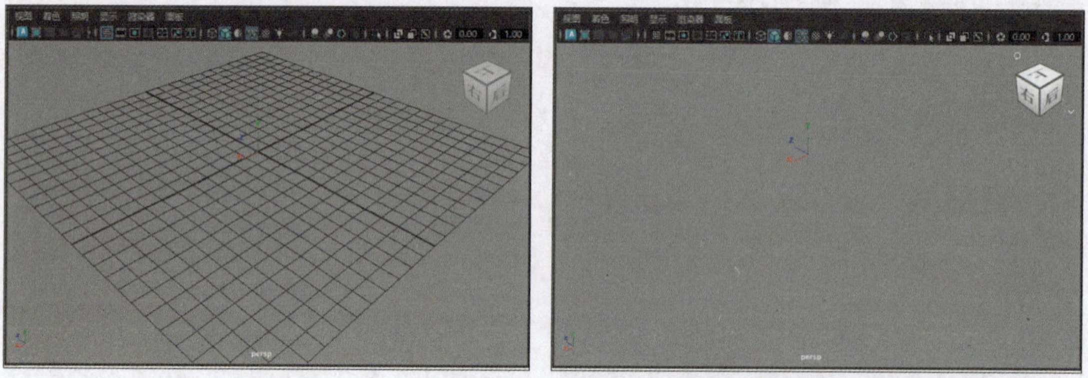

图 1-60　关闭栅格

## ■1.3.4　热盒设置

Maya中的热盒是一个非常便捷且强大的功能。它是将Maya中常用的命令和工具集成在一个模块中，通过按空格键可以快速调出该模块，从而快速访问所需的工具，如图1-61所示。打开热盒模块后，单击模块中的命令或工具按钮，可打开相应的菜单，选择所需选项进行操作。

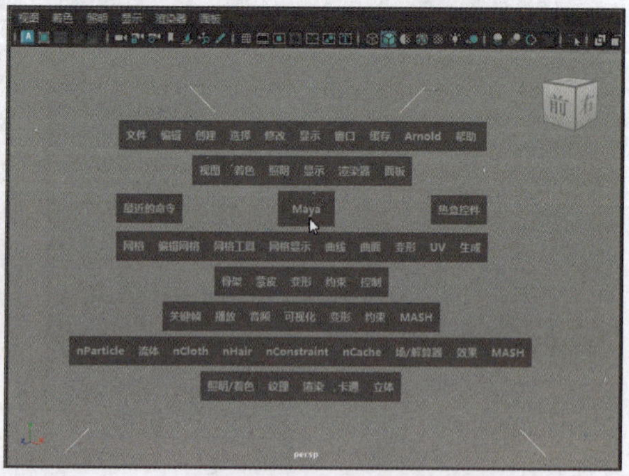


图 1-61　热盒模块

打开热盒模块后，按住鼠标左键，可调出各个视图名称，拖动光标至所需视图名称上，即可切换至该视图，如图1-62所示。

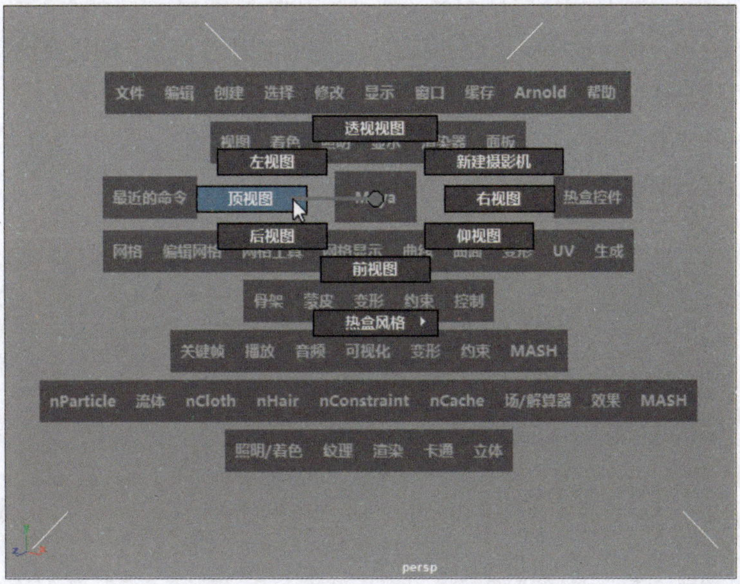


图 1-62 使用热盒切换视图

此外，还可通过按相应的快捷键调出不同工具的热盒控件。例如，按Shift+Ctrl+鼠标右键可调出坐标轴热盒控件，在此可选择不同类型的坐标轴，如图1-63所示。按Shift+鼠标右键可调出多边形建模热盒控件，在此可快速调用相应的建模工具，如图1-64所示。

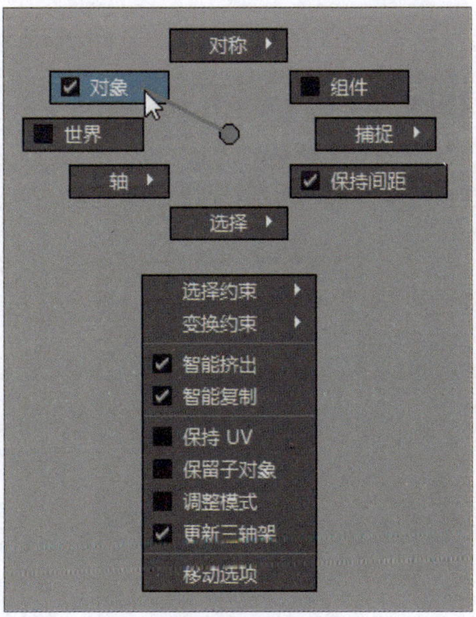


图 1-63 坐标轴热盒

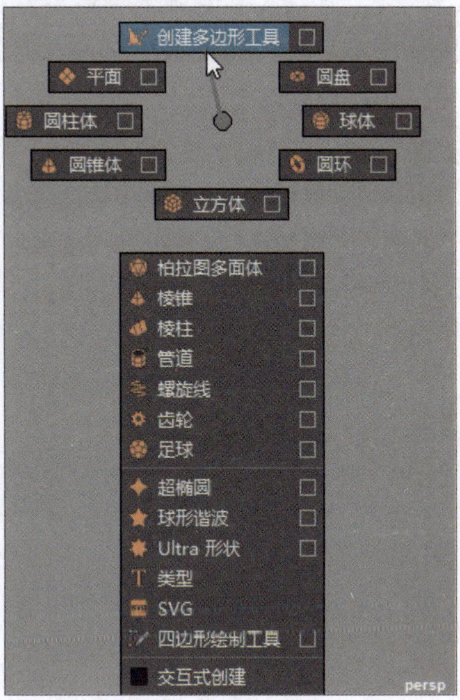


图 1-64 多边形建模热盒

## 1.4 课堂演练：自定义快捷键的设置

使用快捷键是提高软件操作效率的最佳途径。Maya软件预设了部分命令的快捷键，可以根据使用习惯对这些快捷键进行更改，也可创建其他命令的快捷键。下面以创建摄影机的快捷键为例介绍快捷键自定义设置的方法。

扫码观看视频

**步骤 01** 在菜单栏中选择“窗口”→“设置/首选项”→“热键编辑器”选项，打开“热键编辑器”对话框，如图1-65所示。

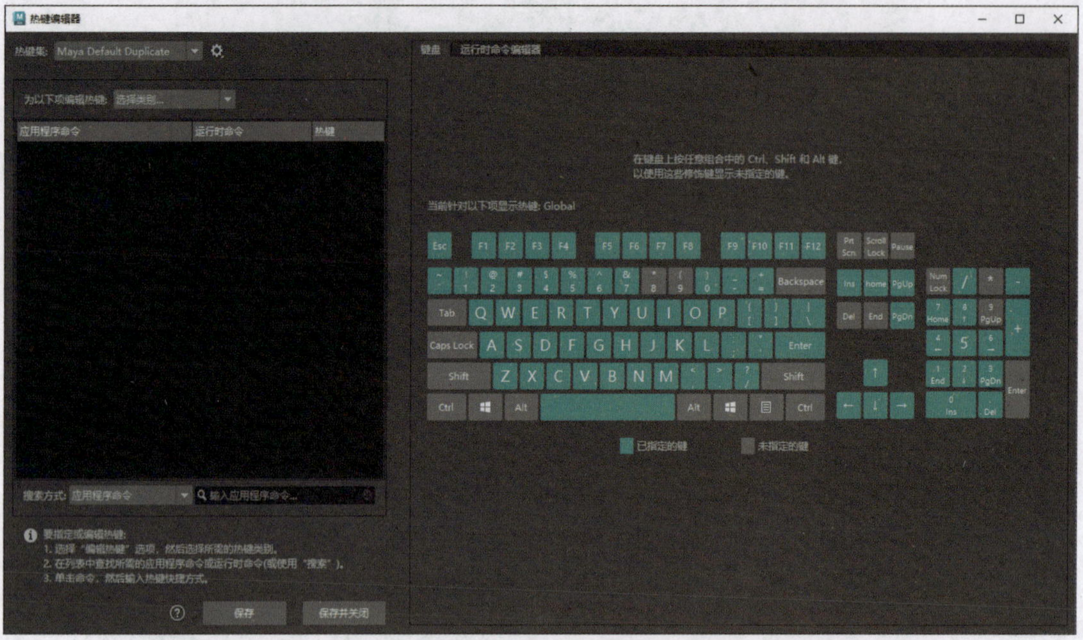


图 1-65 打开“热键编辑器”对话框

**步骤 02** 将“为以下项编辑热键”选项设为“Menu items”，然后在下方列表中选择“公用”→“创建”→“摄影机”→“摄影机”选项，可以看到该命令没有快捷键，如图1-66所示。

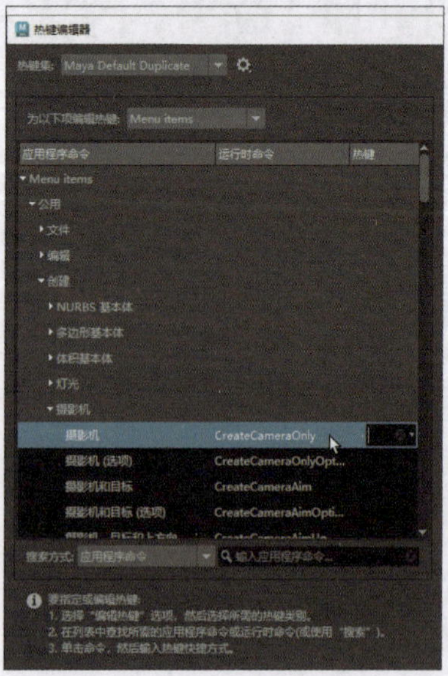


图 1-66 选择需修改的选项

步骤03 单击热键栏，按住Ctrl键，再按下数字2键，然后单击空白处，完成快捷键的设置，如图1-67所示。

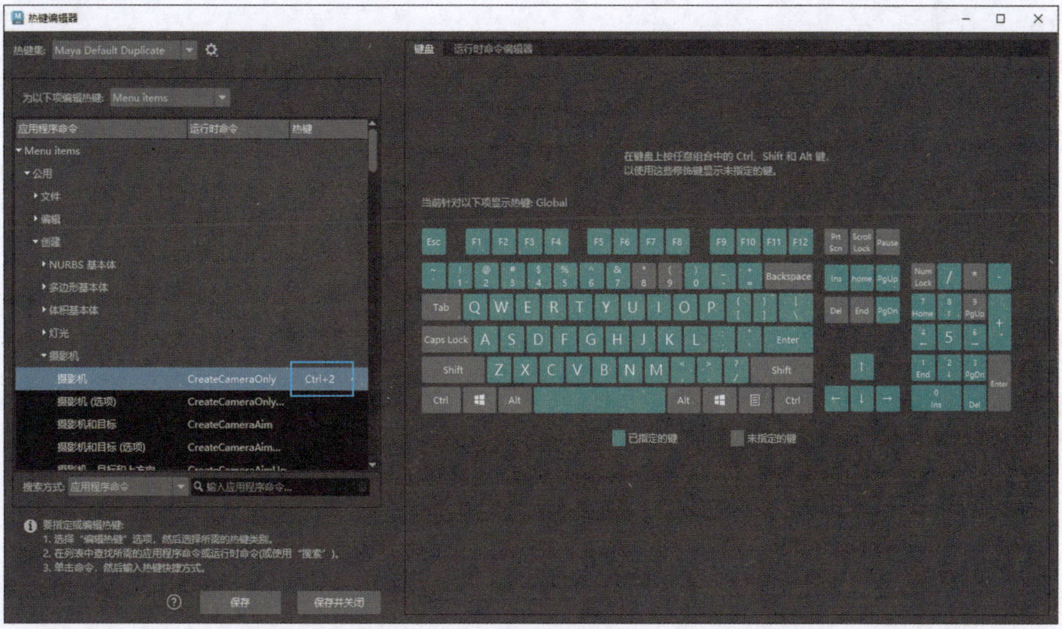

图 1-67 设置快捷键

步骤04 单击“保存并关闭”按钮，关闭“热键编辑器”面板。在键盘上按快捷键Ctrl+2组合键，即可在视图中创建一个摄影机元素，如图1-68所示。

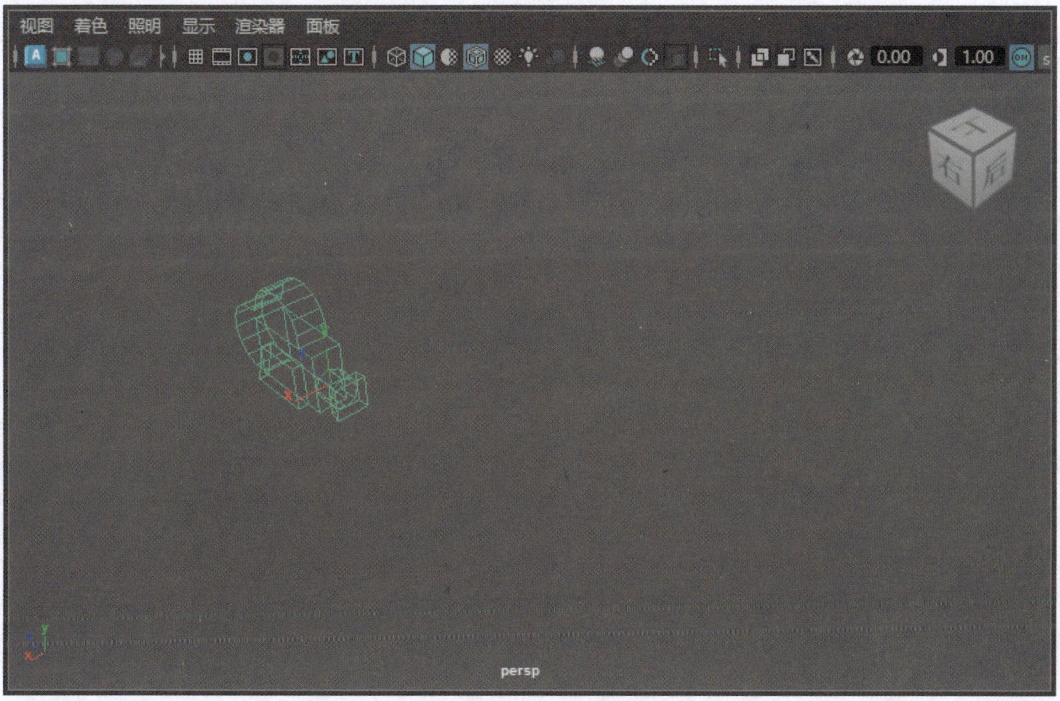

图 1-68 创建摄影机元素

## 课后作业

### 一、填空题

1. Maya的初始操作界面由__________、__________、__________、__________、__________、__________、__________、__________、__________和__________10个部分组成。

2. 默认的视图区会包含__________、__________、__________和__________4个UI元素。

3. 功能设置面板包含__________、__________、__________3个选项卡。

4. Maya的菜单栏可分为__________和__________两种类型。

### 二、选择题

1. 不属于Maya软件中菜单模块的是（　　）。

A. 纹理　　B. 动画

C. 绑定　　D. 渲染

2. 使用Alt+鼠标中键，可以对视图进行（　　）操作。

A. 缩放视图　　B. 旋转视图

C. 平移视图　　D. 最大化视图

3. 按（　　）可以快速更换视图背景色。

A. Ctrl+B组合键　　B. Alt+B组合键

C. Shift+B组合键　　D. B键

4. 在单个视图中最大化显示所选择物体的快捷键是（　　）。

A. F　　B. Alt+F

C. Shift+F　　D. Ctrl+F

### 三、操作题

将书柜模型以“平滑线框”模式显示，效果如图1-69所示。

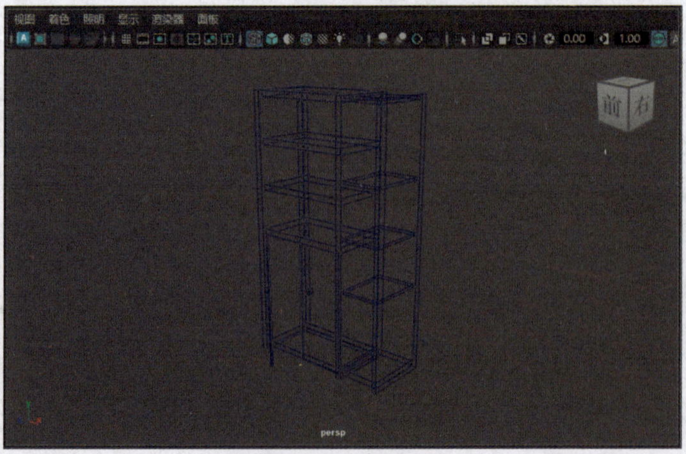


图 1-69　显示效果

# 第2章

# Maya入门操作

## 内容概要

在熟悉了Maya的操作界面后，接下来对软件的入门操作进行介绍。内容涵盖文件的创建、打开、保存、归档、导入和导出，对象的选择、移动、旋转、复制、缩放、捕捉、编组等基本编辑操作。

## 素质要点

- 基础操作熟练度：熟练掌握文件的基本操作，高效地管理对象。
- 软件版权意识：强调尊重知识版权、合法使用软件，培养学生的正版软件使用习惯。

## 数字资源

【本章素材】："素材文件\第2章"目录下

【本章课堂演练最终文件】："素材文件\第2章\课堂演练"目录下

# 2.1 文件的创建和管理

做好文件的管理是提升效率的第一步，也是最基本的一步。在Maya的“文件”菜单中，用户可以进行文件的创建、打开、保存、归档等操作。

## 2.1.1 创建场景

启动Maya软件后，进入新建界面，单击“新建”按钮，即可创建一个空白的文件，如图2-1所示。该文件默认以“无标题”进行命名。

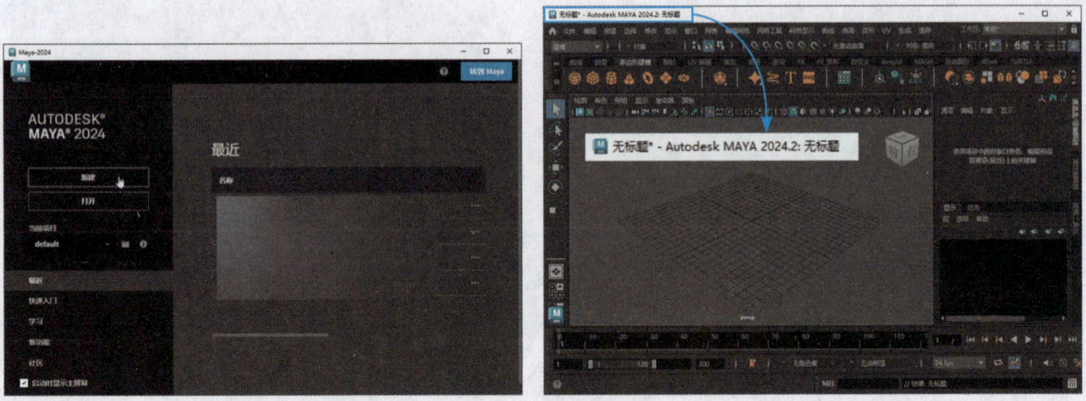


图 2-1 新建文件

如果在创建的过程中需要新建文件，按Ctrl+N组合键即可。此外，在菜单栏中选择“文件”→“新建场景”选项也可进行新建操作。在新建场景的同时会关闭当前场景文件，若当前场景未保存，Maya会提示用户是否进行保存。

## 2.1.2 打开场景

打开场景文件的方法有很多，双击所需的场景文件即可打开。此外，在菜单栏中选择“文件”→“新建场景”选项，或按Ctrl+O组合键，均可打开“打开”对话框。使用“文件夹书签”和“名称”列表选择所需的文件，单击“打开”按钮即可，如图2-2所示。

图 2-2 打开场景文件

## ■2.1.3 保存场景

场景模型创建完成后，用户需及时保存，以免文件丢失而造成不必要的损失。首次保存场景文件时，可按Ctrl+S组合键打开“另存为”对话框，设置文件的保存路径和文件名，单击“另存为”按钮即可保存，如图2-3所示。之后，在操作过程中只需按Ctrl+S组合键，即可更新上一次的保存内容。

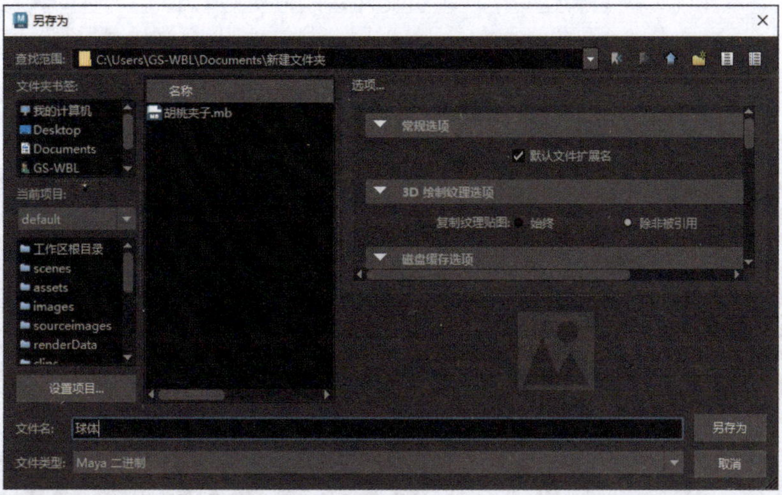

图 2-3 “另存为”对话框

如果想保留原始版本，以新文件的方式进行保存，可在菜单栏中选择“文件”→“场景另存为”选项，打开“另存为”对话框，设置保存路径和文件名，单击“另存为”按钮即可。

❶ **提示**：选择菜单栏中的“文件”→“递增并保存”选项，Maya会在当前文件的名称后添加一个数字后缀，以区分不同的文件修改版本。这种保存方式有助于用户轻松管理多个修改文件，以便快速回溯到某个特定的修改版本。

## ■2.1.4 场景归档

与3ds Max相似，Maya模型也涉及很多素材文件，如材质贴图、灯光等。使用场景归档功能是很有必要的。它能够将所有与模型相关的素材文件一起打包为一个压缩文件，这种操作可避免因遗漏某些关联文件而无法打开模型的情况。在菜单栏中选择“文件”→“归档场景”选项，即可归档，如图2-4所示。

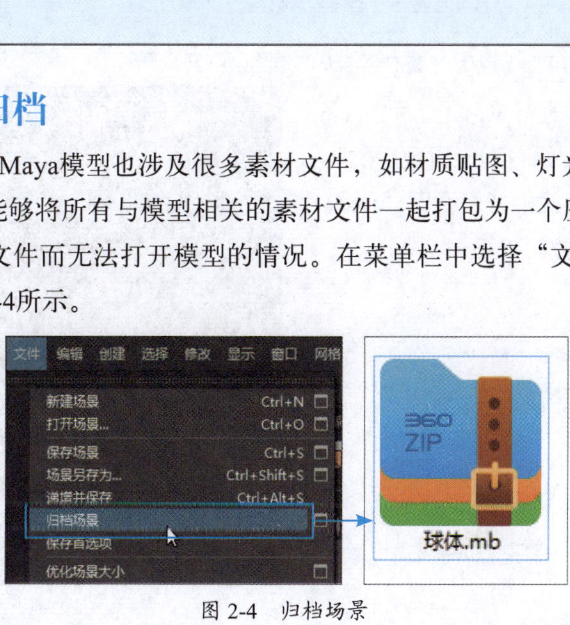

图 2-4 归档场景

对于庞大且复杂的文件项目，如整套的游戏场景、游戏角色、动画设计等，通常需要一个团队共同协作完成。为了处理好团队成员之间的工作同步与协调，Maya提供了“项目”功能进行文件的批量归档操作。该功能提供了一个集中的位置存储与项目有关的所有文件，包括模型、贴图、参考文件、动画序列帧等。在团队协作中，创建的项目可以方便团队成员共享和访问项目资源，以确保他们都能在同一基础上进行创作。

在进行项目制作前，需先新建一个该项目文件，以方便后续工作。接下来介绍项目文件的创建操作。

**步骤01** 在菜单栏中选择“文件”→“项目窗口”选项，打开“项目窗口”对话框，如图2-5所示。

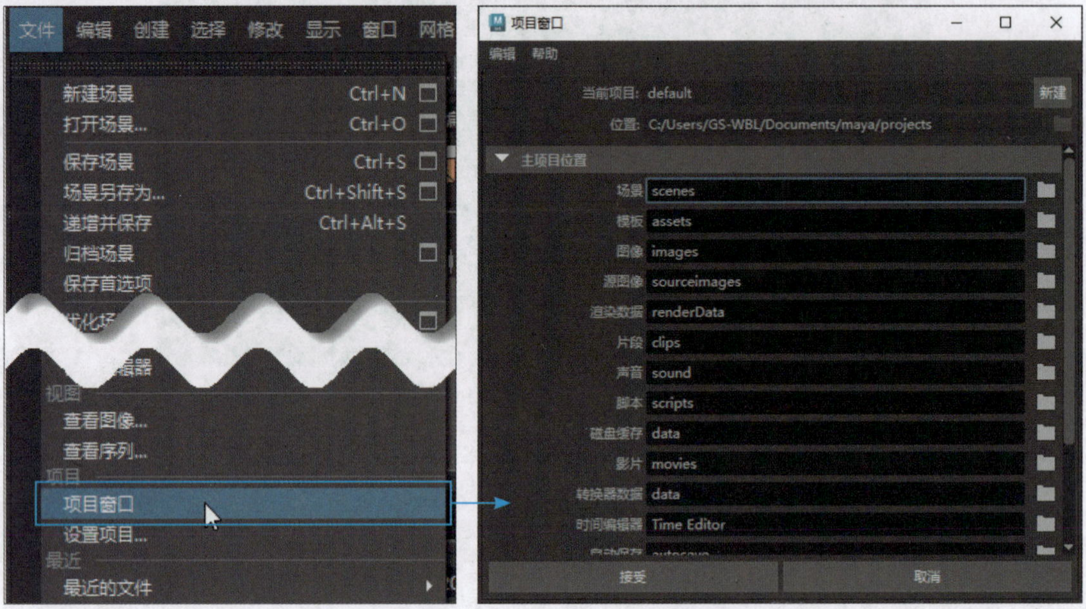


图 2-5　打开“项目窗口”对话框

**步骤02** 单击“当前项目”后的“新建”按钮，可对当前项目文件进行重命名，如图2-6所示。需注意的是，文件名不能出现中文，可以是数字、英文字母或拼音，否则Maya将无法识别，从而出现错误。

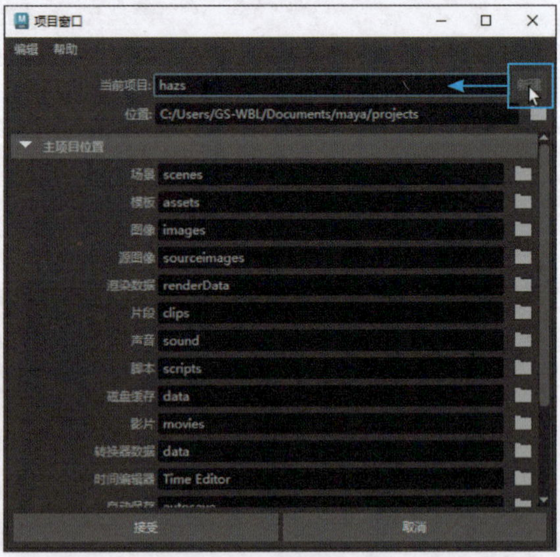


图 2-6　重命名项目名称

步骤03 单击“位置”后的文件夹按钮，可对项目文件的位置进行修改，如图2-7所示。

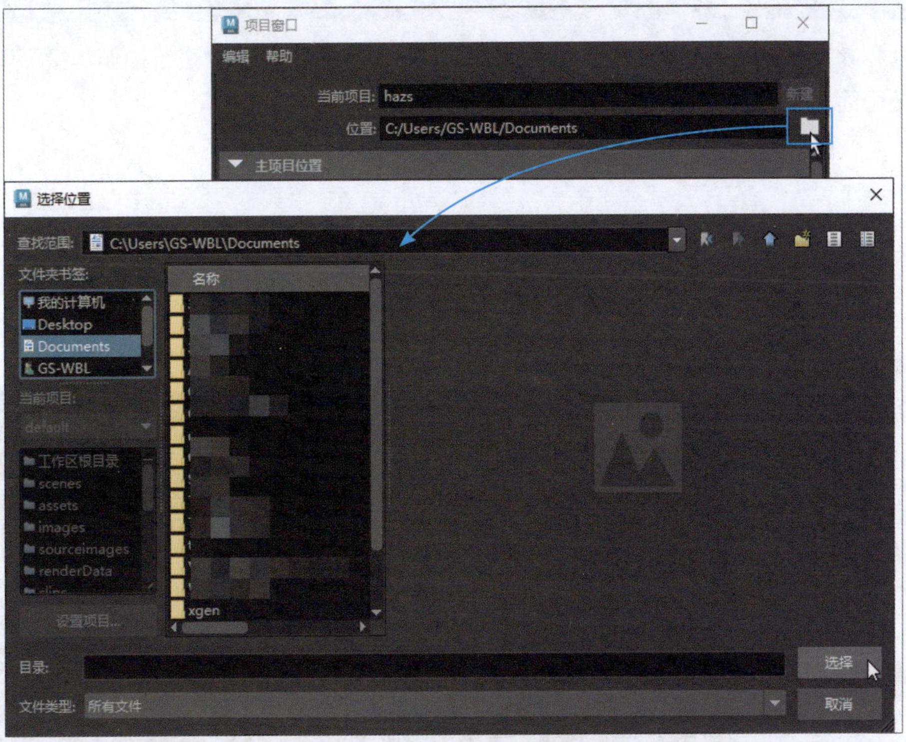


图 2-7 设置项目文件保存路径

步骤04 设置完成后单击“接受”按钮，完成项目新建操作。此时可以看到在该项目文件包含了多个文件夹，在进行项目制作时，Maya会自动将模型素材分门别类地保存到文件夹中，实现文件的归档操作，如图2-8所示。

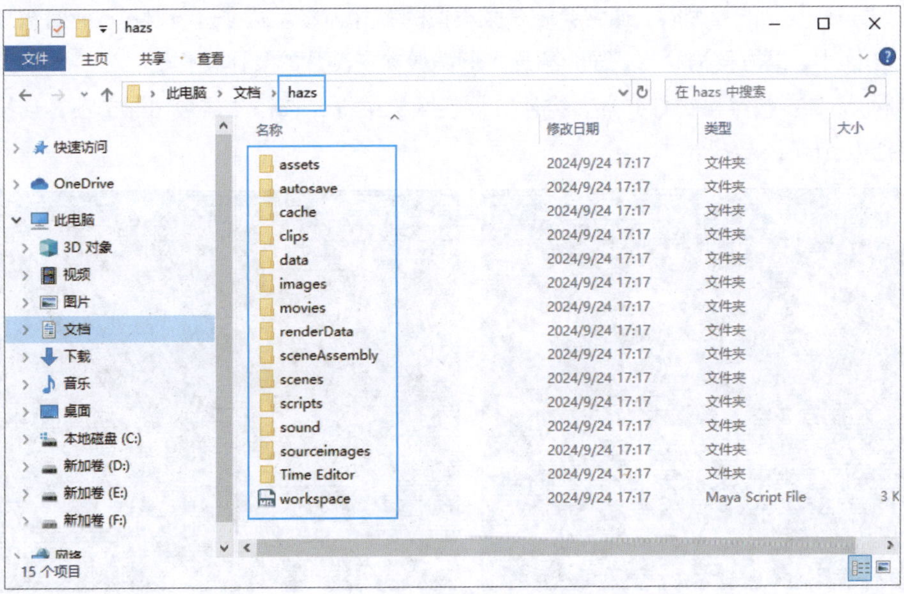


图 2-8 创建项目文件夹

# 2.2 文件的导入和导出

导入和导出功能也是经常要用到的，用户可以在“文件”菜单中进行操作。接下来对这两个功能进行简单介绍。

## ■2.2.1 文件导入

Maya有很强大的兼容性，支持各类文件的导入操作，如三维模型文件（OBJ、FBX）、动画文件（ABC）、场景文件（MA、MB）、图像纹理文件（JPEG、PNG）、视频文件（MOV、MP4）等。在菜单栏中选择“文件”→“导入”选项，打开“导入”对话框，在“文件类型”中设置要导入的文件格式并找到该文件，单击“导入”按钮，即可将其导入至当前场景中，如图2-9所示。

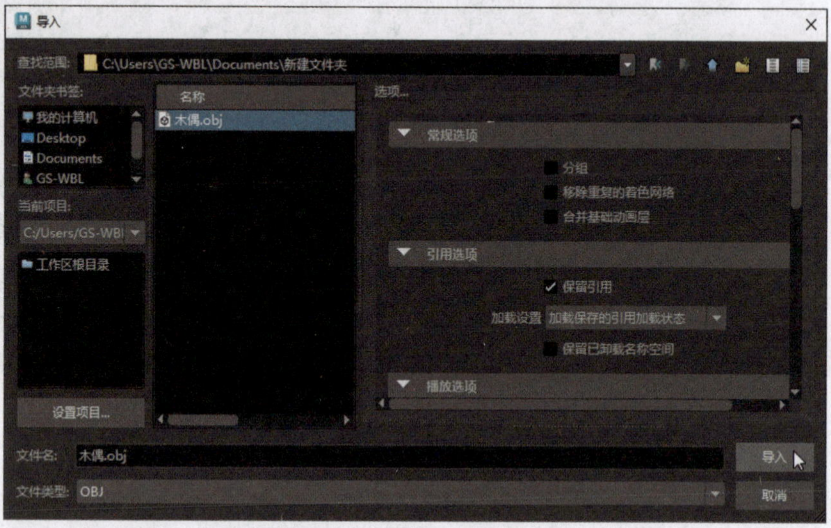


图 2-9　导入 OBJ 格式的文件

在创建一些复杂的模型时，通常会以一张类似的图片为参考基准进行制作，此时需要将参考图导入视图区中，以方便描绘。下面介绍导入蘑菇屋参考图片的具体操作。

**步骤 01** 新建场景。按空格键打开热盒控件，按住鼠标中键并选择“前视图”选项，切换至前视图，如图2-10所示。

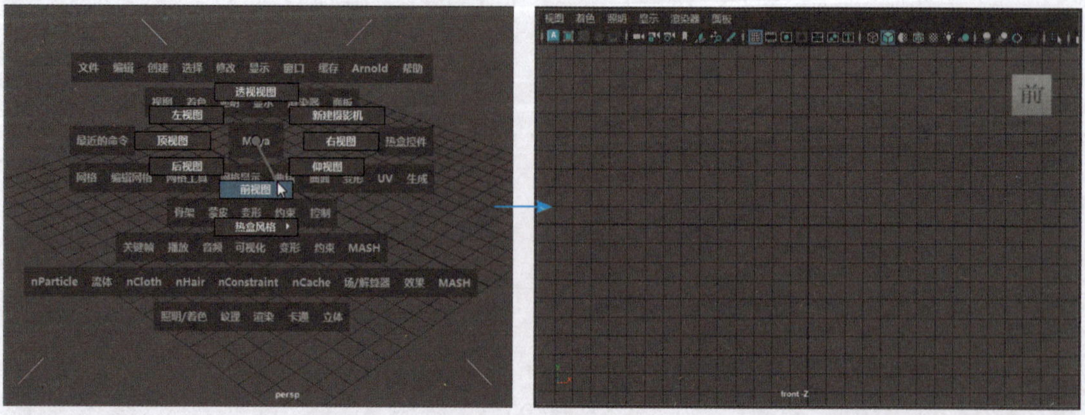


图 2-10　切换到前视图

**步骤02** 在该视图工具栏中选择“视图”→“图像平面”→“导入图像”选项，如图2-11所示。

图 2-11　选择“导入图像”选项

**步骤03** 在“打开”对话框中选择要导入的图像，如图2-12所示。

图 2-12　选择图像

**步骤04** 单击“打开”按钮，即可将图像导入至前视图中。在工具箱中单击“缩放工具”按钮，选中坐标原点，按住鼠标左键不放，向外拖动鼠标至合适位置，即可将图片等比放大，如图2-13所示。

**步骤05** 切换到其他视图预览导入的图像，如图2-14所示。

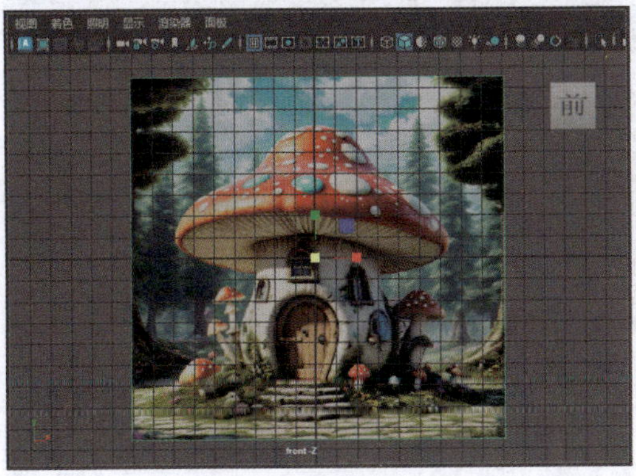

图 2-13　导入并放大图像

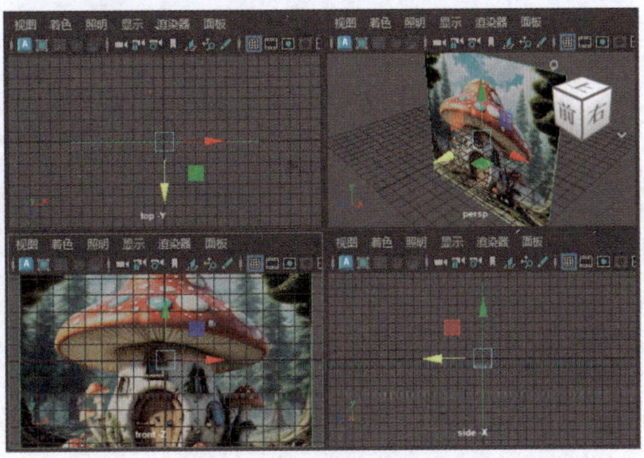

图 2-14　多视图预览图像

## ■2.2.2 文件导出

要导出创建的模型，可在“文件”菜单中根据需要选择“导出全部”选项，在打开的“导出全部”对话框中设置保存路径、文件类型和文件名，单击“导出全部”按钮即可，如图2-15所示。

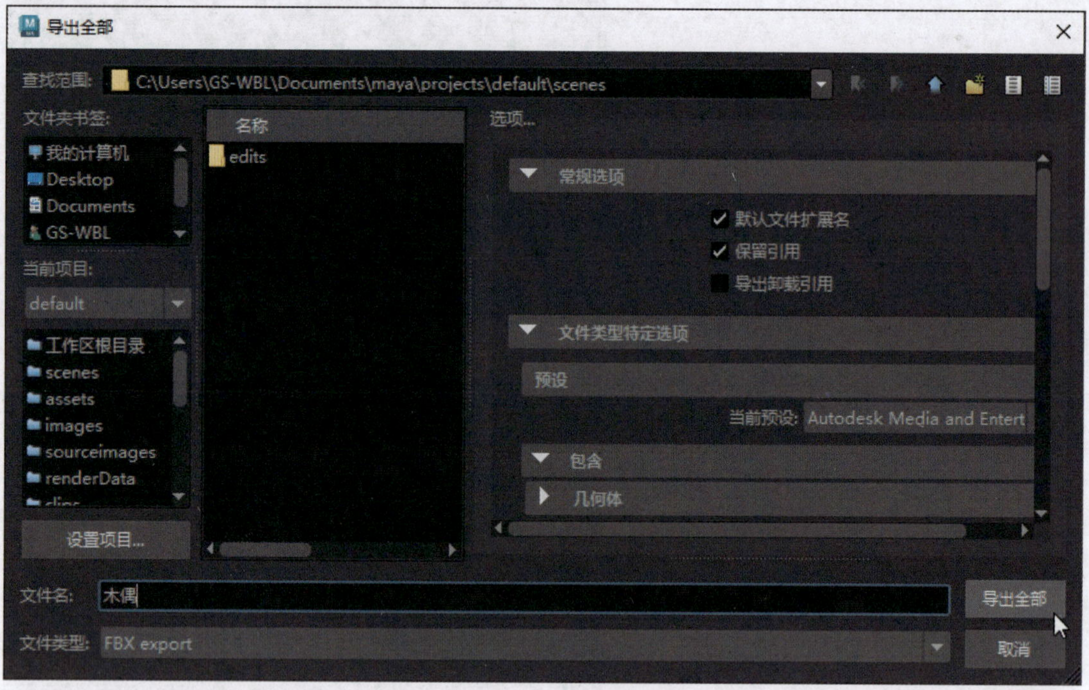


图 2-15 “导出全部”对话框

如果只想导出场景中某一组对象，可先在视图中选择所需导出的对象，然后选择“文件”→“导出当前选择”选项，如图2-16所示。在打开的“导出当前选择”对话框中设置导出的文件类型和文件名，单击“导出当前选择”按钮即可。

图 2-16 导出当前选择

> ❗ **提示**：在“导入”或“导出全部”对话框中，可在右侧“选项”面板中对导入或导出的场景参数进行详细设置，使场景更符合制作需求。

# 2.3 对象的基础设置

在场景创建的过程中，经常会对场景对象进行选择、移动、旋转、复制、缩放等操作，它们是最基本的建模操作，应尽快熟悉并掌握，为后期建模学习做好铺垫。

## ■2.3.1 选择对象

在Maya的工具箱中提供了选择工具、套索工具和绘制选择工具3种工具，可根据需要选择所需工具进行操作。

### 1. 选择工具

选择选择工具后，只需在视图中单击即可选中要选取的对象，被选中的对象即呈绿色高亮线框显示，如图2-17所示。

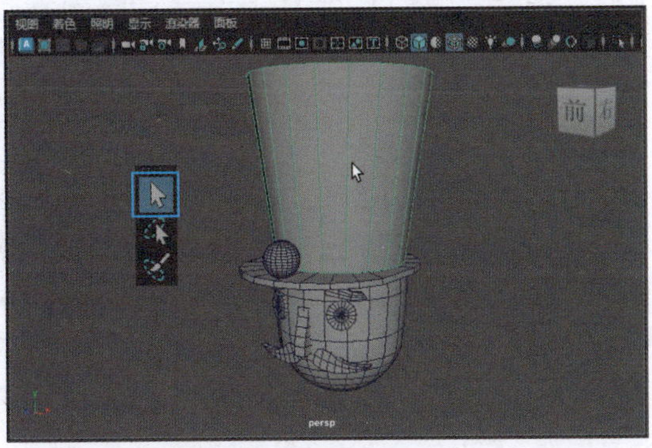


图 2-17 单选对象

按住Shift键再单击其他要选取的对象，可进行加选，如图2-18所示。相反，按住Ctrl键并单击已选中的对象可进行减选。

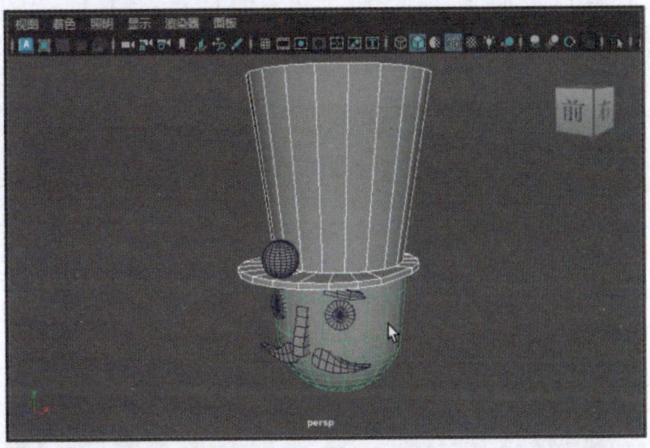


图 2-18 多选对象

在视图中按住鼠标左键，拖曳出一个选框区域，释放鼠标后只要是在选框区域内的或是与选框相交的对象都会被选中，如图2-19所示。

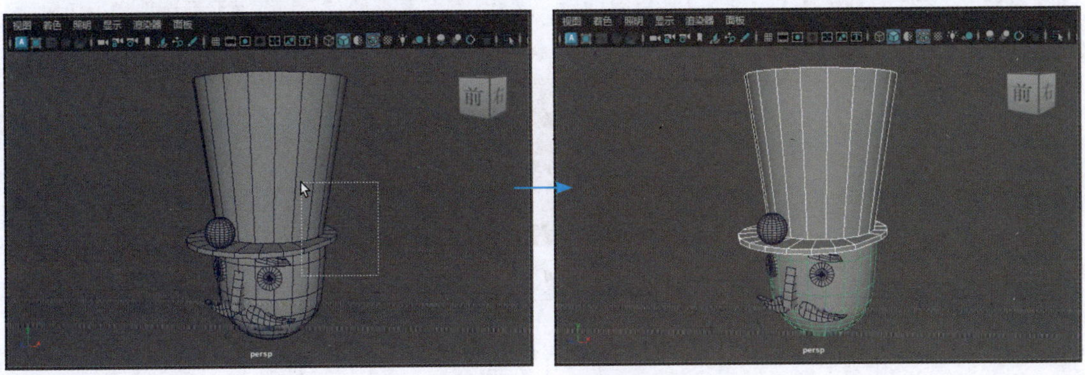


图 2-19 框选对象

### 2. 套索工具

使用套索工具可在视图中勾画出一个不规则的选区，在该选区内的或与选区相交的对象都会被选中，如图2-20所示。

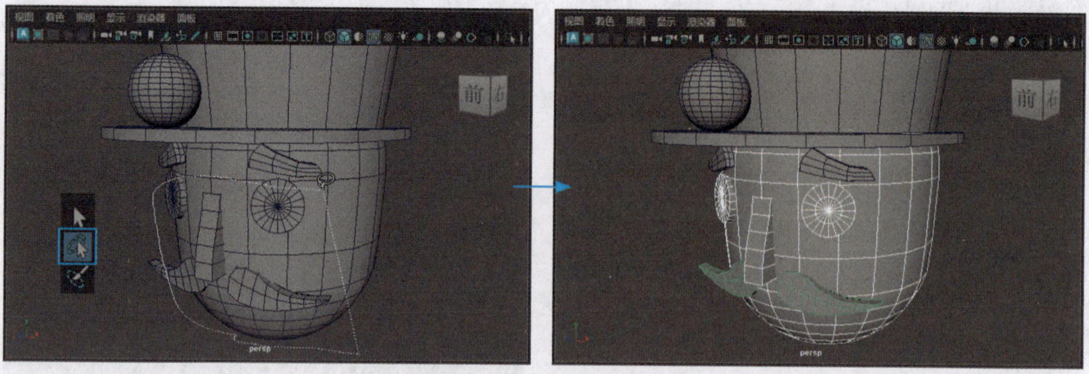

图 2-20　使用套索工具选择对象

### 3. 绘制选择工具

绘制选择工具只用于选取模型的构成元素，如顶点、边、面等。按住B键并拖动鼠标左键可以调整画笔的大小。可先使用选择工具选中对象，然后利用绘制选择工具选择对象上的某个元素，如图2-21和图2-22所示。

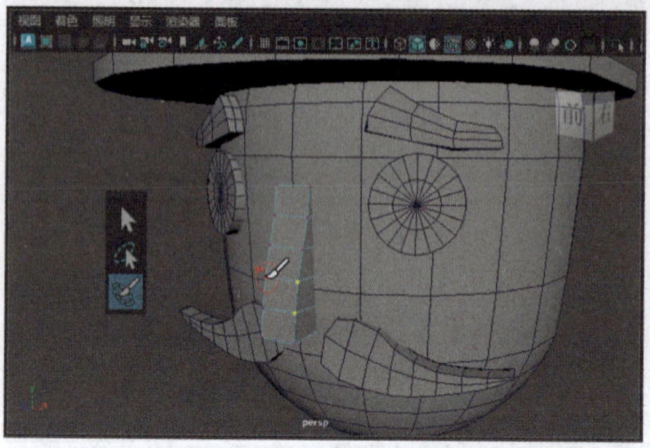

图 2-21　选择对象的顶点

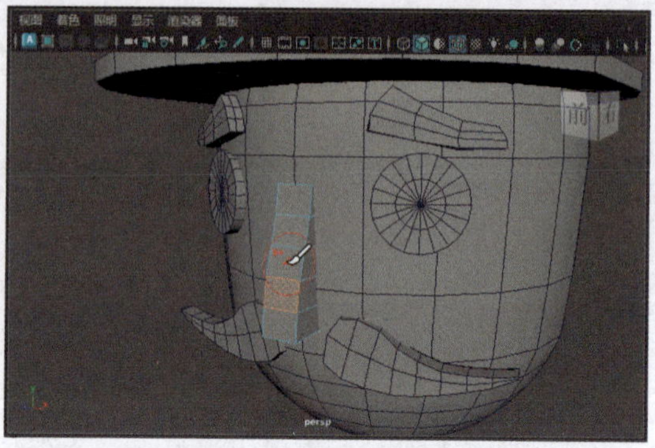

图 2-22　选择对象的面

**提示：**在使用绘制选择工具时，一般需要结合“建模工具包”中的点、线、面元素选项进行切换，如图2-23所示。

图 2-23　切换元素选项

除了使用工具箱中的选择工具外，还可以利用大纲视图选择指定对象。在工具箱中单击“▣”按钮，打开大纲视图窗口，在该窗口中会显示出当前视图中的所有对象。选择所需的对象名称，此时视图中相应的对象将被选中，如图2-24所示。

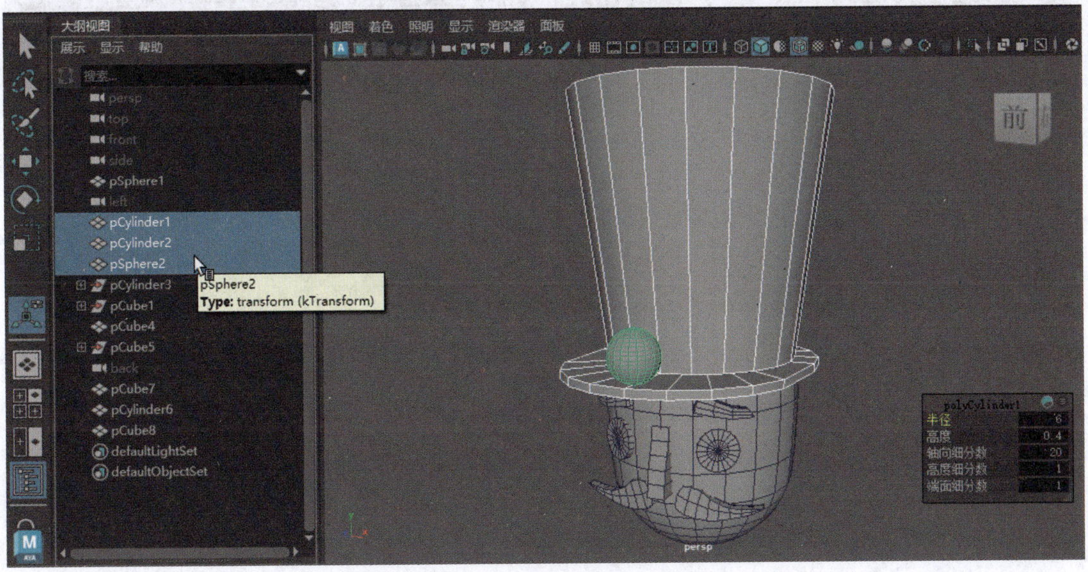


图 2-24 使用大纲视图选择对象

## ■2.3.2 移动对象

移动对象是指将选中的对象按照*X*、*Y*、*Z*三个轴向进行移动。单击工具箱中的“移动”按钮，在视图中选中对象后，将光标移至对应的轴向上，拖动对象至指定位置，即可完成移动，如图2-25所示。

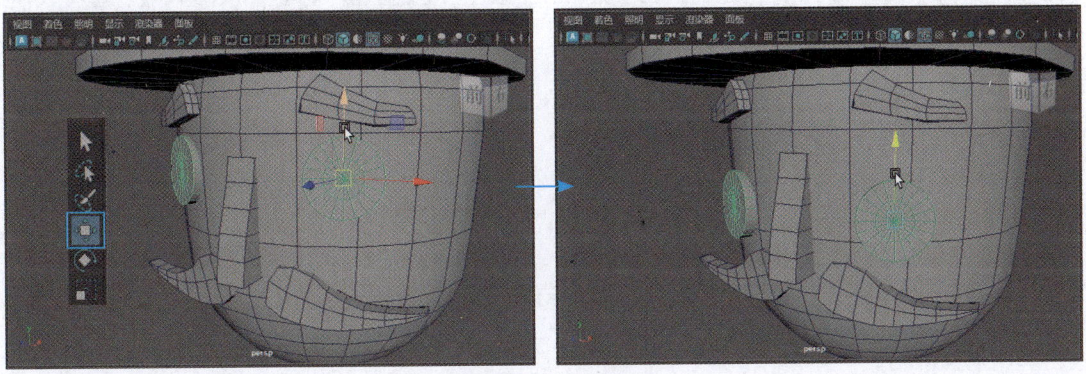

图 2-25 移动对象

## ■2.3.3 旋转对象

旋转对象是指将选中的对象按照指定的轴向进行旋转。在视图中选择对象，在工具箱中单击“旋转”按钮，选择旋转轴线，拖动鼠标至合适位置，即可将对象沿着该轴进行旋转，如图2-26所示。

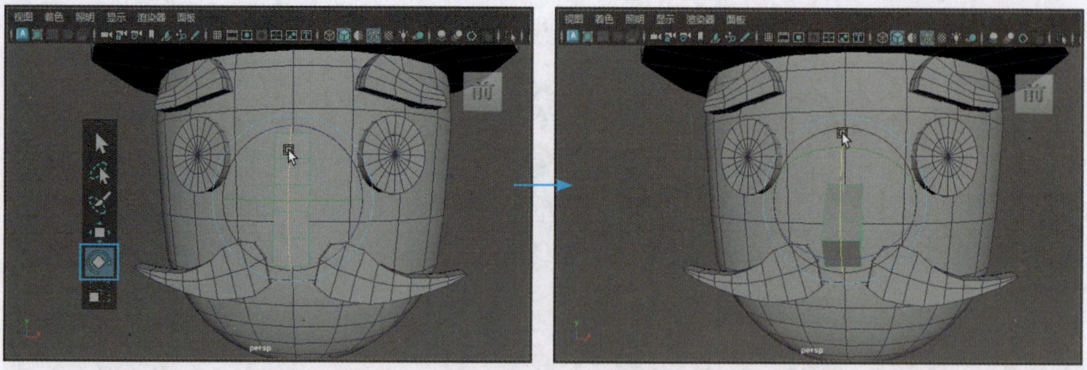

图 2-26　旋转对象

## ■2.3.4　复制对象

复制是指以某个模型为基准，创建出一个或多个该模型的副本对象。Maya中的复制功能有3种，分别为原位复制、特殊复制和复制并变换。

### 1. 原位复制

原位复制是最常用的复制方法。选中所需对象，按Ctrl+D组合键可在原位置上复制出一个副本对象。这两个对象是完全重合在一起的，可使用移动工具将复制的新对象移至指定位置，如图2-27所示。

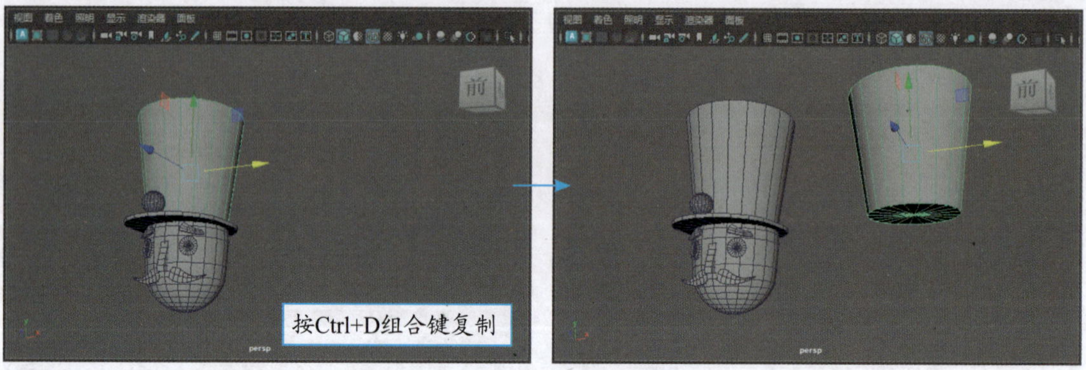


图 2-27　原位复制对象

### 2. 特殊复制

特殊复制也称为“关联复制”，利用该功能复制的对象，其复制的对象与原始对象是有关联的。对其中一个对象进行变换（移动、旋转、缩放）操作，另一个关联对象也会发生相同的变化。该功能与3ds Max的实例复制功能是一样的。下面通过实例介绍特殊复制的具体操作。

**步骤01** 打开素材文件并选中柱体模型，如图2-28所示。

**步骤02** 在菜单栏中单击“编辑”→“特殊复制”选项后的设置按钮▣，在打开的“特殊复制选项”对话框中选择“实例”选项，如图2-29所示，单击“应用”按钮关闭对话框。

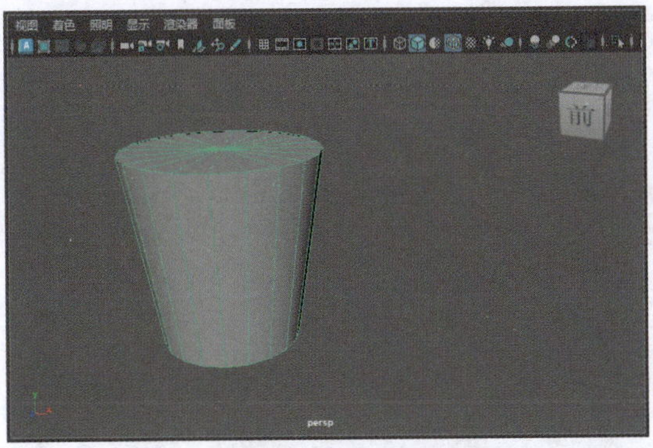


图 2-28　选中柱体模型

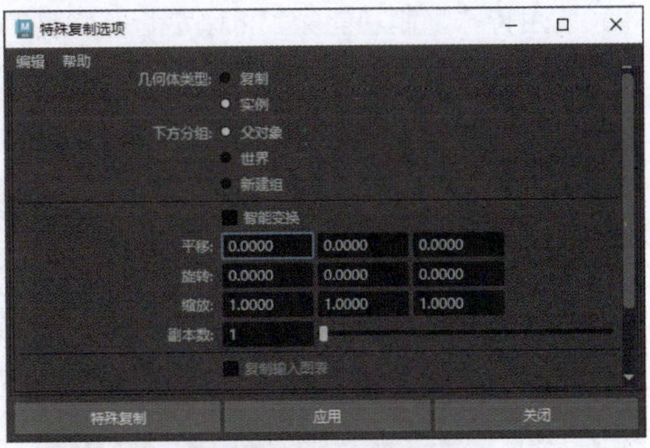


图 2-29　应用特殊复制

**步骤03** 使用移动工具将复制的柱体移动到合适位置，如图2-30所示。

**步骤04** 打开“建模工具包”面板，选择“顶点”结构组件，如图2-31所示。

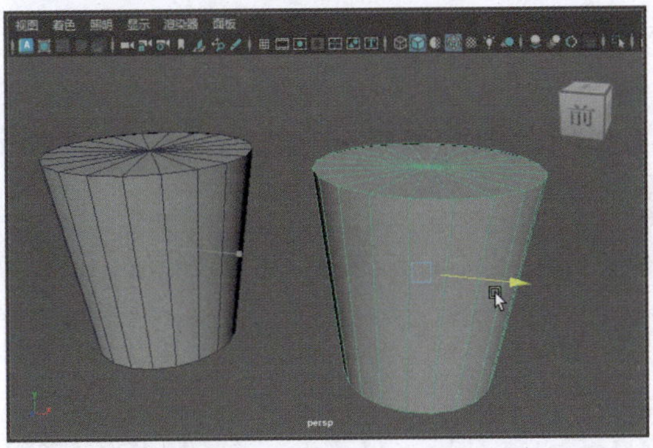


图 2-30　移动复制的柱体

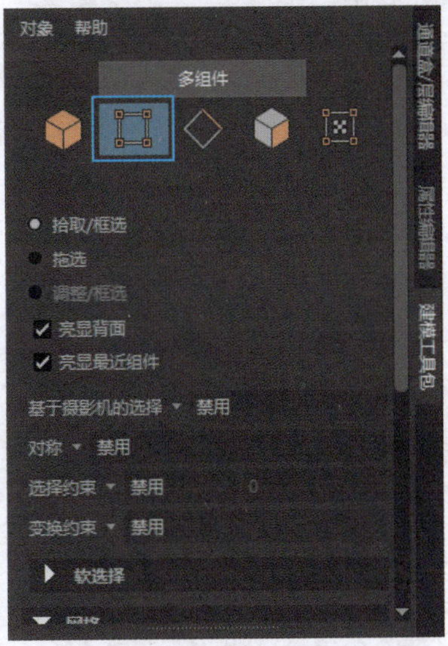


图 2-31　选择“顶点”结构组件

**步骤05** 在柱体下方选择一个顶点，并使用移动工具将其沿Z轴向移动，如图2-32所示。此时可以看到原来的柱体也会产生相应的变化。

**步骤06** 按照同样的方法，指定柱体上、下方其他顶点，并将其移动至合适位置，可完成树桩模块的创建，如图2-33所示。

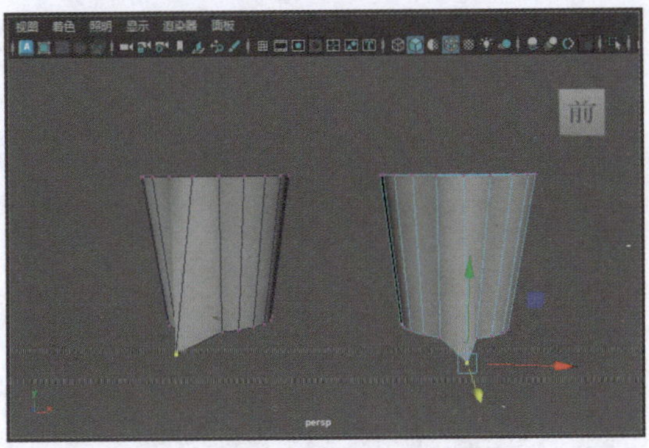


图 2-32　移动柱体中的一个顶点

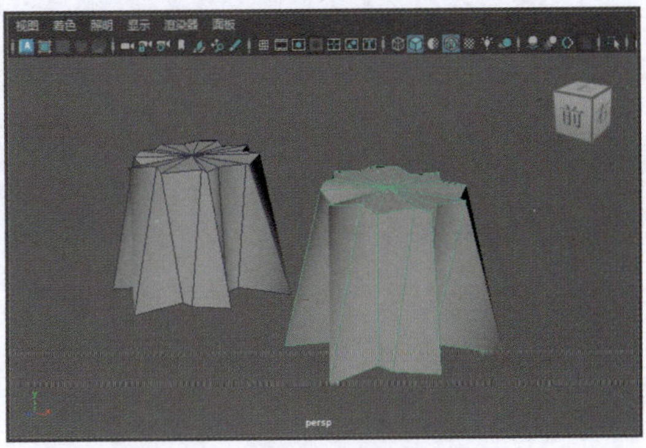


图 2-33　移动柱体其他的顶点

使用特殊复制功能除了可以进行关联复制外，还可以将对象进行镜像复制和旋转复制。在“特殊复制选项”对话框中将“缩放”选项的第1个参数框（*X*轴）设为-1，单击“应用”按钮即可将对象进行镜像复制，如图2-34所示。

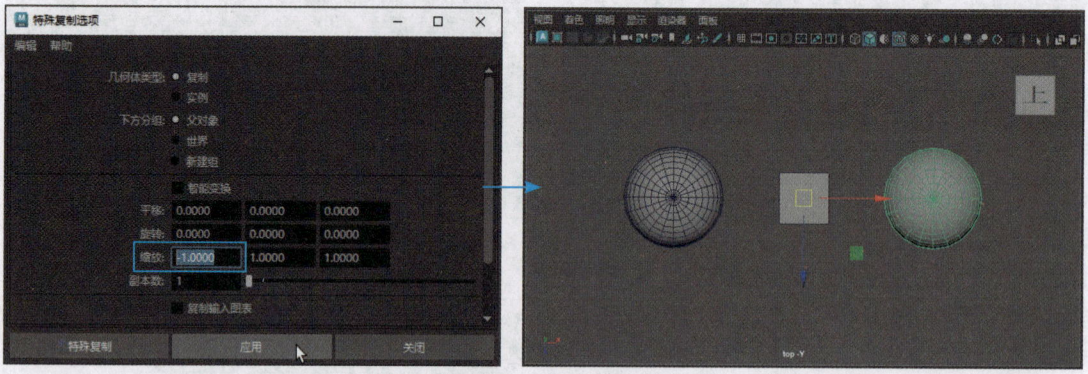


图 2-34　镜像复制球体

在该对话框中选择旋转轴（如选择*Y*轴），在“旋转”选项的第2个参数框中输入旋转角度，并在“副本数”参数框中输入复制数量，单击“应用”按钮即可完成旋转复制操作，如图2-35所示。

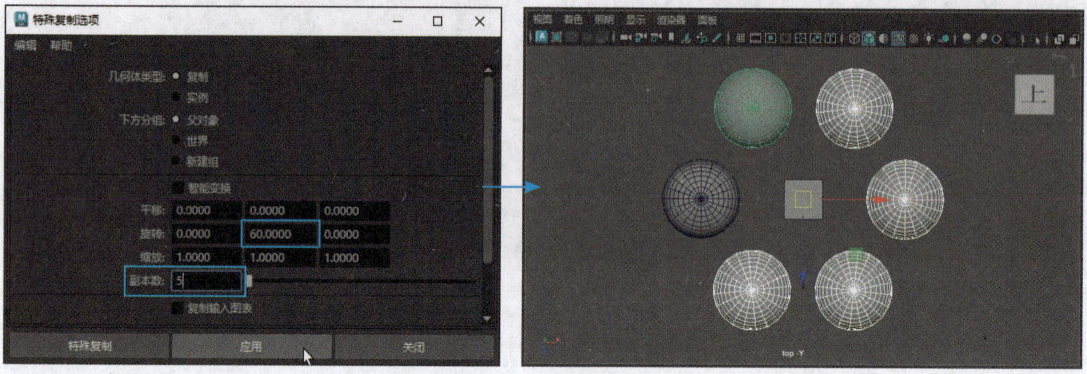


图 2-35　旋转复制球体

**提示：** 在进行镜像和旋转复制时，需事先指定对象的坐标点，按D键可调整对象的坐标点，然后进行镜像或旋转复制操作。

### 3. 复制并变换

复制并变换是一个智能复制功能，它不仅可用于复制对象，还可将对象的变化属性（如移动、旋转、缩放等）一起进行复制。例如，选中某对象后，先按Ctrl+D组合键进行基础复制，然后移动到指定位置，再对其进行旋转，如图2-36所示。

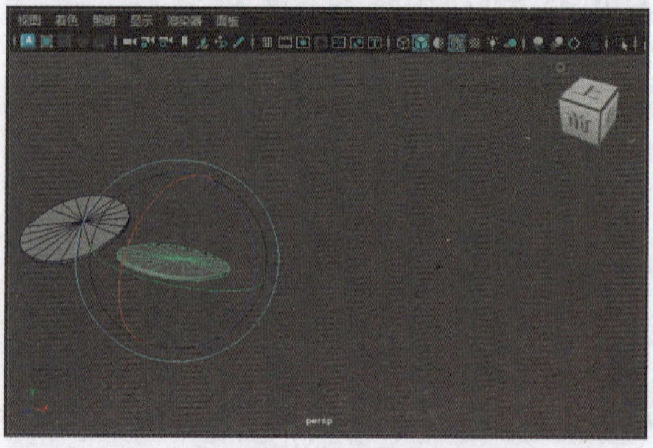

图 2-36　复制并旋转

直接按Shift+D组合键，Maya会继承上一步的移动和旋转操作，将对象进行等距复制，如图2-37所示。

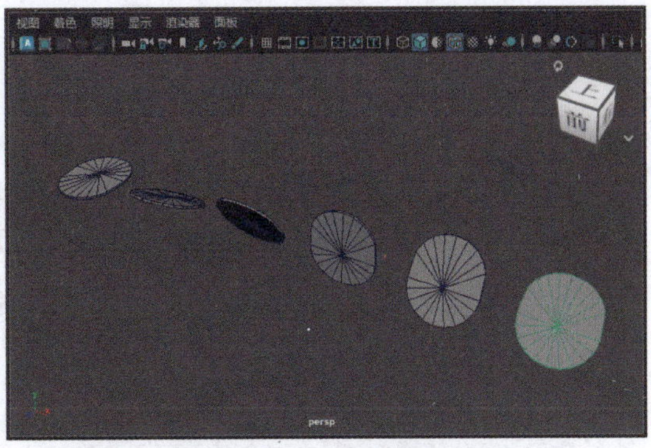

图 2-37 等距复制并变换效果

## ■2.3.5 缩放对象

使用缩放工具可对对象进行自由缩放。选中所需对象，在工具箱中单击“缩放”按钮，在视图中将光标放置在对象坐标原点的位置，按住鼠标左键，向右拖动可等比放大对象，向左拖动可等比缩小对象，如图2-38所示。

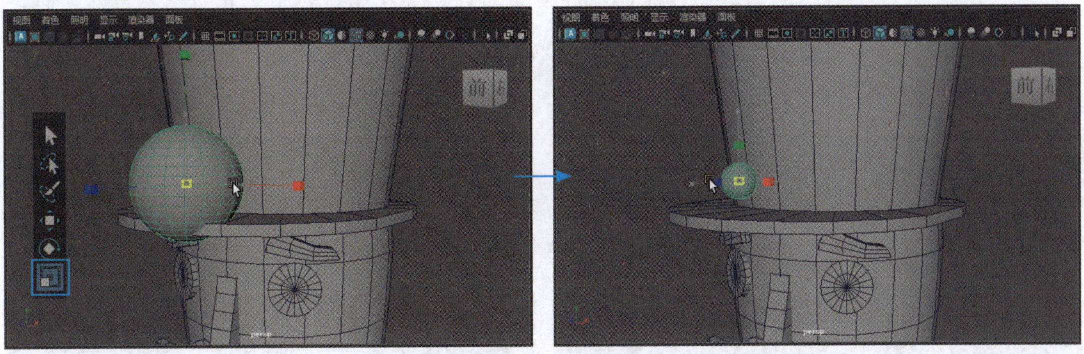

图 2-38 等比缩放对象

# 2.4 对象的高级设置

除了以上介绍的几个基础操作外，还会需要其他的一些设置操作，如捕捉设置、编组设置、冻结变换等。

## ■2.4.1 捕捉对象

利用捕捉功能可以快速将对象捕捉到指定位置上。Maya提供了6种捕捉功能，分别为捕捉到栅格、捕捉到曲线、捕捉到点、捕捉到投影中心、捕捉到视图平面和激活选定对象。在状态行中单击相应的捕捉开关可激活该捕捉功能，如图2-39所示。

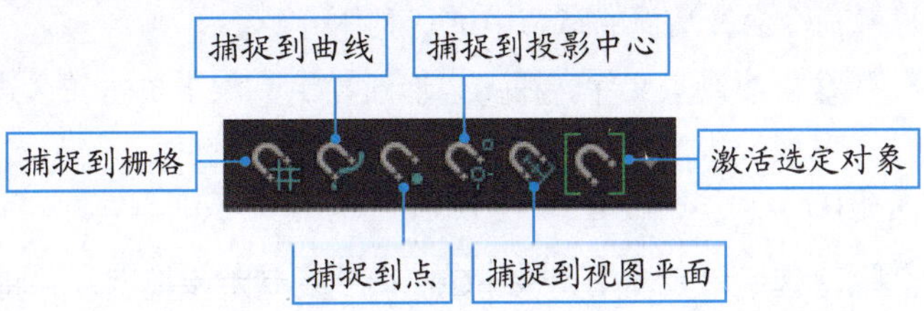


图 2-39 捕捉开关按钮

### 1. 捕捉到栅格

激活该命令后，可将选中的对象捕捉到指定栅格点，同时在移动对象时，对象只会沿着栅格点进行移动，如图2-40所示。该命令的快捷键为X。

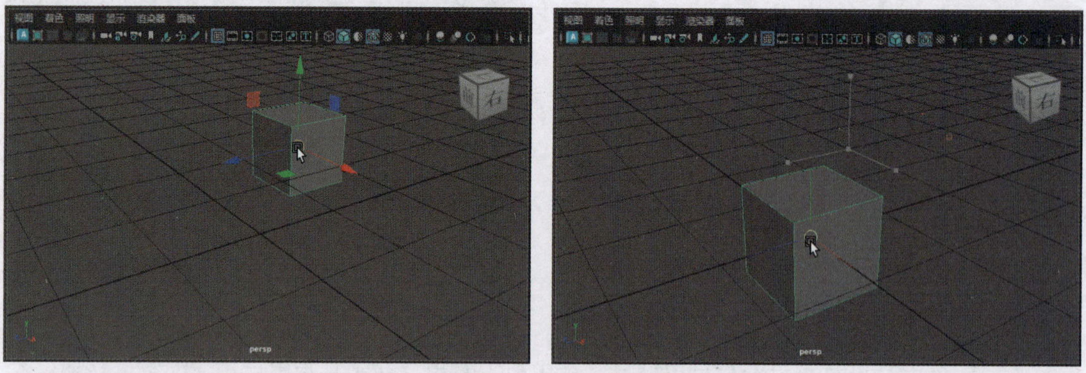

图 2-40　捕捉到栅格点

### 2. 捕捉到曲线

激活该命令后，可将对象捕捉到指定的线条（包括模型的边线）上。此时，如果按住鼠标中键移动对象，该对象只会沿着线条移动，而不会进行任意方向的移动，如图2-41所示。该命令的快捷键为C。

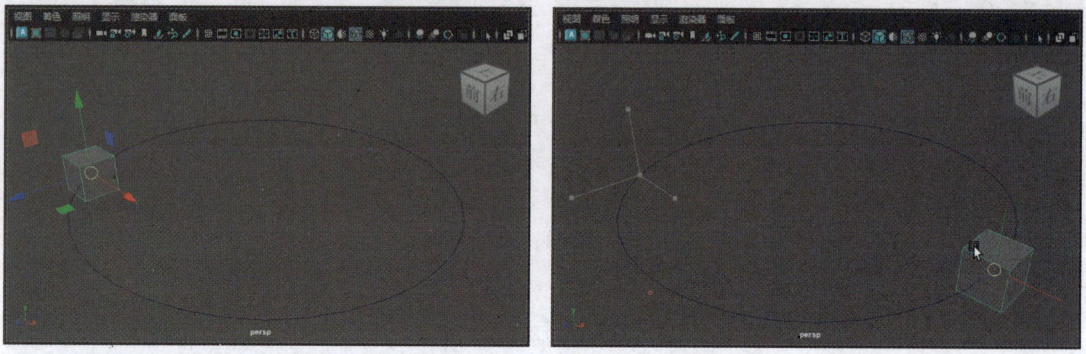

图 2-41　捕捉到曲线

### 3. 捕捉到点

激活该命令，可将对象快速捕捉到其他对象指定的顶点位置。利用该命令还可快速调整对象中心轴点的位置。该命令的快捷键为V。

接下来，利用“捕捉”“复制”“挤出面”等命令绘制简易楼梯模型，其中用到的“挤出面”命令会在后面的章节中进行具体介绍。

**步骤01** 新建场景文件。在多边形建模工具架上单击“多边形立方体”按钮，创建一个立方体，在“属性编辑器”面板中可设置该立方体的长、宽、高参数，完成一个踏步模型的绘制，如图2-42所示。

**步骤02** 选中踏步模型，按住Ctrl+D键复制踏步模型，并将其移动合适位置，如图2-43所示。

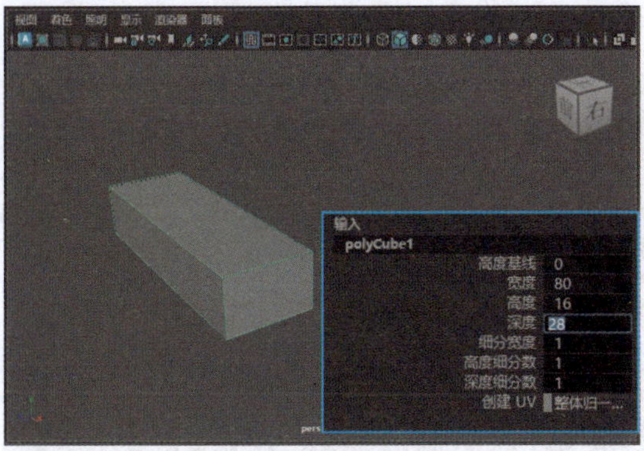


图 2-42　创建踏步模型

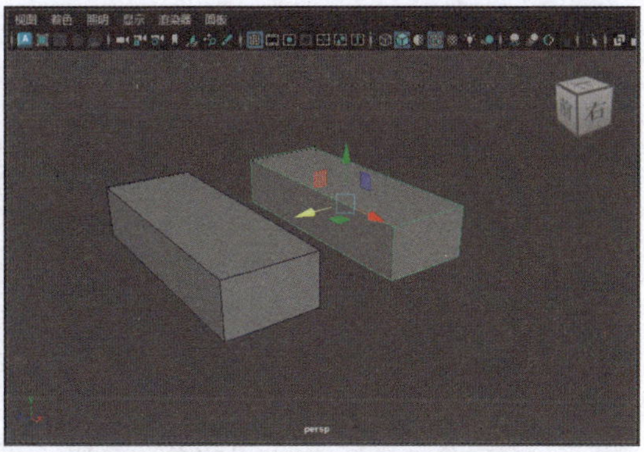

图 2-43　复制踏步模型

步骤 03 单击状态行中的“捕捉到点”按钮，按D键进入坐标点设置状态，选中该踏步的一个角点作为坐标点，如图2-44所示。

步骤 04 再按D键取消坐标设置操作，如图2-45所示。

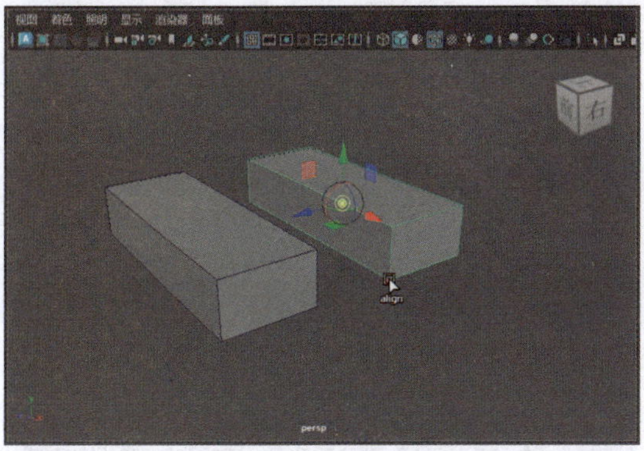

图 2-44　设置坐标点

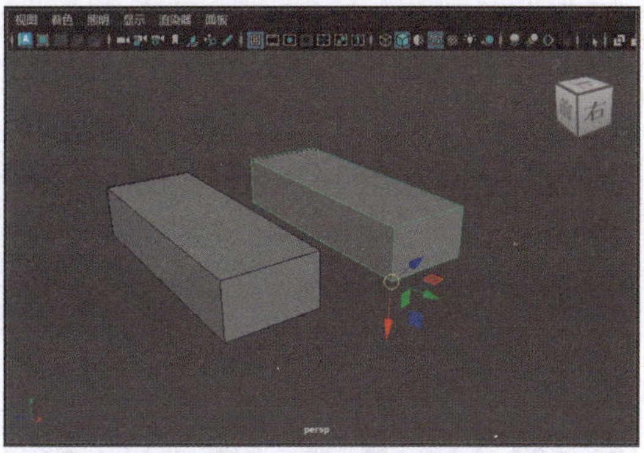

图 2-45　完成坐标点设置

步骤 05 单击“移动工具”按钮，移动该踏步模型。Maya自动将该踏步吸附到第1个踏步点上，如图2-46所示。

步骤 06 多次按Shift+D组合键可等距复制踏步模型，如图2-47所示。

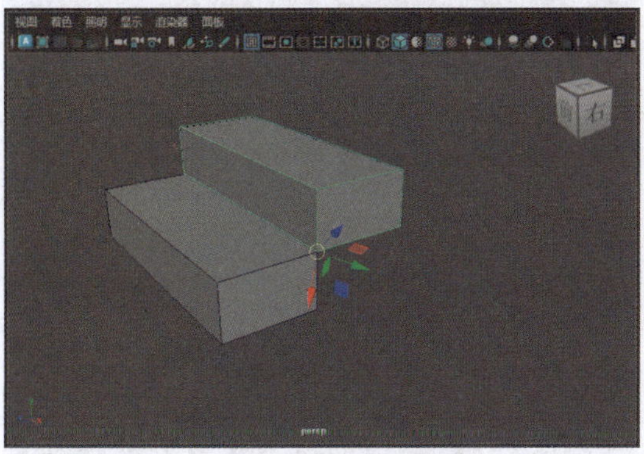

图 2-46　自动吸附模型点

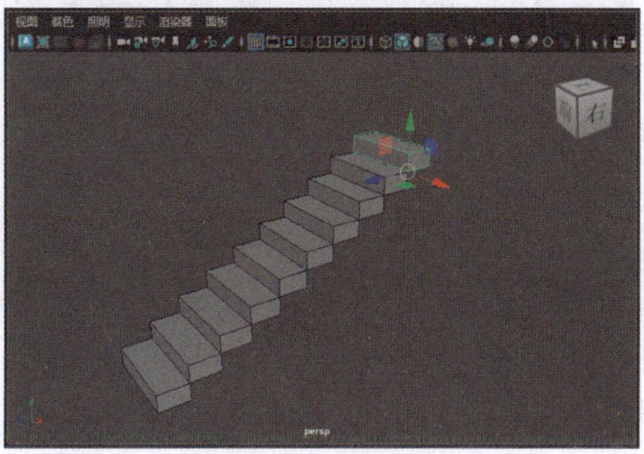

图 2-47　等距复制

**步骤 07** 右击最顶部的踏步，打开热盒控件，选择“顶点”选项，进入顶点编辑模式，如图2-48所示。

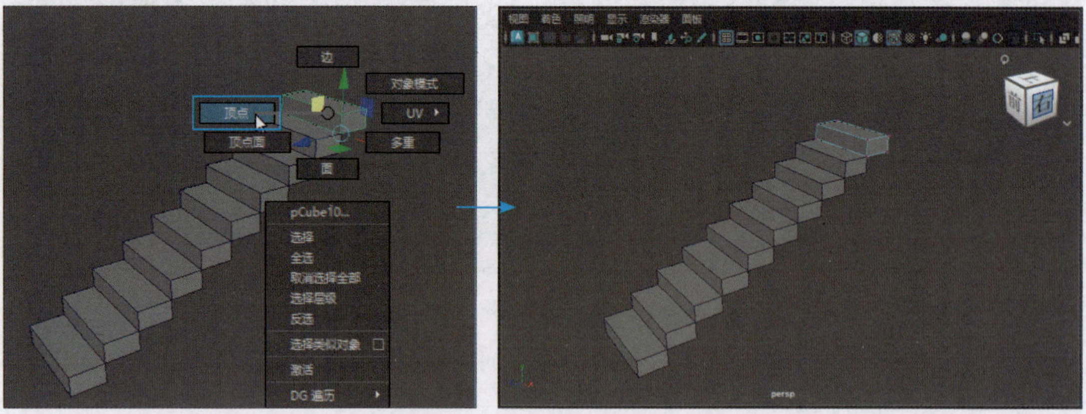


图 2-48　进入顶点模式

**步骤 08** 切换到顶视图，选择踏步的顶点，使用移动工具移动该顶点至合适位置，如图2-49所示。

**步骤 09** 切换到透视图，右击选择“对象模式”选项，退出顶点编辑模式。在多边形建模工具架上单击“多边形圆柱体”按钮，创建一个圆柱体，并在“属性编辑器”面板中设置圆柱体的半径和长度，将其移至第1个踏步上，如图2-50所示。

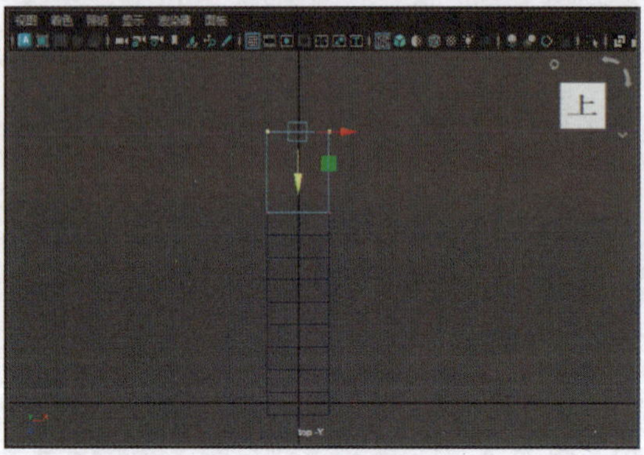


图 2-49　调整踏步宽度

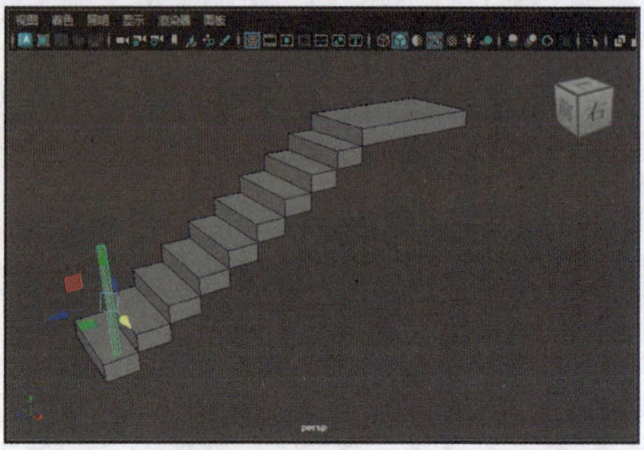


图 2-50　创建圆柱体

**步骤 10** 选中该圆柱体，按Ctrl+D组合键进行复制，并调整至第2个踏步上，如图2-51所示。

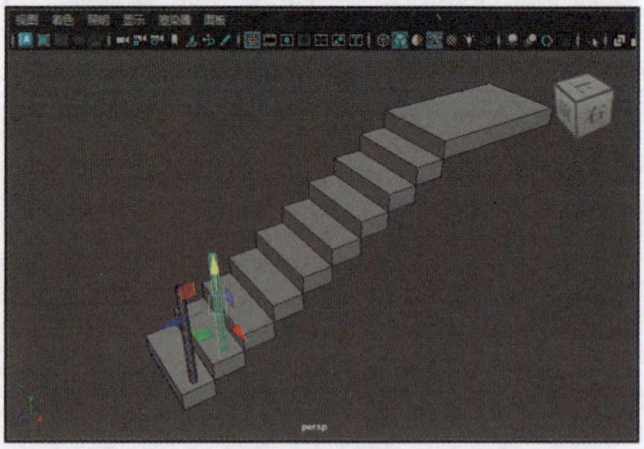


图 2-51　复制圆柱体

步骤 11 按照同样的方法，复制圆柱体直到最后一个踏步模型，如图2-52所示。

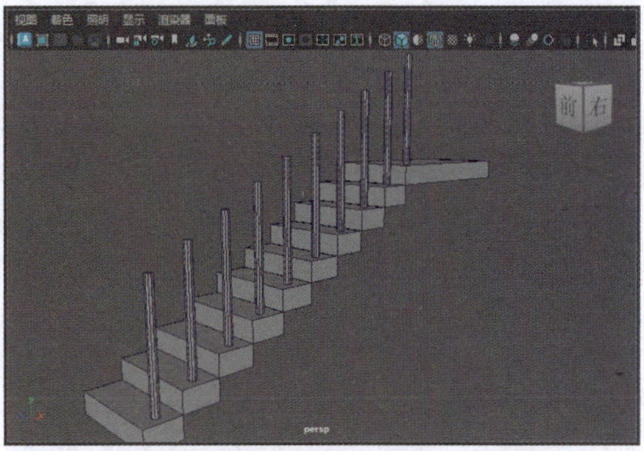

图 2-52　多次复制圆柱体

步骤 12 单击“多边形立方体”按钮，创建一个长方体，调整其长宽及位置，如图2-53所示。

步骤 13 选中该长方体，右击进入“面”编辑模式，选中长方体所需的面，如图2-54所示。

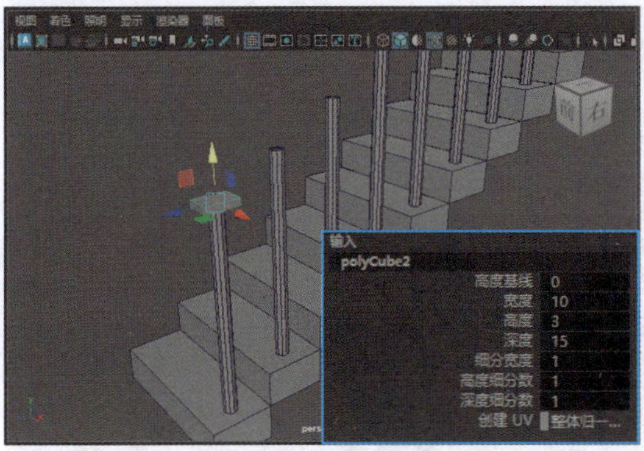


图 2-53　创建长方体

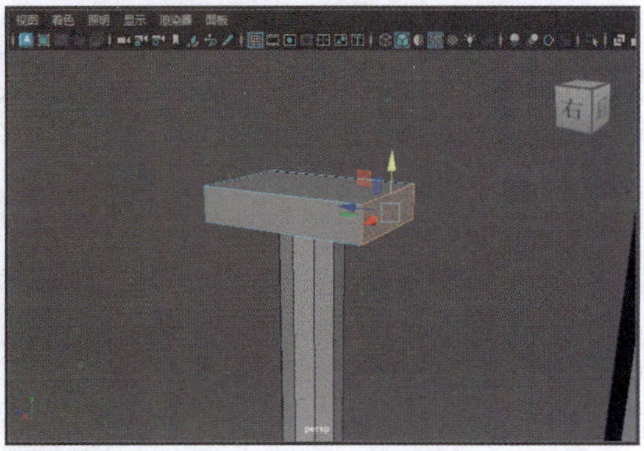

图 2-54　选择长方体的面

步骤 14 按住Shift键并右击，选择“挤出面”选项，将该面向外挤出，如图2-55所示。

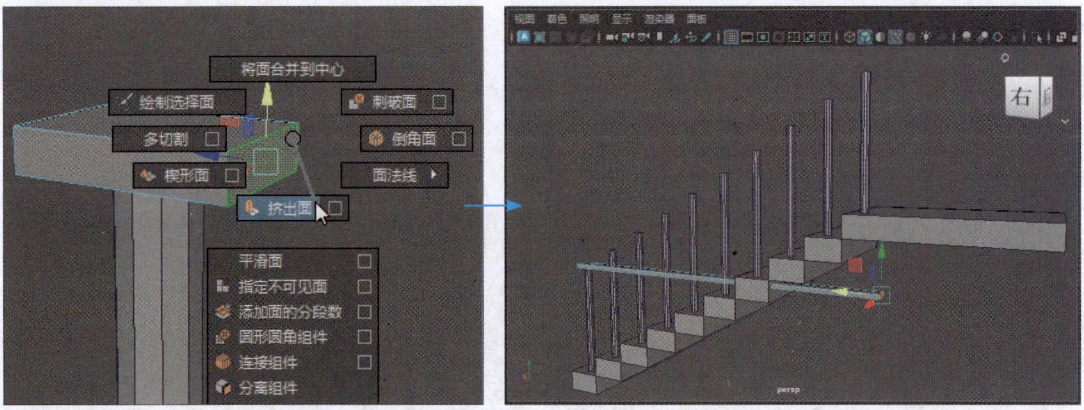


图 2-55　挤出面

步骤 15 将挤出的面向上移动至顶部圆柱体的合适位置，使用旋转工具适当旋转挤出的面，如图2-56所示。

步骤16 再次使用“挤出面”命令，继续将该面挤出到合适位置，完成楼梯扶手模型的绘制，如图2-57所示。

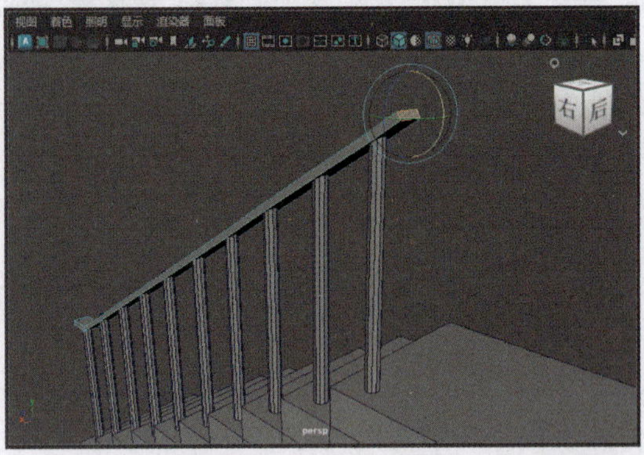

图 2-56　挤出并旋转面

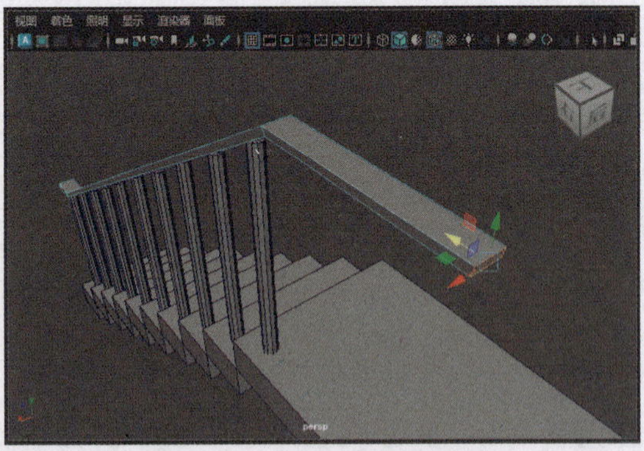

图 2-57　绘制楼梯扶手模型

步骤17 将绘制的楼梯扶手复制到踏步模型的另一侧，至此，简易楼梯模型绘制完成，效果如图2-58所示。

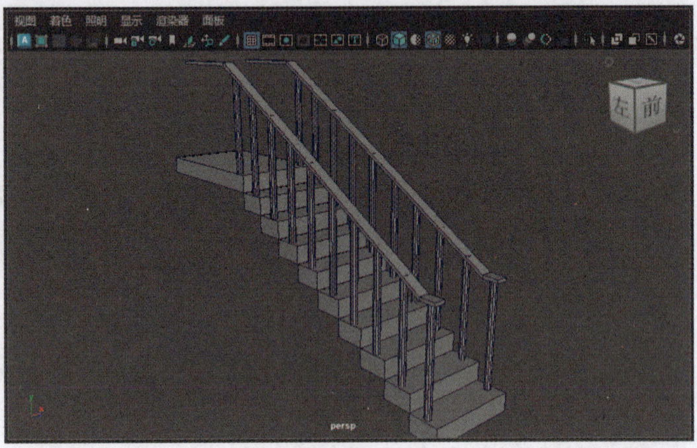

图 2-58　楼梯效果

### 4. 捕捉到投影中心

在透视视图中，如果一个对象被另一个对象遮住，无法对被遮住的对象进行操作时，可激活该命令。命令激活后被遮住的对象就会捕捉并移至前一个对象的平面上，方便用户操作，如图2-59所示。该命令不常用。

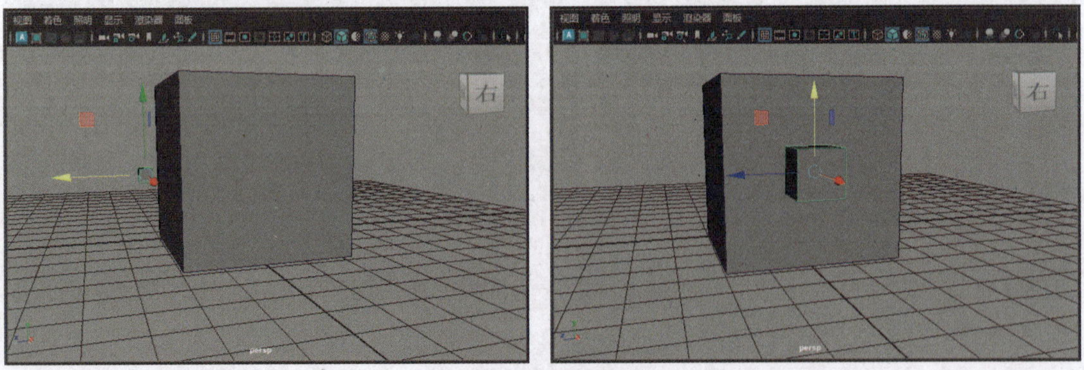

图 2-59　捕捉到投影中心

### 5. 捕捉到视图平面

未激活该命令时，创建的平面永远平行于*XY*平面。激活该命令后，创建的平面则会正对摄影机视图平面。

### 6. 激活选定对象

在创建了一组复杂曲面模型并激活该命令后，可以直接在该组对象上进行建模操作，无须担心会误操作其他模型对象。该命令在对一些特殊曲面上绘制花纹或纹理非常有用。

## ■2.4.2 编组对象

Maya中创建的对象都具有独立性，如需同时编辑多个物体，可将其组合在一起，使用编组功能进行操作。该功能可自由地在组合个体之间切换，既可对组的整体进行统一编辑，又可切换到组中的独立个体进行修改。

### 1. 分组

如需进行编组，可选择所需的模型对象，在菜单栏中选择“编辑”→“分组”选项，或按Ctrl+G组合键，即可为所选对象进行编组，如图2-60所示。

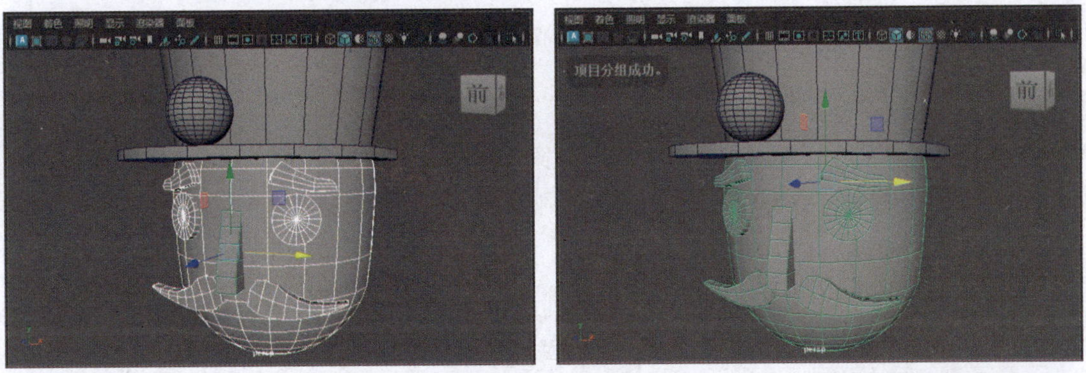


图 2-60 编组对象

进行编组后，仍然可以对组内单个模型进行编辑。如果想要对整个组进行统一操作，则需在大纲视图中选择该组，方可选中组内所有对象，如图2-61所示。

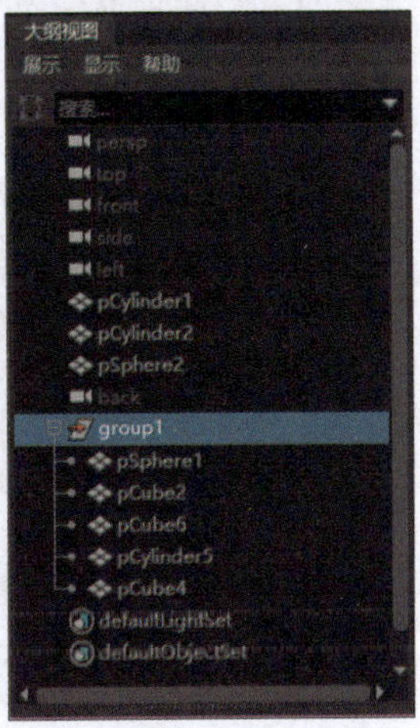


图 2-61 选择组内所有对象

### 2. 解组

如需解组，可在菜单栏中选择“编辑”→“解组”选项。此外，在大纲视图面板中选中组内所有对象，按鼠标中键将其拖出组列表，也可解组操作，如图2-62所示。

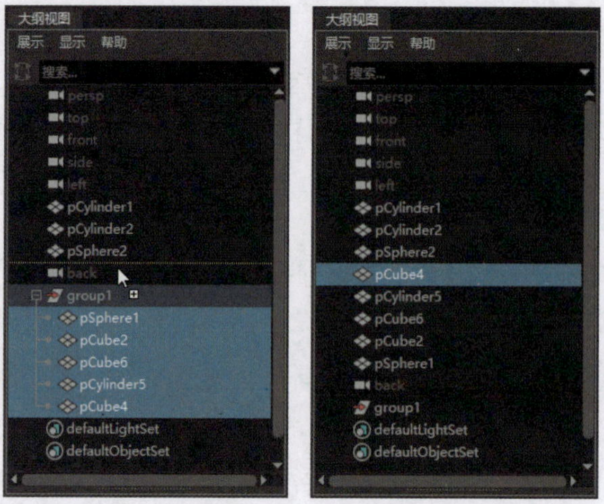


图 2-62 使用大纲视图解组

## ■2.4.3 坐标轴和冻结变换

本节将简单介绍Maya的坐标轴和冻结变换功能。

### 1. 坐标轴

Maya中的坐标轴可分为世界坐标轴、对象坐标轴、组件坐标轴和自定义坐标轴4种类型。

（1）世界坐标轴

世界坐标轴是Maya场景中的全局坐标系统，它不以任何对象为基准，而是固定在整个场景中。无论对象如何移动、旋转或缩放，世界坐标轴始终保持不变，如图2-63所示。

（2）对象坐标轴

对象坐标轴也称为局部坐标轴或自身坐标轴，是绑定在对象上的坐标系统。它会以对象为中心，随着对象的移动、旋转和缩放而变化。在进行与对象本身相关的变换操作时，使用对象坐标轴更为直观和方便，如图2-64所示。

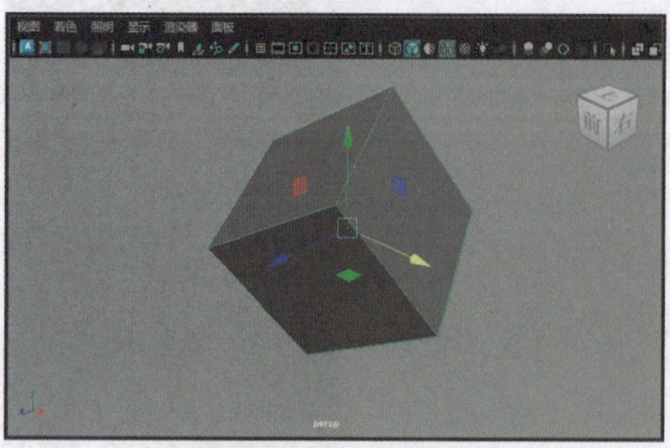

图 2-63 世界坐标轴

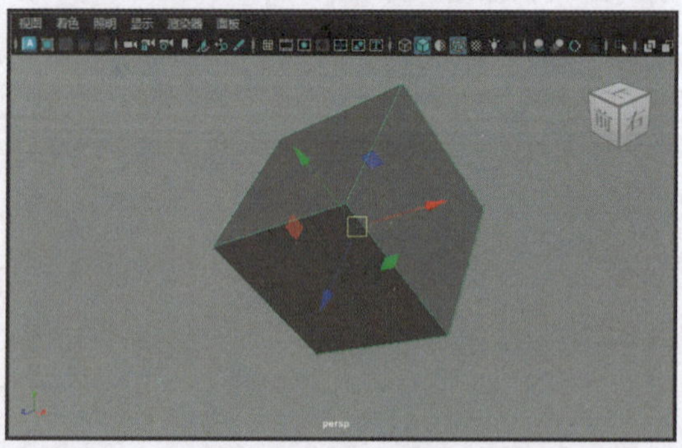

图 2-64 对象坐标轴

（3）组件坐标轴

组件坐标轴是特定于对象组件（如顶点、边、面等）的坐标系统，始终垂直于组件平面。利用它可对对象的单个组件进行精确的变换操作。在进行细节调整（如微调顶点位置以优化模型形状）时，组件坐标轴非常有用，如图2-65所示。

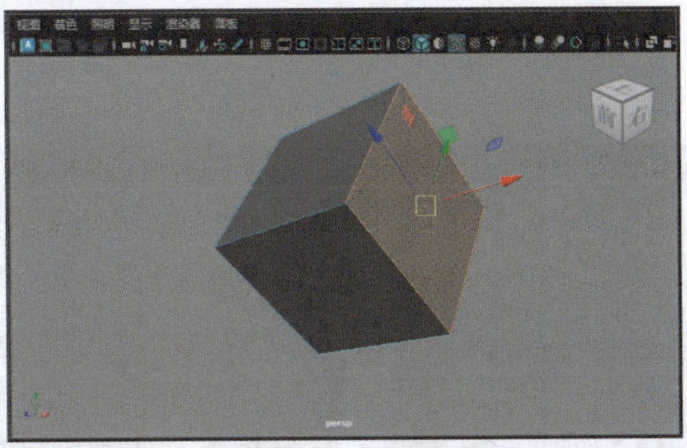

图 2-65 组件坐标轴

（4）自定义坐标轴

自定义坐标轴可让用户根据自己的需要定义坐标轴的朝向和位置，提供了极大的灵活性。按D键可以设定坐标轴心的位置，然后根据需要设置坐标轴的朝向即可。

### 2. 中心枢轴

对象在编辑的过程中，其坐标轴有时不处于对象的正中心，因而在操作对象时会有一定的难度，此时使用中心枢轴功能就可将对象坐标轴重置到对象中心，以便后续操作。在工具架上单击“中心枢轴”按钮，即可启用该功能。

### 3. 冻结变换

冻结变换是指将对象的变换属性进行归零的一种操作。选中对象，在菜单栏中选择“修改”→“冻结变换”选项，或者在工具架上单击“冻结变换”按钮，即可将对象的变换属性归零，如图2-66所示。

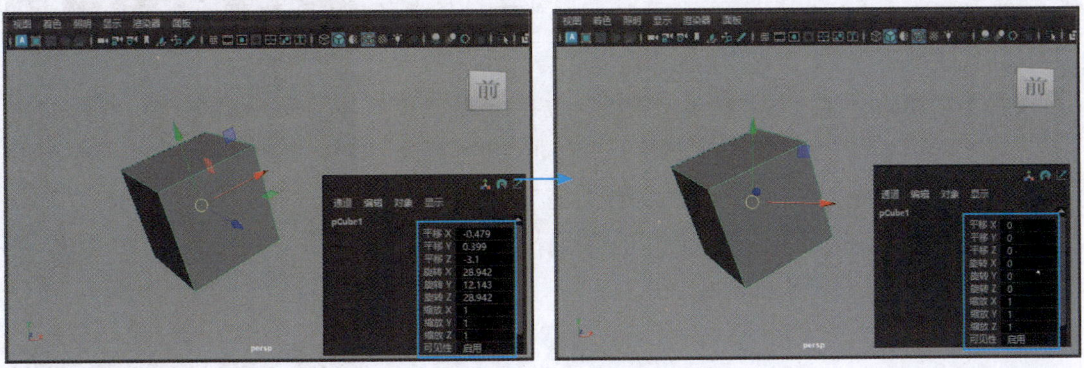


图 2-66 冻结变换

需注意的是，使用冻结变换功能重置变换参数后，其坐标始终会以世界坐标轴的形式显示，无法将其切换至其他类型的坐标。要解决这一问题，可以使用自定义坐标轴重新设定坐标。

## ■2.4.4 隐藏与删除对象

在编辑对象时，如果出现被其他物体遮挡、无法直接操作的情况，可以将遮挡物体先暂时隐藏，待处理好场景后再将其显示。在菜单栏中选择“显示”→“隐藏”选项，在其级联菜单中提供了多种隐藏方式及隐藏对象，根据需要选择即可，如图2-67所示。

如果要想显示隐藏对象，可在“显示”列表中选择“显示”选项，在其级联菜单中选择要显示的对象即可，如图2-68所示。

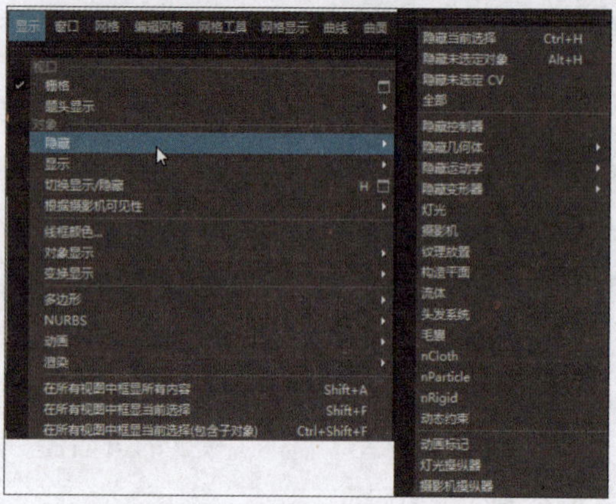

图 2-67 隐藏对象

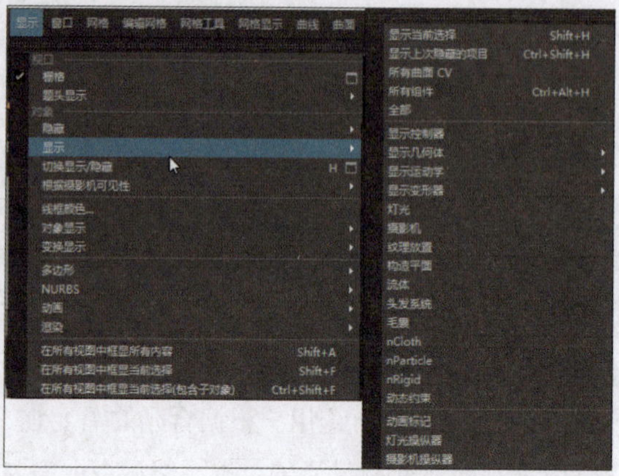

图 2-68 显示对象

选定对象后，按H键可进行隐藏和显示功能的切换操作。

一般来说，对于场景中多余的模型，可使用Delete键删除。除了直接删除外，Maya还提供了“按类型删除”“按类型删除全部”两种删除方式，可在“编辑”菜单中按需选用，如图2-69所示。

- **按类型删除**：可删除选定对象的某一类型参数，如删除历史记录、非变形器历史、通道、约束、运动路径、声音、控制器等参数，从而清理和优化整个场景。在“按类型删除”选项的级联菜单中可选择要删除的类型参数。此外，在工具架上单击“”按钮，可快速删除当前被选对象上的操作记录。
- **按类型删除全部**：与“按类型删除”方式相比，“按类型删除全部”方式功能更为强大。它可一次性删除场景中所有特定类型的对象或数据，而不仅仅是当前选中的对象。这对于清理未使用的节点、优化场景大小、准备导出或渲染场景很有用。

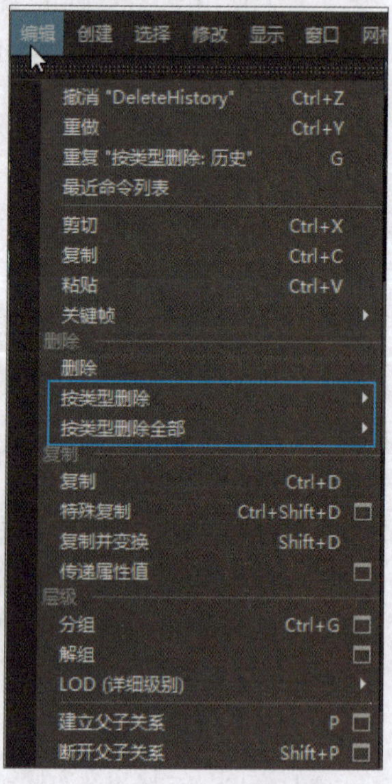


图 2-69 两种删除方式

> **提示**：在使用以上两种删除方式时，务必谨慎操作。因为一旦删除，这些对象或数据将无法恢复。

# 2.5 课堂演练：制作旋转书架模型

本案例利用对象的基础变换功能制作旋转书架模型，其中会涉及几何体的创建、多边形倒角的设置等操作，这些操作会在后面章节中具体介绍。

扫码观看视频

**步骤01** 在多边形建模工具架上单击“多边形圆柱体”按钮，在栅格原点会创建一个默认的圆柱体，如图2-70所示。

**步骤02** 在“通道盒/层编辑器”面板中对圆柱体“Polycylinder1”的半径和高度进行设置，如图2-71所示。

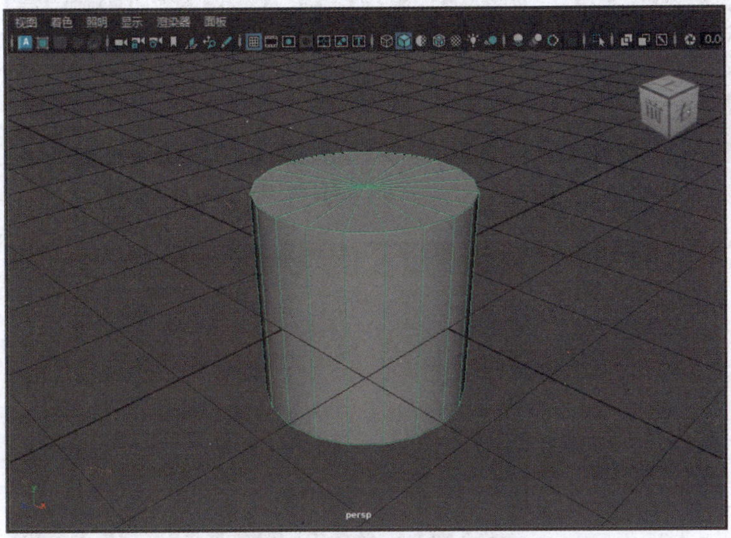

图 2-70 创建多边形圆柱体

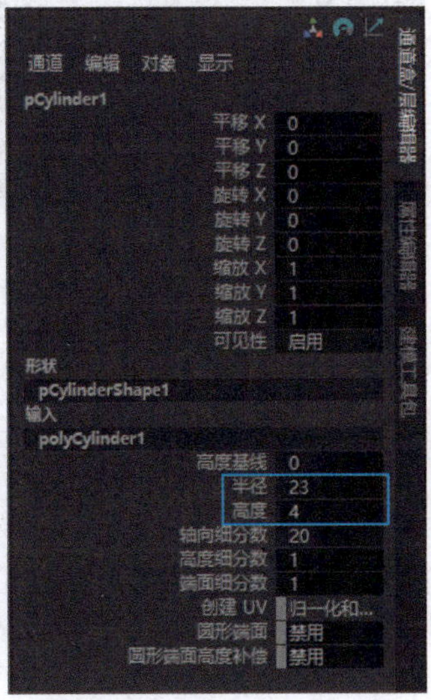


图 2-71 设置圆柱体参数

**步骤03** 再创建一个多边形圆柱体，在“通道盒/层编辑器”面板中设置参数，并将其调整至合适位置，如图2-72所示。

**步骤04** 选中该圆柱体，在菜单栏中单击“编辑”→“特殊复制”选项后的设置按钮，打开“特殊复制选项”对话框，将几何体类型设为实例，选择*Y*轴“平移”方向并输入35，将副本数设为4，如图2-73所示。

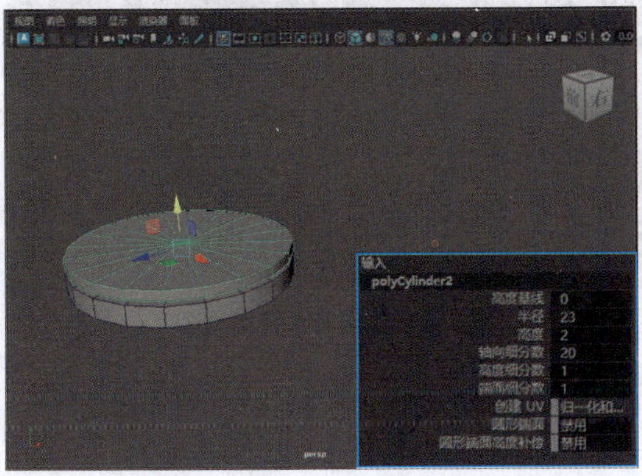


图 2-72 再创建一个多边形圆柱体

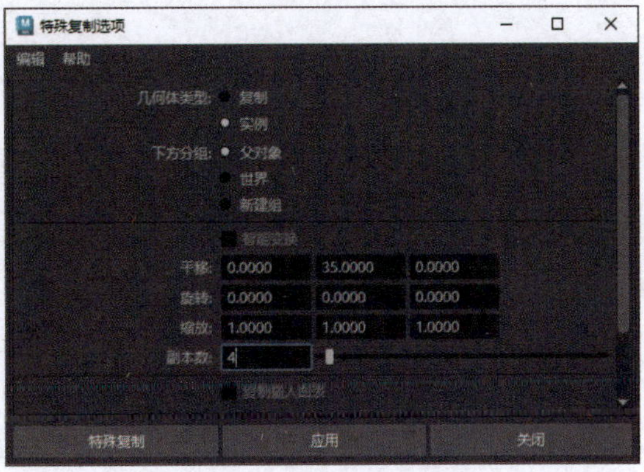


图 2-73 实例复制圆柱体

**步骤 05** 单击“应用”按钮后，该圆柱体可沿着*Y*轴进行等距的实例复制，完成书架隔板的创建，如图2-74所示。

**步骤 06** 创建圆柱体并设置参数，将其作为书架支撑柱，放置在隔板中心位置，如图2-75所示。

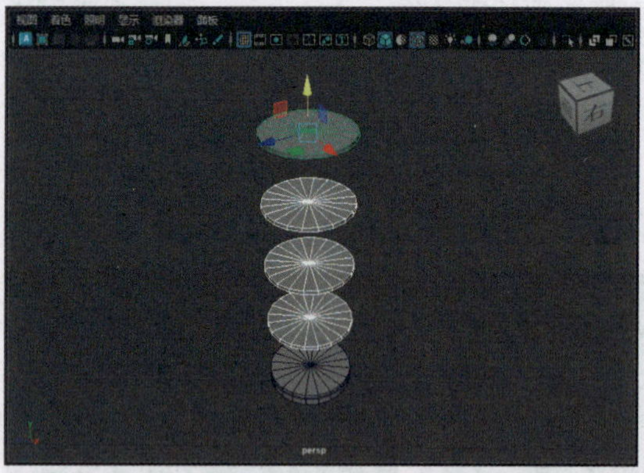

图 2-74　创建书架隔板

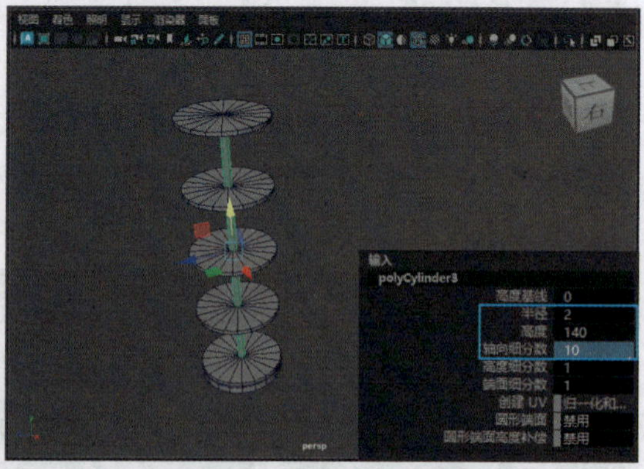

图 2-75　创建书架支撑柱

**步骤 07** 在多边形建模工具架上单击“多边形立方体”按钮，在“通道盒/层编辑器”面板中设置立方体的参数，创建一个长方体作为书架隔断并放置在合适位置，如图2-76所示。

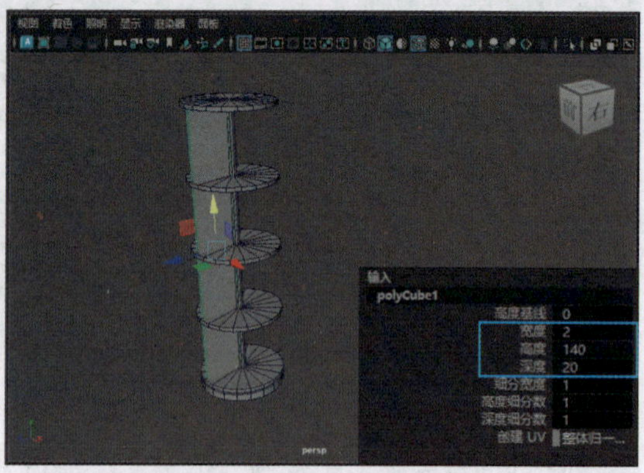

图 2-76　创建书架隔断

**步骤 08** 切换到顶视图。选择该隔断，开启捕捉到栅格功能，按D键将坐标轴捕捉至栅格原点，如图2-77所示。

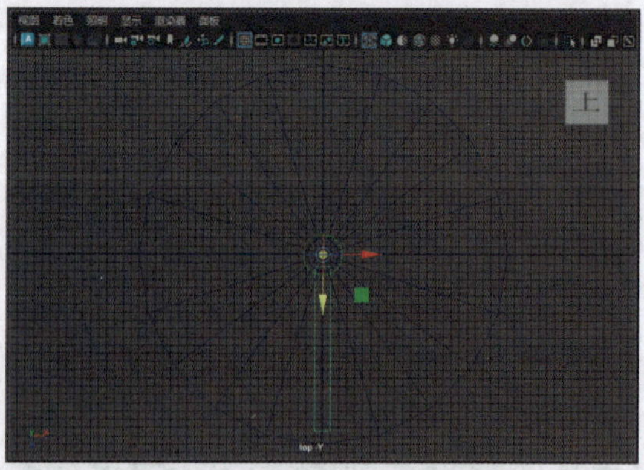

图 2-77　设置坐标轴位置

**步骤 09** 在菜单栏中单击“编辑”→“特殊复制”选项后的设置按钮，打开“特殊复制选项”对话框，选择*Y*轴的“旋转”方向并输入90，将副本数设为1，如图2-78所示。

**步骤10** 单击“应用”按钮，此时被选中的隔断将沿着$Y$轴方向进行90°旋转复制，如图2-79所示。

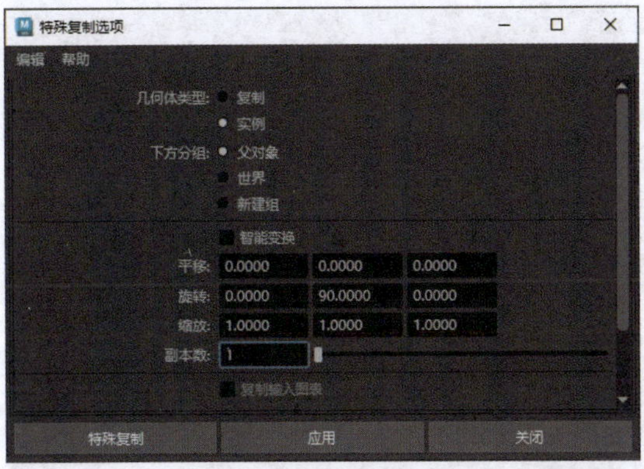


图 2-78　设置旋转参数

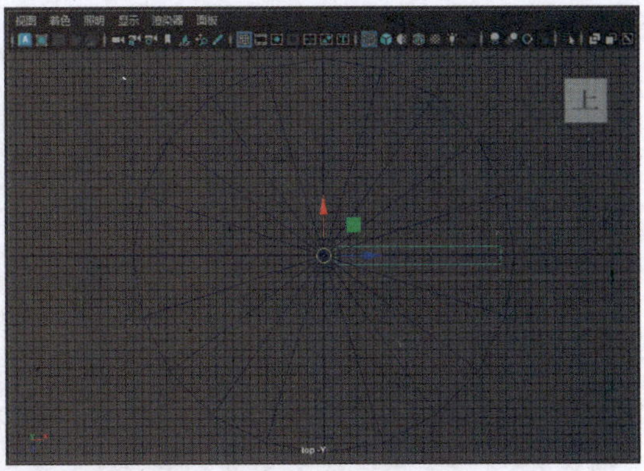


图 2-79　沿 $Y$ 轴旋转复制隔断

**步骤11** 继续旋转复制该隔断，完成书架中其他两个隔断的绘制。切换回透视图，可查看旋转效果，如图2-80所示。

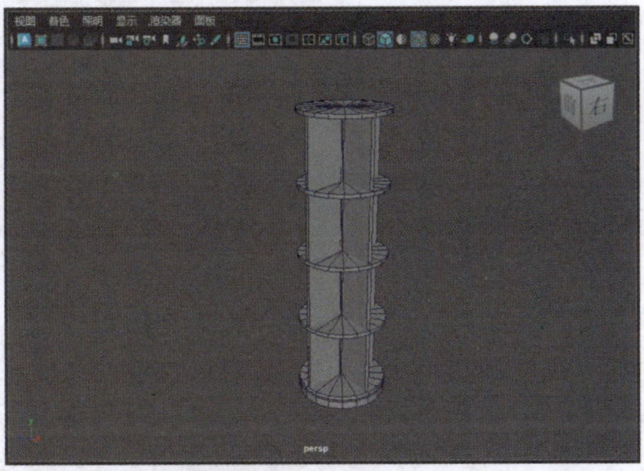


图 2-80　旋转其他隔断

**步骤12** 单击“多边形立方体”按钮，再创建一个小长方体，在“通道盒/层编辑器”面板中设置长方体的参数，并将其放置在书架格式位置，如图2-81所示。

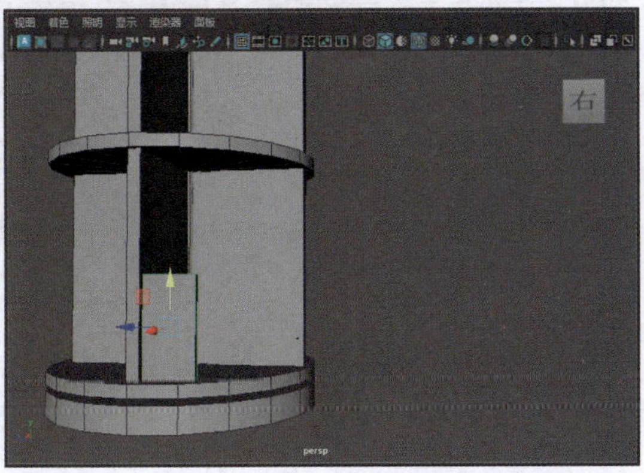


图 2-81　创建小长方体

**步骤13** 右击该长方体，打开热盒控件，选择“边”选项，进入边模式，选择长方体要倒角的边，如图2-82所示。

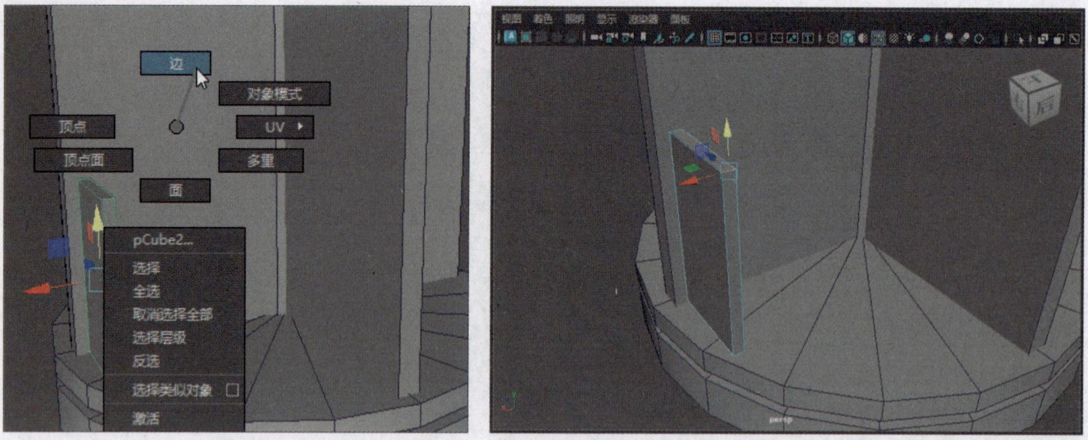


图 2-82　选择倒角边

**步骤14** 在“建模工具包”面板中单击“倒角”按钮，在其设置面板中将分数参数保持默认值，将分段设为3，倒圆角，如图2-83所示。

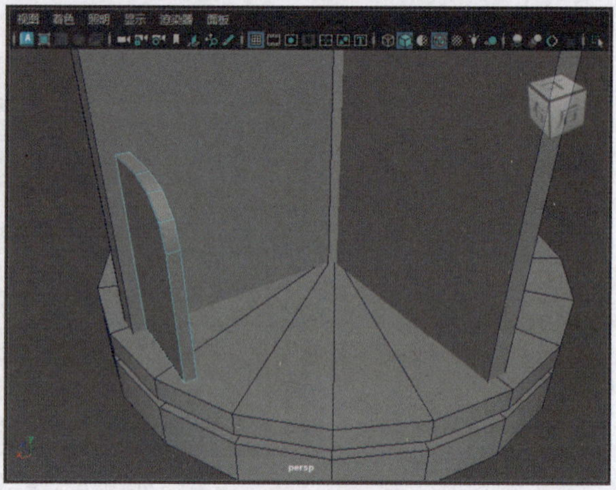


图 2-83　倒圆角

**步骤15** 右击，打开热盒控件，选择“对象模式”选项，退出操作，如图2-84所示。

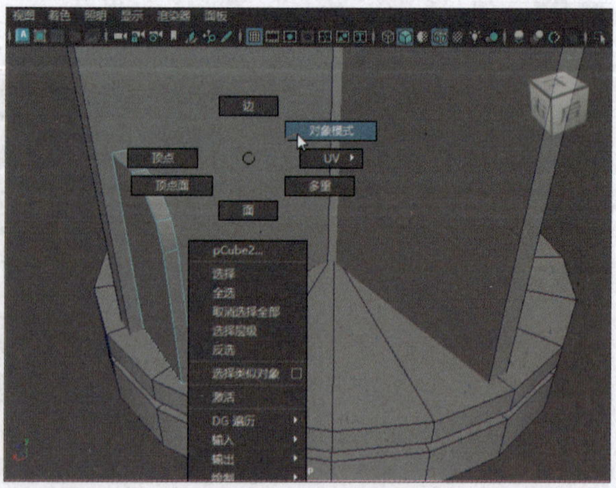


图 2-84　退出倒角操作

**步骤16** 选中倒角长方体，切换到顶视图，按住Shift键并拖动长方体至合适位置，进行复制操作。使用旋转工具将其进行旋转，如图2-85所示。

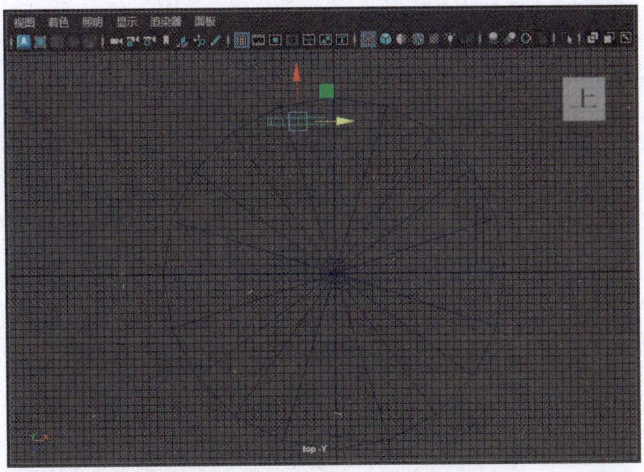


图 2-85 复制旋转 1 个圆角长方体

**步骤17** 按照同样的方法，将该圆角长方体进行复制和旋转，完成其他两个圆角长方体的创建。切换到透视图，即可查看其设置效果，如图2-86所示。

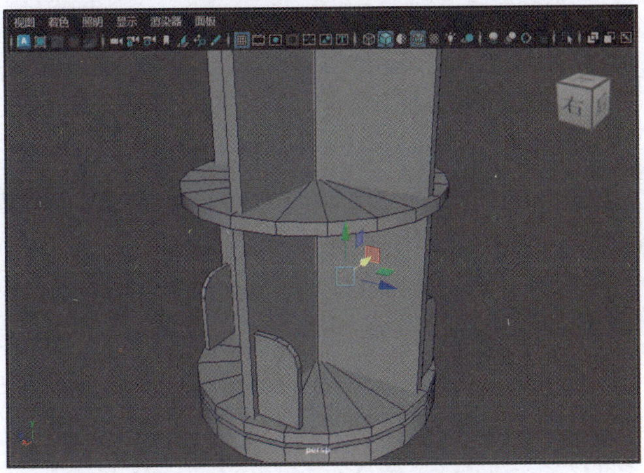


图 2-86 复制旋转其他圆角长方体

**步骤18** 选中这一层的4个圆角长方体，按住Shift键，将其复制至其他层隔板中。至此，完成旋转书架模型的创建，如图2-87所示。

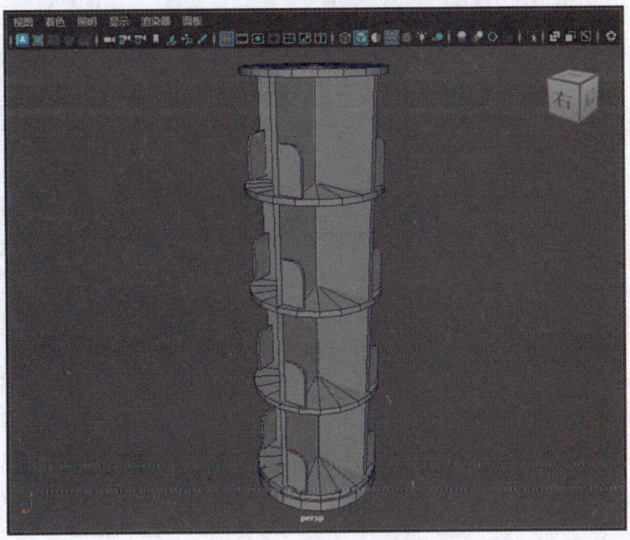


图 2-87 旋转书架模型

## 课后作业

### 一、填空题

1. Maya软件中的复制功能有___________、___________和___________3种。

2. Maya场景文件的后缀名有___________和___________两种。

3. 使用___________功能可将选中的对象捕捉到栅格点，同时在移动对象时，对象只会沿着栅格点进行移动。

4. ___________是Maya场景中的全局坐标系统，无论对象如何移动、旋转或缩放，它始终保持不变。

### 二、选择题

1. 隐藏所选对象的快捷键是（　　）。

A. I键　　B. Ctrl+I组合键

C. H键　　D. Ctrl+H组合键

2. 捕捉到点功能的快捷键是（　　）。

A. W键　　B. Q键

C. D键　　D. V键

3. 下列对移动对象的操作描述正确的是（　　）。

A. 按住Shift键，在空白区域拖动鼠标中键，可以使对象沿某一方向移动。

B. 按住Shift键，在空白区域拖动鼠标左键，可以使对象沿某一方向移动。

C. 按住Shift键，在空白区域拖动鼠标右键，可以使对象沿某一方向移动。

D. 选择要移动的对象，Maya会显示带3个手柄的操纵器。

### 三、操作题

根据本章所学知识制作简易板凳模型，如图2-88所示。

图 2-88　简易板凳模型

# 第3章

# 多边形基础建模

## 内容概要

Maya的建模方式有多种，比较常见的有多边形建模和NURBS建模两种，其中多边形建模又分为基础建模和高级建模两种。本章先从多边形基础建模开始介绍，内容包含基本体的创建、多边形网格显示的设置、多边形网格对象的修改等。

## 素质要点

- 建模技巧：掌握多边形基础建模技术，能够创建基础的多边形模型。
- 行业动态：关注三维建模行业的最新趋势、技术变革和市场需求，提升学生的创新思维。

## 数字资源

【本章素材】："素材文件\第3章"目录下

【本章课堂演练最终文件】："素材文件\第3章\课堂演练"目录下

# 3.1 多边形建模基础

多边形建模是Maya软件中比较重要的建模方式，它是众多建模方式中最容易上手的一种。本节介绍多边形建模的概念、构成元素、建模方法及技巧。

## ■3.1.1 多边形及其构成元素

多边形是指由3条或3条以上的线段首尾顺次连接所组成的一个封闭的平面图形。这些首尾相连的线段称之为多边形的边，两条相邻的边相交的点被称为多边形的顶点，由多边形的边线所围成的平面被称为多边形的面，如图3-1所示。

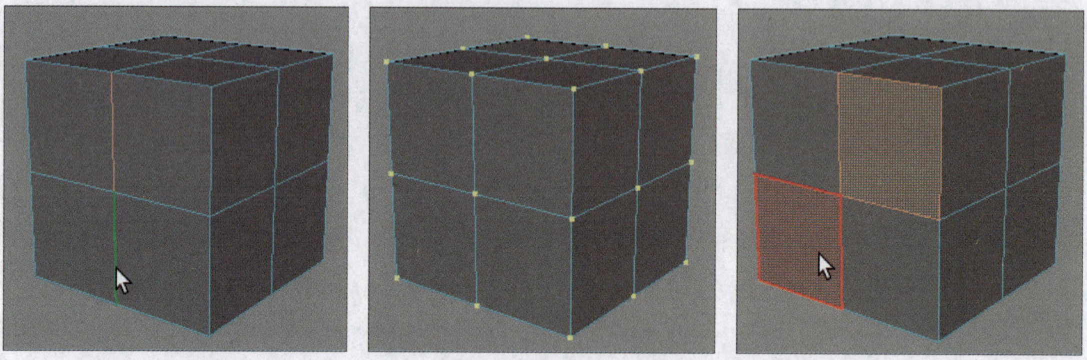

图 3-1 多边形的边、顶点和面元素

边线、顶点和面是多边形基本的构成元素，除此之外，对于三维建模来说，还有一种特殊的元素，那就是法线。法线是一条虚拟的直线，它与多边形表面垂直，用于确定表面的方向。Maya中的法线可以分为“面法线”“顶点法线”两种。

### 1. 面法线

面法线用于定义多边形的正面，与多边形的面垂直。如果面法线的方向不对，在渲染时可能会出现错误效果。在菜单栏中选择“显示”→“多边形”→“面法线”选项，即可显示面法线，如图3-2所示。

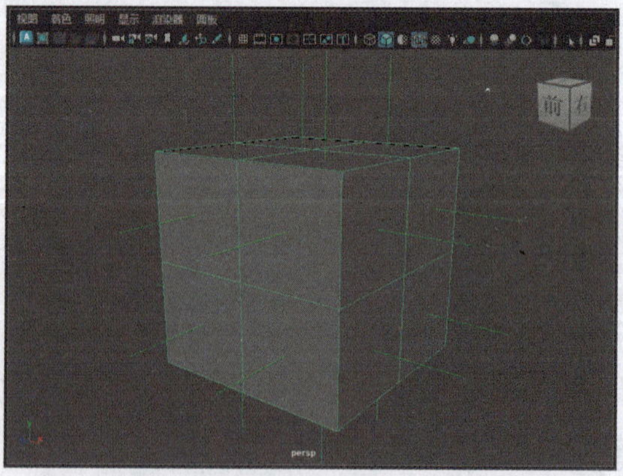


图 3-2 面法线

### 2. 顶点法线

顶点法线是指从多边形顶点发射出来的一组线，用于决定两个多边形面的视觉光滑程度。

在菜单栏中选择“显示”→“多边形”→“顶点法线”选项，即可显示顶点法线，如图3-3所示。

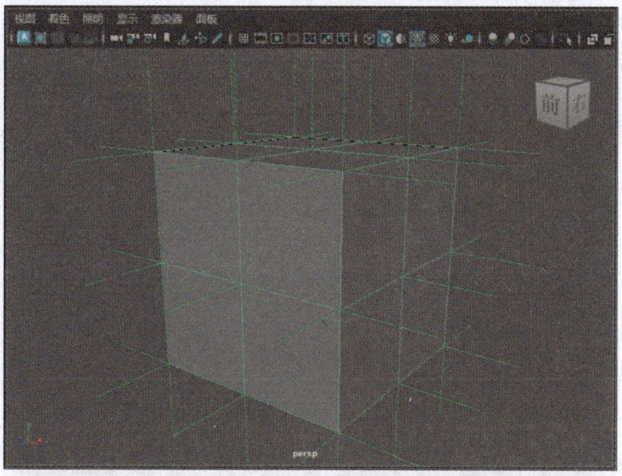

图 3-3　顶点法线

## ■3.1.2　创建基本对象

Maya提供了多种基本几何体，包括常用的多边形球体、多边形立方体、多边形圆柱体、多边形圆环体、多边形平面等。可在工具架上“多边形建模”标签中进行选择，如图3-4所示，也可通过菜单栏中的“创建”→“多边形基本体”选项的级联菜单中选择创建，如图3-5所示。

图 3-4　利用工具架创建

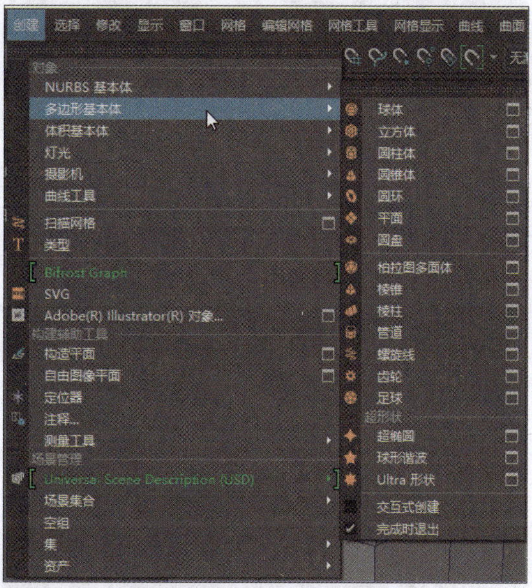


图 3-5　利用菜单栏创建

按Shift+鼠标右键，可在调出的热盒控件中选择相应的基本体快速创建对象，如图3-6所示。

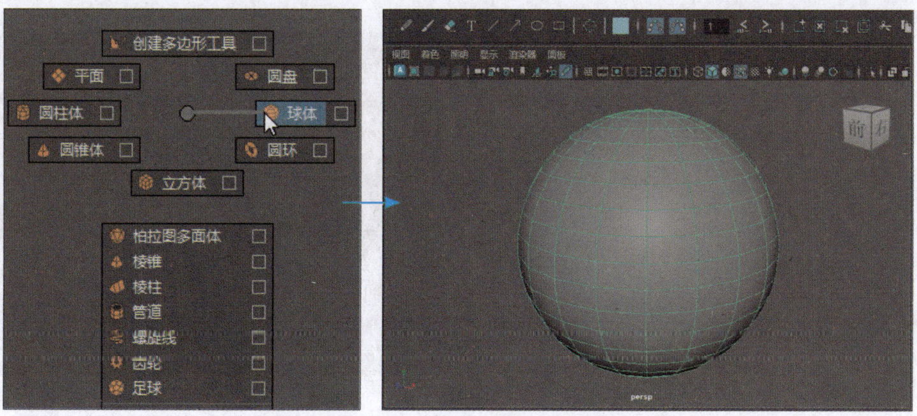


图 3-6　利用热盒控件创建对象

下面以创建四棱锥石膏模型为例介绍棱锥体和长方体的另一种创建方法。

**步骤01** 单击“多边形圆锥体”按钮，创建一个默认的圆锥体。使用缩放工具将该圆锥体进行等比放大，如图3-7所示。

**步骤02** 在“通道盒/层编辑器”面板中，将圆锥体的轴向细分数设为4，创建四棱柱模型，如图3-8所示。

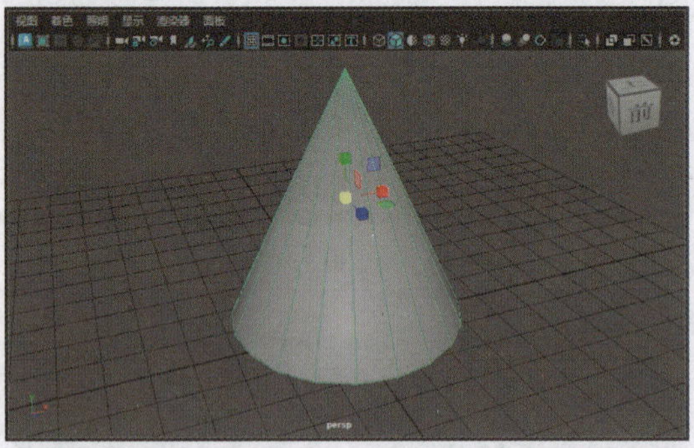

图 3-7　创建圆锥体

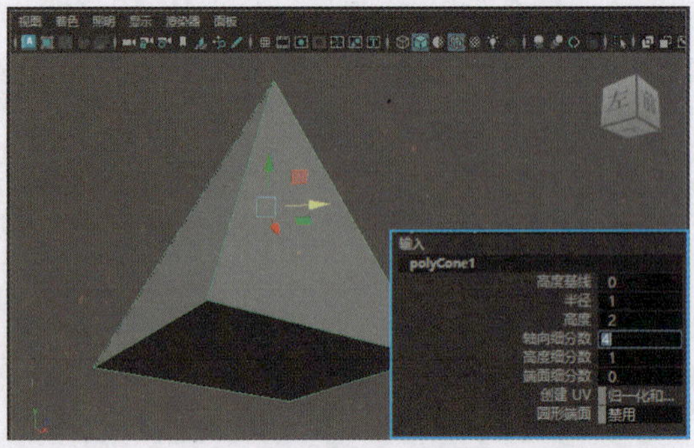


图 3-8　设置为四棱柱

**步骤03** 单击“多边形圆柱体”按钮，创建一个默认的圆柱体。在“通道盒/层编辑器”面板中将“旋转Z”参数设为-90，使用旋转工具对圆柱体进行旋转，如图3-9所示。

**步骤04** 使用缩放工具适当调整圆柱体的比例，放置在四棱柱的合适位置，如图3-10所示。

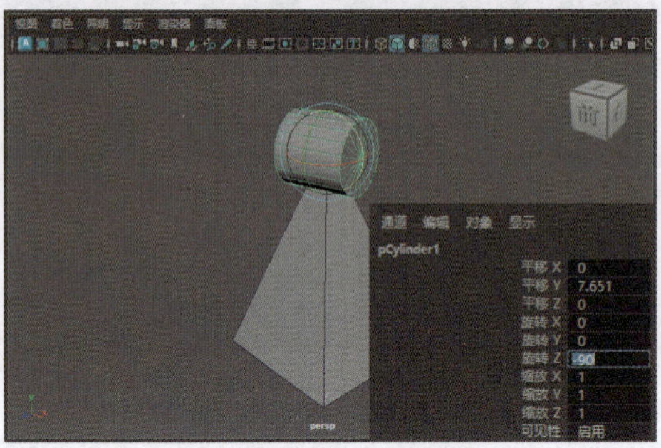


图 3-9　创建并旋转圆柱体

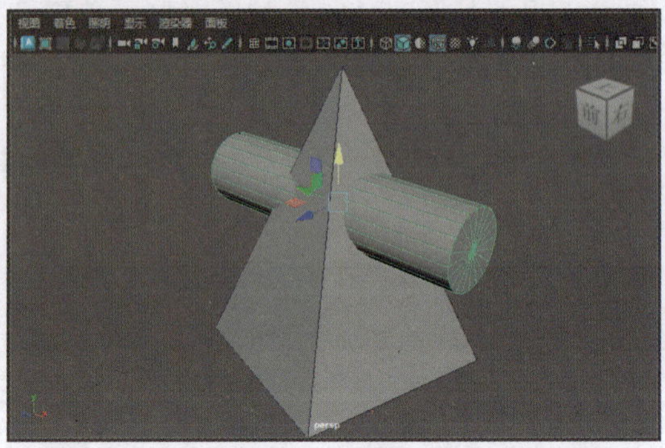

图 3-10　调整圆柱体

**步骤05** 选中圆柱体，在“通道盒/层编辑器”面板中将轴向细分数设为4，将其转换为长方体，如图3-11所示。

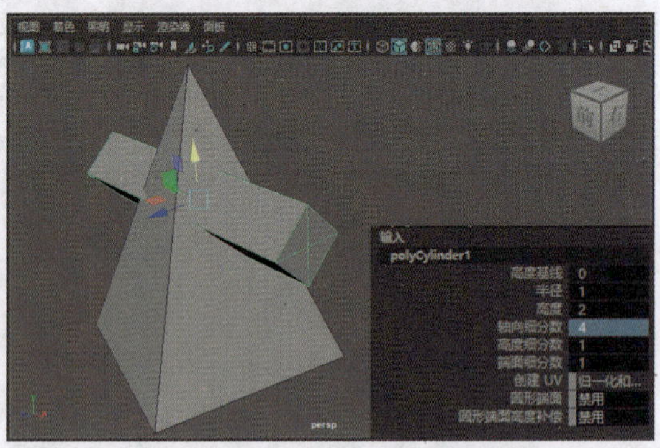


图 3-11　设置圆柱体的轴向细分数

**步骤06** 再次使用缩放工具调整长方体的比例，使其与四棱柱大小相匹配，如图3-12所示。

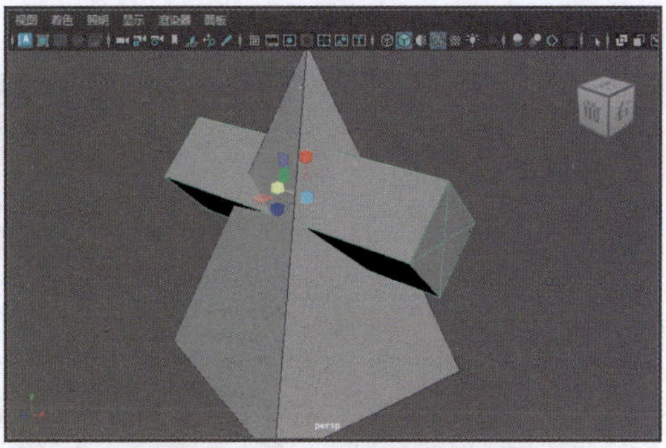


图 3-12　调整长方体的比例

**步骤07** 切换到顶视图，使用旋转工具将四棱柱旋转到合适位置，如图3-13所示。

**步骤08** 切换到透视图，查看石膏体的效果，如图3-14所示。

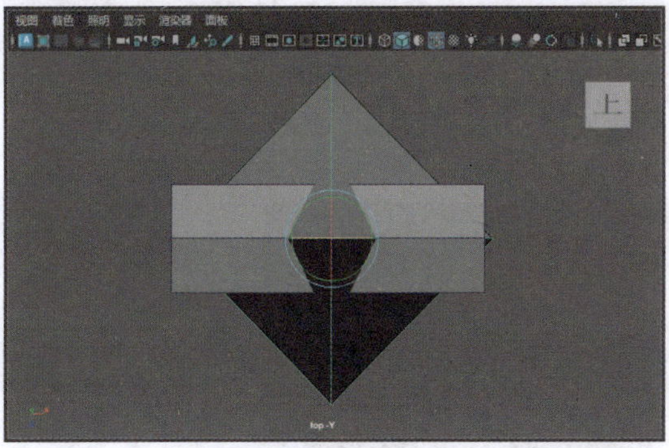


图 3-13　旋转四棱柱

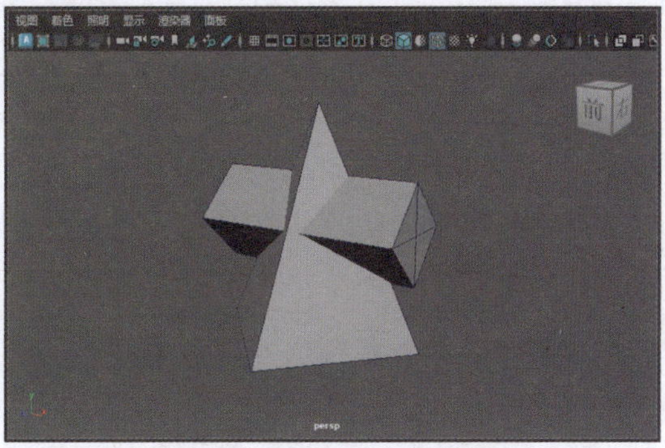


图 3-14　石膏体的透视效果

## ■3.1.3　交互式创建

交互式创建或非交互式创建是多边形建模的两种方式。交互式创建是指通过鼠标与键盘的控制调整基本体的创建结果。而非交互式创建则是通过鼠标单击命令后，直接在场景内生成的一个默认的基本体，该方式也是Maya默认的创建方式。

在菜单栏中选择“创建”→“多边形基本体”选项，在其级联菜单中勾选“交互式创建”选项即可切换交互式与非交互式创建方式，如图3-15所示。

图 3-15　切换交互式创建模式

在交互式方式下，首先要选择创建的基本体命令，如创建多边形立方体。然后在视图中拖动鼠标绘制出立方体底面图形，再按住鼠标左键，将底面图形向上拉伸至合适位置，释放鼠标即可完成立方体的创建，如图3-16所示。

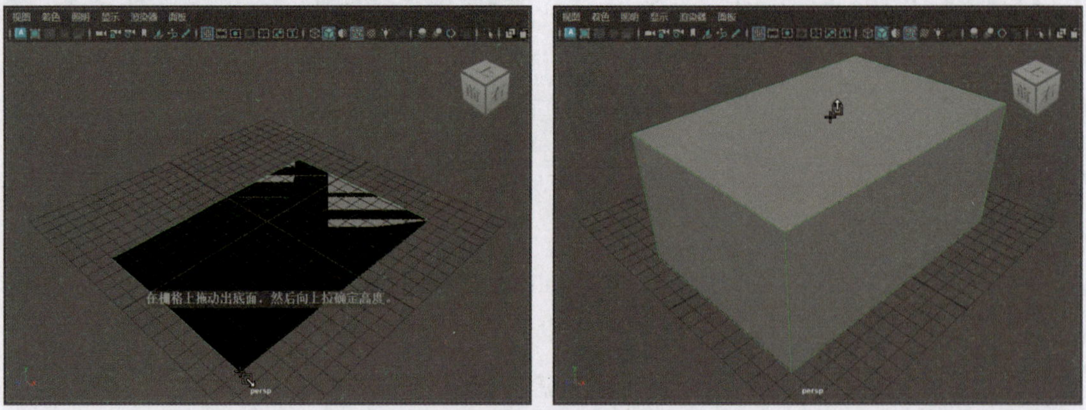

图 3-16　创建多边形立方体

**提示**：在创建的过程中可按Shift键绘制等比例的基本体模型。

## ■3.1.4　通道盒参数

无论是使用默认的非交互式，还是交互式创建的模型，都可在“通道盒/层编辑器”面板中对其宽度、高度、深度、细分值等参数进行设置。

在该面板中除了可调整模型自身的属性参数外，还可对模型的变换参数进行精确设置，如平移、旋转、缩放等，如图3-17所示。

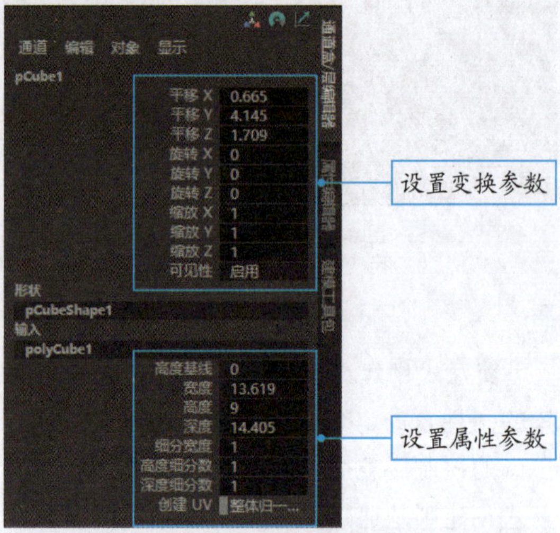


图 3-17　设置模型参数

**提示**：Maya默认的单位为厘米，所以在与3ds Max、Rhino或其他三维软件进行交互式，需要注意单位的统一。

下面以创建基本几何体为例制作简易的床头柜模型。

**步骤 01** 在工具架上单击“多边形立方体”按钮，在“通道盒/层编辑器”面板中创建50 cm×50 cm×50 cm的立方体，如图3-18所示。

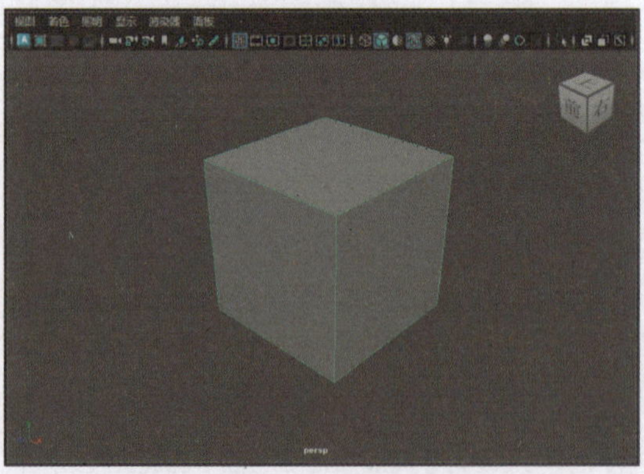

图 3-18　创建柜体

**步骤02** 按Ctrl+C和Ctrl+V组合键复制该立方体，同时在“通道盒/层编辑器”面板中将宽度设为55 cm、高度设为2 cm、深度设为55 cm，创建长方体。将其放置在立方体顶面，作为床头柜台面，如图3-19所示。

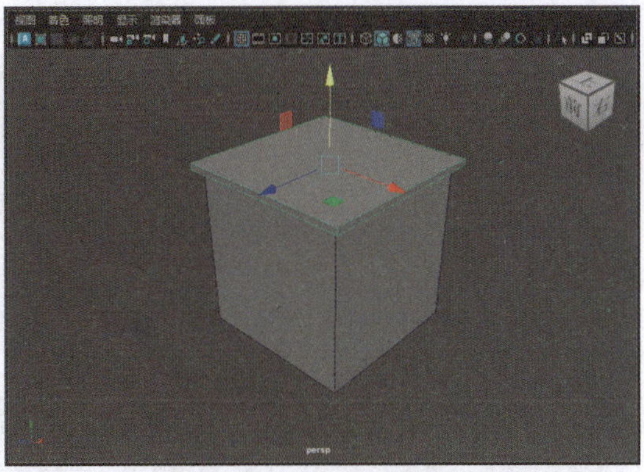

图 3-19 创建床头柜台面

**步骤03** 单击“多边形立方体”按钮，创建45 cm × 20 cm × 2 cm的长方体作为抽屉面板，放置在柜体的合适位置，如图3-20所示。

**步骤04** 在菜单栏中单击“编辑”→“特殊复制”选项后的设置按钮，打开“特殊复制选项”对话框，将几何体类型设为实例，单击“应用”按钮，如图3-21所示。

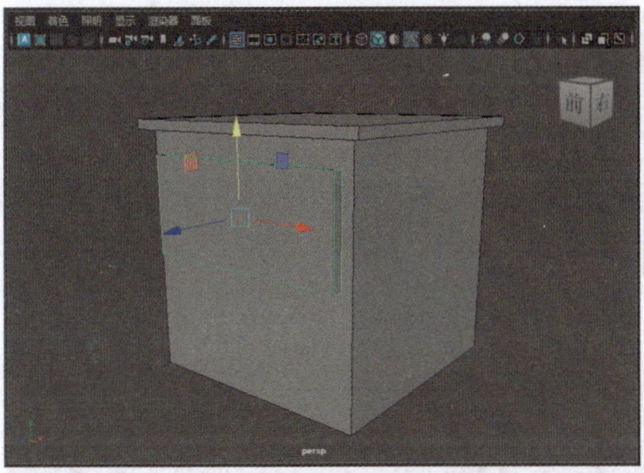

图 3-20 创建抽屉面板

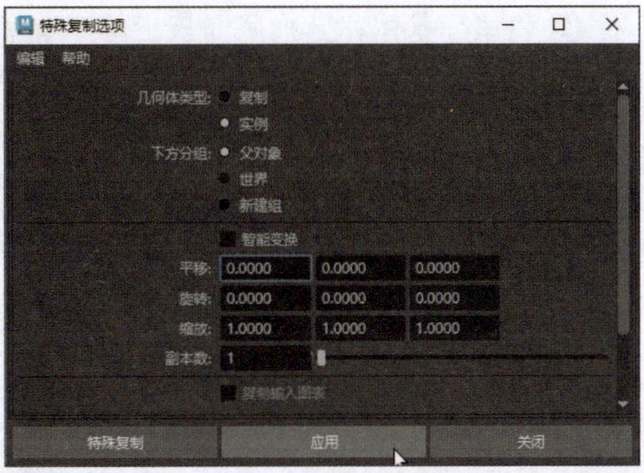


图 3-21 设置实例复制

**步骤05** 将复制后的长方体移至合适位置，完成第2个抽屉面板的创建，如图3-22所示。

**步骤06** 在工具架上单击“多边形圆环”按钮，创建半径为1.5 cm、截面半径为0.3 cm、高度细分数为3的环状体，如图3-23所示。

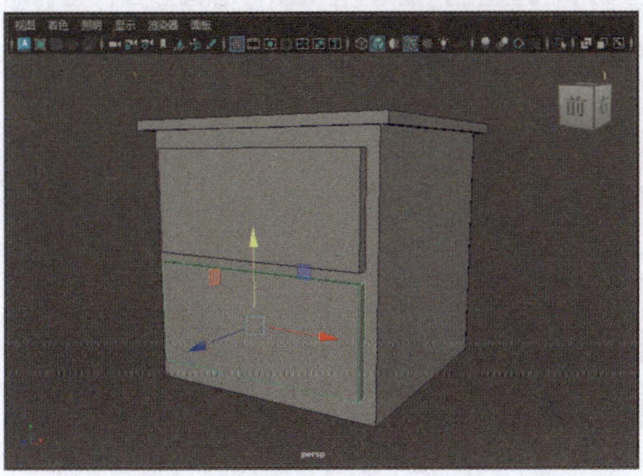

图 3-22 创建另一个抽屉面板

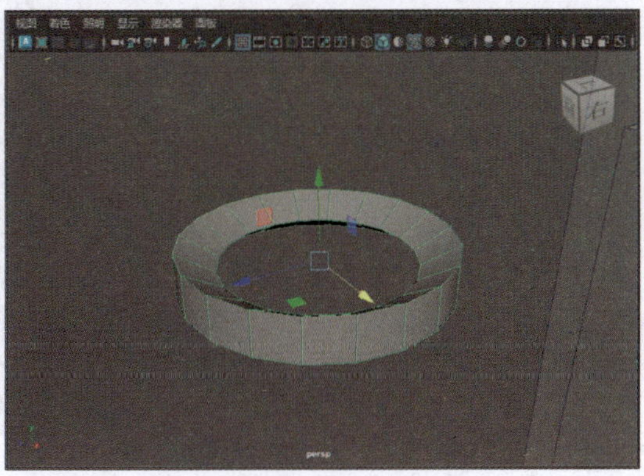

图 3-23 创建环状体

**步骤 07** 在“通道盒/层编辑器”面板中将“旋转X”选项设为90，旋转环状体，如图3-24所示。

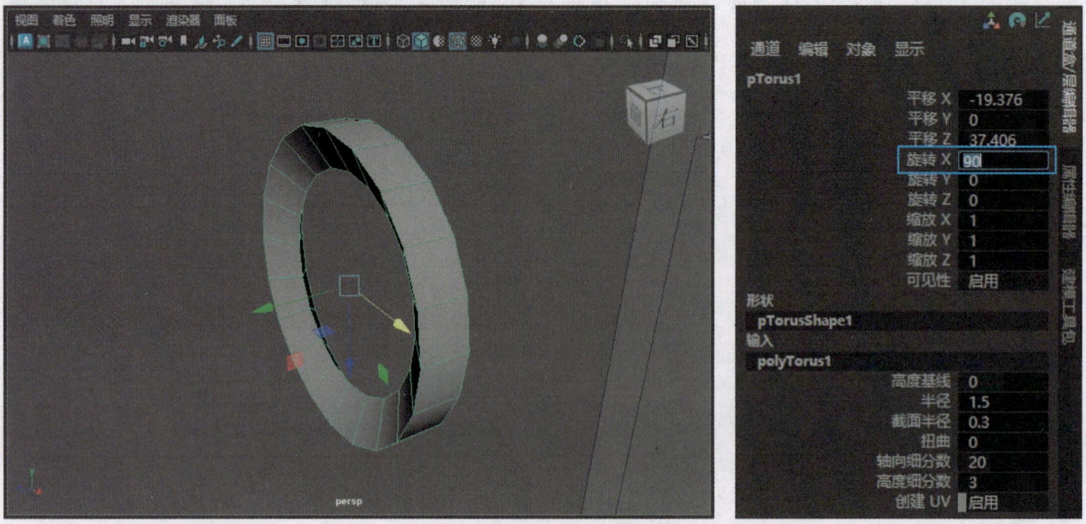


图 3-24 旋转环状体

**步骤 08** 将该环状体移至抽屉面板上的合适位置，完成抽屉把手模型的创建，如图3-25所示。

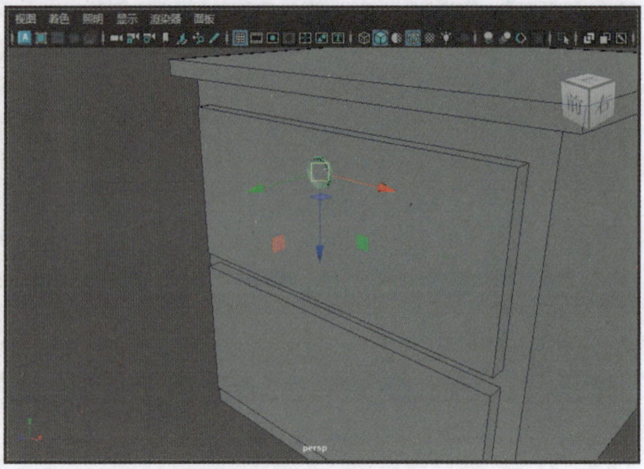


图 3-25 创建抽屉把手

**步骤 09** 选中把手模型，按住Shift键并向下拖动该模型至合适位置，复制把手。至此，床头柜模型创建完毕，最终效果如图3-26所示。

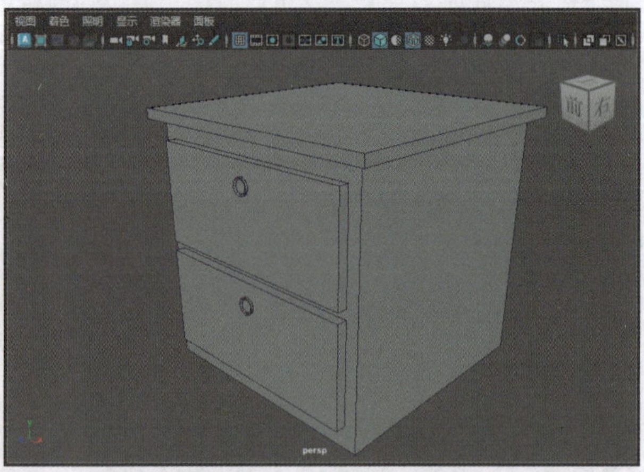


图 3-26 床头柜模型最终效果

## ■3.1.5 多边形右键菜单

选中模型后，单击鼠标右键可打开热盒控件，在此可选择多边形编辑工具，如图3-27所示。激活编辑工具后，选择所需编辑的组件，按Shift+Ctrl+鼠标右键，可打开次级别热盒控件，从中选择所需工具，即可对当前模型进行编辑操作，如图3-28所示。

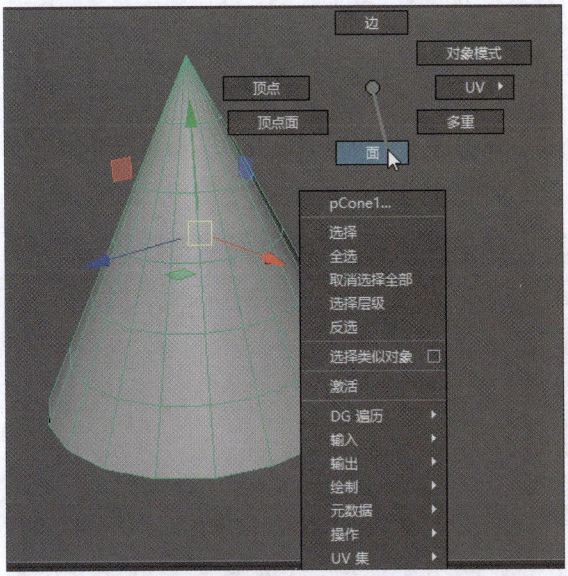


图 3-27 打开编辑热盒控件

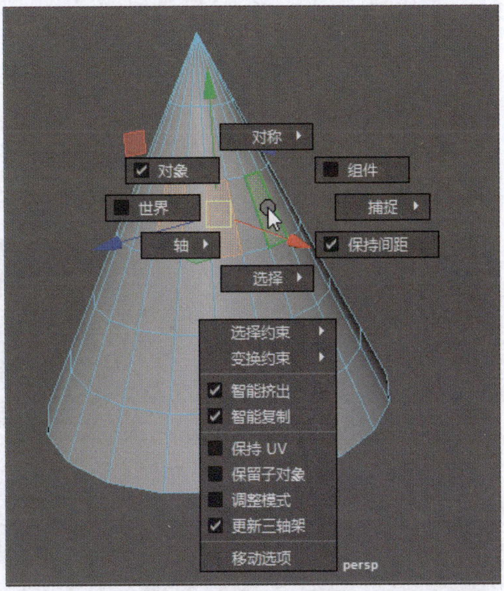


图 3-28 打开次级别热盒控件

# 3.2 多边形网格显示

模型创建后，有时会发现模型显示不正确，影响了模型的制作效果。此时需要对模型的网格显示状态进行调整，以便创建出符合要求的模型。

## ■3.2.1 法线反转

法线决定了模型表面光照方向和阴影效果。当法线方向错误时，模型就会显示错误，如图3-29所示。

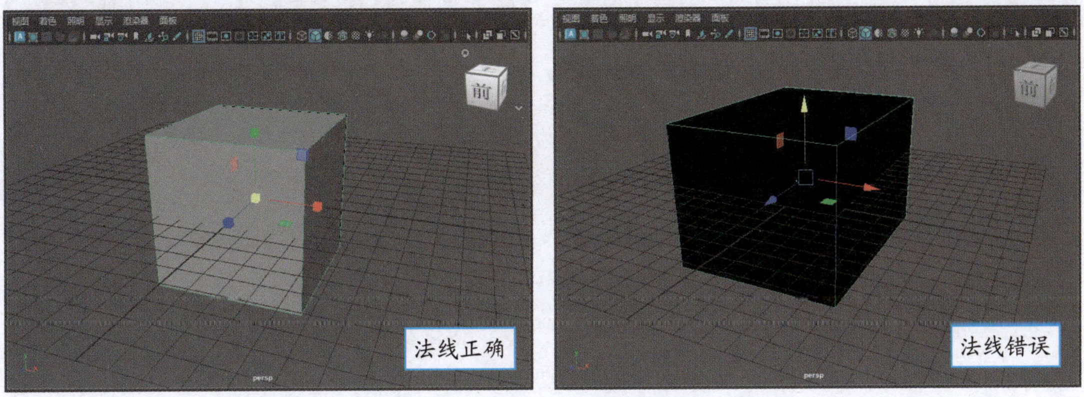


图 3-29 法线的正确与错误显示

当不小心弄错法线的显示时，在菜单栏中选择“网格显示”→“反转”选项，即可反转错误的法线。

## ■3.2.2　软化边与硬化边

软化边和硬化边通过调整顶点法线的显示方式影响对象边缘的外观，进而决定模型表面边缘的光滑程度。

### 1. 软化边

软化边会使顶点法线在对象表面上更均匀地分布，减少了边缘的锐利感，使边缘处产生平滑的过渡效果，从而让模型看起来更加圆润自然，如图3-30所示。

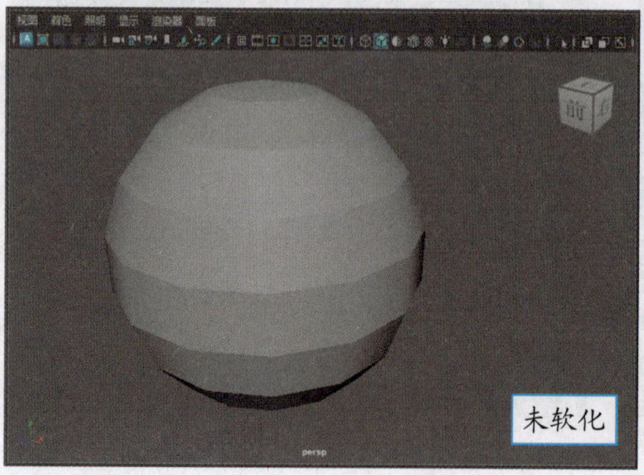


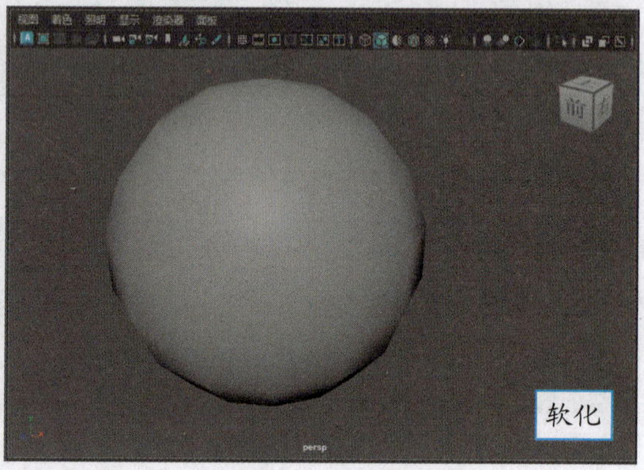


图 3-30　软化边前后效果对比

### 2. 硬化边

硬化边是将顶点法线设置为垂直于顶点，使边缘看起来更加锐利和清晰，有助于在模型中创建清晰的分界线，增强模型的几何结构感。在创建机械模型、建筑模型或需要强调边缘清晰度的场景中使用硬化边会很有用，如图3-31所示。

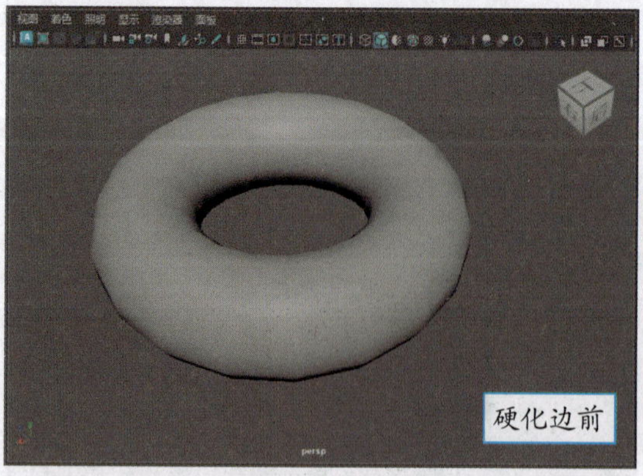


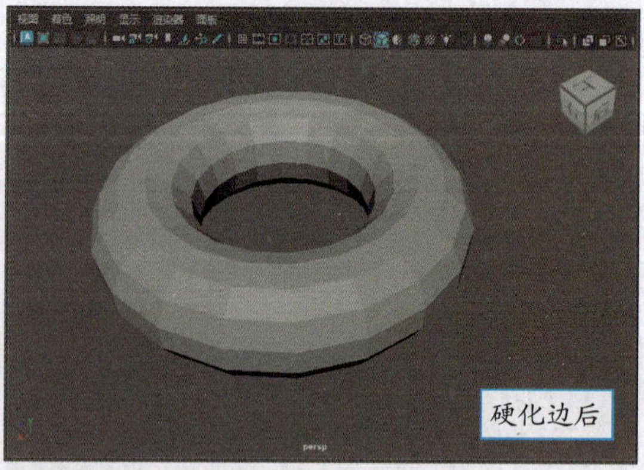


图 3-31　硬化边前后效果对比

在菜单栏中选择“网格显示”→“软化边”或“硬化边”选项，即可实现相应效果，如图3-32所示。在该列表中单击“软化边/硬化边”选项后的设置按钮，在打开的“软化/硬化边选项”对话框中可调整边缘软硬化的角度值，如图3-33所示。

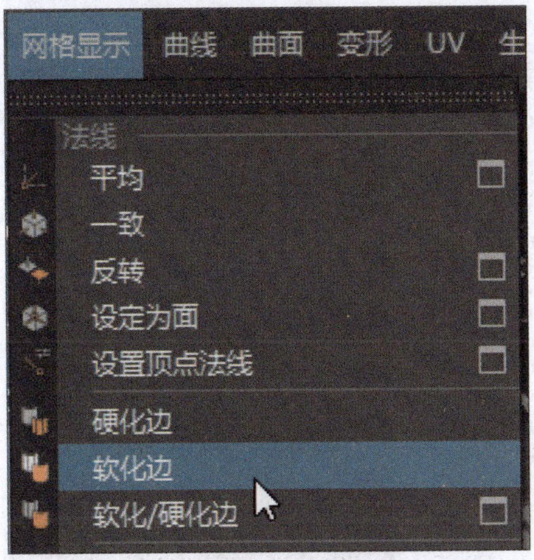


图 3-32　选择软化边 / 硬化边

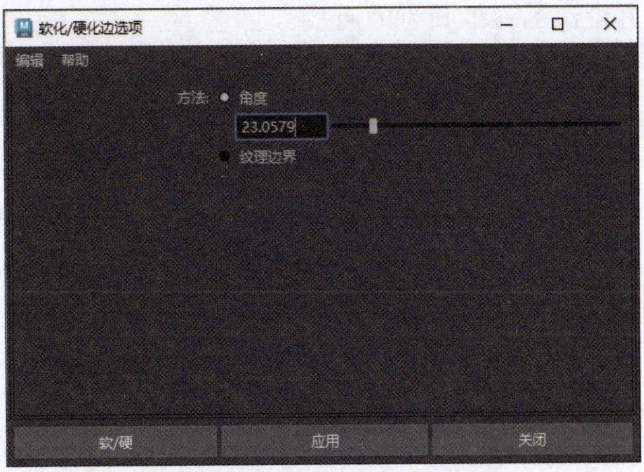


图 3-33　设置角度值

## ■3.2.3　平滑与减面

利用平滑工具可通过添加新的多边形细化网格，从而使模型表面更加平滑。Maya自带平滑网格预览功能，可以通过按键盘上的1、2、3键切换不同的平滑预览模式，如图3-34所示。

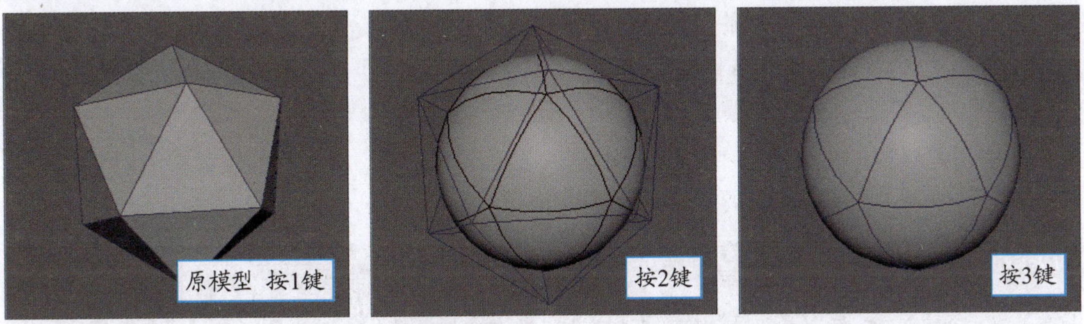


图 3-34　3 种不同的平滑预览模式

以上3种平滑预览模式只是对视觉外观进行了优化，模型本身是不会变化的。如果想实现模型的真正平滑，还需在菜单栏中选择“网格”→“平滑”选项，在打开的设置框中输入分段值即可，如图3-35所示。

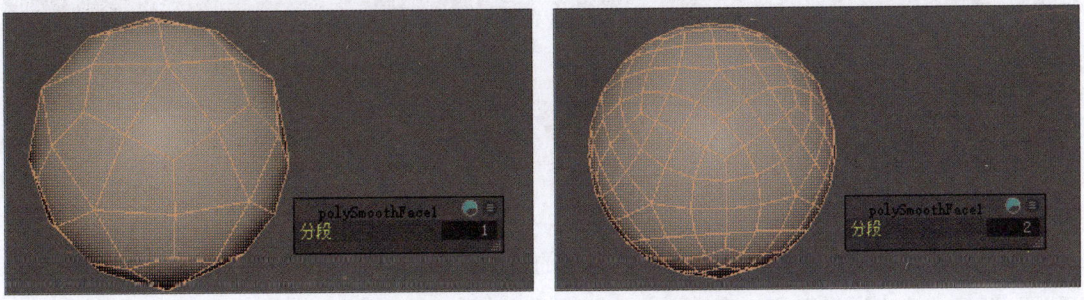


图 3-35　两种不同分段值的设置效果

平滑分段值越大，所选对象就越平滑，生成的面也越多，Maya的渲染速度就越慢，所以在设置时将数值设为2即可。

在旧版本中添加了平滑功能后，想要对平滑后的模型再进行修改，是比较困难的。用户可在历史记录中选择平滑前一步进行修改，但这种情况很容易出错。如果删除了历史记录，那就无法修改了。所以，在进行平滑操作前，需进行模型备份。

在Maya 2024中新增了“取消平滑”功能，它可以取消平滑处理操作，以方便用户对模型做进一步调整。该功能很好地解决了旧版本中无法修改平滑后模型的问题。具体操作为：在菜单栏中选择“网格”→“取消平滑”选项，如图3-36所示，在打开的设置框中可以设置减少细分的分段值，一般也设为2。

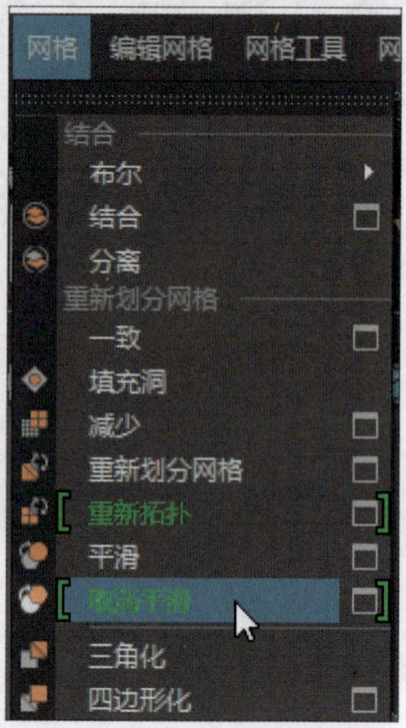


图 3-36 取消平滑

减面就是减少多边形网格的数量，这对于创建游戏场景或是角色动画复杂的场景很有用。使用该功能后，Maya会在保持模型原始状态下，尽可能地减少网格数量，以实现模型的优化操作。

选中所需对象，在菜单栏中选择“网格”→“减少”选项，在打开的设置框中调整减少的百分比数值即可，如图3-37所示，默认为减少50%。

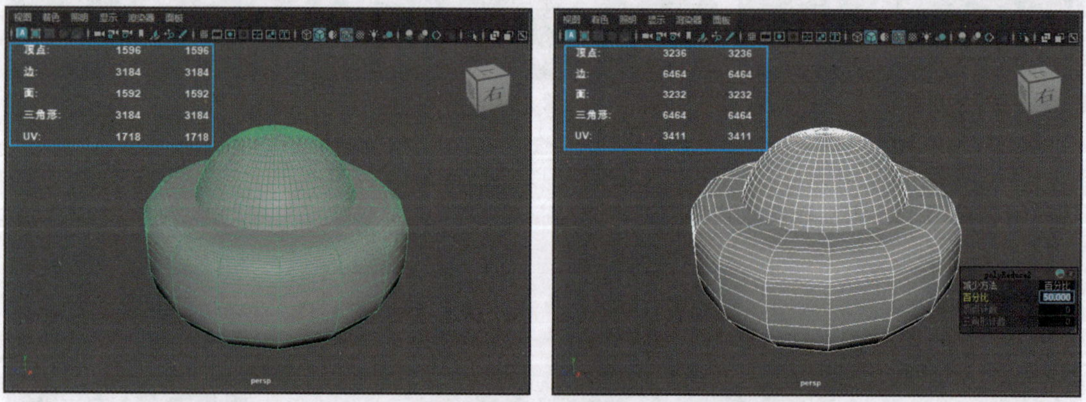

图 3-37 减面

## ■3.2.4 重新划分网格

重新划分网格是指将一些经过布尔处理后的模型表面网格进行重新定义，使其成为均匀的三角形网格。选中所需对象，在菜单栏中选择“网格”→“重新划分网格”选项，即可重新划分模型表面的网格，如图3-38所示。用户可在“属性编辑器”面板中调整网格的最大边长、收拢阈值等参数，如图3-39所示。

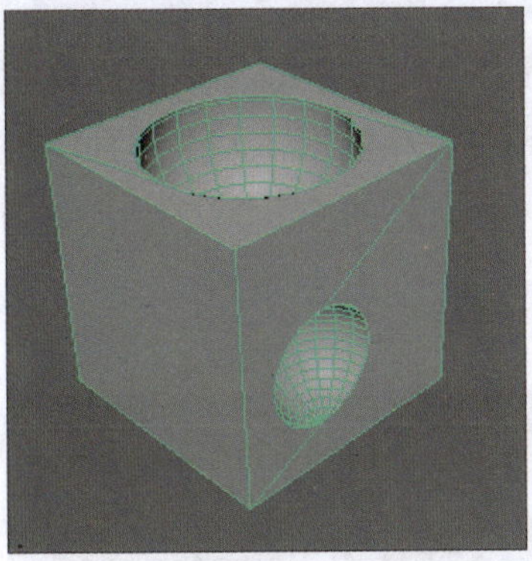

图 3-38 重新划分网格效果

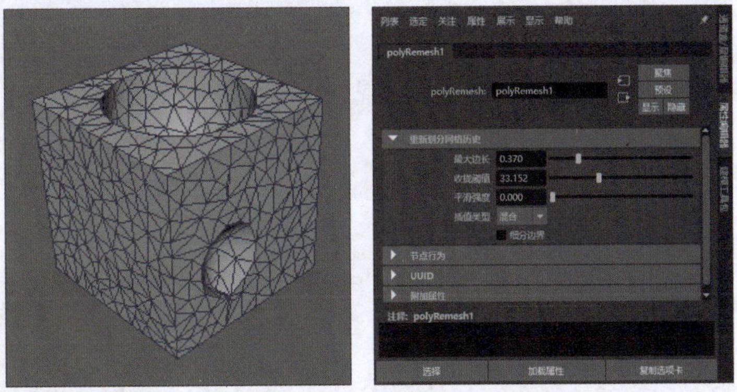


图 3-39 设置参数后的效果

在建模中一般不使用三角形网格划分，所以在新版Maya中增加了“重新拓扑”功能，以方便用户创建出标准的模型。选中所需对象，在菜单栏中选择“网格”→“重新拓扑”选项，在打开的提示框中单击“忽略并继续”按钮，即可将模型网格进行重新划分，如图3-40所示。

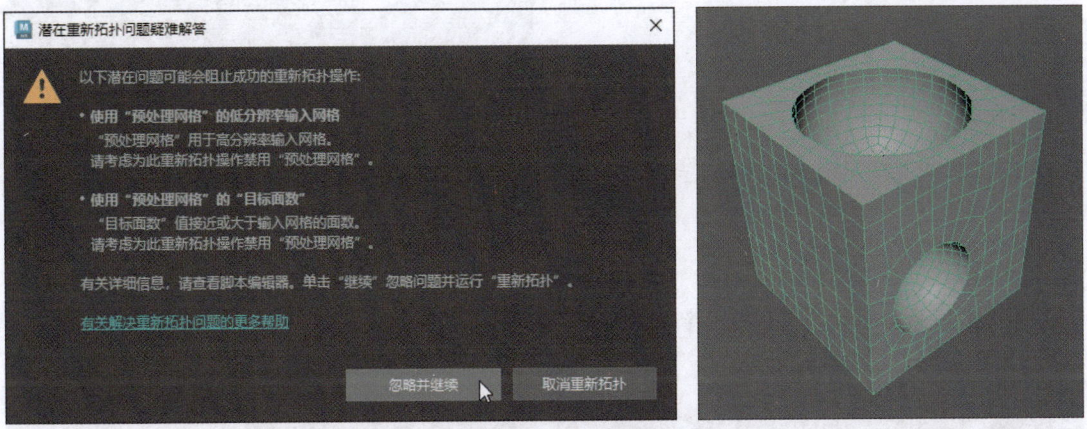


图 3-40 重新拓扑网格

用户可在“属性编辑器”面板中对面数、特征保留等选项参数进行设置，如图3-41所示。

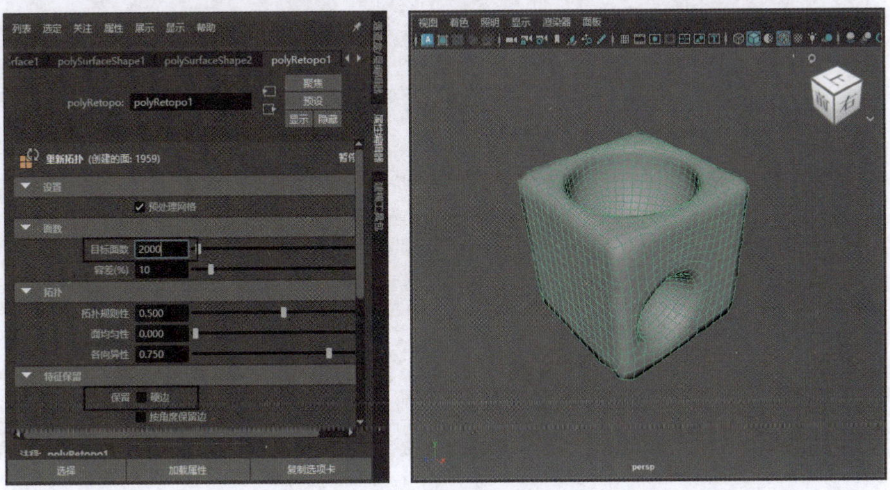


图 3-41 重新拓扑设置

# 3.3 修改多边形网格对象

在模型创建过程中，多边形网格常用于对模型进行精确修改，它是一种很灵活的建模方式。该方式可对模型自身进行变形设计，也可对多个模型进行合并或分离，使其成为一种新的模型。

## ■3.3.1 布尔

布尔运算是一种比较实用且直观的建模方法，它是一个对象作用于另一个对象的建模方式。选中对象后，按Shift+鼠标右键可打开热盒控件，在此选择列表菜单中的“布尔”选项，在其级联菜单中可选择并集、差集和交集3种布尔方式，如图3-42所示。

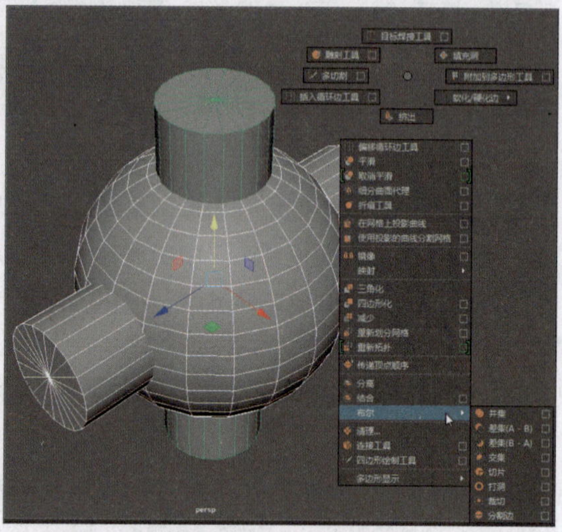


图 3-42　选择布尔运算方式

### 1. 并集

并集是将多个对象合并成一个新对象。框选所需合并的对象，在热盒控件中选择“布尔”→“并集”选项即可，如图3-43所示。

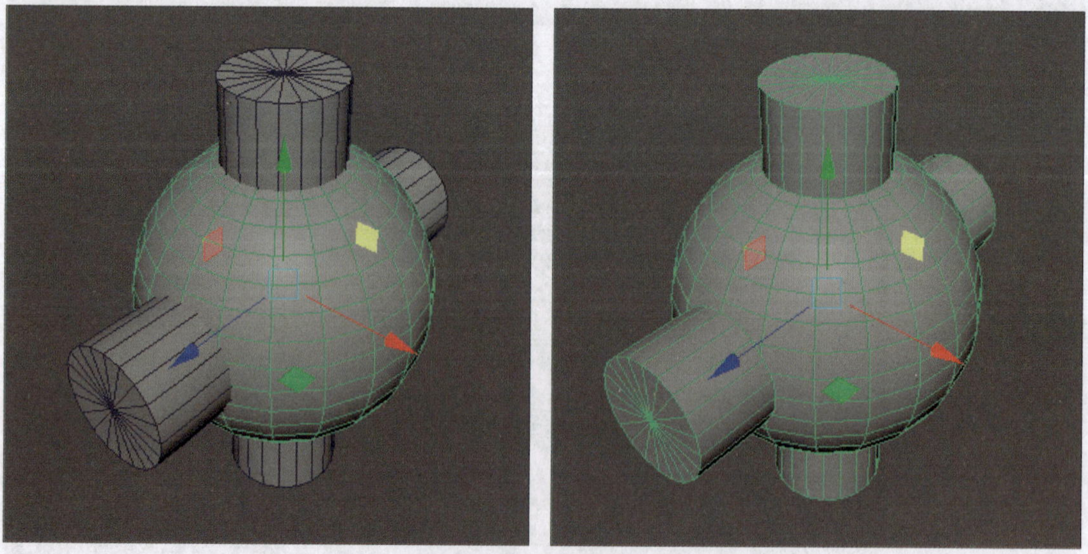

图 3-43　并集效果

模型进行布尔运算后，Maya会自动打开“属性编辑器”面板，在“PolyBoolean1”面板中可对布尔后的对象进行单独编辑（包括缩放、移动、复制、旋转），如图3-44所示。

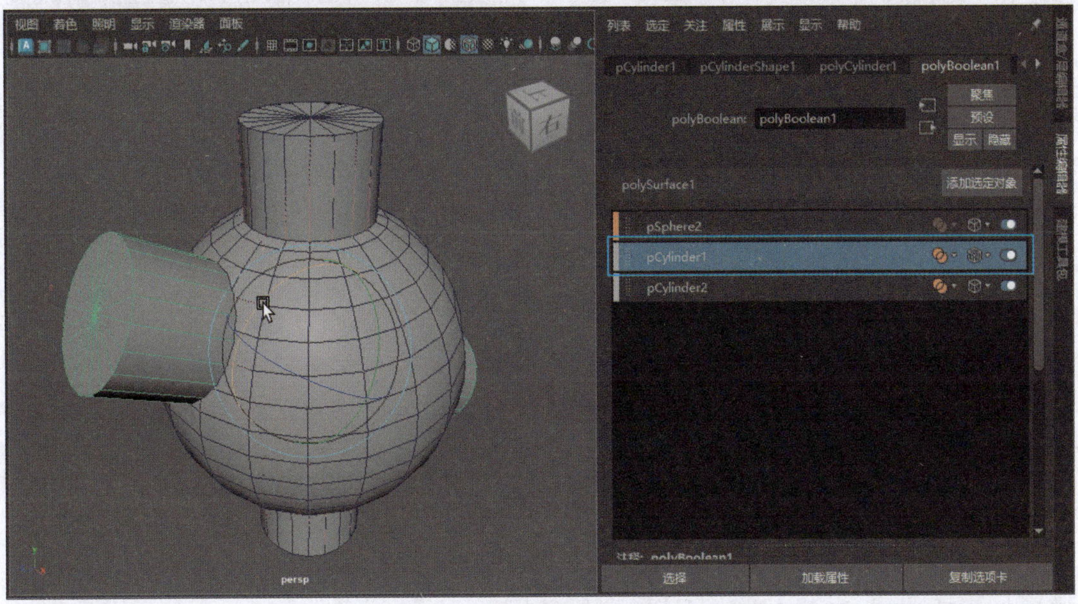


图 3-44　单独编辑布尔对象

## 2. 差集

差集是指在基础对象中减去与之相交的另一个对象，两个对象重叠的部分会被删除。例如，要从球体中减去两个相交的圆柱体，可全选对象，打开热盒控件，选择“布尔”→“差集（A-B）”选项，此时在视图中可预览差集结果，被减去的对象会以红色线框显示，如图3-45所示。预览无误后，单击工具架上的“按类型删除”按钮，删除构建历史，即可完成差集运算操作，如图3-46所示。

如果预览效果不正确，可在“属性编辑器”面板中做相应的调整，如图3-47所示。

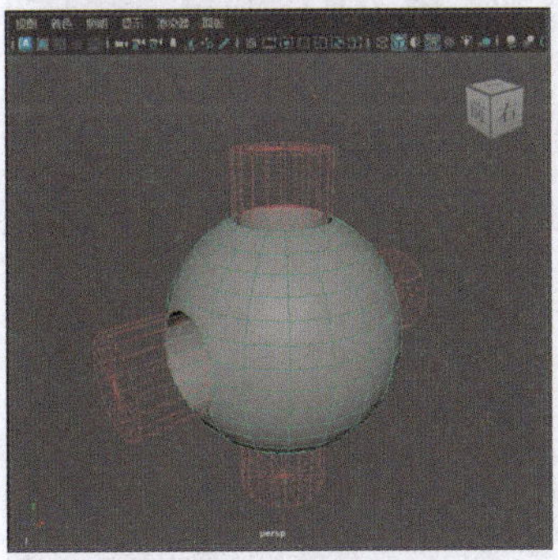

图 3-45　预览操作结果

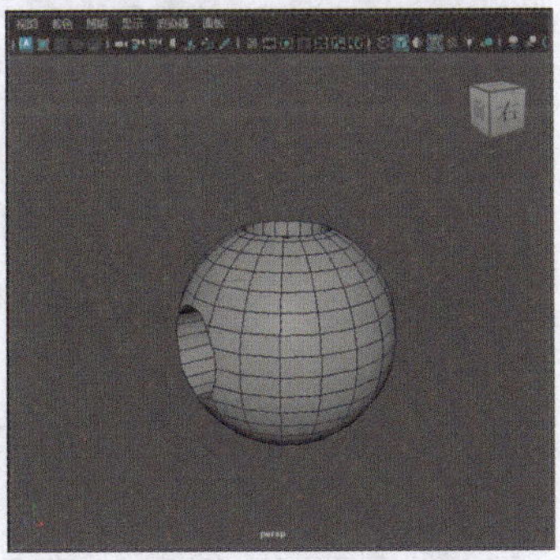

图 3-46　差集效果

图 3-47　修改布尔运算

## 3. 交集

交集是指在两个相交的对象中，保留相互重叠的部分，删除其余部分。同样，全选所有对象，在热盒控件中选择“布尔”→“交集”选项，预览操作结果。单击“按类型删除”按钮，即可完成交集操作，其效果如图3-48所示。

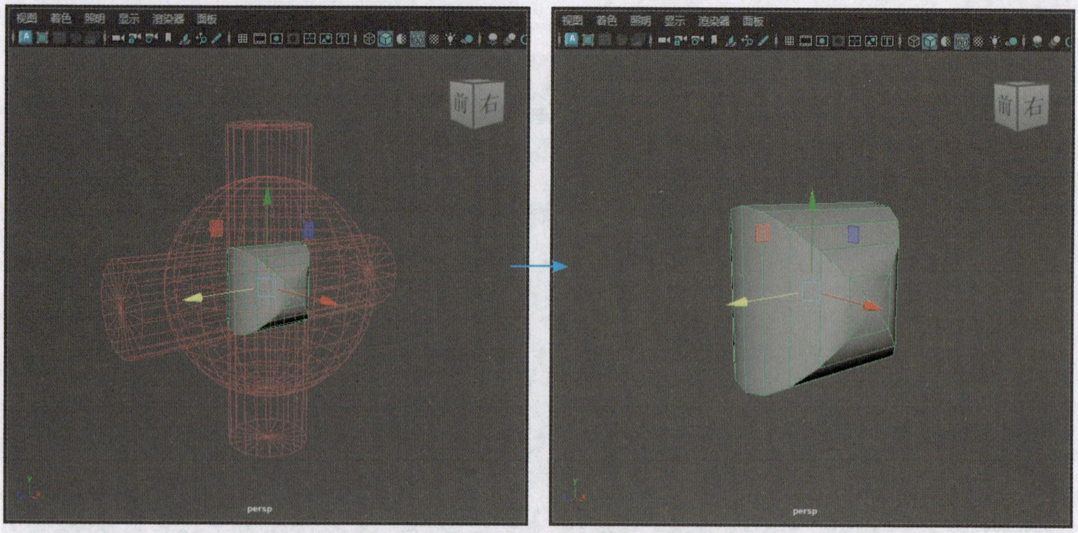


图 3-48　交集效果

布尔功能中除了并集、差集和交集这3个基本功能外，还提供了切片、打洞、裁切和分割边4种实用功能。用户可在“布尔”列表中按需选择使用。

- **切片**：常用于需要精确分割模型以进行下一步编辑或分析的场景，如角色建模中的身体部分分离、场景中的物体分割等。
- **打洞**：用于在模型上创建孔洞，在建筑建模、产品设计和角色建模中非常常见。
- **裁切**：用于去除模型上不需要的部分，以优化模型结构或创建特定的形状。
- **分割边**：用于在模型的边上添加新的顶点，从而将边分割成两段或多段。这种操作不会改变模型的总体积，但会增加顶点和边的数量，使得编辑模型更加灵活。

接下来利用布尔运算功能创建积木盒子模型。

**步骤01** 利用多边形立方体工具创建15 cm × 15 cm × 15 cm的立方体和14 cm × 17 cm × 14 cm的长方体，调整位置，如图3-49所示。

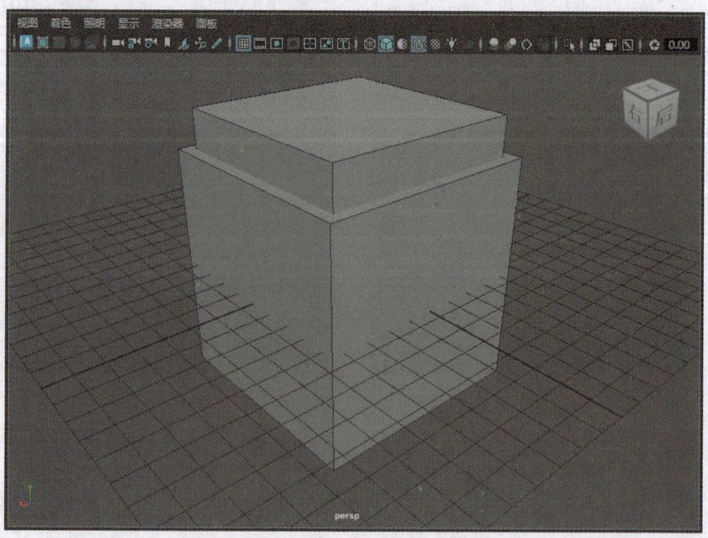


图 3-49　创建立方体和长方体

**步骤 02** 先选中立方体，再选择长方体。按Shift键+鼠标右键打开热盒控件，选择“布尔”→“差集（A-B）”选项，将长方体从立方体中减去，如图3-50所示。

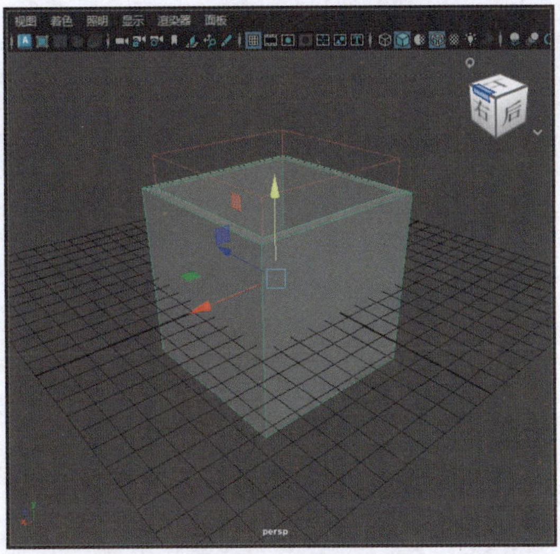

图 3-50　差集效果 1

**步骤 03** 单击“按类型删除”按钮，完成差集操作。利用多边形立方体、多边形圆柱体、复制和旋转工具，创建多个不同大小的几何体，放置在盒子模型的4个面上，如图3-51所示。

**步骤 04** 选中所有创建的几何体，按Ctrl+G组合键将其编组，如图3-52所示。

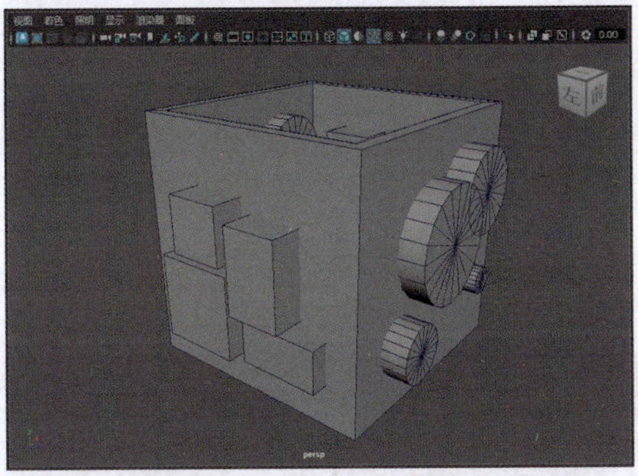

图 3-51　创建多个几何体

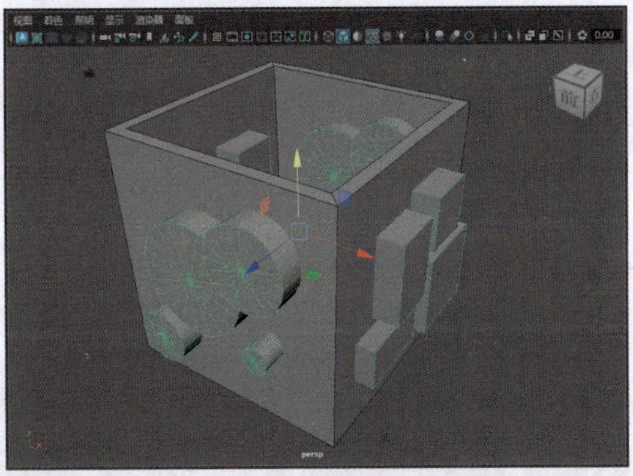

图 3-52　几何体编组

**步骤 05** 先选中盒子，再选中编组的几何体，打开热盒控件，选择“布尔”→“差集（A-B）”选项，将几何体从盒子中减去，单击“按类型删除”按钮完成操作，如图3-53所示。

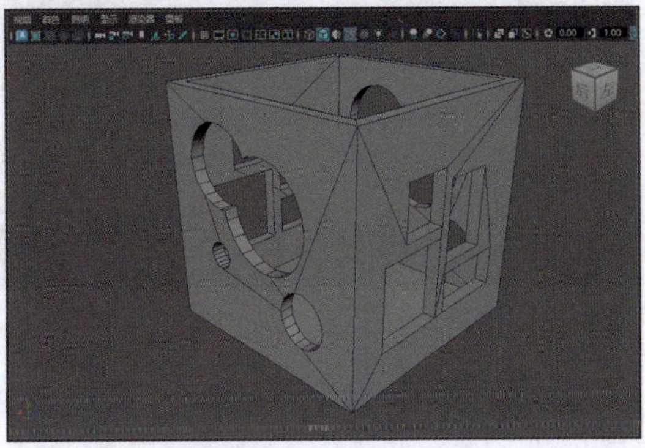

图 3-53　差集效果 2

步骤 06 利用多边形立方体工具创建14 cm×1 cm×14 cm的长方体，并将其作为盖子，放置在盒子顶端。利用旋转工具将盖子绕$X$轴旋转120°。至此，积木盒子模型制作完毕，效果如图3-54所示。

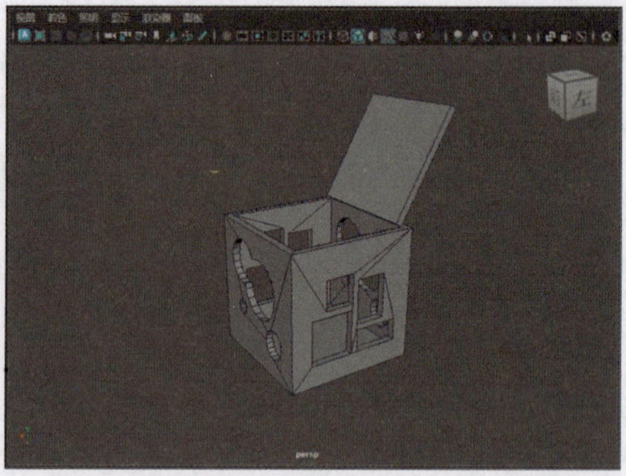

图 3-54　积木盒子模型

## ■3.3.2　结合与分离

使用“结合”和“分离”功能可以快速对所选对象进行合并或分离操作，以便更精确地调整模型对象。

### 1. 结合

结合是将两个或多个对象合并为一个对象，它与布尔中的“并集”是有区别的。对象结合后，原本多个独立的对象将成为一个整体，它们是相互关联的，可以在不分离的情况下共同进行编辑、变换及设置动画等操作。并集则是将两个或多个对象的几何形状合并为一个对象，它是根据布尔运算规则，将两个几何形状相交或重叠的部分进行删除，剩下的部分合并为一个整体，比较适合创建具有复杂孔洞或形状的新物体。

选中两个对象后，在菜单栏中选择“网格”→“结合”选项，即可将其结合为一个对象，如图3-55所示。此外，在工具架上单击“”按钮，也可执行结合操作。

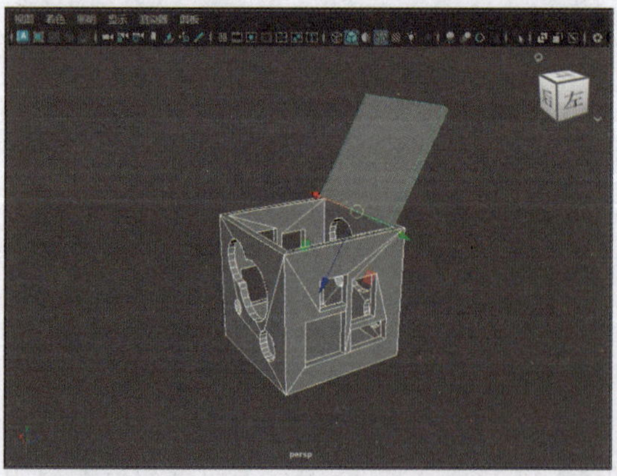

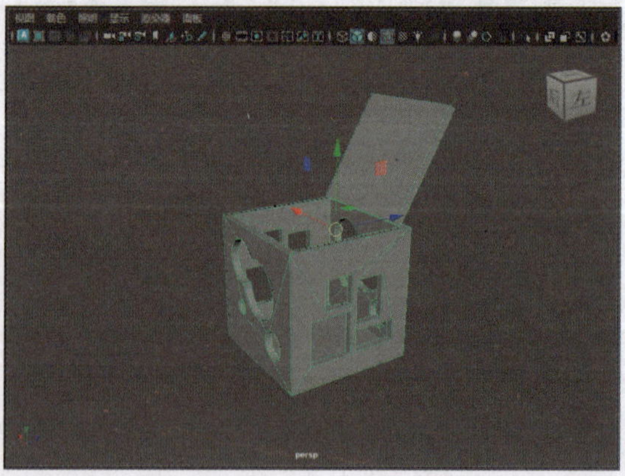

图 3-55　结合对象

### 2. 分离

分离与结合正好相反，它是将已结合的对象拆分，然后进行单独编辑或处理。选中所需对象，在菜单栏中选择“网格”→“分离”选项，即可分离已结合的对象。

## ■3.3.3 镜像与镜像对称

镜像是以对称的方式复制和翻转模型，常用于制作对称的模型。在镜像操作时，用户需要调整镜像类型、镜像轴、镜像方向等参数。选中对象，在菜单栏中选择“网格”→“镜像”选项即可，图3-56和图3-57所示为以两种不同的坐标轴进行镜像。单击“镜像”选项后的设置按钮■，可打开“镜像选项”对话框，从中可进行一系列镜像参数设置，如图3-58所示。

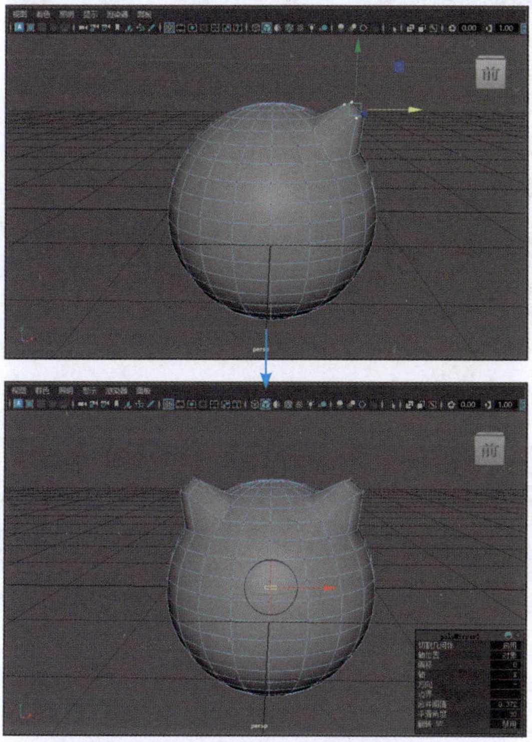

图 3-56　以对象坐标轴位置镜像

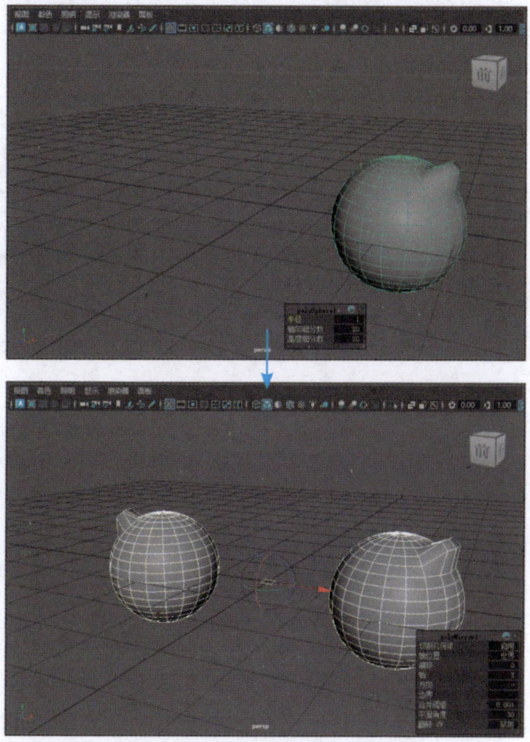

图 3-57　以世界坐标轴位置镜像

在“镜像选项”对话框中，默认情况下，“与原始对象组合”选项为勾选状态。在该状态下进行镜像，镜像后的对象与原对象是一个整体。如果想要对镜像的对象进行单独编辑，可取消该选项的勾选。

镜像对称指的是以一个对称轴（如$X$轴、$Y$轴或$Z$轴）为基准，将对象的一侧同步复制到另一侧，使得两侧形状、大小、排列等方面呈现出镜像效果。该功能常用于创建角色建模场景中。例如，创建角色的眼睛、耳朵、肢体等都可利用镜像对称进行操作。

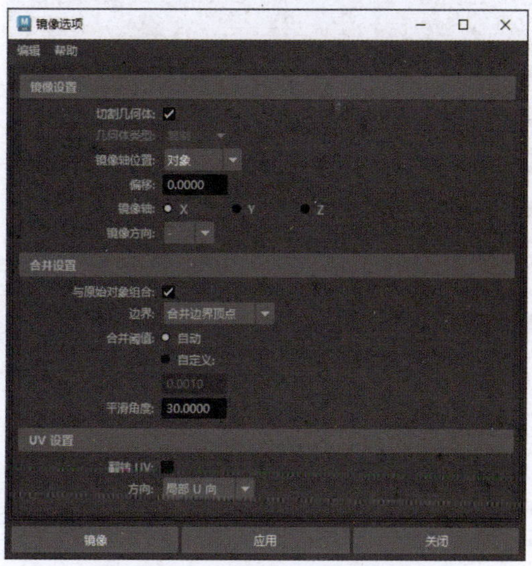


图 3-58　“镜像选项”对话框

默认对称功能为禁用状态，可在工具架上单击“对称”下拉按钮，在列表中选择所需的对称轴，然后选择模型中所需的组件（如顶点、面、线等）进行操作即可。此时，模型的对称面也会随之发生相应的变化，如图3-59所示。

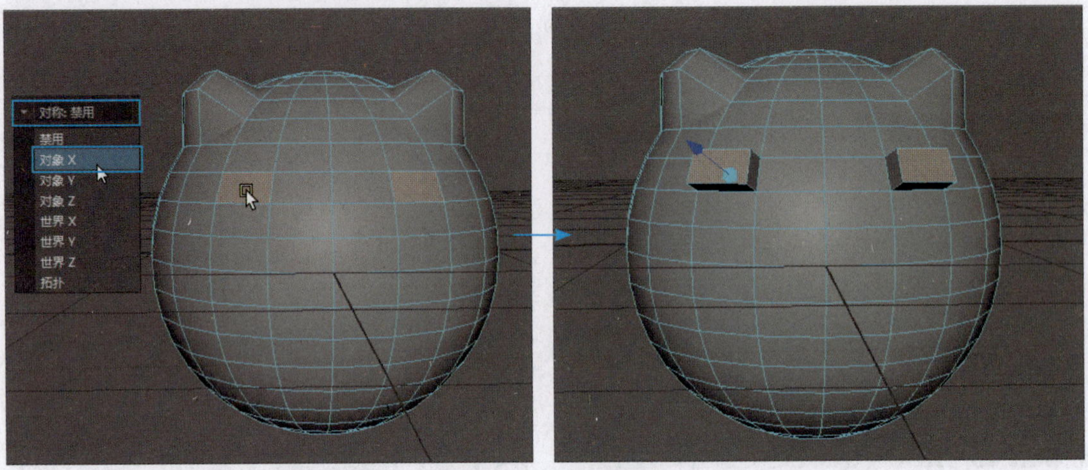


图 3-59　创建镜像对称

## 3.4　课堂演练：制作草坪灯模型

本案例利用多边形几何体的创建工具、布尔工具、挤出和倒角工具绘制草坪灯模型，其中的挤出和倒角编辑工具会在之后的章节中介绍具体的操作方法。

扫码观看视频

**步骤 01** 新建文件。使用多边形立方体工具创建一个立方体，使用缩放工具将其等比例放大，如图3-60所示。

**步骤 02** 右击立方体，打开热盒控件，选择“面”选项，进入面编辑模式，如图3-61所示。

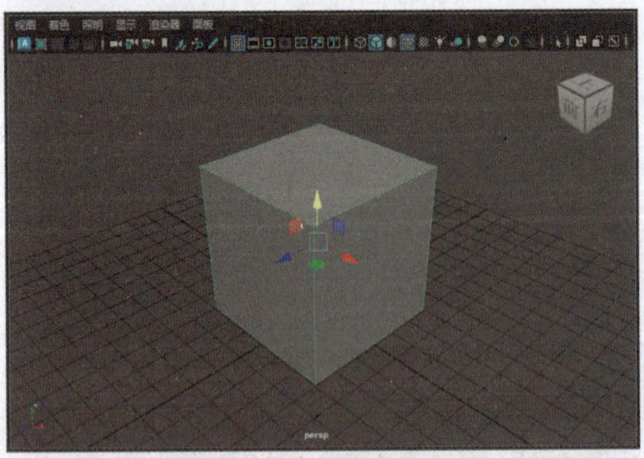

图 3-60　等比例放大立方体

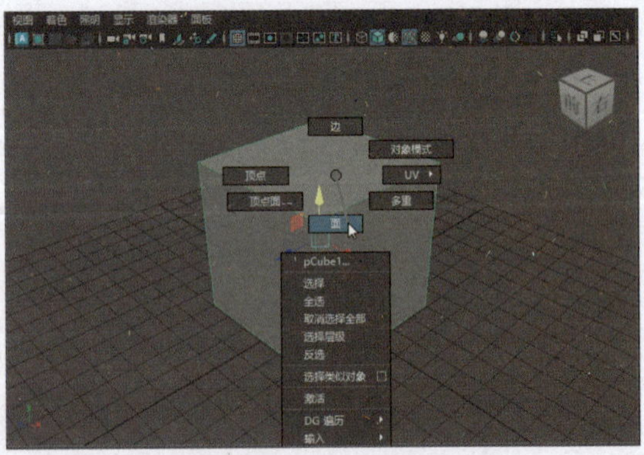


图 3-61　进入面编辑模式

**步骤 03** 选择立方体顶面，在“建模工具包”面板中单击“挤出”按钮，挤出该面。在打开的设置面板中调整偏移参数，如图3-62所示。

**步骤 04** 单击“挤出”按钮，将偏移的面向上挤出，如图3-63所示。

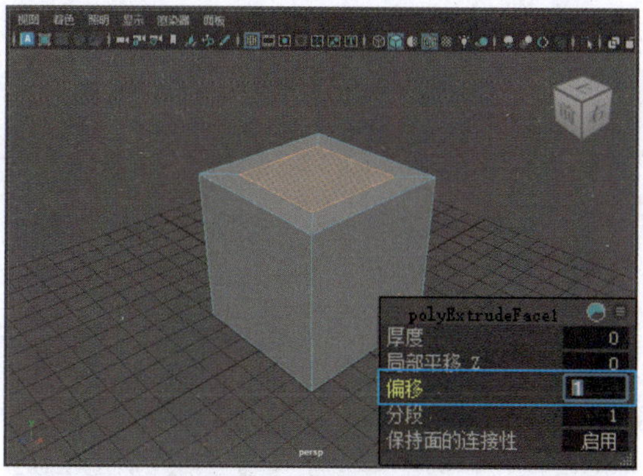


图 3-62　设置挤出偏移

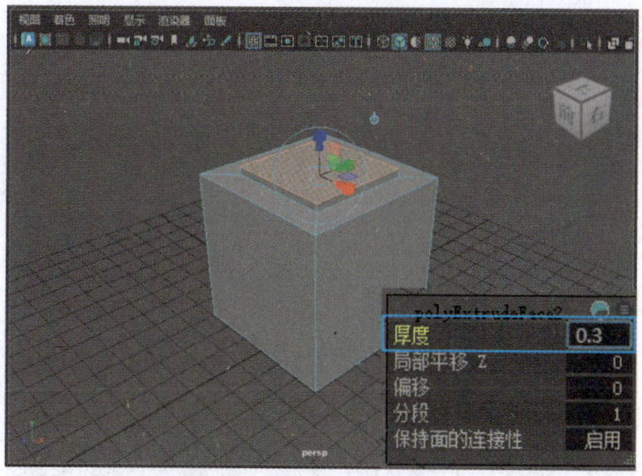


图 3-63　设置挤出厚度

**步骤05** 选中挤出的面，先单击“挤出”按钮，然后使用缩放工具将该面向外等比例放大到合适位置，如图3-64所示。

**步骤06** 再单击“挤出”按钮，将放大的面向上挤出，如图3-65所示。

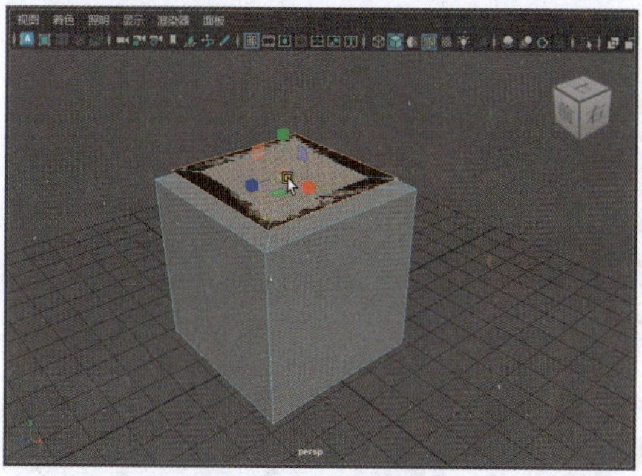

图 3-64　等比例放大面

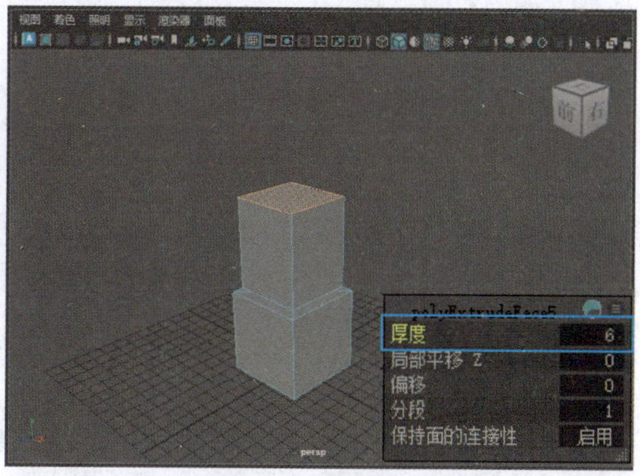


图 3-65　向上挤出

**步骤07** 再重复挤出一次。先将面偏移挤出，然后将其向上挤出，如图3-66所示。

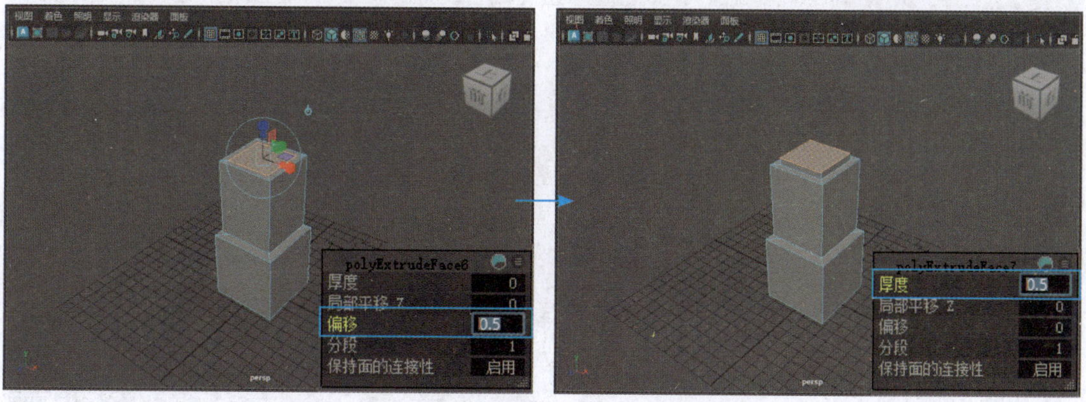


图 3-66　重复挤出一次

**步骤08** 使用多边形圆柱体工具创建圆柱体。在“通道盒/层编辑器”面板中将轴向细分数设为

4，创建四棱柱。使用缩放工具调整四棱柱的高度和半径，如图3-67所示。

**步骤09** 切换到顶视图，使用旋转工具将四棱柱绕*Y*轴旋转45°，如图3-68所示。

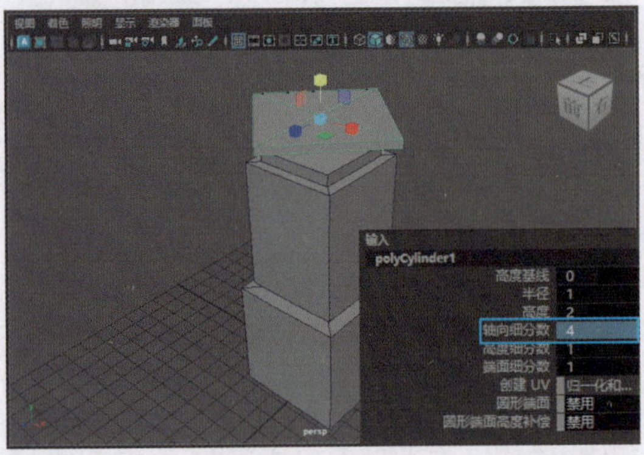


图 3-67　创建四棱柱

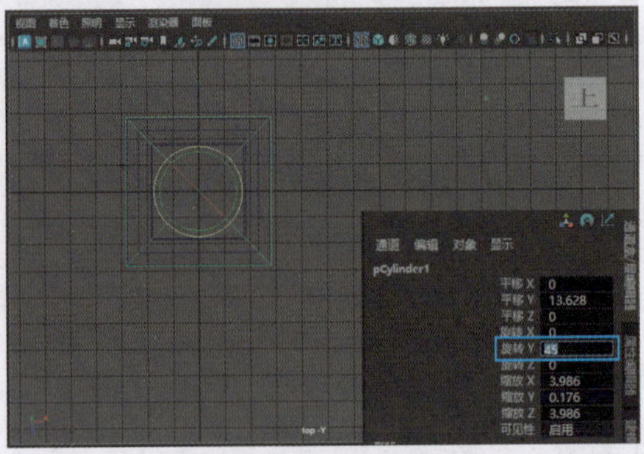


图 3-68　旋转四棱柱

**步骤10** 切换到透视图。右击四棱柱，打开热盒控件，选择“面”选项，进入面编辑模式。选中顶面，如图3-69所示。

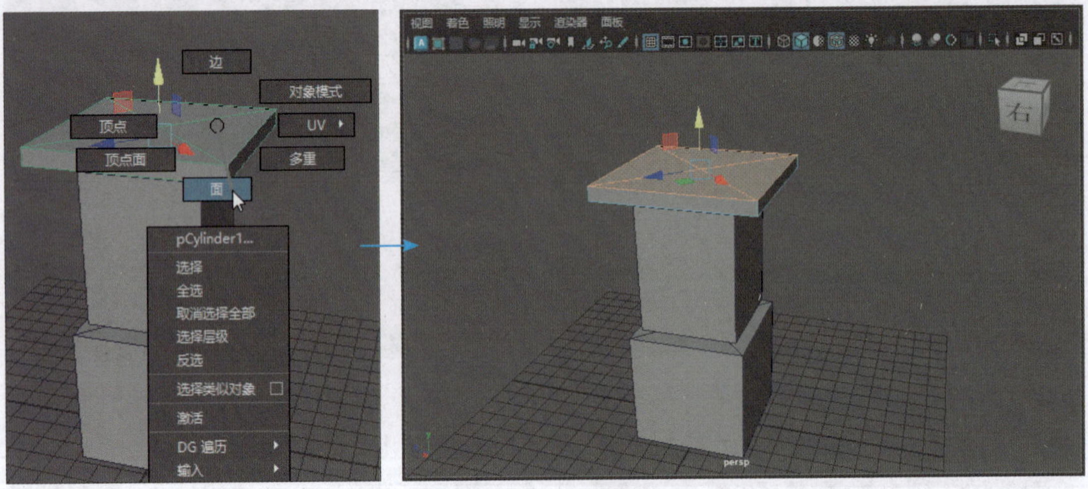


图 3-69　进入面编辑模式

**步骤11** 使用挤出工具将顶面向内挤出偏移，如图3-70所示。

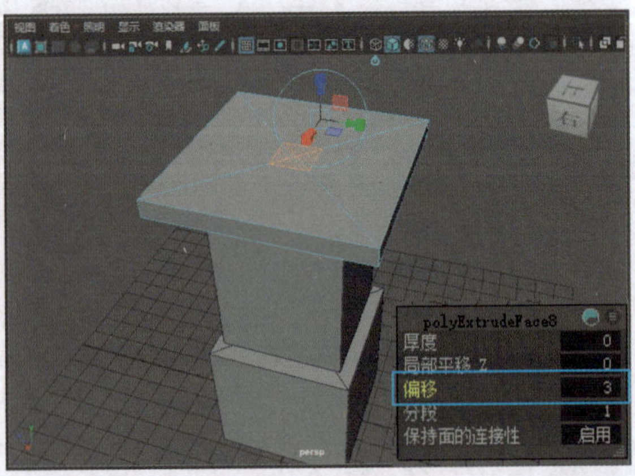


图 3-70　挤出偏移顶面

**步骤 12** 选中偏移的顶面，使用移动工具将其向上移动至合适位置，如图3-71所示。

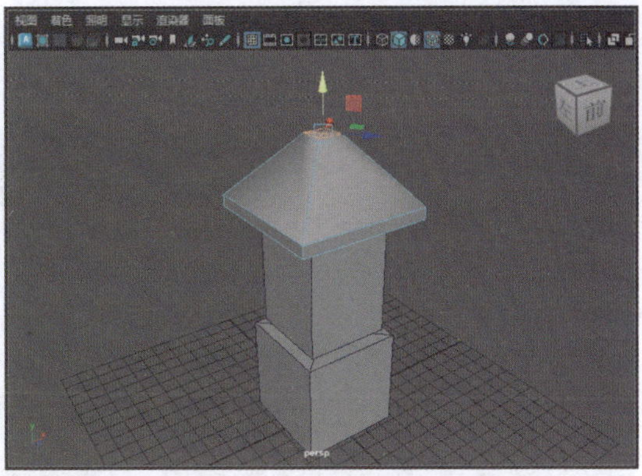

图 3-71 向上移动偏移的顶面

**步骤 13** 右击，打开热盒控件，选择“边”选项进入边编辑模式。选中顶面的4条边，如图3-72所示。

**步骤 14** 在“建模工具包”面板中单击“连接”按钮，创建一条连接线，如图3-73所示，按回车键确认。

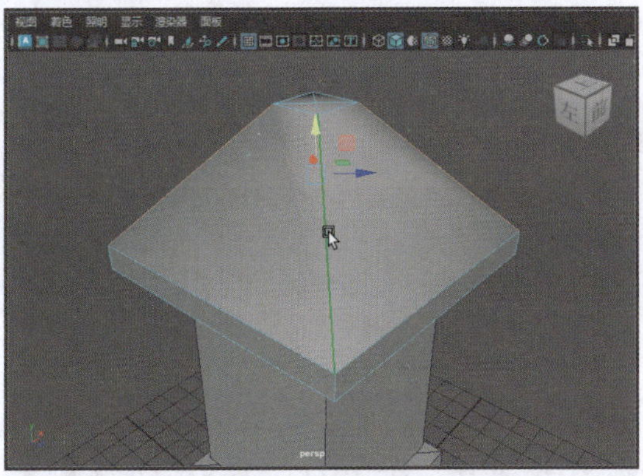

图 3-72 选择边

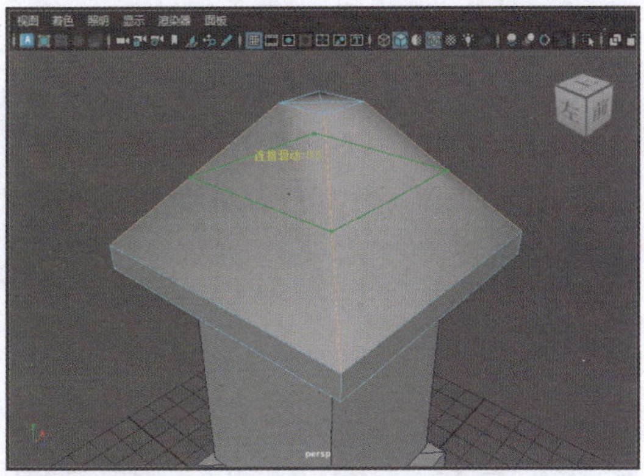

图 3-73 创建连接线

**步骤 15** 双击连接线，将其全部选中。使用移动工具适当将连接线向下移动，如图3-74所示。

**步骤 16** 在“建模工具包”面板中单击“倒角”按钮，在打开的设置面板中设置分段参数，将顶面造型变得平滑，如图3-75所示。

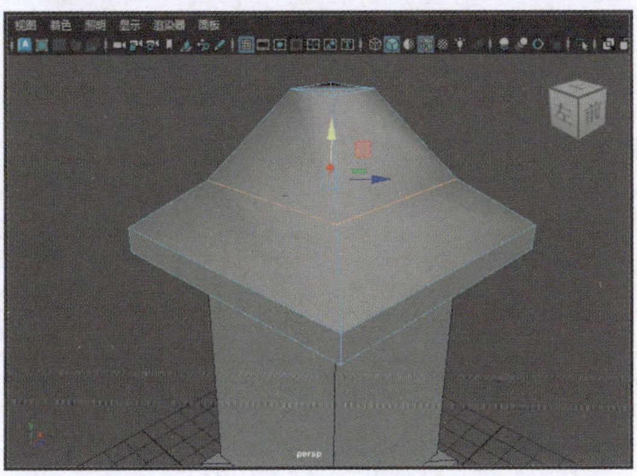

图 3-74 移动连接线

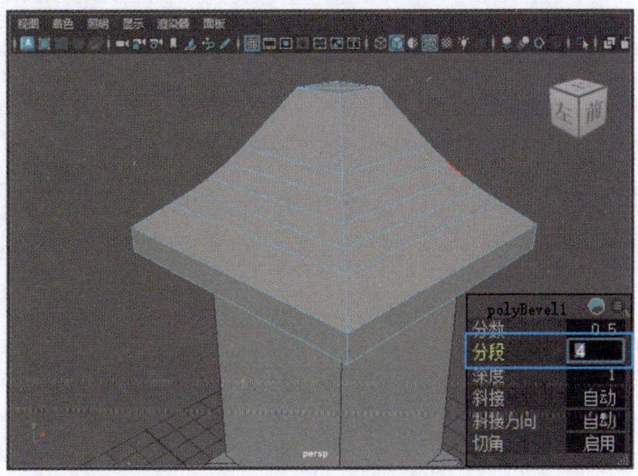


图 3-75 倒角连接线

**步骤17** 右击，打开热盒控件，选择“面”选项进入面编辑模式。选择模型顶部的顶面，使用挤出工具将其向内进行偏移挤出，再向上挤出合适的厚度，如图3-76所示。

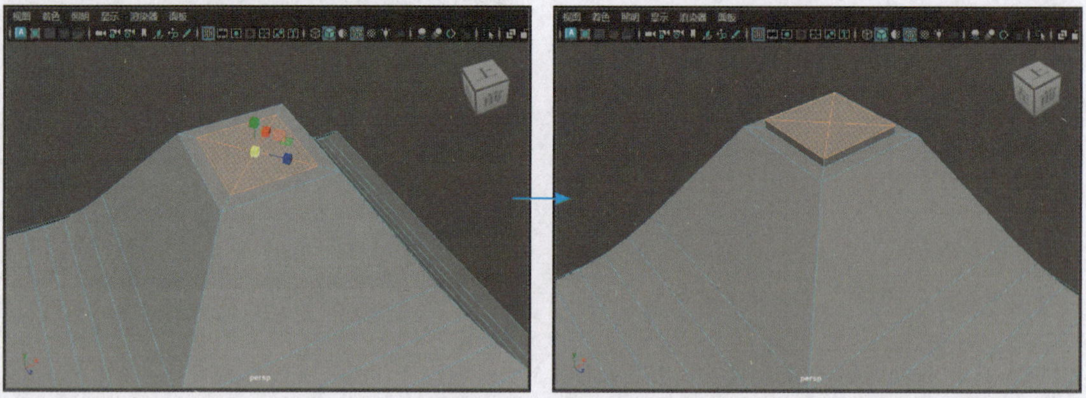

图 3-76　挤出顶面

**步骤18** 单击“多边形球体”按钮，创建球体。使用缩放工具调整大小，放置在顶部合适位置，如图3-77所示。

**步骤19** 单击“多边形立方体”按钮，创建立方体。使用缩放工具调整立方体的大小，创建长方体并复制，将其放置在模型的合适位置，如图3-78所示。

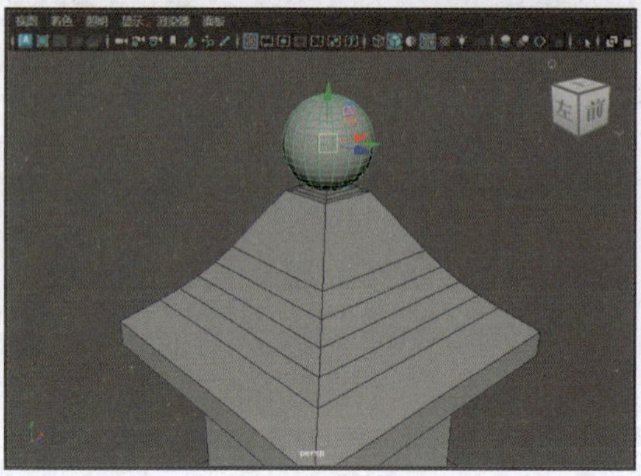

图 3-77　创建球体

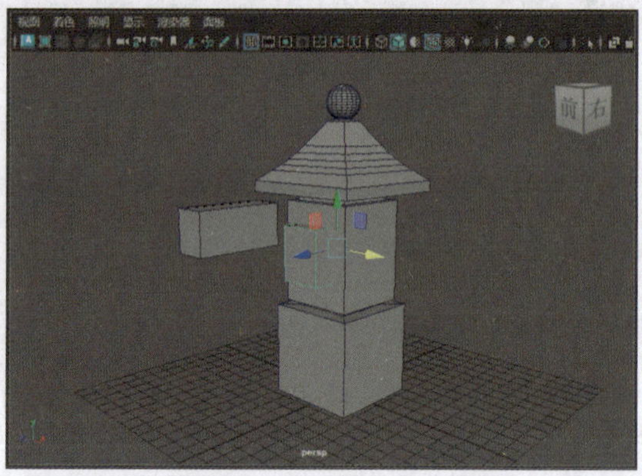

图 3-78　创建长方体

**步骤20** 先选中模型主体，再选中长方体，在菜单栏中选择“网格”→“布尔”→“差集”选项，将长方体从主体模型中减去，如图3-79所示。预览确认后，删除历史记录，完成差集操作。

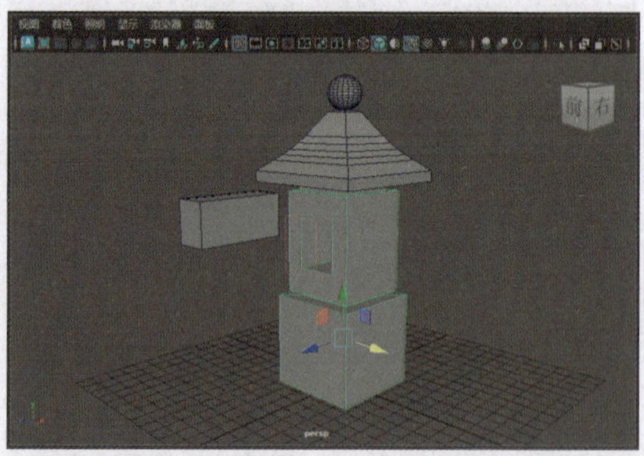

图 3-79　差集操作

**步骤21** 按照同样的方法，将复制后的长方体进行旋转，并放置在主体模型的合适位置。使用“差集”命令将其从主体中减去，如图3-80所示。

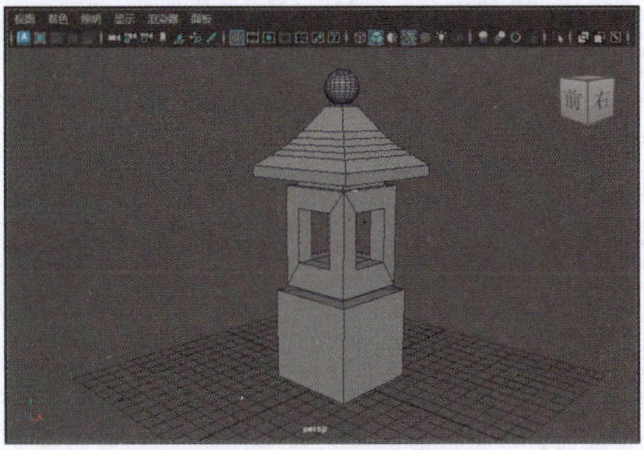


图 3-80　继续差集操作

**步骤22** 右击模型主体，打开热盒控件，选择“边”选项，进入边编辑模式。双击底部方形上边线，单击“倒角”按钮，将其进行倒角，如图3-81所示。

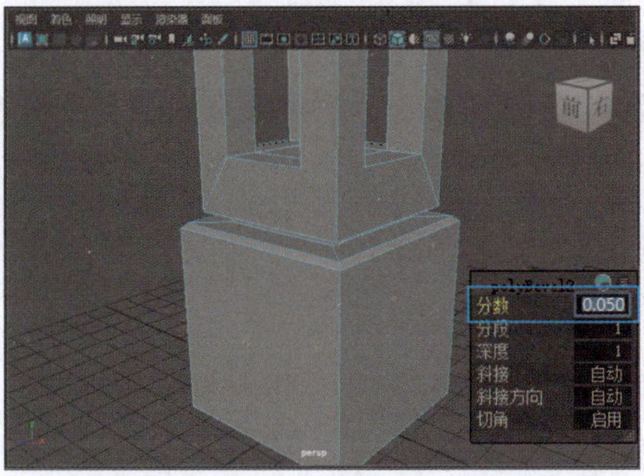


图 3-81　倒角边线

**步骤23** 按照同样的方法，将方形下边线也进行倒角操作。至此，草坪灯模型制作完毕，效果如图3-82所示。

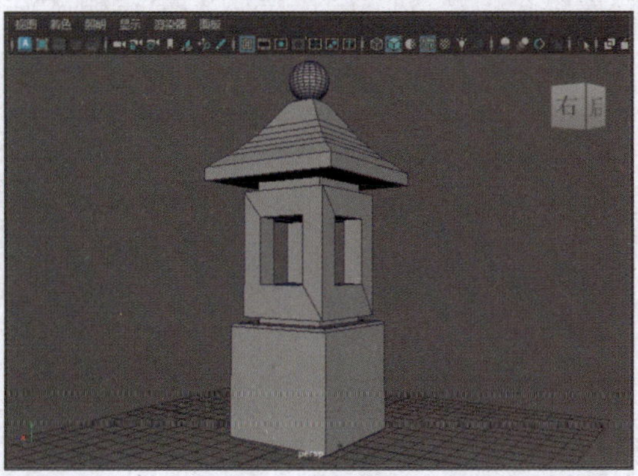


图 3-82　最终效果

# 课后作业

## 一、填空题

1. 多边形建模的方式分为__________和__________两种。

2. 法线决定了模型__________和__________。

3. 在进行布尔运算的__________操作时，改变对象的选择顺序会改变运算结果。

4. 软化边和硬化边是通过调整__________的显示方式来影响对象边缘的外观。

## 二、选择题

1. 不属于多边形构成元素的是（　　）。

A. 边　　B. 顶点

C. 阴影　　D. 法线

2. 对于平滑和减面功能，说法错误的是（　　）。

A. 平滑分段越大，所选对象就越平滑。

B. 平滑的快捷键为3键。

C.“取消平滑”功能解决了旧版本中平滑后模型的修改问题。

D. 减面功能会在保持模型原始状态下，减少网格数量，以优化模型。

3. 不能在Maya中直接创建生成的基本体是（　　）。

A. 足球　　B. 茶壶

C. 螺旋线　　D. 圆锥体

4. 不属于布尔功能的工具是（　　）。

A. 结合　　B. 差集

C. 打洞　　D. 切片

## 三、操作题

根据本章所学的知识，制作简单的几何体拼图玩具模型，如图3-83所示。

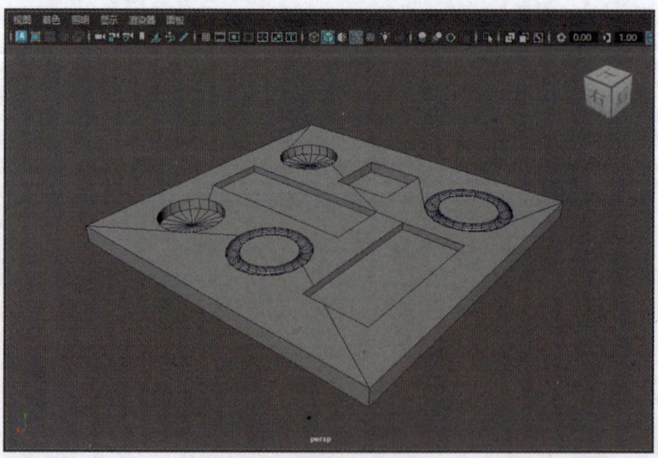

图 3-83　模型效果

# 第4章

# 多边形高级建模

## 内容概要

上一章介绍了多边形网格的基本操作，本章将介绍多边形网格的高级操作技巧，其中包括多边形的分段、倒角与倒圆角、桥接、挤出，以及网格工具的高级应用等。熟练使用多边形编辑工具可以灵活地创建出各种创意模型。

## 素质要点

- 建模技巧：掌握多边形高级建模技术，能够创建复杂且细节丰富的三维模型。
- 团队协作：通过小组项目，培养学生的沟通协调能力。

## 数字资源

【本章素材】："素材文件\第4章"目录下

【本章课堂演练最终文件】："素材文件\第4章\课堂演练"目录下

# 4.1 编辑多边形网格

编辑多边形网格是指通过对多模型表面的多边形结构（如点、线、面等）进行调整和优化，从而达到设计的预期效果。本节将对一些常用的多边形编辑工具的相关操作进行介绍。

## ■4.1.1 添加分段

添加分段是指在不改变模型形态的情况下，通过对模型表面的多边形网格进行细分，增加其顶点、边和面的数量，以提高模型的细节和精度。

选中模型后，在“建模工具包”面板的“组件”列表中单击“添加分段”按钮，即可细分该模型网格。默认分段数量为1，如图4-1所示。

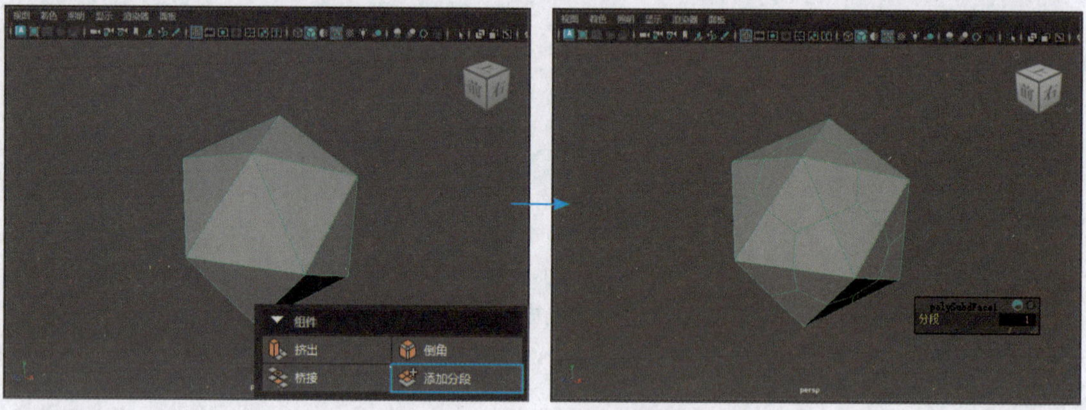


图 4-1 模型分段

除了对整个模型添加分段外，还可以对模型的某个面添加分段。选中所需的多边形面，单击“添加分段”按钮，即可对当前面进行分段，如图4-2所示。

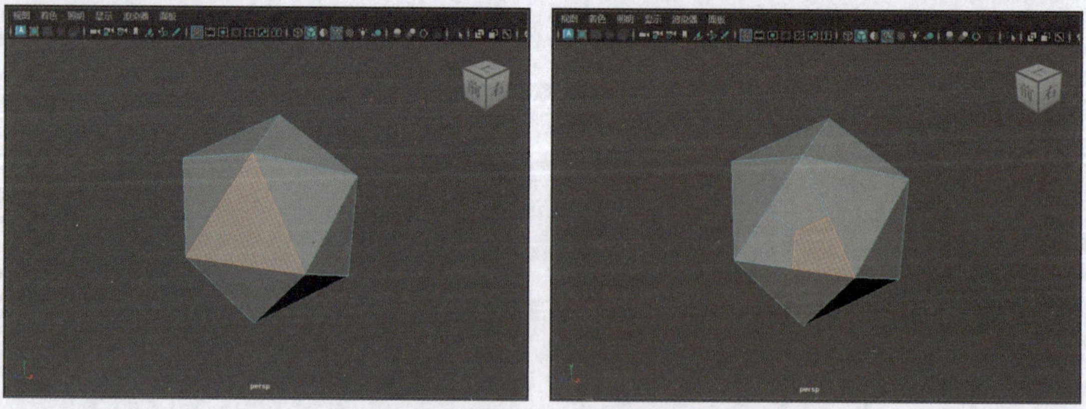

图 4-2 为单独的模型面添加分段

## ■4.1.2 倒角

倒角是指在模型的边缘或转角处添加斜角面，以平滑过渡尖角或直角边缘。在模型中选择要倒角的边缘，在“建模工具包”面板的“组件”列表中单击“倒角”按钮，在打开的设置框中，根据需要调整分数和分段参数，即可倒角，如图4-3和图4-4所示。

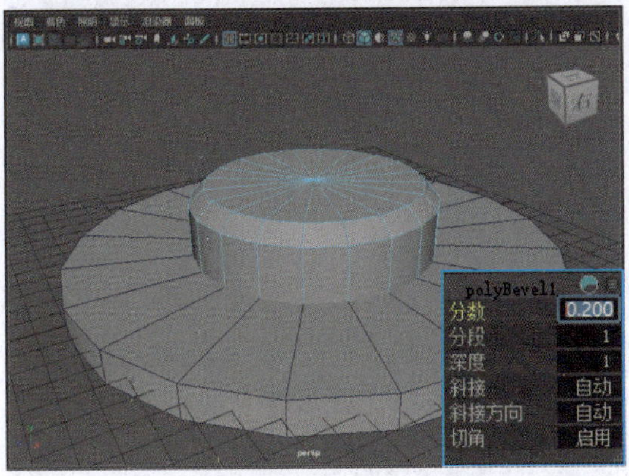


图 4-3 倒斜角

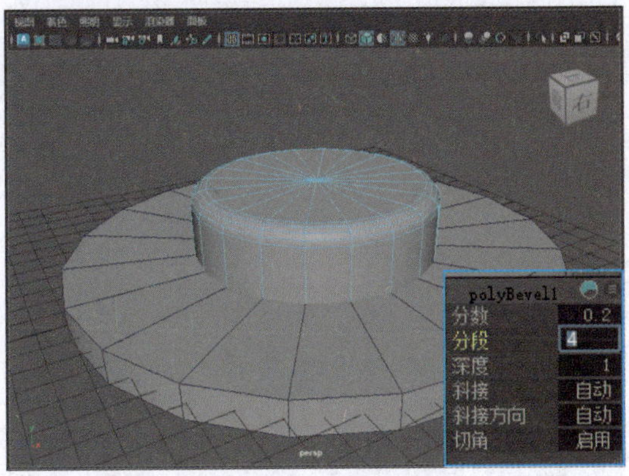


图 4-4 倒圆角

接下来利用倒角工具绘制积木模型。

**步骤01** 单击“多边形立方体”按钮，创建一个立方体。使用缩放工具对该立方体进行调整，如图4-5所示。

**步骤02** 单击“多边形圆柱体”按钮，创建圆柱体。同样使用缩放工具调整该圆柱体的大小，如图4-6所示。

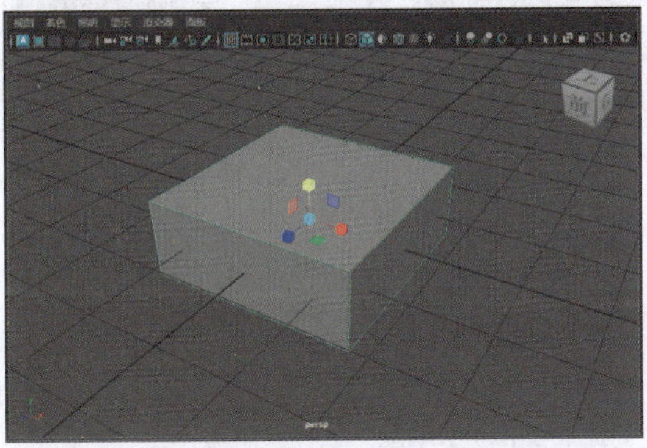

图 4-5 创建立方体

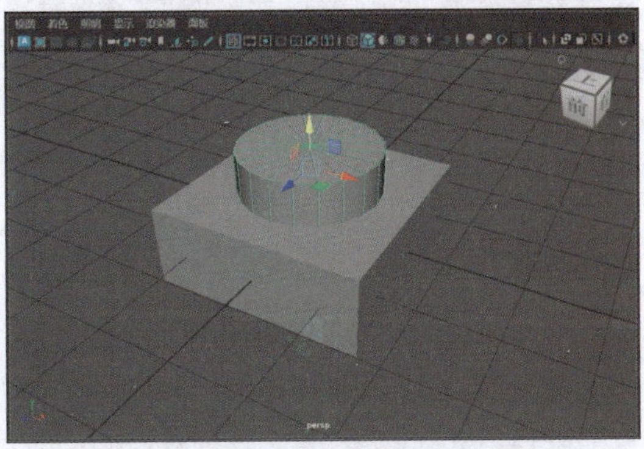

图 4-6 创建圆柱体

**步骤03** 选择立方体和圆柱体，在工具架上单击“结合”按钮，将这两个几何体进行合并，如图4-7所示。

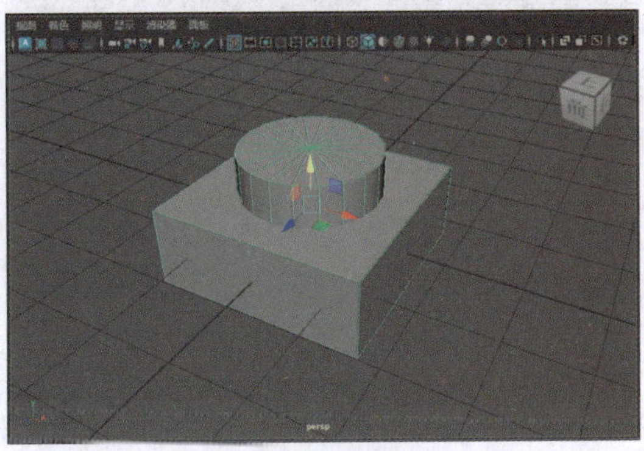

图 4-7 合并几何体

步骤04 右击，选择“边”选项，进入边编辑模式。双击圆柱体顶部边线，将其全部选中，如图4-8所示。

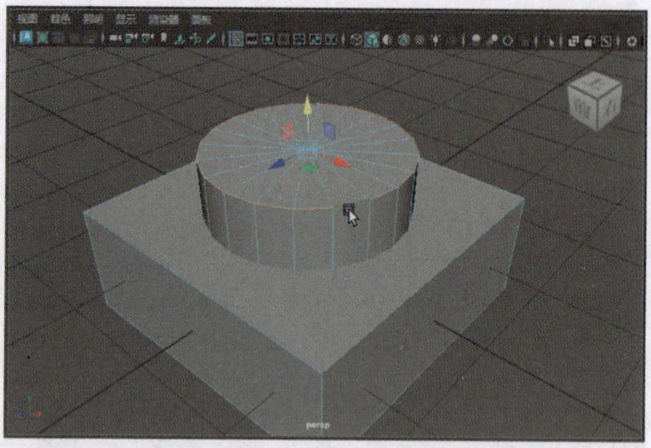

图 4-8　选择圆柱体边线

步骤05 在工具架上单击“倒角”按钮，在打开的设置框中调整分数和分段参数，可对其边线进行倒角，如图4-9所示。

步骤06 按照同样的方法，选中立方体的所有边线，单击“倒角”按钮，设置相同的倒角参数，对立方体进行倒角，如图4-10所示。

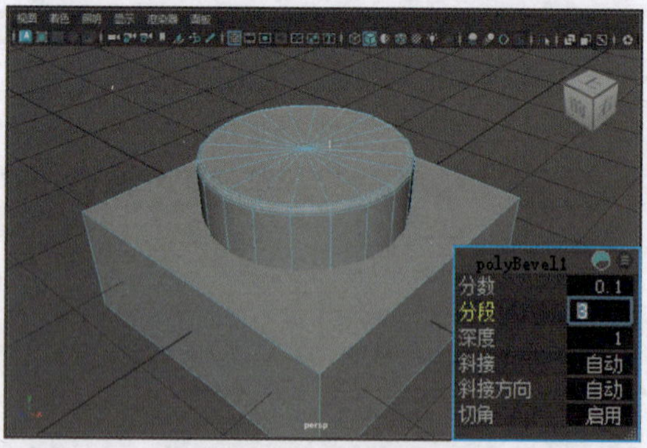


图 4-9　倒角圆柱体

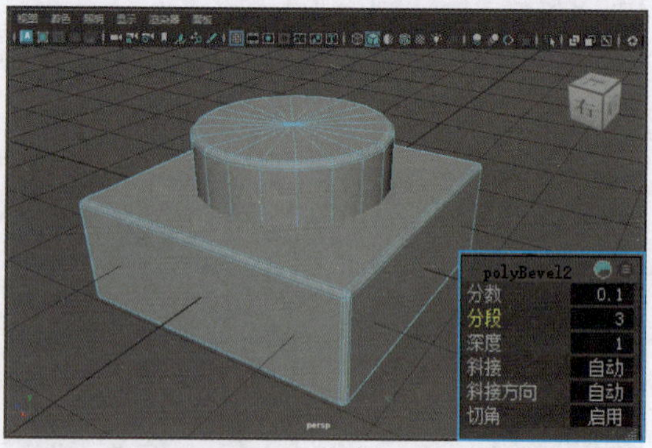


图 4-10　倒角立方体

步骤07 右击，退出边编辑模式。单个积木模型绘制完成，如图4-11所示。

步骤08 使用复制、旋转等工具调整各积木的位置，效果如图4-12所示。

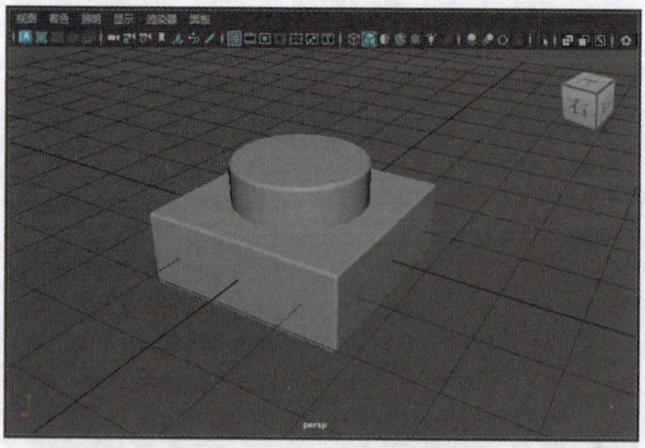

图 4-11　单个积木模型

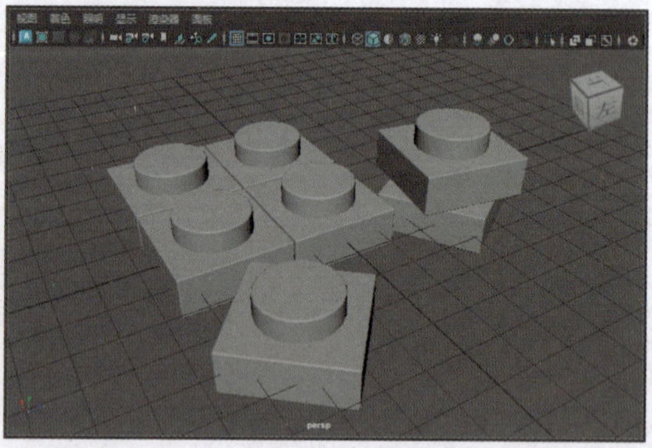

图 4-12　最终效果

## ■4.1.3 桥接

桥接工具是指用一个平滑的多边形来连接两个或多个模型，从而实现模型修补、连接或扩展操作。选中模型中需要桥接的网格面，然后在“建模工具包”面板的“组件”列表中单击“桥接”按钮，即可将两个模型连接，如图4-13所示。用户可在桥接设置框中调整分段、方向（源）、方向（目标）参数，以调整连接的方向及平滑度。

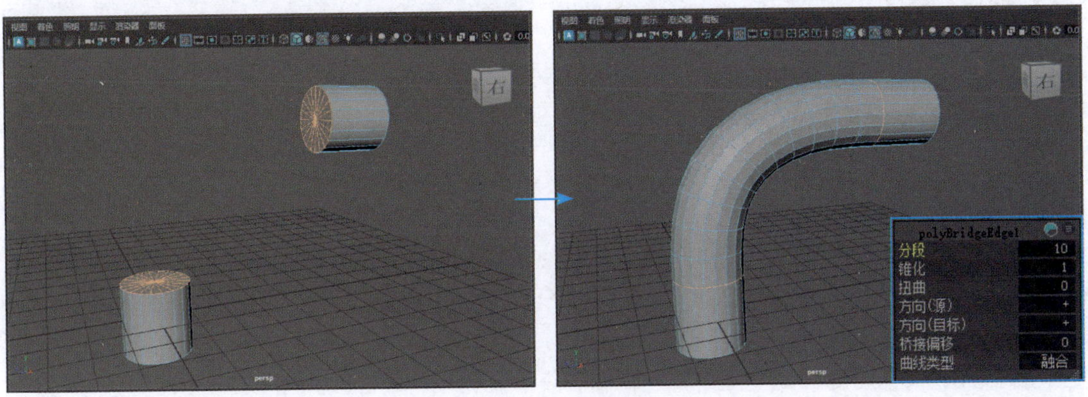

图 4-13 桥接模型

也可在菜单栏中单击“编辑网格”→“桥接”选项后的设置按钮，打开“桥接选项”对话框，从中可设置桥接类型选项，如图4-14所示。桥接类型分为“线性路径”“平滑路径”和“平滑路径+曲线”3种。

- **线性路径：**沿着一条直线在两个选定的边界之间创建连接。该方式很直接，没有曲线过渡。
- **平滑路径：**根据模型内在结构，在两个选定的面之间以平滑的方式过渡。该方式能生成更加自然和流畅的几何体形状。
- **平滑路径+曲线：**不仅会以平滑方式在两个选定的面之间过渡，而且还会附带一条明确的曲线。这条曲线可以作为连接路径，通过调整曲线的形状和位置可改变连接的状态。

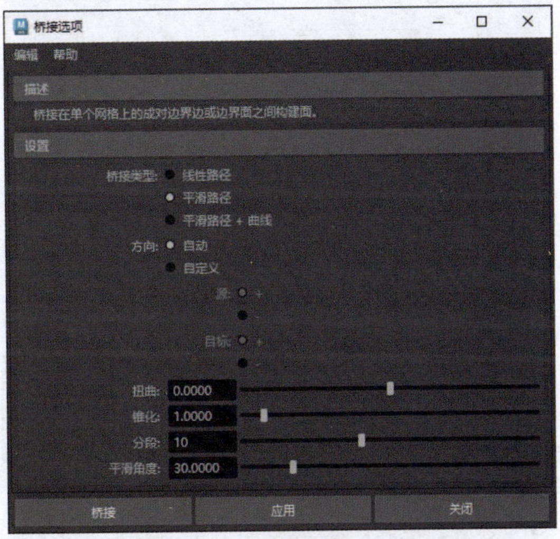

图 4-14 桥接选项设置

## ■4.1.4 挤出

挤出是三维建模中很常用的一种功能。它通过选择模型的面、边或顶点，并沿着指定方向进行拉伸，从而创建出新模型。在模型中选择所需的面，在“建模工具包”面板的“组件”列表中单击“挤出”按钮，在打开的面板中调整厚度参数，即可将其挤出，如图4-15所示。

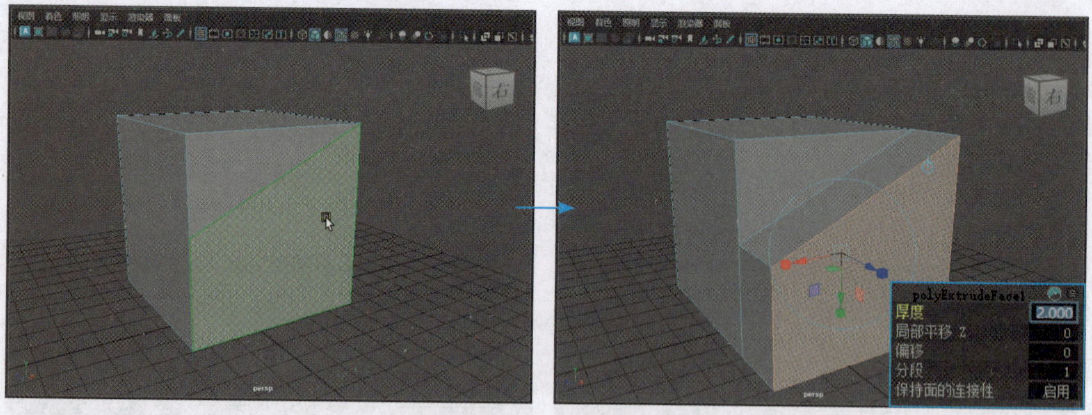


图 4-15　挤出选项设置

下面利用挤出工具创建简易餐桌模型。

**步骤01** 利用多边形立方体创建一个120 cm × 2 cm × 80 cm的长方体，并设置细分宽度为12、深度细分数为10，作为桌面，如图4-16所示。

**步骤02** 按Alt+鼠标左键，调整视角，在视图中查看桌面底部区域，如图4-17所示。

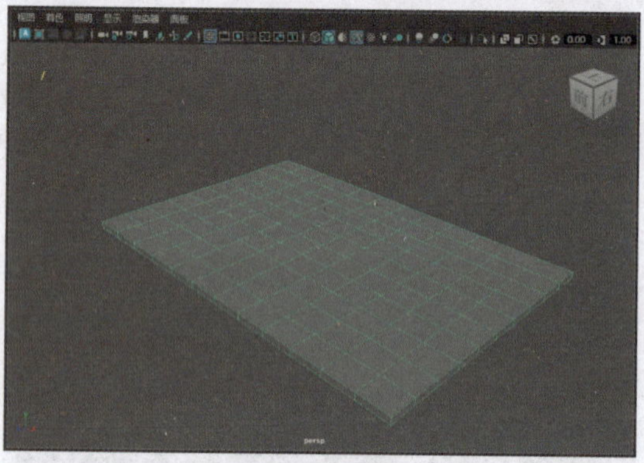

图 4-16　创建桌面

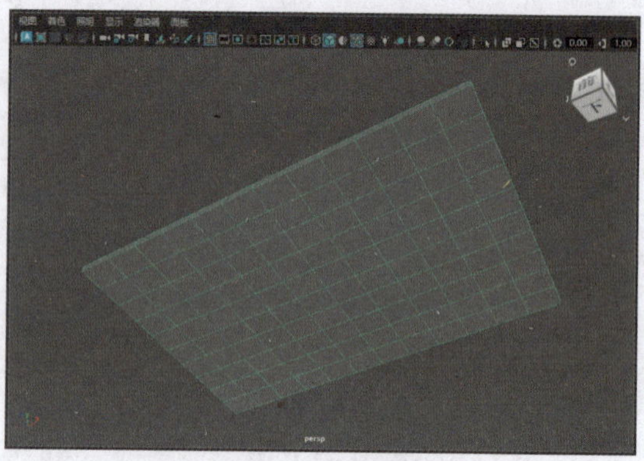

图 4-17　调整视角

**步骤03** 单击鼠标右键，调出热盒控件，选择“面”选项，进入面编辑模式，如图4-18所示。

**步骤04** 结合Shift键选择桌面底部所需的面，如图4-19所示。

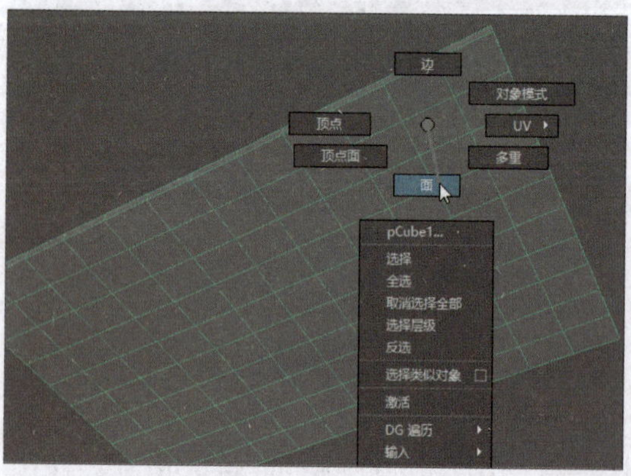


图 4-18　选择“面”选项

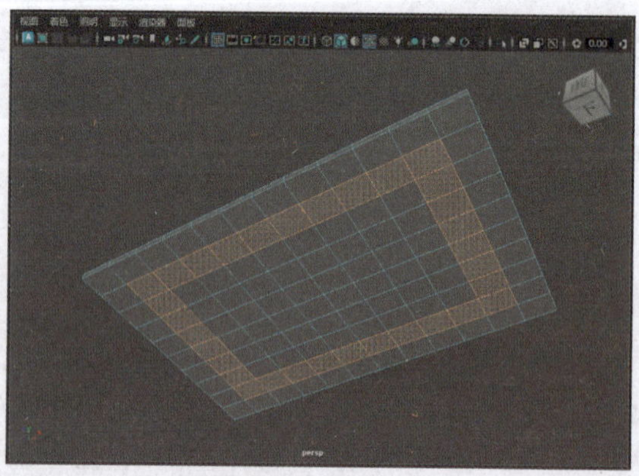

图 4-19　选择面

步骤 05 按Shift+鼠标右键，调出热盒控件，选择“挤出面”选项，进入挤出状态，如图4-20所示。

步骤 06 将挤出的厚度设为8，将选中的面向下挤出，如图4-21所示。

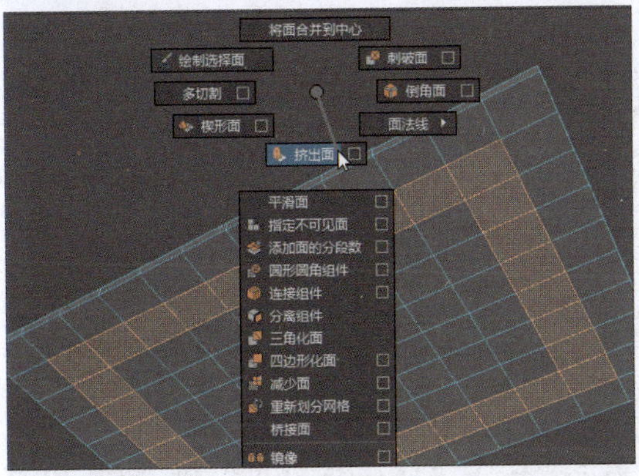


图 4-20　选择“挤出面”选项

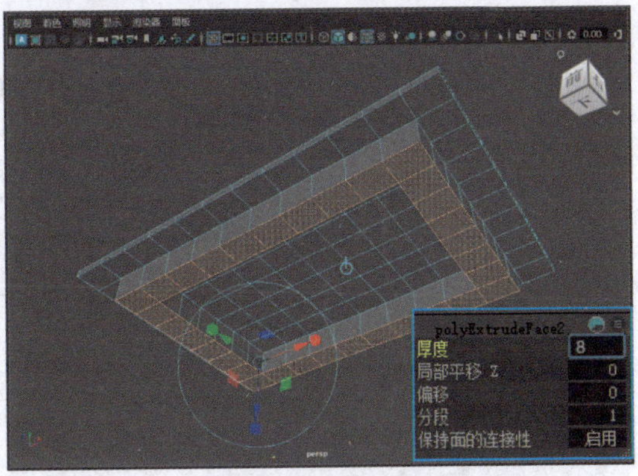


图 4-21　向下挤出面

步骤 07 选择底面中的其他面，单击“添加分段”按钮，将选中的面进行细分，将分段设为1，如图4-22所示。

步骤 08 选中划分后的面，选择“挤出面”选项，将其向下挤出，将挤出厚度设为70，如图4-23所示。

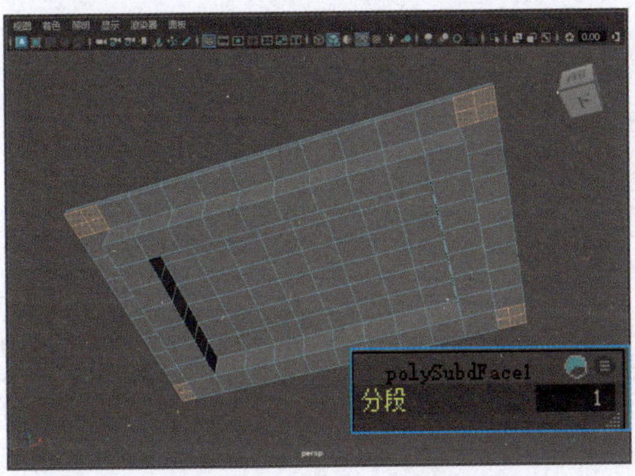


图 4-22　细分面

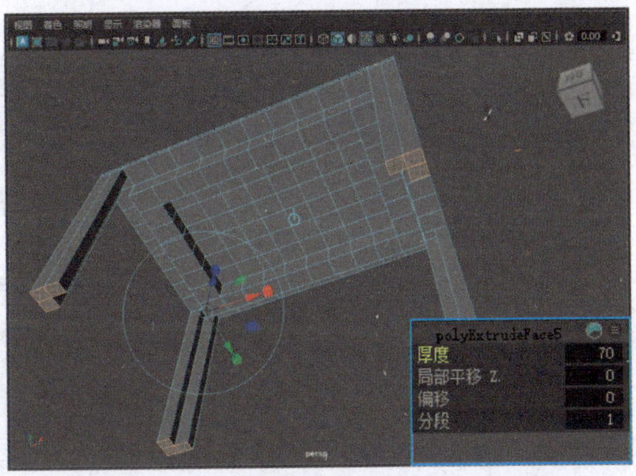


图 4-23　挤出面

步骤 09 调整到正常视角，取消对象选择。至此，餐桌模型绘制完毕，效果如图4-24所示。

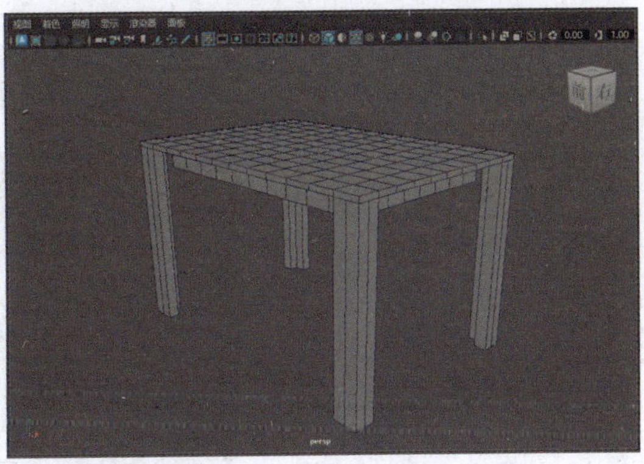

图 4-24　餐桌模型

除以上常规挤出方式外，还有一种特殊的挤出方式，即沿面法线挤出。如果需要对模型各个面沿着面法线方向挤出，可在挤出设置框中将“保持面的连接性”选项设为“禁用”即可，如图4-25所示。

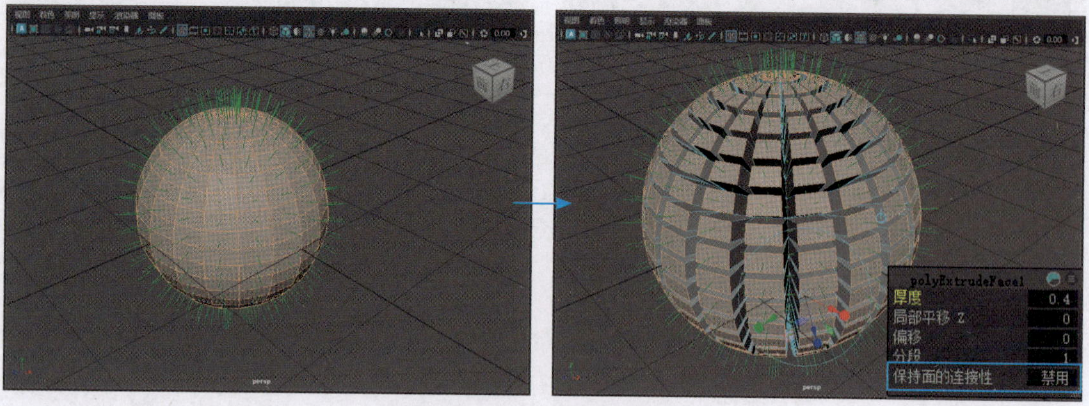


图 4-25　沿面法线方向挤出

下面利用挤出和平滑命令制作高尔夫球模型。

步骤 01 单击“柏拉图多面体”按钮，创建一个多面体。在“通道盒/层编辑器”面板中设置其半径、细分及细分模式，如图4-26所示。

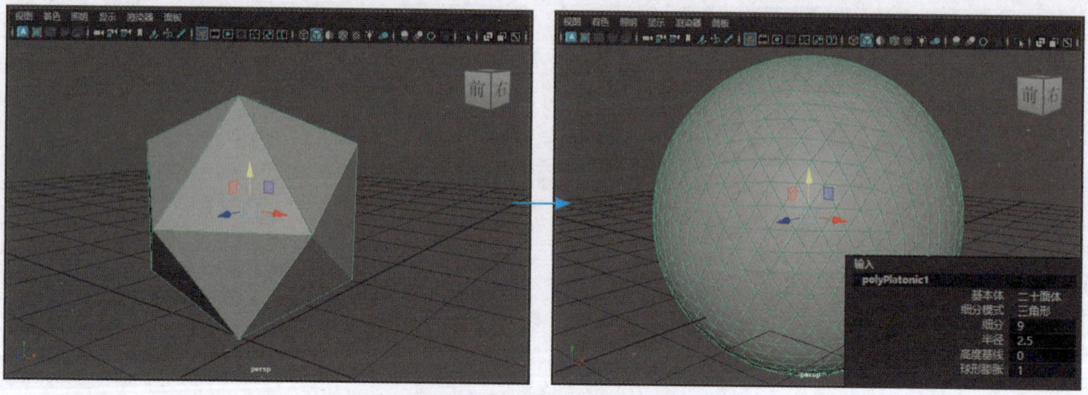


图 4-26　设置多面体参数

步骤 02 右击进入边编辑模式，选择多面体上所有的边。打开大纲视图，右击空白处，在打开的列表中选择“集”→“创建快速选择集”选项，在打开的“创建快速选择集”对话框中设置快速选择集名称，单击“确定”按钮，如图4-27所示。

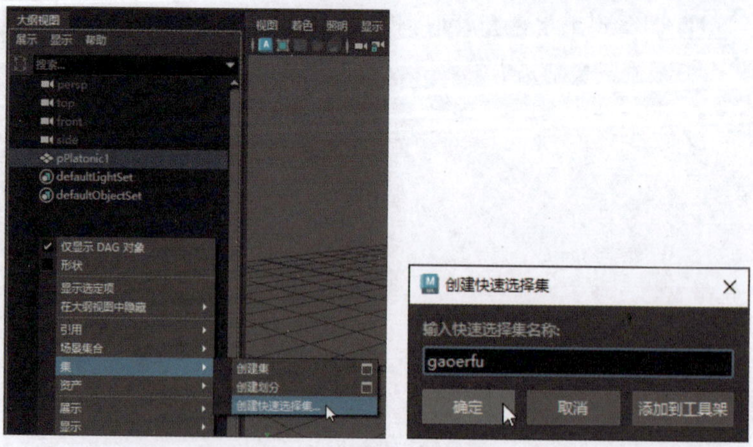


图 4-27　创建快速选择集

步骤03 退出边编辑模式。在工具架上单击“平滑”按钮，平滑多面体，如图4-28所示。

步骤04 再次右击进入边编辑模式，在大纲视图中选择创建的选择集，右击，选择“选择集成员”选项，如图4-29所示。

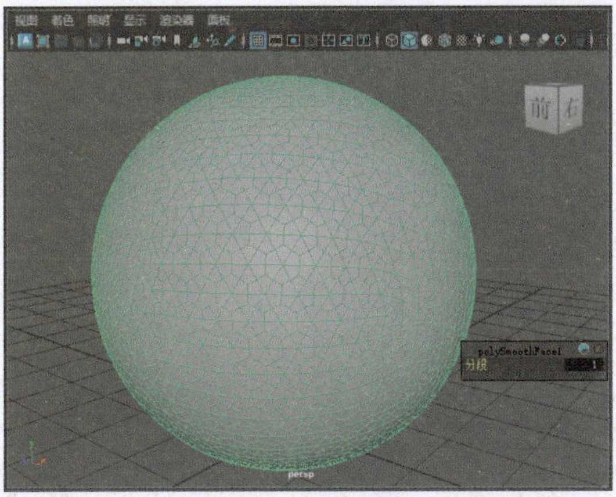

图 4-28 平滑多面体

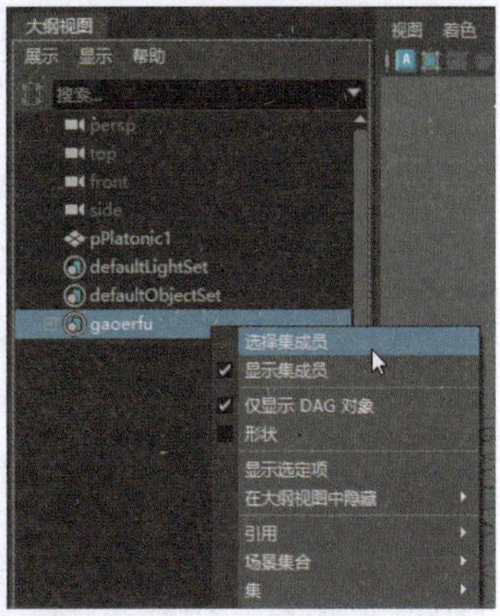


图 4-29 选择集成员

步骤05 此时，多面体中所有集边线都会被选中，按Delete键将其删除，如图4-30所示。

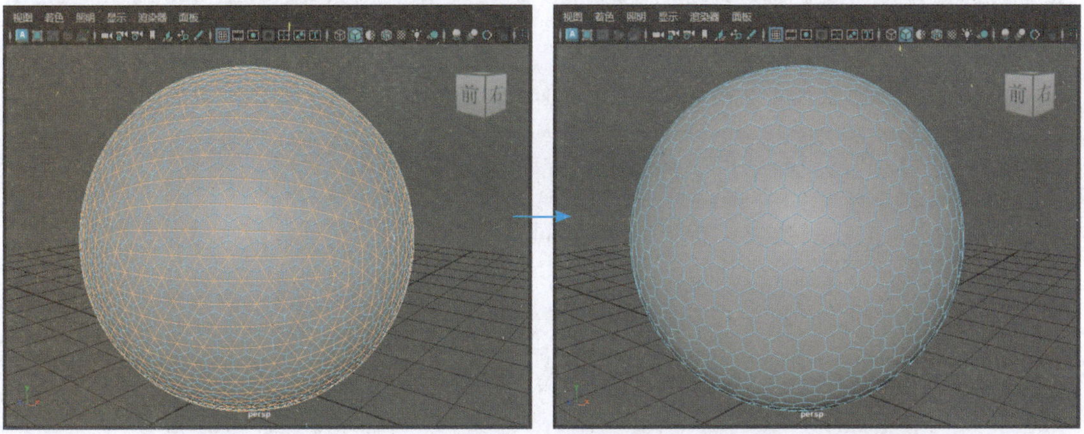

图 4-30 删除集边线

步骤06 右击多面体，进入面编辑模式。全选多面体的面，在“建模工具包”面板中单击“挤出”按钮，在设置面板中将“保持面的连续性”选项设为“禁用”，然后调整偏移参数，将面进行缩放挤出，如图4-31所示。

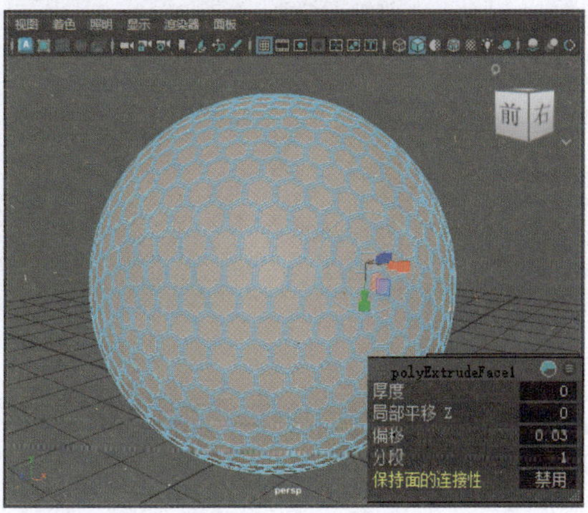


图 4-31 挤出面

步骤 07 再次单击“挤出”按钮，在设置面板中调整“局部平移Z”和偏移参数，如图4-32所示。

步骤 08 退出面编辑模式，进入顶点编辑模式。全选顶点，在工具架上单击“合并”按钮，保持距离阈值参数为默认，将所有顶点合并在一起，以防产生破面，如图4-33所示。

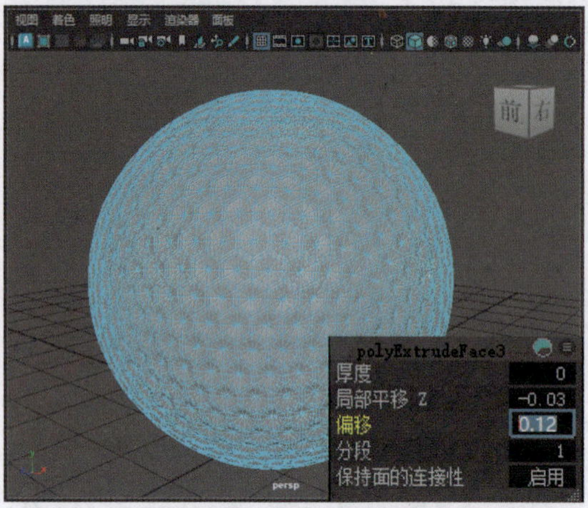


图 4-32　再次挤出面

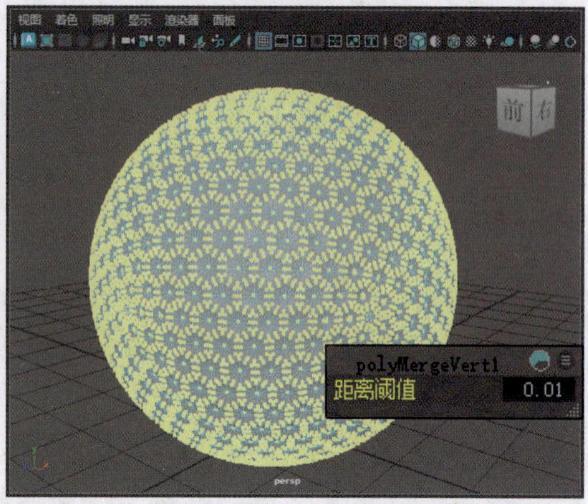


图 4-33　合并顶点

步骤 09 退出顶点编辑模式即可查看设置效果，如图4-34所示。至此，高尔夫球模型制作完毕。

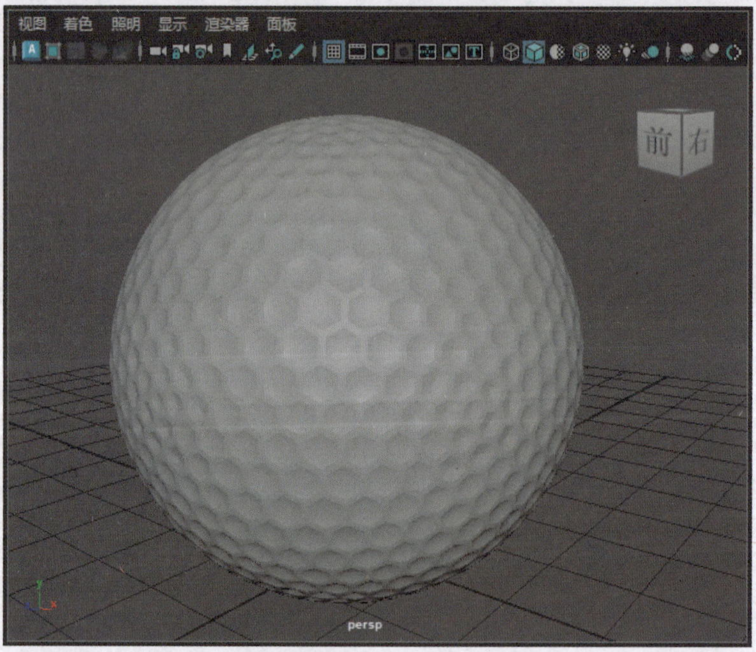


图 4-34　制作效果

## ■4.1.5　复制和提取面

复制面是指在模型中复制特定的面，并生成一个可以单独编辑的新面。选中要复制的面，按Shift+鼠标右键打开热盒控件，选择“复制面”选项即可，如图4-35所示。

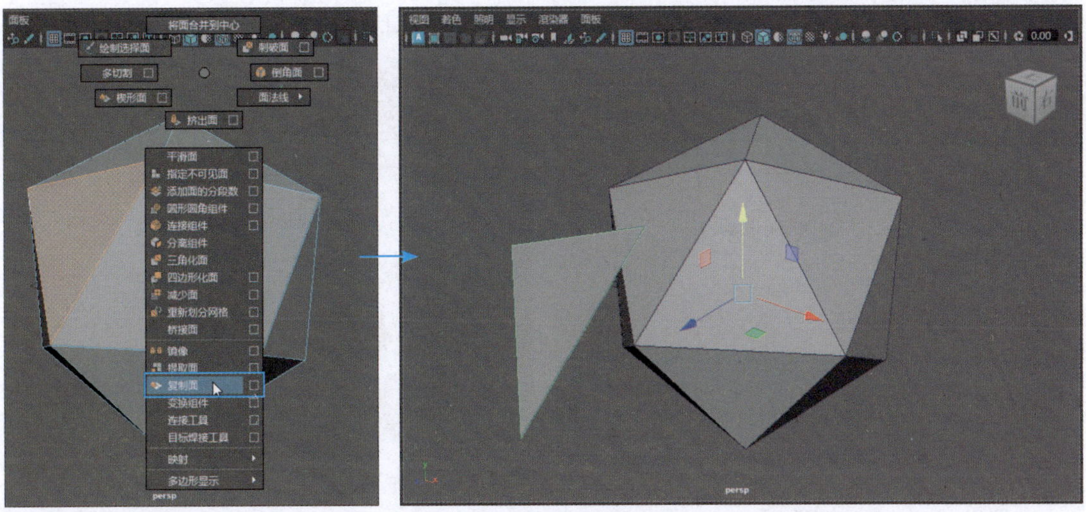


图 4-35　复制面

提取面是指将所选面从原始模型中分割出来，形成一个可以独立移动或编辑的新面。在模型中选择所需面，按Shift+鼠标右键打开热盒控件，选择“提取面”选项即可，如图4-36所示。

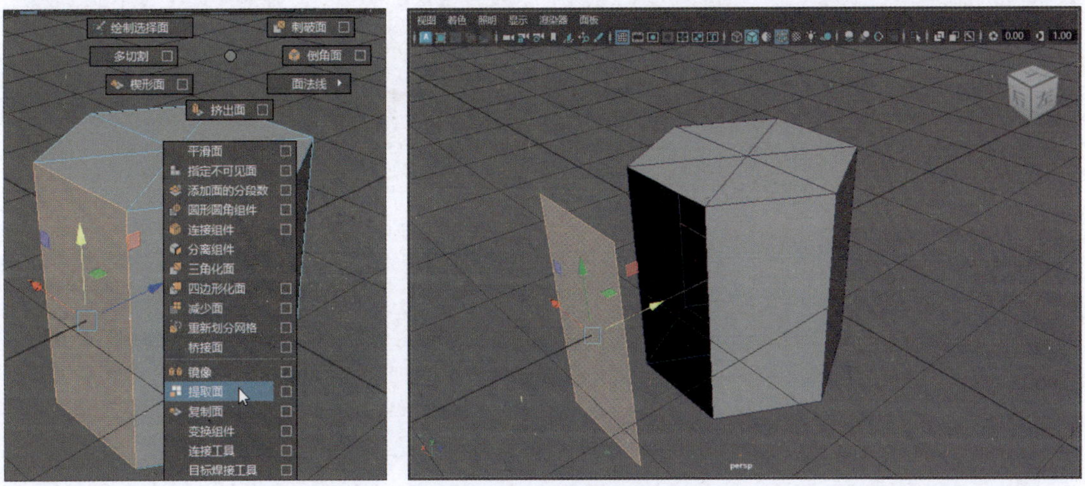


图 4-36　提取面

**提示**：“提取面”功能与多边形编辑工具中的“分离”功能类似。“分离”功能使用范围更广，它不仅可以分离多边形的面，还可以分离多边形的顶点和线组件；“提取面”功能仅限提取多面形的面。用户可在菜单栏中选择“编辑网格”→“分离”选项，进行多边形分离的操作。

## ■4.1.6　合并

使用多边形编辑工具中的“合并”功能可将多边形的两个或多个点合并成一个点，这对于缝补面来说很实用。在菜单栏中选择“编辑网格”→“合并到中心”或“合并”选项，即可对模型缺口进行缝合。其中，“合并到中心”选项是将所选的点合并到当前缝合面的中心位置，如图4-37所示，而“合并”选项则是通过设置距离阈值参数进行缝合，如图4-38所示。

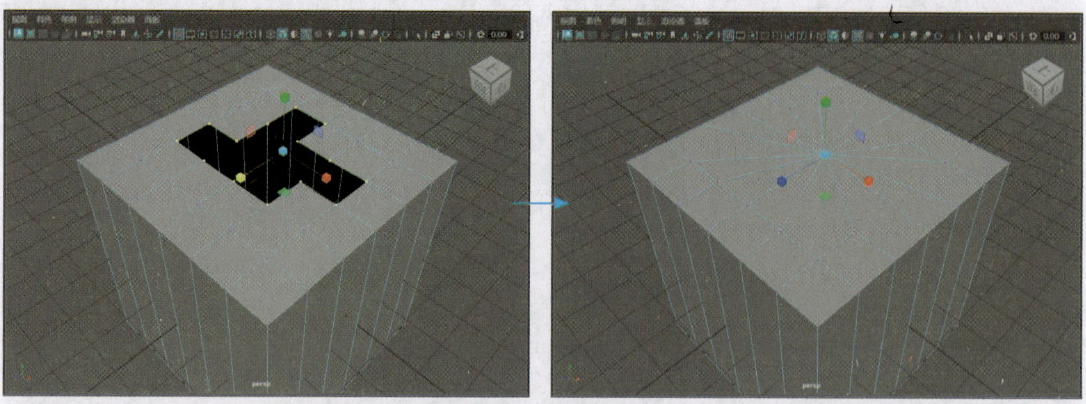

图 4-37　合并到中心

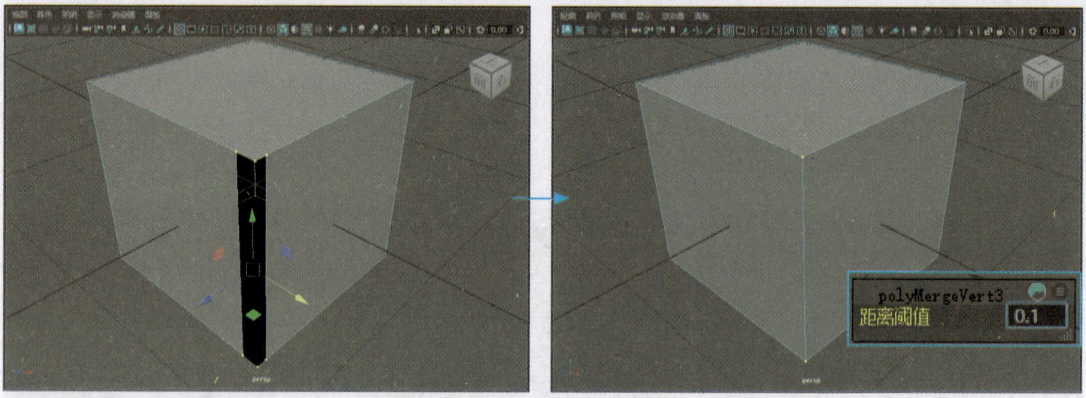


图 4-38　通过距离阈值合并点

**提示**：“距离阈值”是指合并的强度。多个点进行合并时，由于点和点之间的距离不同，可能会出现合并失败或多点粘连到一点的现象，这时根据点的距离远近合理调节阈值尤为重要。

# 4.2　高级网格工具

以上介绍的编辑工具是比较基础的，也是建模时经常用到的。本节介绍一些相对有些难度的编辑工具，包括插入循环边、多切割、填充洞等。

## 4.2.1　插入循环边

“插入循环边”功能是指在原有的多边形上添加一条环形边，以便分割多边形进行更精细的设置。其方法类似于给多边形添加分段，但“添加分段”功能只能对多边形进行等距分段，如果要在指定位置分段，需使用“插入循环边”功能。

在菜单栏中选择“网格工具”→“插入循环边”选项，单击模型边线并拖动，可显示出一条循环边，将它移至到指定位置，即可分段，如图4-39所示。用户可以继续进行分段，直到退出该操作为止。

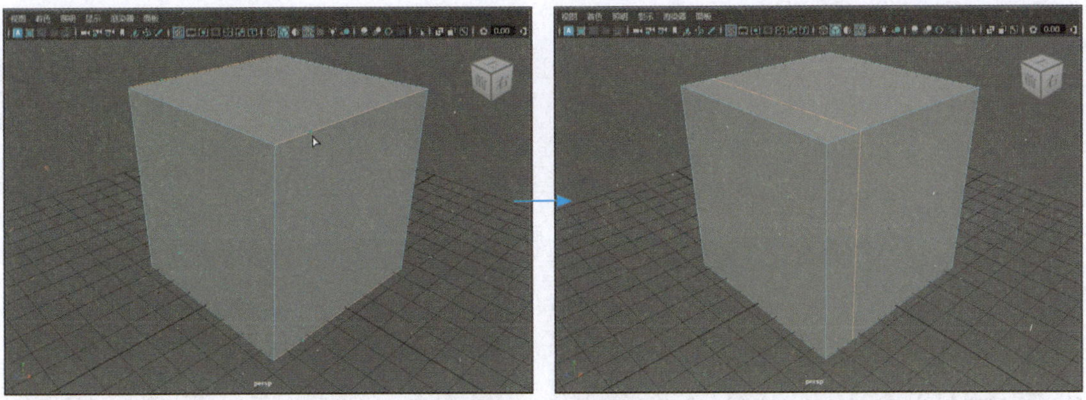

图 4-39　插入循环边

默认情况下，一次可插入一条循环边。用户可根据需要一次插入多条循环边。在“网络工具”列表中单击“插入循环边”选项后的设置按钮，可打开“工具设置”对话框，选中“多个循环边”单选按钮，并输入循环边数即可，如图4-40所示。

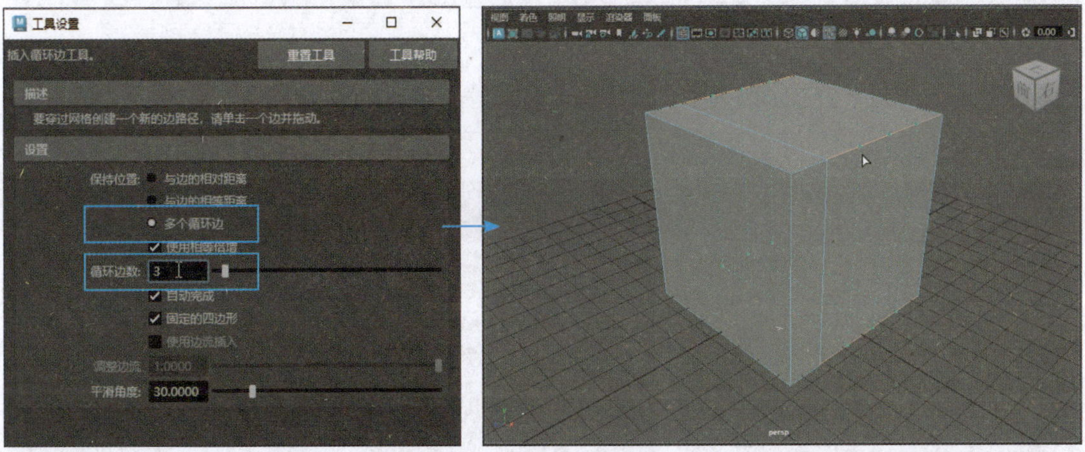


图 4-40　插入多条循环边

在“工具设置”对话框中勾选“使用边流插入”复选框，此时可在多边形中插入循环边，实现平滑边效果，如图4-41所示。

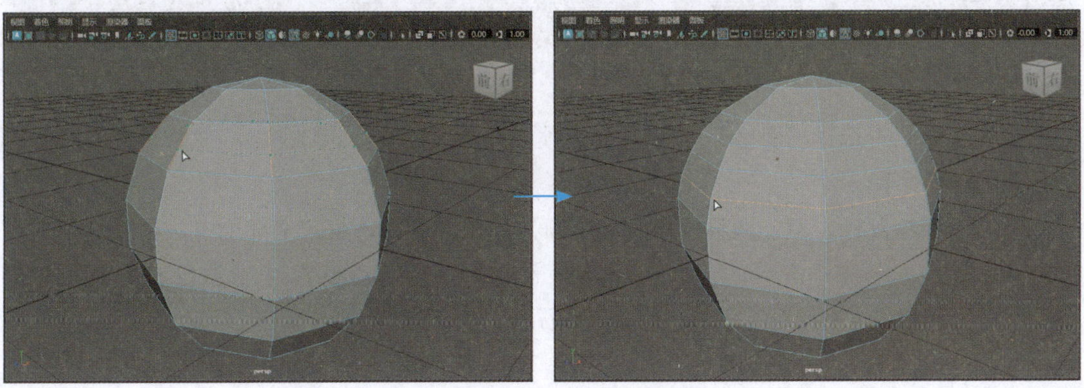

图 4-41　使用边流方式插入循环边

下面利用“插入循环边”“倒角”命令制作保温杯模型。

**步骤01** 新建文件，在工具架上单击“多边形圆柱体”按钮，将半径设为3 cm，高度设为21 cm，轴向细分设为15，创建圆柱体，如图4-42所示。

**步骤02** 在菜单栏中选择“网格工具”→“插入循环边”选项，在圆柱体顶部指定循环边的位置单击，即可完成循环边的添加操作，如图4-43所示。

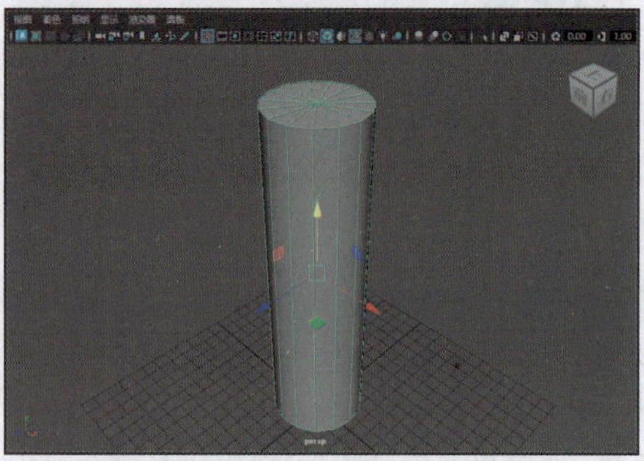

图 4-42　创建圆柱体

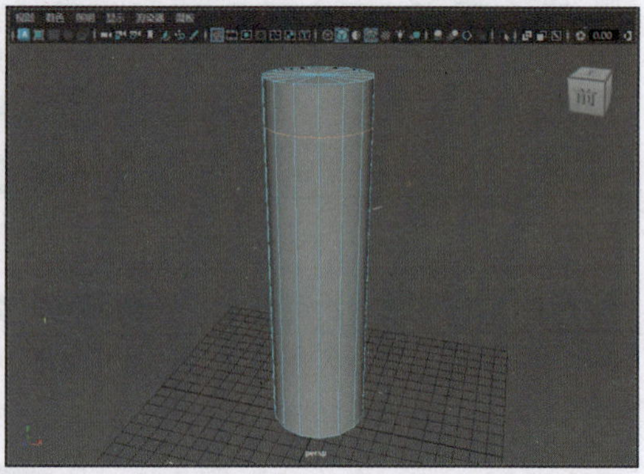

图 4-43　添加循环边

**步骤03** 双击循环边，将其全部选中。按住Shift键+鼠标右键打开热盒控件，选择“分离组件”选项，以循环边为基准，分离圆柱边线，如图4-44所示。

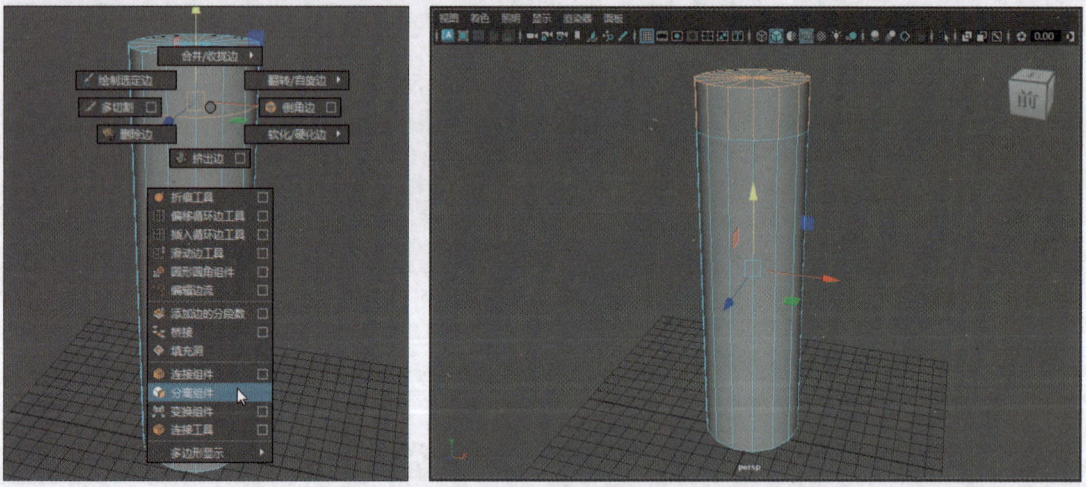


图 4-44　分离圆柱边线

**步骤04** 在菜单栏中选择“网格”→“分离”选项，分割圆柱体。此时的圆柱体将被分成两个部分，如图4-45所示。

**步骤05** 按Alt键+鼠标左键，调整视角。双击圆柱体顶部边线，将其全部选中，在工具架上或“建模工具包”面板中单击“倒角”按钮，在设置框中将分数设为0.2，将分段设为3，对圆柱顶部边线进行倒圆角，制作保温杯盖，如图4-46所示。

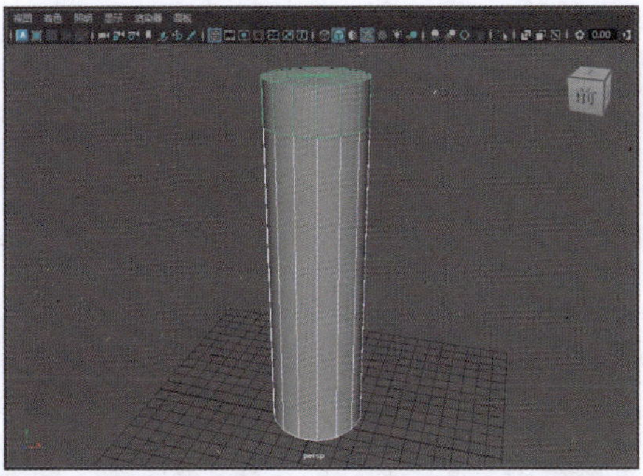


图 4-45　分离圆柱体

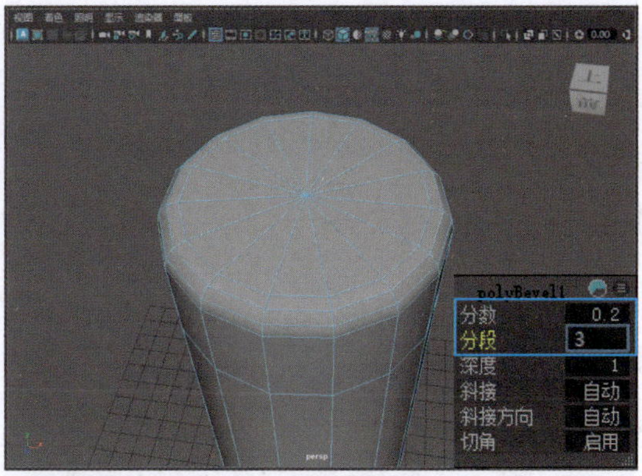


图 4-46　圆柱体顶部边线倒圆角

**步骤06** 将保温杯盖模型适当向上移动。选择杯身，在“建模工具包”面板中单击“挤出”按钮，将该杯身向外挤出，将挤出厚度设为0.2 cm，如图4-47所示。

**步骤07** 按照同样的方法，将杯盖也向外挤出0.2 cm，如图4-48所示。

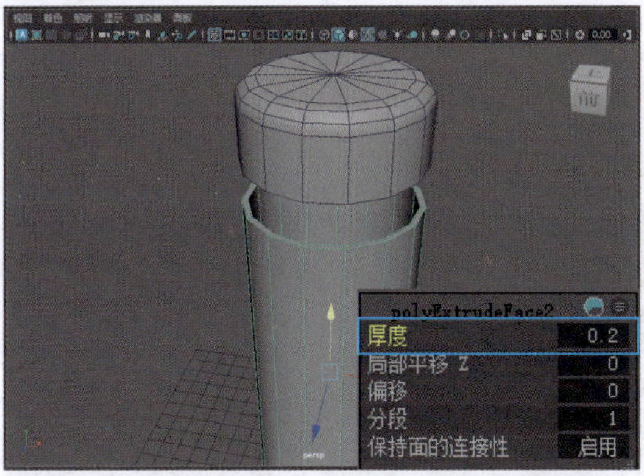


图 4-47　挤出杯身

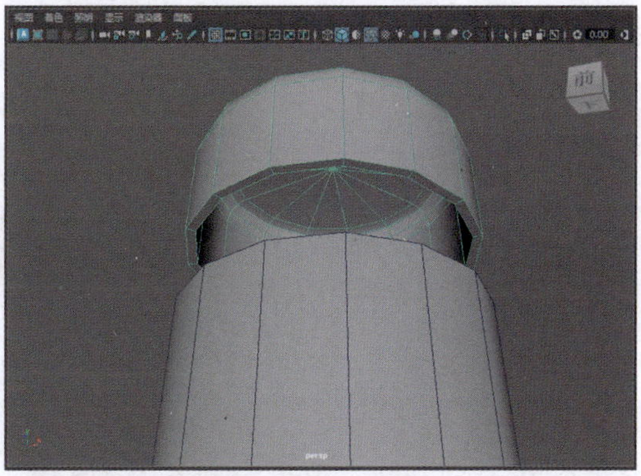


图 4-48　挤出杯盖

**步骤08** 选中杯身，按住鼠标右键打开热盒控件，选择“边”选项，进入边编辑模式。双击杯身外侧边线，将其全部选中。单击“倒角”按钮，将其进行倒角，设置倒角的分数为0.5、分段为3，如图4-49所示。

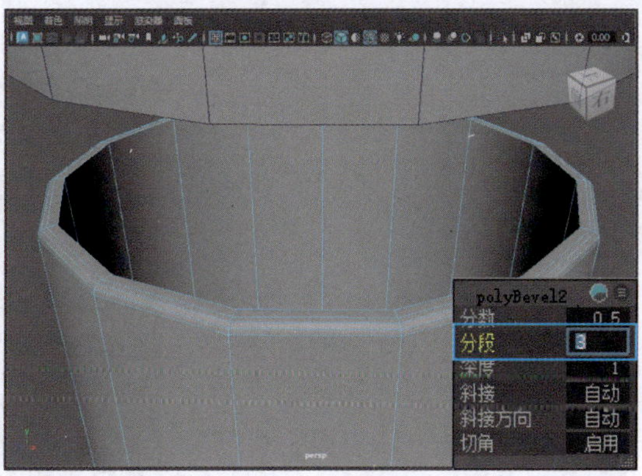


图 4-49　杯身倒角

**步骤 09** 按照同样的方法，对杯盖外侧边线进行倒角，如图4-50所示。

**步骤 10** 将杯盖向下移动至杯身合适位置，完成保温杯模型的绘制，如图4-51所示。

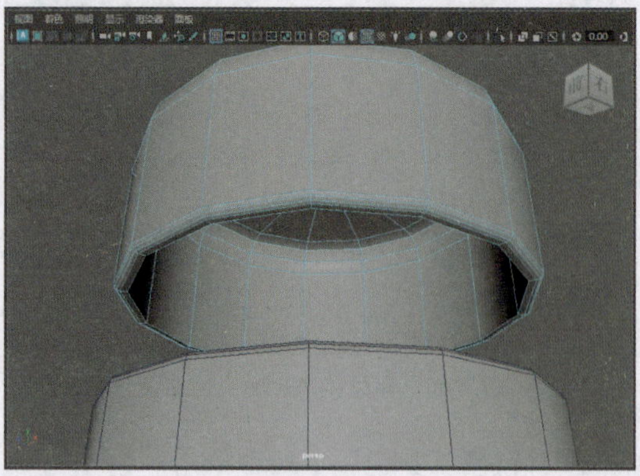

图 4-50　杯盖倒角

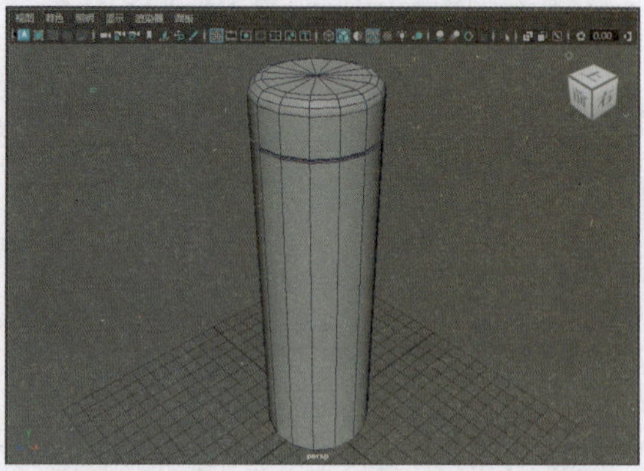

图 4-51　保温杯模型

## ■4.2.2　多切割

使用“多切割”功能可以对多边形面进行多次分割，从而创建复杂的模型结构。在菜单栏中选择“网格工具”→“多切割”选项，在多边形中创建切割点，拖动鼠标至下一条边上单击，即可创建新的边，再单击鼠标右键则完成线段的创建，如图4-52所示。

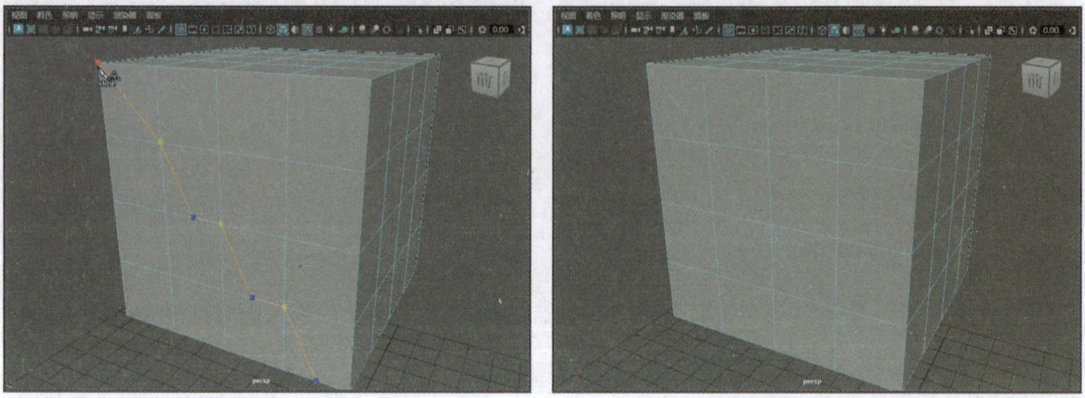

图 4-52　多切割多边形面

单击“多切割”选项后的设置按钮，打开“工具设置”对话框，在其中可以通过修改捕捉步长参数控制切割点在线段上的创建位置，默认为10%。设置完成后，在指定切割点时，可按Shift键进行精确定位，如图4-53所示。

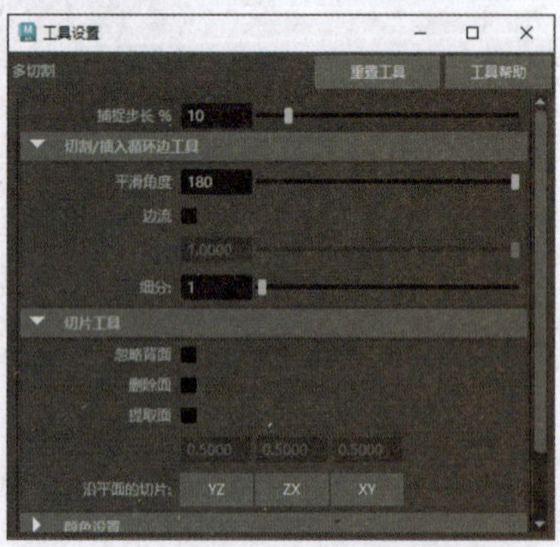


图 4-53　“工具设置”对话框

如果是在正交视图中进行模型的切割，那么选择“多切割”选项后，指定切割的起点，拖动光标至合适位置，此时Maya会用虚线表示切割线，释放鼠标即可完成切割，如图4-54所示。

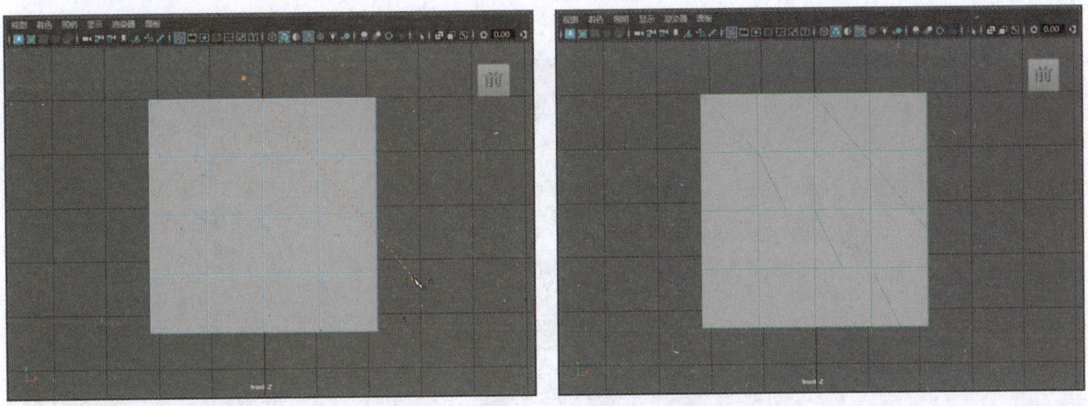

图 4-54　在正交视图中切割多边形

## ■4.2.3　填充洞

“填充洞”功能用于补全多边形网格上的漏洞，以提高模型的完整性。它与“合并”功能相似。其区别在于“填充洞”功能可一次性填充多个洞，并通过选择漏洞边线实现缝合。而“合并”功能则是对多边形的顶点、面或边进行合并，从而实现缝合操作。

选择所需填充的多边形，在菜单栏中选择“网格”→“填充洞”选项，Maya会自动将洞口补好，如图4-55所示。

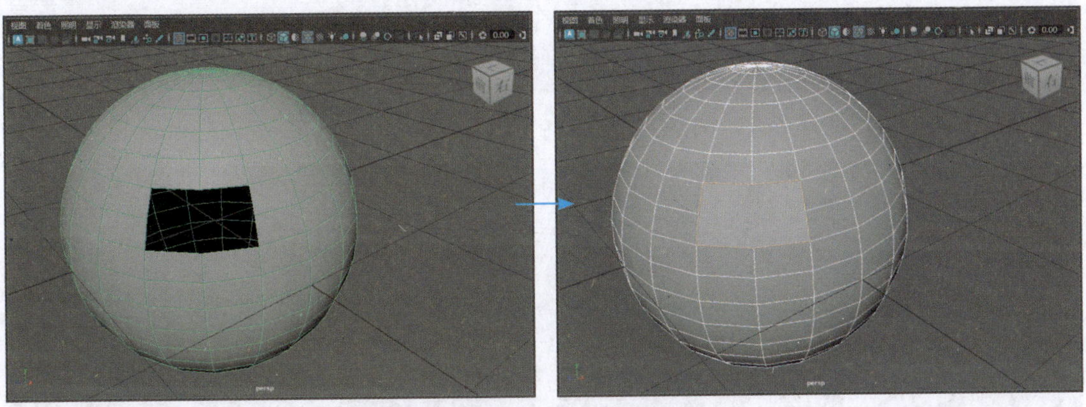

图 4-55　填充多边形漏洞

## ■4.2.4　变形器

变形器是辅助建模的一种常用工具。Maya提供了多种变形器，其中晶格、弯曲和扭曲变形器比较常用。下面对这3种变形器进行简单介绍。

### 1. 晶格变形器

晶格变形器是用晶格环绕所需对象，并通过移动、旋转或缩放晶格点改变对象的外形，从而达到变形的效果。选中要变形的对象，在菜单栏中选择“变形”，“晶格”选项，被选对象已添加晶格，如图4-56所示。默认晶格的分段为2×5×2，用户可对其分段数进行修改，单击“晶格”选项后的设置按钮，打开“晶格选项”对话框，在此可修改其默认的分段值，如

图4-57所示。分段值越大，晶格就越密集，调整就越精细。

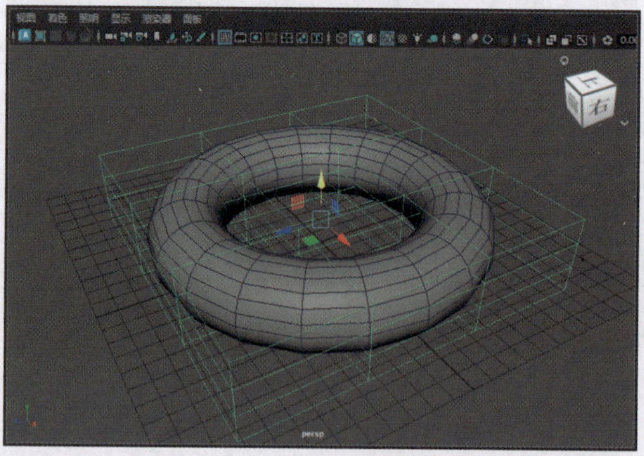

图 4-56　添加晶格

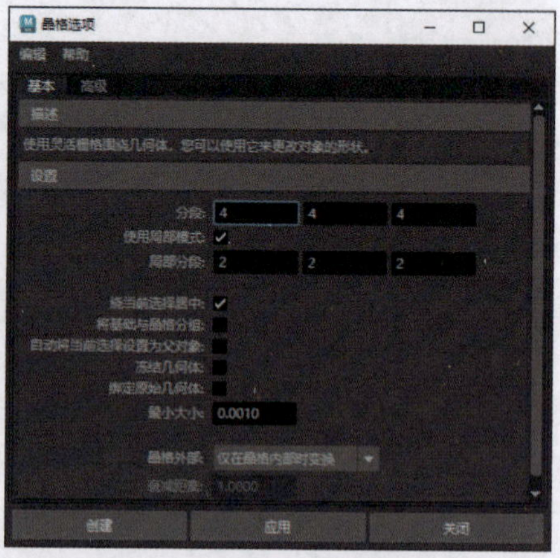


图 4-57　设置晶格分段值

**提示**：选中晶格，在“通道盒/层编辑器”面板中也可对晶格的分段值进行设置，如图4-58所示。

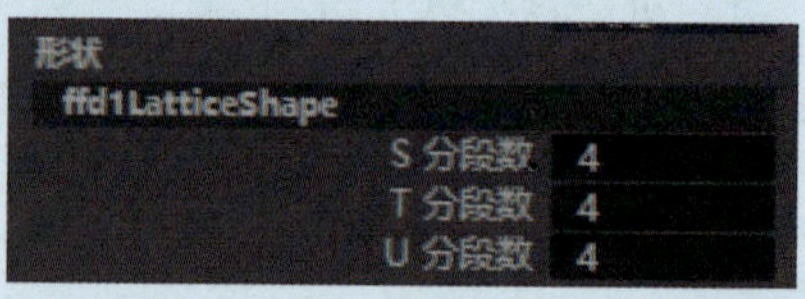


图 4-58　使用“通道盒 / 层编辑器”面板设置分段

右击晶格，打开热盒控件，选择“晶格点”选项，可进入该编辑模式，选中并移动所需的晶格点，即可对模型的外形进行调整，如图4-59所示。

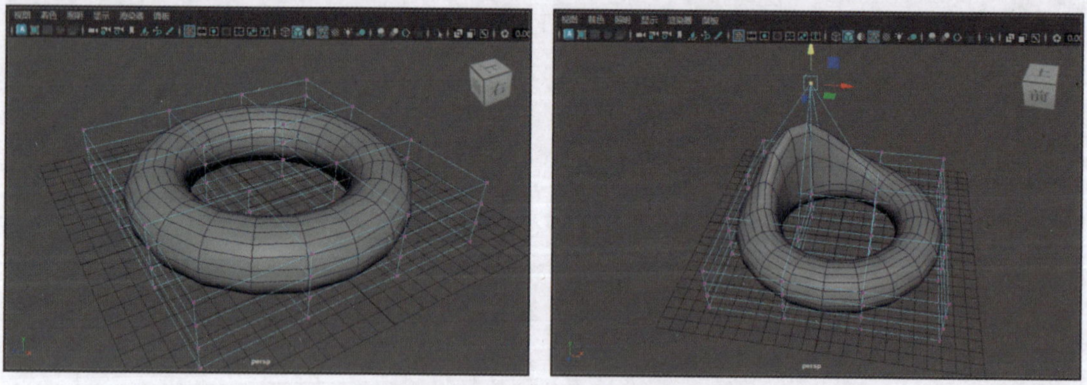

图 4-59　利用晶格点改变对象外形

## 2. 弯曲变形器

弯曲变形器是通过创建一个弯曲效果，使对象沿着特定的路径和圆弧进行弯曲。选择所需对象，在菜单栏中选择“变形”→“非线性”→“弯曲”选项，为对象添加一个弯曲控制器，该控制器默认的弯曲度为0，用户需要在“通道盒/层编辑器”面板中调整曲率参数，如图4-60所示。使用旋转工具可对该控制器的弯曲方向进行调整，如图4-61所示。在调整的同时，被控制的对象也会随之发生相应的弯曲变化。

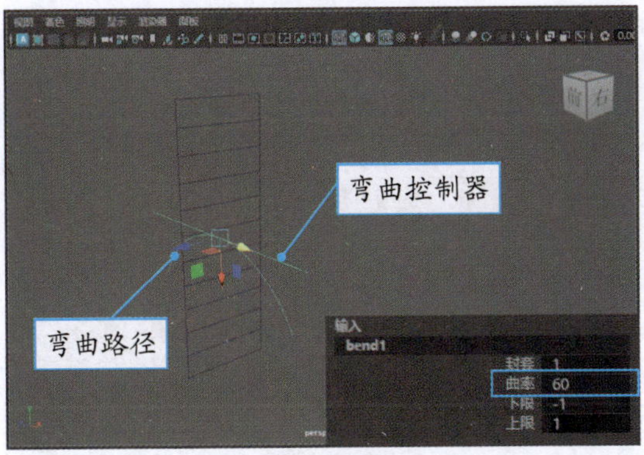


图 4-60 调整曲率

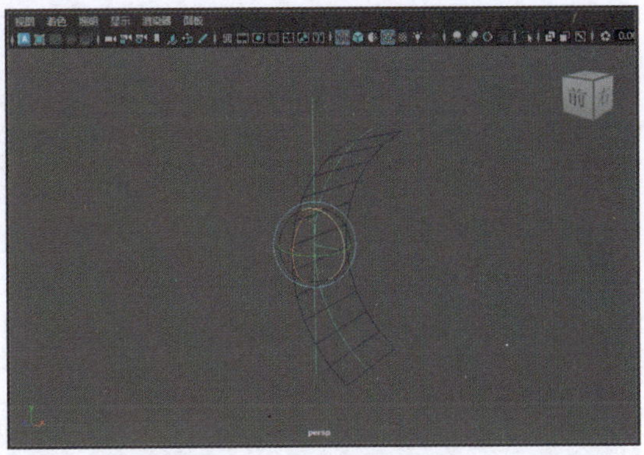

图 4-61 调整弯曲方向

使用移动工具移动对象，此时被控制的对象会沿着弯曲路径变换弯曲的模式，如图4-62所示。

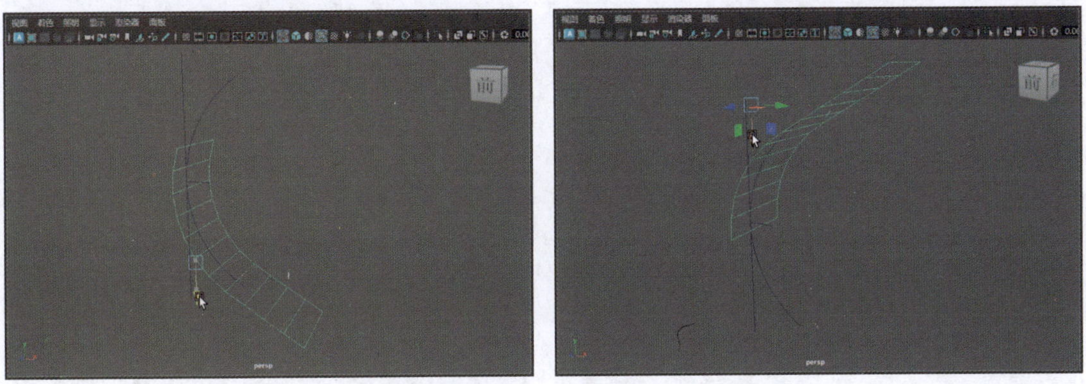

图 4-62 调整弯曲方向

下面以制作手环模型为例介绍弯曲变形器的具体操作方法。

**步骤01** 创建多边形立方体，并使用缩放工具调整该立方体的形态与大小，适当增加立方体的细分宽度，完成手环带的绘制，如图4-63所示。

**步骤02** 创建多边形圆柱体，将其轴向细分数设为6，创建六棱柱。使用缩放工具调整大小，放置在手环带的合适位置，作为手环装饰扣，如图4-64所示。

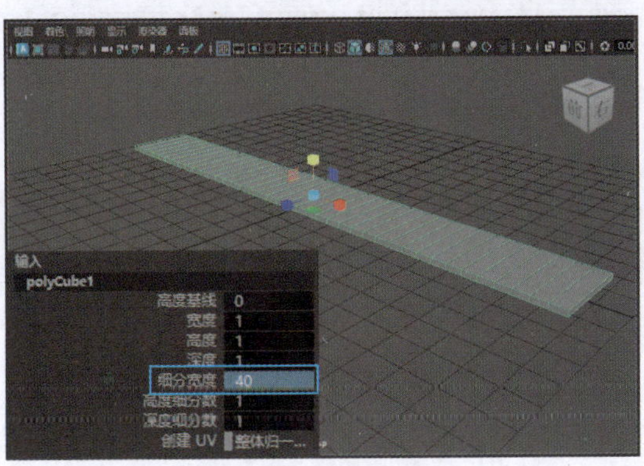


图 4-63 创建手环带

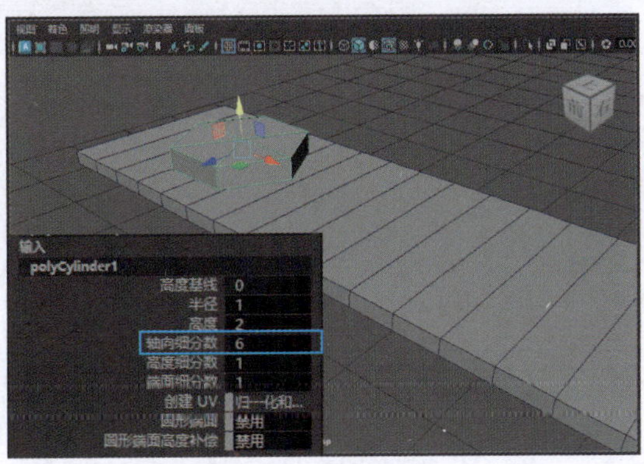


图 4-64 创建装饰扣

**步骤 03** 切换到顶视图。选中装饰扣，按Ctrl+D组合键进行复制，完成第2个装饰扣的创建，如图4-65所示。

**步骤 04** 按Shift+D组合键，将第2个装饰扣进行等距复制，完成其他装饰扣的绘制，如图4-66所示。

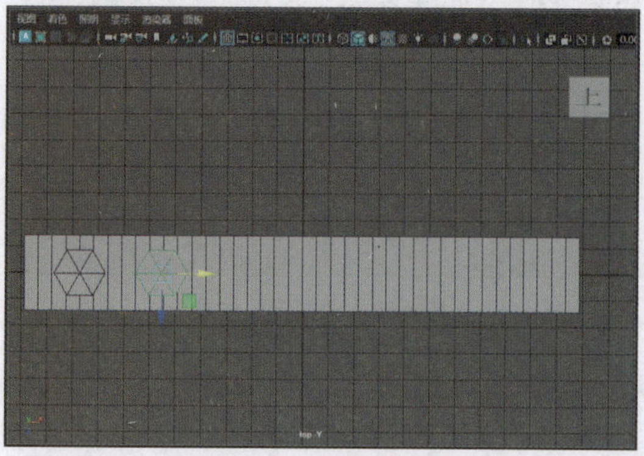


图 4-65　复制装饰扣

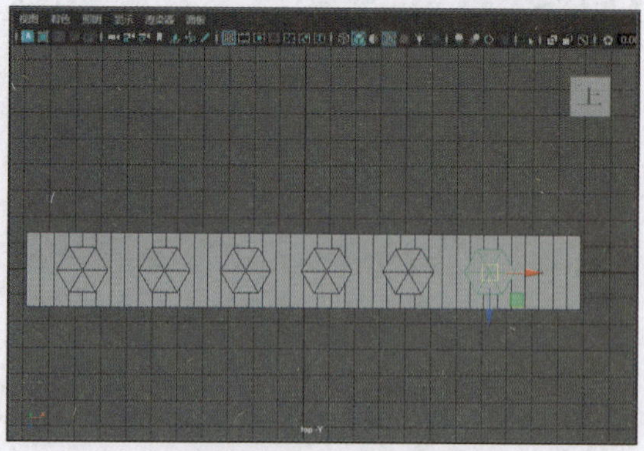


图 4-66　等距复制装饰扣

**步骤 05** 全选装饰扣，调整位置。按Shift键加选手环带模型，在菜单栏中选择“网格”→“布尔”→“并集”选项，将其进行合并，删除操作历史。切换到透视图，效果如图4-67所示。

**步骤 06** 选中该手环，在菜单栏中选择“变形”→“非线性”→“弯曲”选项，添加弯曲控制器，如图4-68所示。

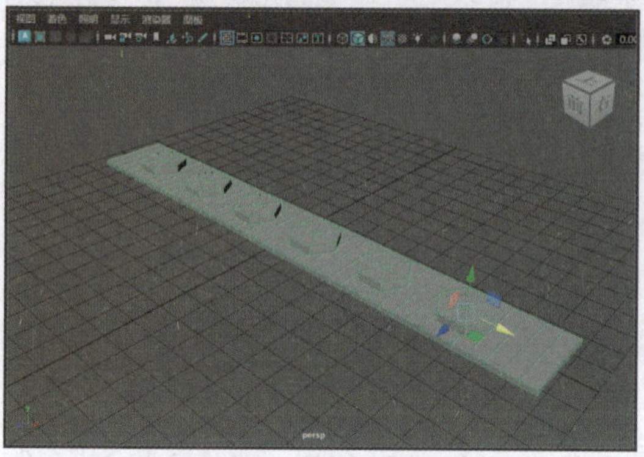

图 4-67　合并手环模型

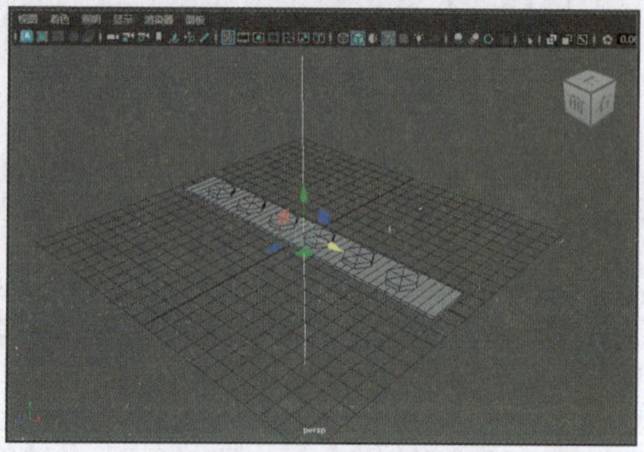

图 4-68　添加弯曲控制器

**步骤 07** 使用旋转工具将该控制器以Z轴方向旋转-90°，并将其曲率参数设为160，如图4-69所示。

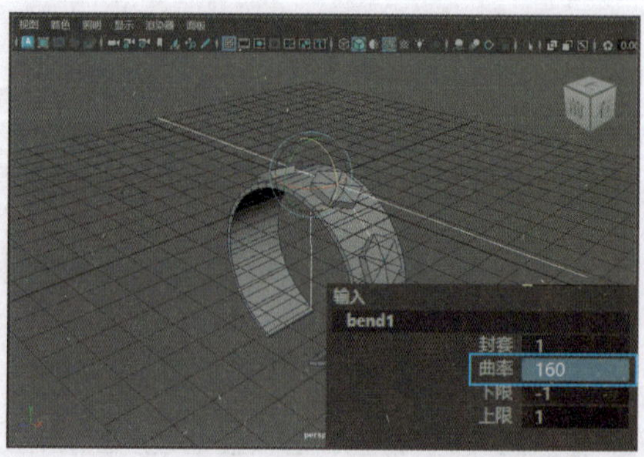


图 4-69　设置弯曲曲率

**步骤08** 设置完成后，单击删除历史按钮，完成手环模型的绘制操作，如图4-70所示。

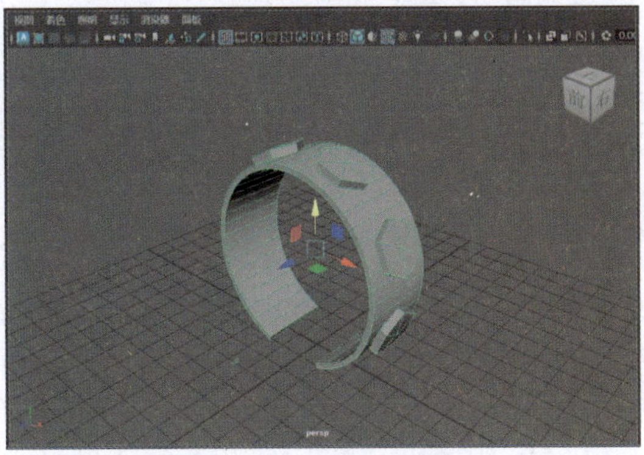

图 4-70　删除历史操作

### 3. 扭曲变形器

扭曲变形器是通过围绕指定轴对物体进行扭曲变形。选择所需对象，在菜单栏中选择“变形”→“非线性”→“扭曲”选项，被选对象会添加一个扭曲控制器，如图4-71所示。选中该控制器，在“属性编辑器”面板中选择“twist1”选项卡，在“非线性变形器属性”选项栏中可对扭曲的角度、位置进行设置，如图4-72所示。

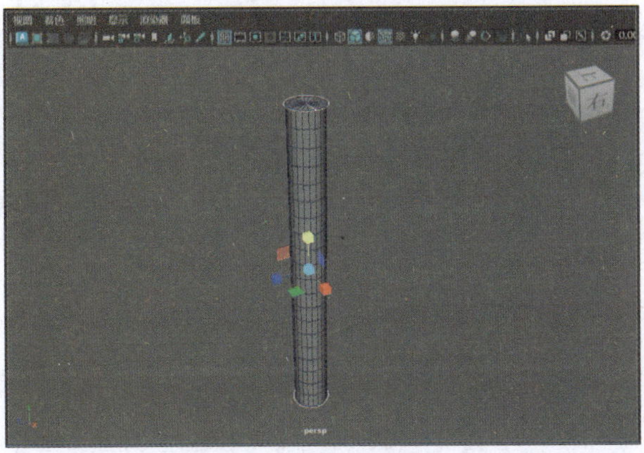

图 4-71　添加扭曲控制器

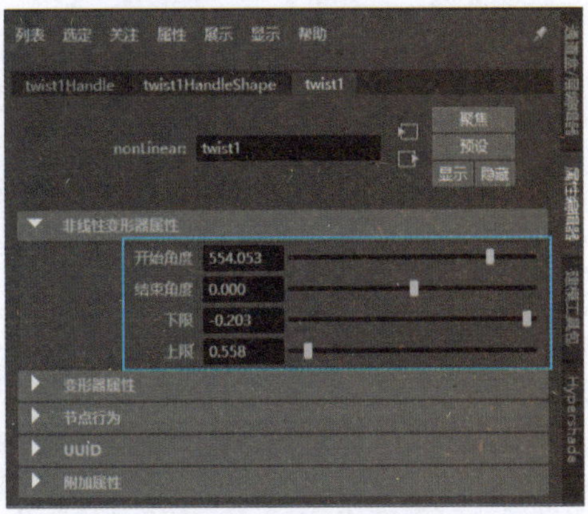


图 4-72　设置扭曲参数

完成设置后，被选中的对象也会发生相应的变化，如图4-73所示。确认无误后，选择对象，删除历史记录，即可完成扭曲操作，如图4-74所示。

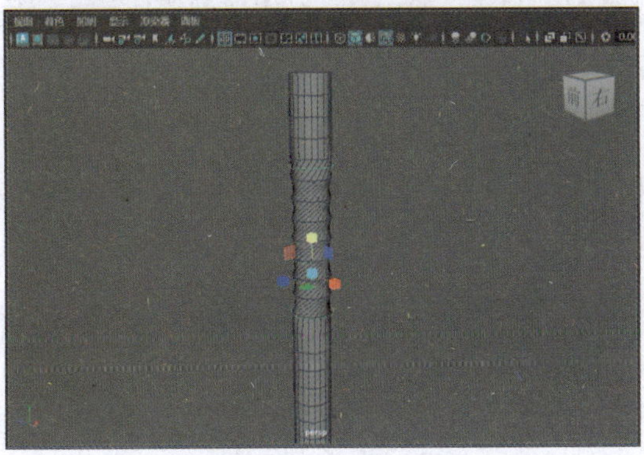

图 4-73　预览设置效果

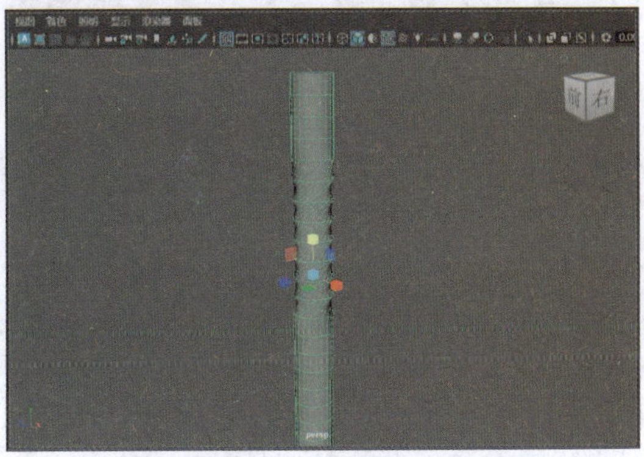

图 4-74　删除历史记录

# 4.3 课堂演练：制作卡通房屋模型

本案例利用多边形建模相关命令制作卡通房屋模型，在制作过程中所用到的主要工具有多切割、挤出、倒角、复制面等。

扫码观看视频

步骤01 使用多边形立方体工具创建一个立方体，作为房屋的主模型。使用缩放工具调整主模型的大小，如图4-75所示。

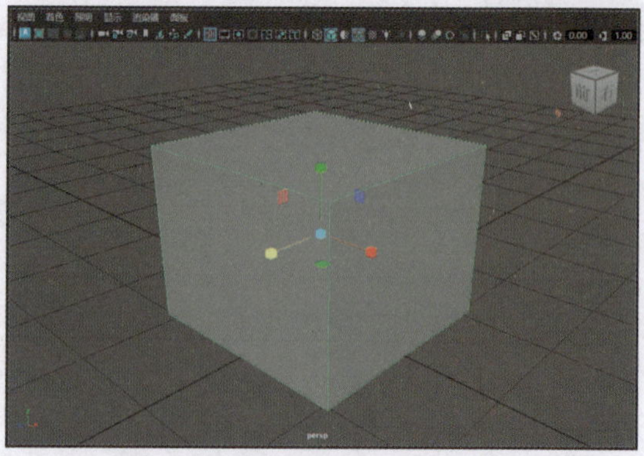

图 4-75 创建房屋主体

步骤02 右击鼠标，调出热盒控件，选择“边”选项，进入边编辑模式。选中主模型上方一条边线，按住Ctrl+鼠标右键，在热盒中选择“环形边工具”→“到环形边并分割”选项，为其添加一条中线，如图4-76所示。

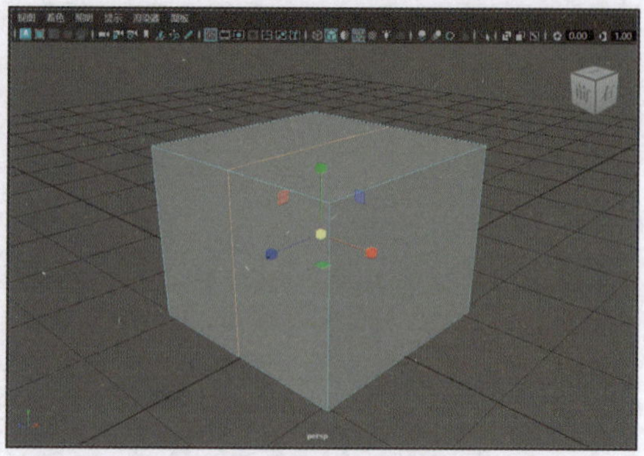

图 4-76 创建中线

步骤03 选中主模型上方的中线，将其向上移动，创建出三角屋檐形状，如图4-77所示。

步骤04 选中屋顶两个面，使用复制工具复制屋檐面并将其向上移动，如图4-78所示。

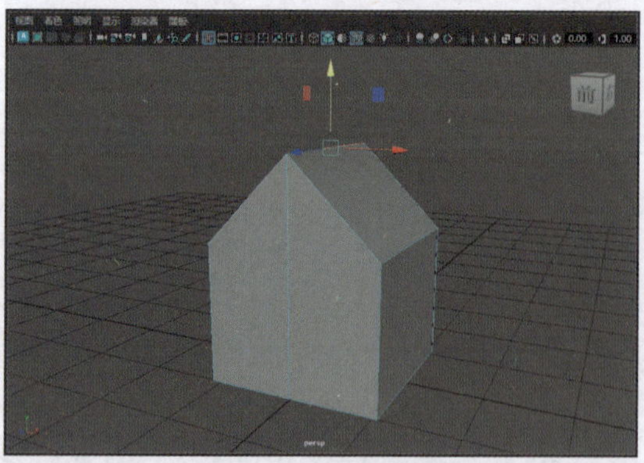

图 4-77 创建三角屋檐

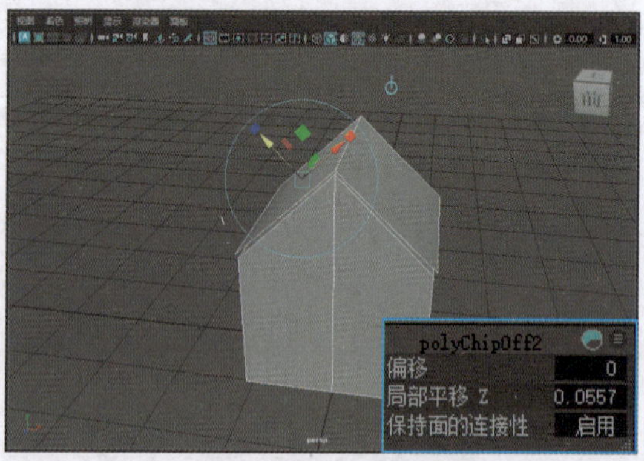


图 4-78 复制屋檐面

**步骤05** 选中屋檐中线，使用倒角工具将其进行倒角，将倒角的分数设为0.15，如图4-79所示。

**步骤06** 选中屋檐倒角顶点，将其向上移至合适位置，如图4-80所示。

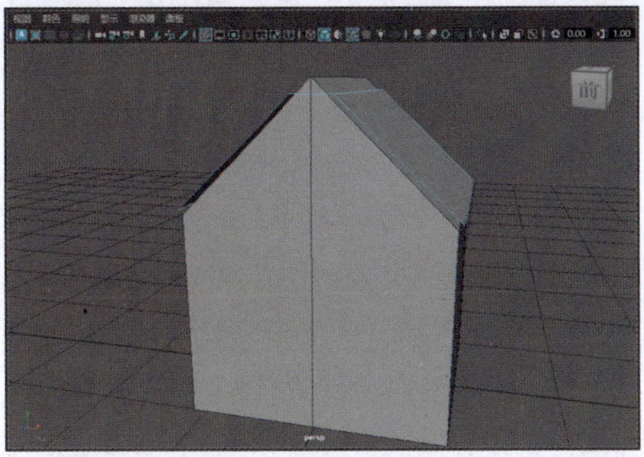

图 4-79 屋檐倒角

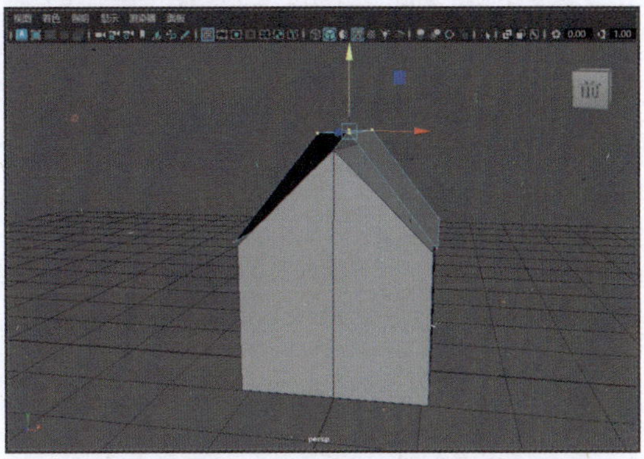

图 4-80 移动屋檐顶点

**步骤07** 选择屋檐下方的所有顶点，使用缩放工具调整屋檐的角度，如图4-81所示。

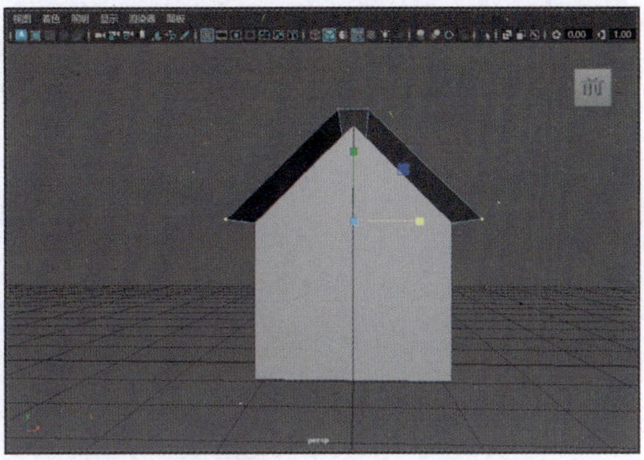

图 4-81 调整屋檐角度

**步骤08** 选中房屋主体顶部中线，将其进行倒角，倒角的分数同样设为0.15，如图4-82所示。

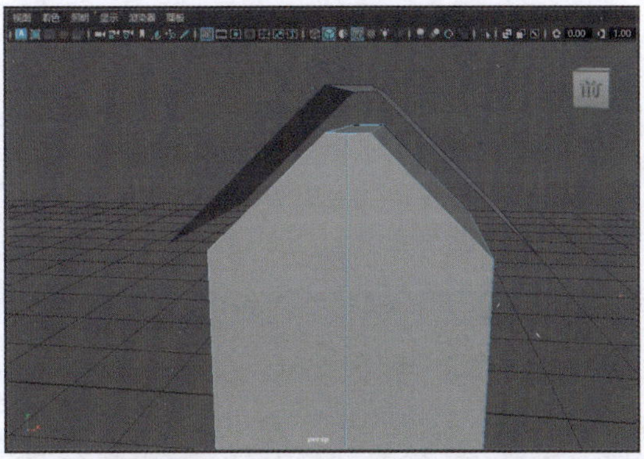

图 4-82 对房屋主体顶部倒角

**步骤09** 选中屋檐，在工具架上单击“挤出”按钮，将屋檐面向上挤出，挤出厚度可根据房屋整体比例进行调整，如图4-83所示。

**步骤10** 选中挤出的屋檐，将其放置在主模型的顶部位置。使用缩放工具调整屋檐的长度，如图4-84所示。

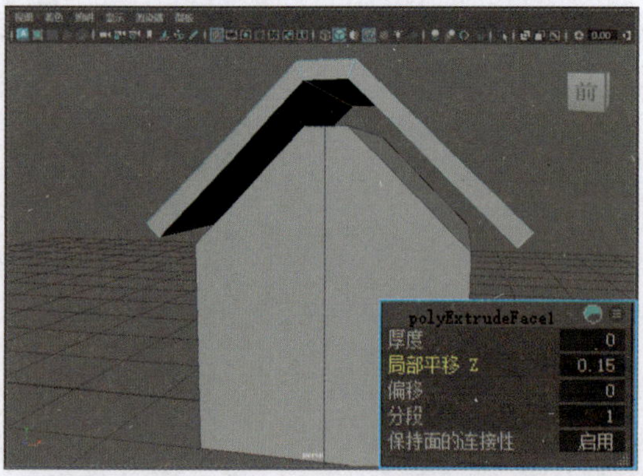


图 4-83　挤出屋檐

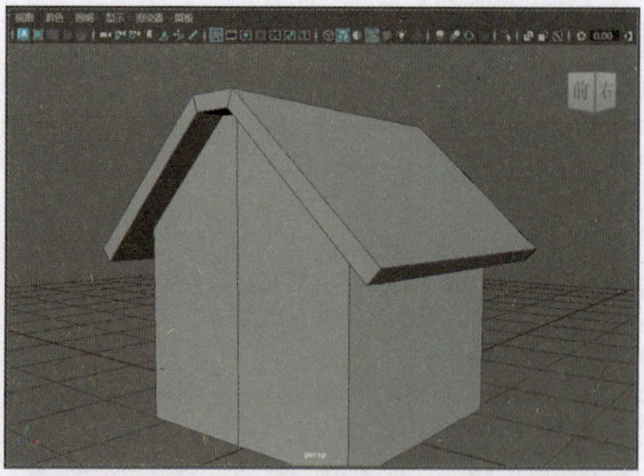

图 4-84　拉伸屋檐的长度

**步骤 11** 使用多边形立方体工具创建立方体，再使用缩放工具对该立方体进行缩放，使其成为门板。使用倒角工具将该木板进行倒角，设置倒角的分数为0.5、分段为2，效果如图4-85所示。

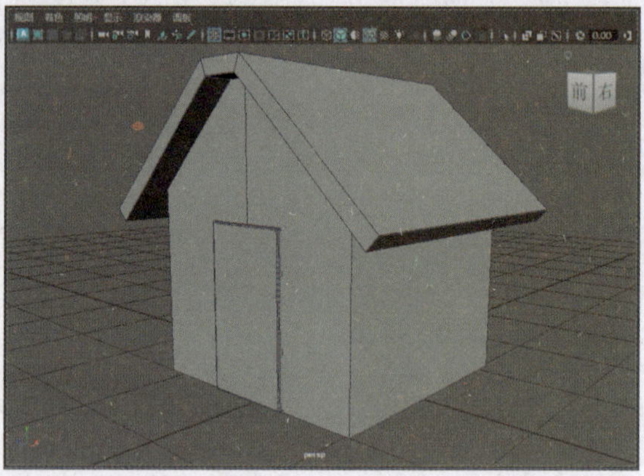

图 4-85　制作门模型

**步骤 12** 使用多边形圆柱体、缩放和旋转工具调整圆柱体的方向和大小，完成门把手的绘制，如图4-86所示。

**步骤 13** 选中房屋主体，在视图工具栏中单击“隔离选择”按钮，将房屋主体单独隔离出来，如图4-87所示。

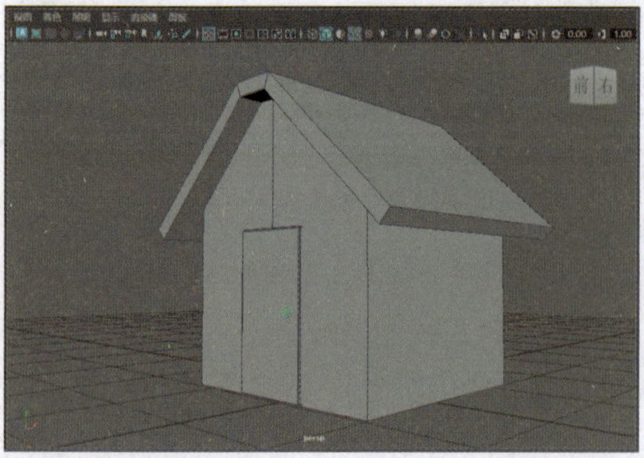

图 4-86　制作门把手

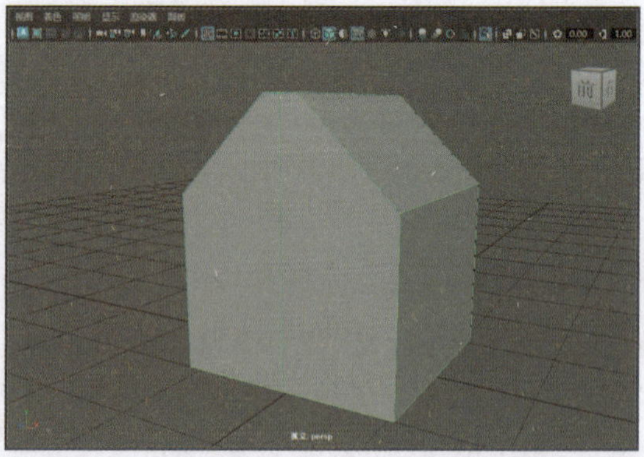

图 4-87　隔离主体模型

**步骤 14** 使用多切割工具将主体的两个侧面进行切割，如图4-88所示。

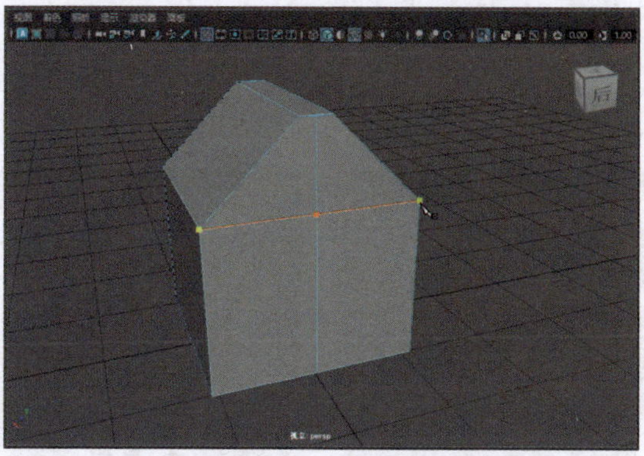

图 4-88　切割主体面

**步骤 15** 按住Ctrl键，调整房屋切割线，再次对主体面进行水平切割，如图4-89所示。

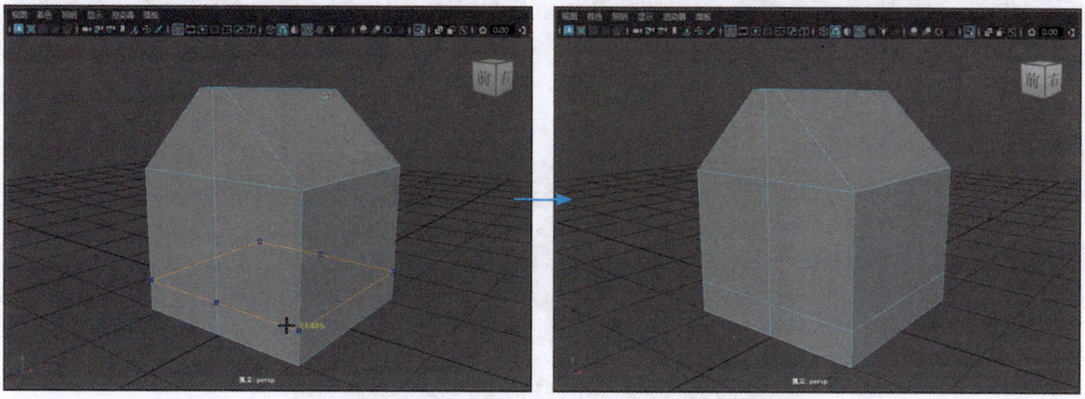

图 4-89　水平切割主体面

**步骤 16** 选中主体模型底部被切割的面，使用挤出工具将其向外进行挤出，挤出厚度为0.02，完成房屋墙裙的制作，如图4-90所示。

**步骤 17** 单击“隔离选择”按钮，取消隔离操作。使用多边形圆柱体、旋转和缩放工具创建窗模型，并将其放置主体模型右侧的合适位置，如图4-91所示。

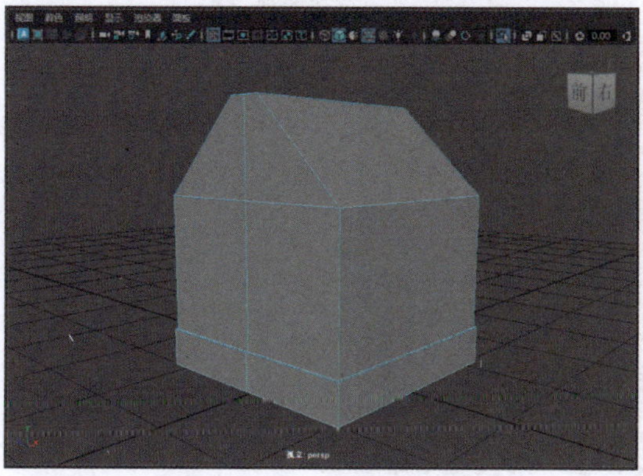

图 4-90　制作墙裙

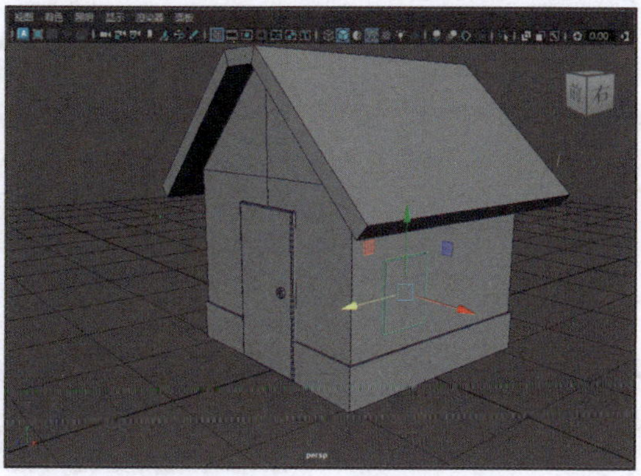

图 4-91　创建窗模型

**步骤18** 单击“隔离选择”按钮，隔离窗模型。右键调出热盒控件，选择“面”选项，进入面编辑模式。选择模型前后两个面，按Delete键将其删除，如图4-92所示。

**步骤19** 使用挤出工具将片状窗模型向外进行挤出，挤出厚度为0.05，完成窗框模型的绘制，如图4-93所示。

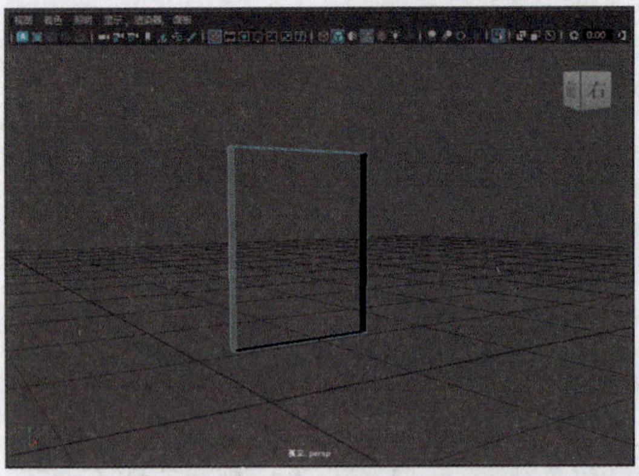

图 4-92　删除多余的模型面

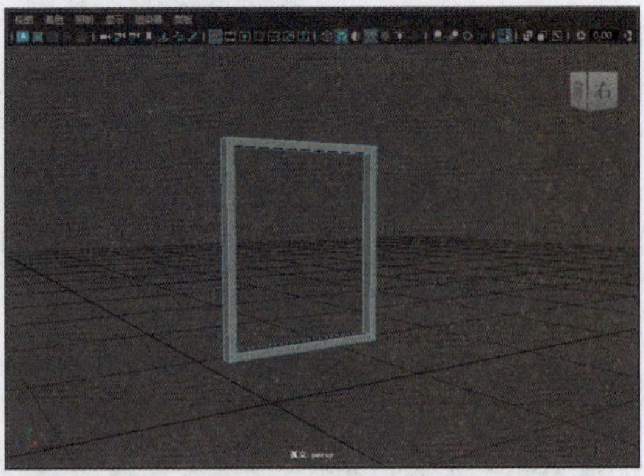

图 4-93　挤出窗框

**步骤20** 使用多边形立方体、缩放、旋转和复制工具完成两扇窗模型的创建，如图4-94所示。

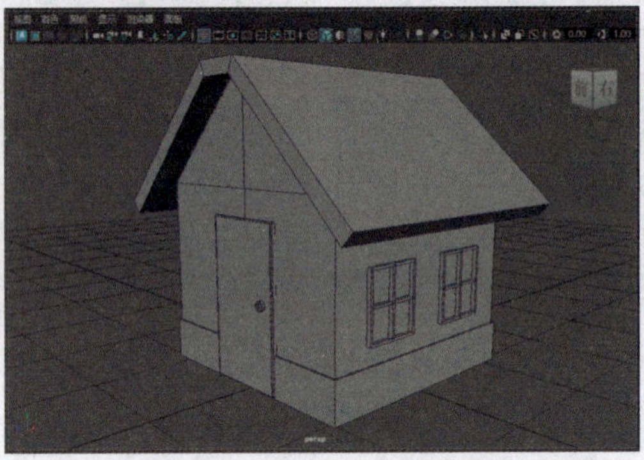

图 4-94　完成窗户模型的创建

**步骤21** 选择屋檐模型，切换到边编辑模式。使用多切割工具并按住Ctrl键对屋檐面进行切割，如图4-95所示。

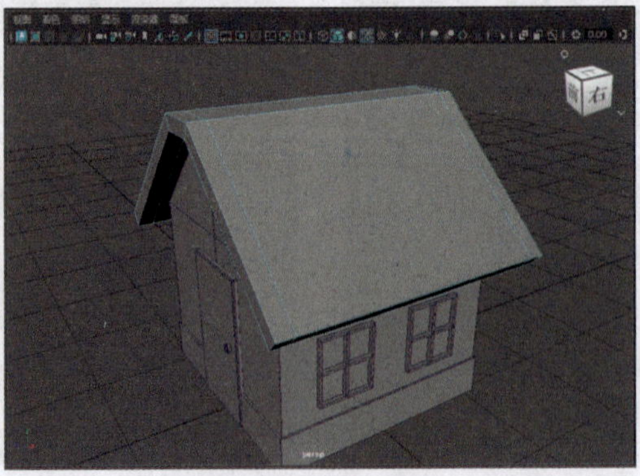

图 4-95　切割屋檐面

**步骤22** 切换到面编辑模式。选择屋檐两侧切割的面，使用挤出工具将其向外进行挤出，挤出厚度为0.06，如图4-96所示。

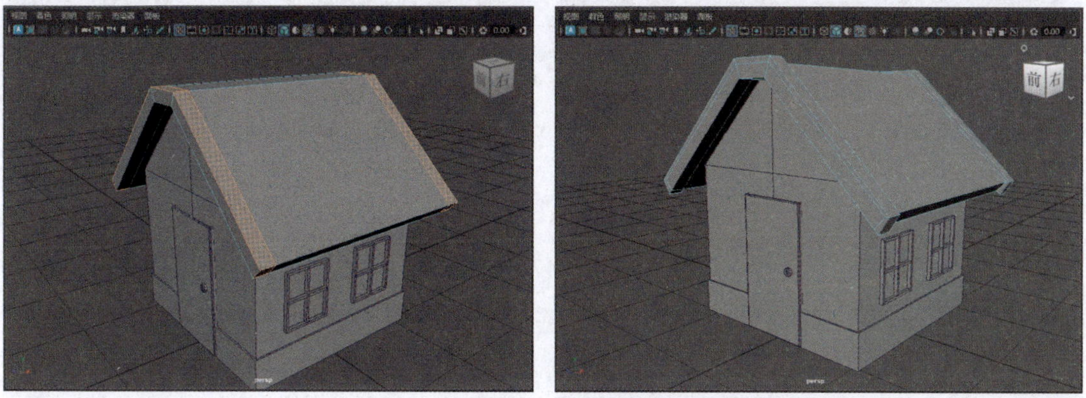

图 4-96 挤出屋檐边

**步骤23** 使用多边形立方体和缩放工具创建一个长方体，并放置在屋檐合适位置，创建烟囱模型，如图4-97所示。

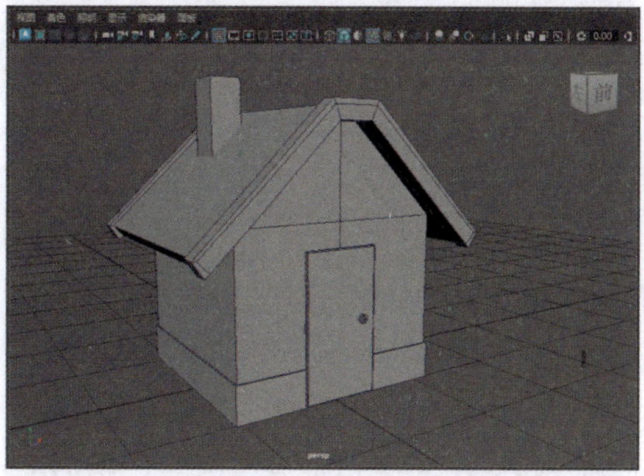

图 4-97 创建烟囱模型

**步骤24** 使用插入循环边工具在烟囱模型上添加循环边，如图4-98所示。

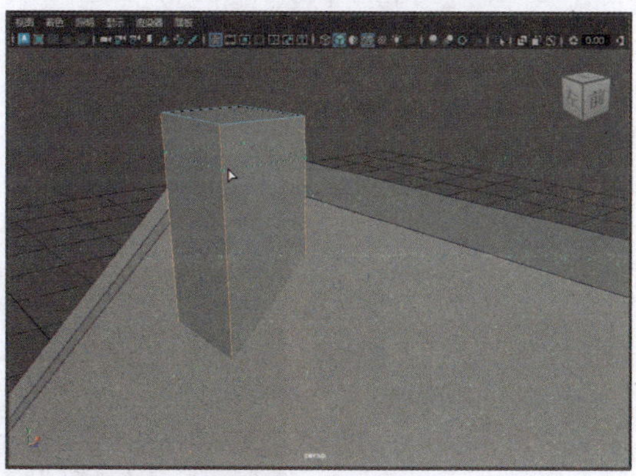

图 4-98 插入循环边

**步骤25** 选择烟囱所需的面，使用挤出工具将其向外进行挤出，挤出厚度为0.05，如图4-99所示。

**步骤26** 使用多边形立方体和缩放工具创建地基和地平面模型，如图4-100所示。

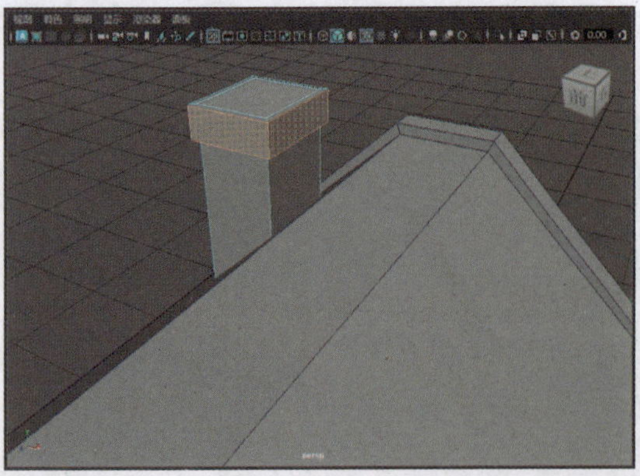

图 4-99　挤出模型面

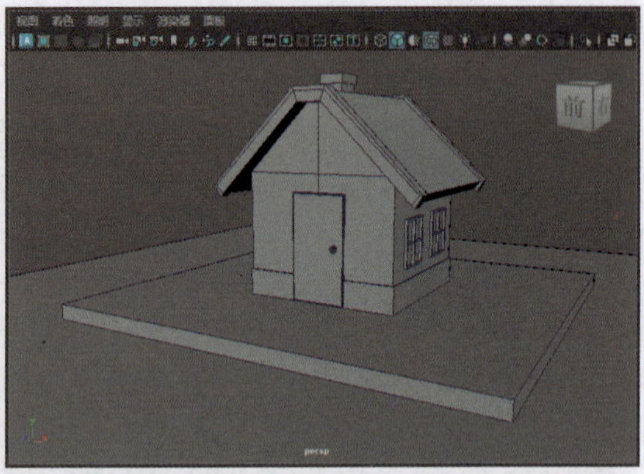

图 4-100　创建地基和地平面模型

**步骤 27** 使用多边形立方体和缩放工具创建台阶模型，如图4-101所示。

**步骤 28** 制作花坛。创建立方体，并使用缩放工具调整立方体的大小，将其放置在场景中的合适位置，如图4-102所示。

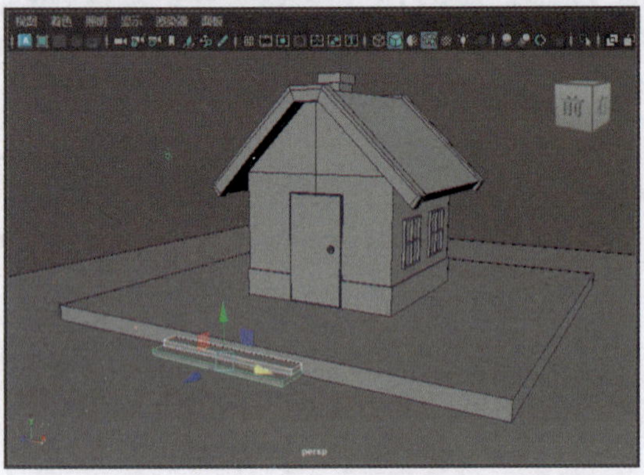

图 4-101　创建台阶模型

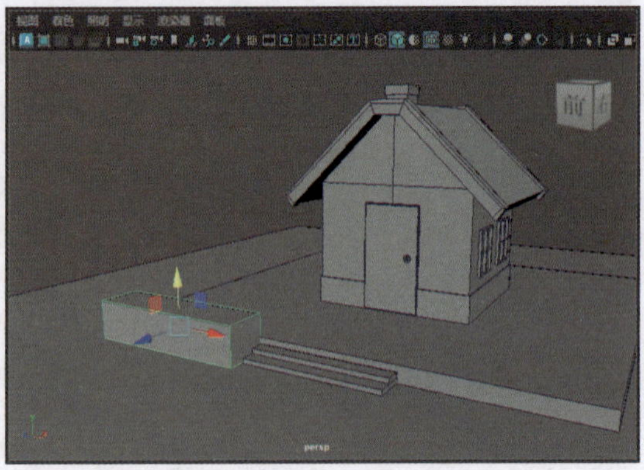

图 4-102　创建长方体

**步骤 29** 选中该长方体，单击“隔离选择”按钮，将其孤立显示。在菜单栏中单击“网格工具”→“插入循环边”选项后的设置按钮，打开“工具设置”对话框，勾选“多个循环边”复选框，并将循环边数设为6，如图4-103所示。

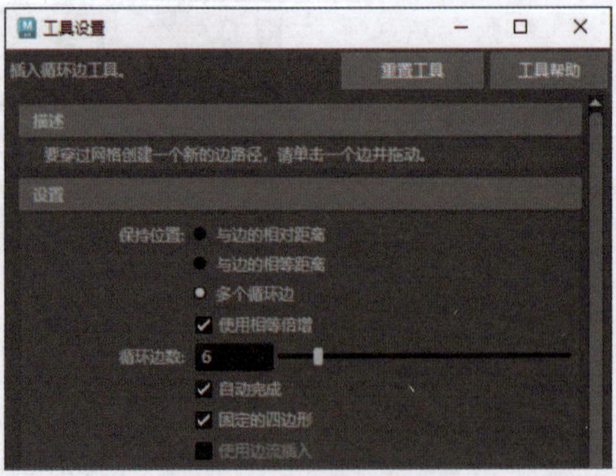


图 4-103　设置循环边数

**步骤30** 单击长方体的一条边线，即可创建6条循环边，如图4-104所示。

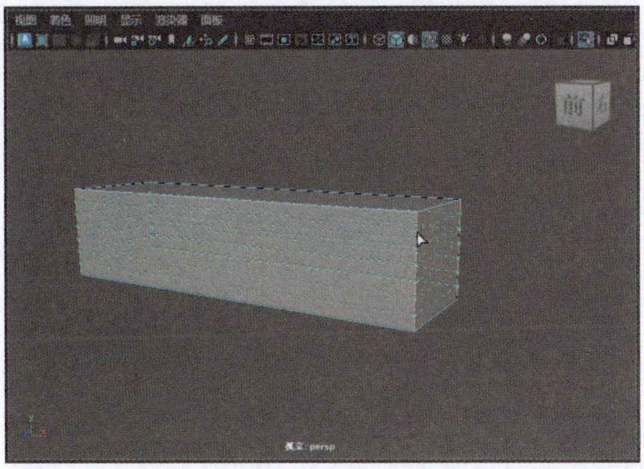

图 4-104 创建循环边

**步骤31** 右击，进入面编辑模式，选择长方体所需的面，单击“挤出”按钮，将其向内挤出，如图4-105所示。

**步骤32** 选中长方体顶面，单击“挤出”按钮，将其向内偏移挤出。再单击“挤出”按钮，将面向下进行挤出，完成花坛模型的绘制，如图4-106所示。

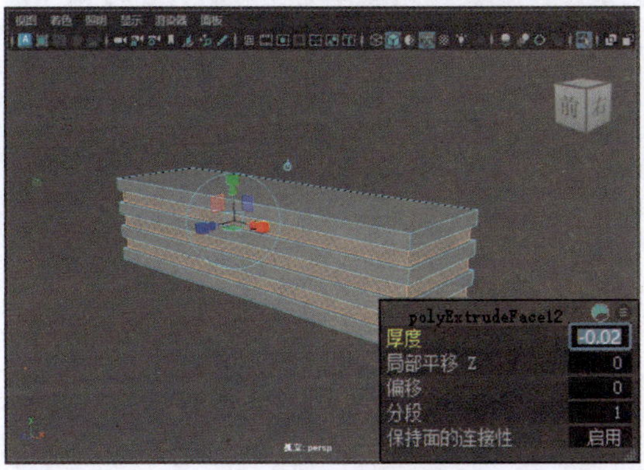


图 4-105 挤出长方体侧面

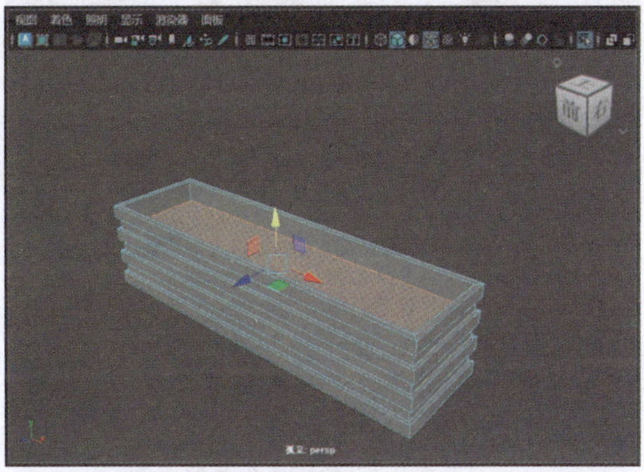

图 4-106 挤出长方体顶面

**步骤33** 取消隔离选择，显示所有的场景模型，如图4-107所示。

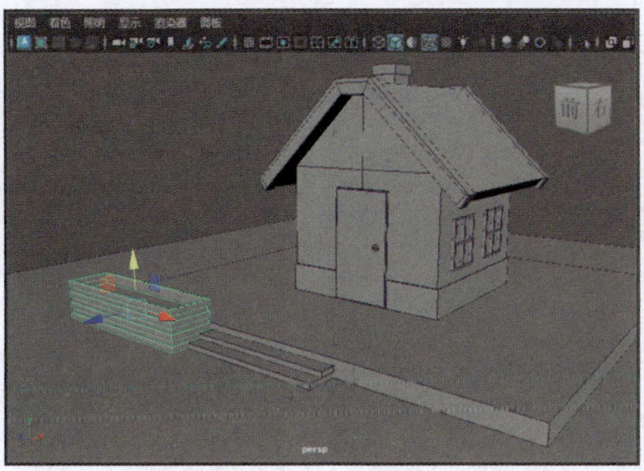

图 4-107 取消隔离选择

步骤34 复制该花坛至台阶另一侧，如图4-108所示。

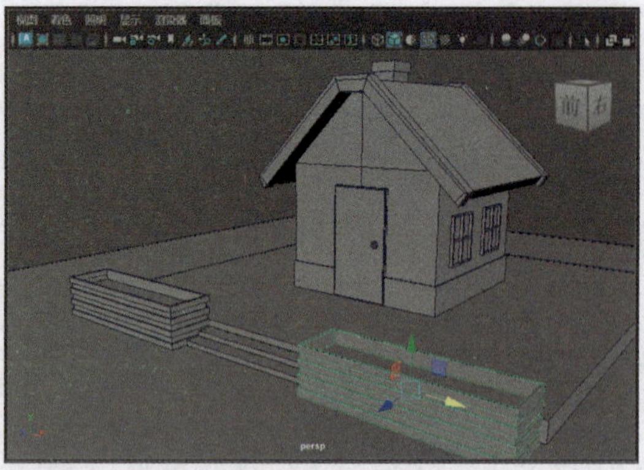

图 4-108 复制花坛模型

步骤35 创建卡通树模型。创建一个多边形球体，将球体的轴向细分数和高度细分数都设为10。使用缩放工具调整球体外形，如图4-109所示。

步骤36 右击，进入边编辑模式，选择球体所需边线。使用缩放工具将边线向外进行放大，如图4-110所示。

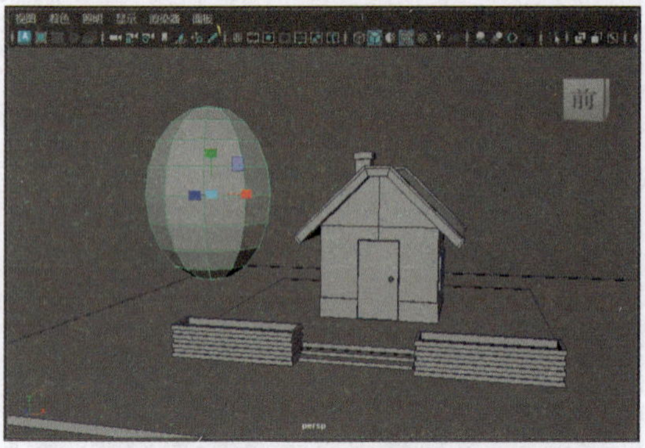

图 4-109 调整球体外形

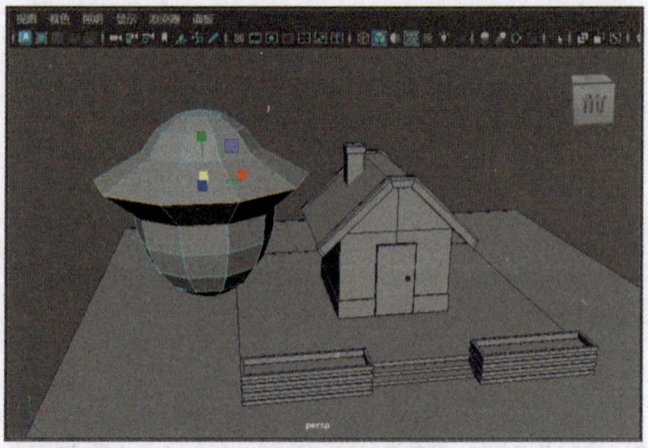

图 4-110 缩放边线

步骤37 选择上、下两条边线，使用缩放和移动工具调整其外形，如图4-111所示。

步骤38 按照同样的方法，调整球体其他边线，使其成为树模型，如图4-112所示。

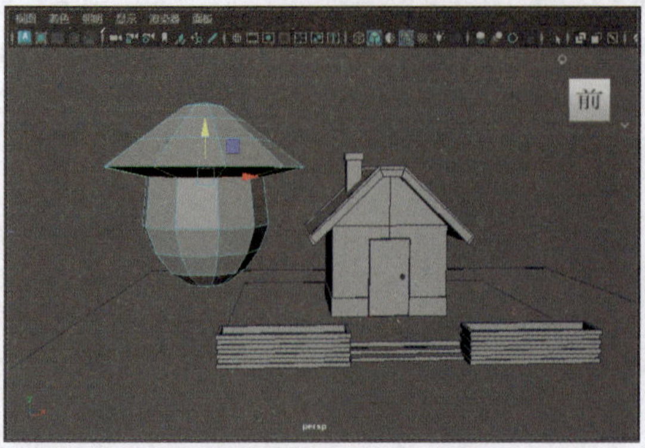

图 4-111 调整其他边线

图 4-112 调整为树模型

步骤39 退出边编辑模式。使用缩放工具对树模型进行整体缩放。单击“多边形圆柱体”按钮，创建圆柱，作为树干放置在树模型下方，如图4-113所示。

步骤40 使用多边形球体和多边形圆柱体工具，创建其他树模型，并使用缩放工具调整树模型的外形，如图4-114所示。

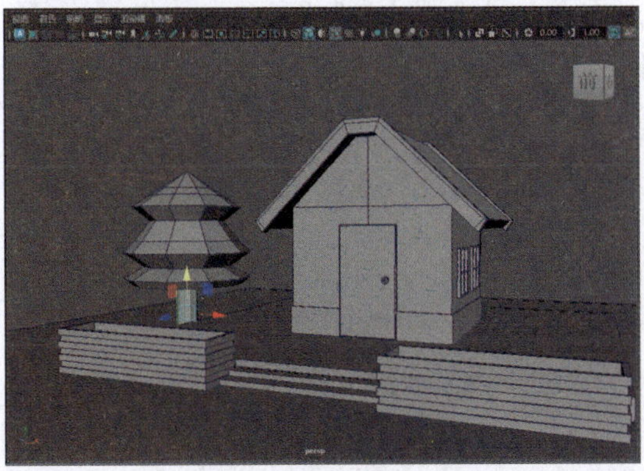

图 4-113 创建树干

图 4-114 创建其他树模型

步骤41 使用复制、缩放等工具，复制树木，并调整其大小，放置在场景合适位置，效果如图4-115所示。至此，卡通房屋场景模型创建完毕。

图 4-115 场景效果

# 课后作业

## 一、填空题

1. ________是指在不改变模型形态的情况下，通过对模型表面的多边形网格进行细分。

2. ________是指在模型的边缘或转角处添加斜角面，以平滑过渡尖角或直角边缘。

3. ________是指将所选面从原始模型中分割出来，形成一个可以独立移动或编辑的新面。

4. 在菜单栏中选择“________”→“________”或“________”选项，即可对模型缺口进行缝合。

## 二、选择题

1. 用一个平滑的多边形来连接两个或多个模型的命令是（　　）。

A. 挤出　　B. 连接

C. 桥接　　D. 合并

2. 要想将模型沿法线挤出，需设置（　　）参数。

A. 厚度　　B. 沿法线平移

C. 偏移　　D. 保持面的连接性

3. 沿着一条直线在两个选定的边界之间创建连接的桥接类型是（　　）。

A. 线性路径　　B. 平滑路径

C. 平滑路径+曲面　　D. 曲面路径

4. 可以对多边形面进行多次分割，从而创建复杂模型结构的功能是（　　）。

A. 添加分段　　B. 多切割

C. 插入循环边　　D. 桥接

## 三、操作题

利用插入循环边、提取面、多切割、复制等工具创建书模型，效果如图4-116所示。

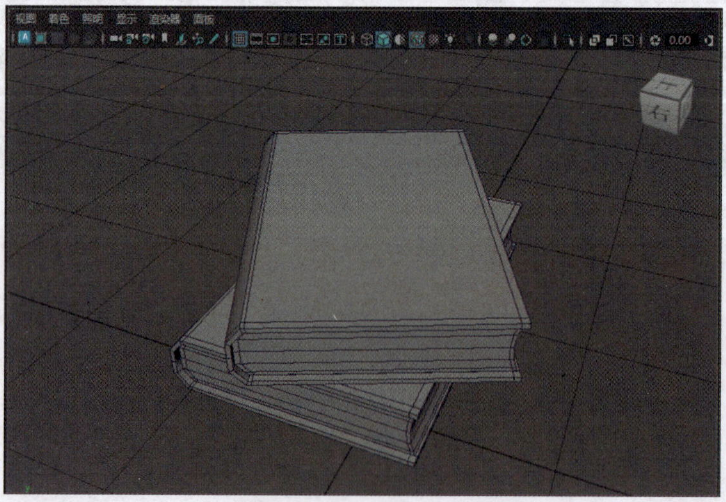

图 4-116　创建书模型

# 第5章

# NURBS曲线建模

## 内容概要

NURBS建模专门用于创建高质量的曲面和复杂的模型，常用于工业产品模型及角色模型的创建。与多边形建模相比，NURBS建模功能更具有灵活性。NURBS建模可分为曲线和曲面两种，本章将着重介绍利用NURBS曲线工具进行建模的操作方法。

## 素质要点

- 建模技巧：掌握NURBS曲线建模技术，能够创建高质量的工业产品模型和角色模型。
- 创意构思：鼓励学生培养独特的艺术视角和创意构思能力，能够从日常生活中汲取灵感。

## 数字资源

【本章素材】：“素材文件\第5章”目录下

【本章课堂演练最终文件】：“素材文件\第5章\课堂演练”目录下

# 5.1 NURBS对象基础知识

NURBS建模是三维建模中常见的一种建模方式，它可以更好地控制模型表面的曲线度，适用于创建含有复杂曲线的曲面造型。本节对NURBS对象及构成元素进行简单介绍。

## ■5.1.1 认识NURBS对象

NURBS对象包含NURBS曲面和NURBS曲线两种类型。

NURBS曲面是由点曲面和CV曲面两种类型的曲面组成。

- **点曲面**：由点来控制曲面的形状，每个点始终位于曲面的表面上。用户可以通过调整这些点的位置改变曲面的形状。
- **CV曲面**：由控制顶点（CV）来控制模型的形状。通过移动CV，可以影响曲面的形状和弯曲度。

NUBRS曲线用于表示三维空间中的平滑曲线，包含点曲线和CV曲线两种类型。

- **点曲线**：同样是由点来控制曲线的形状，每个点始终位于曲线上，通过调整这些点，即可更改曲线的形状。
- **CV曲线**：由控制顶点（CV）来控制曲线形状。这些顶点不必位于曲线上，但它们会影响曲线的形状和走向。

## ■5.1.2 NURBS对象的构成元素

NURBS对象的基本组成元素包括点、曲线和曲面3种。

### 1. NURBS曲面控制元素

NURBS曲面控制元素包括CV控制点、等参线、曲面点、壳线、曲面面片和曲面起始点。

(1) CV控制点

CV控制点即壳线的交叉点，用于控制曲面的平滑度。一般情况下可使用CV控制点调整曲面，如图5-1所示。

(2) 等参线

等参线是指U方向和V方向上的网格线，主要用于控制曲面精度和段数，如图5-2所示。

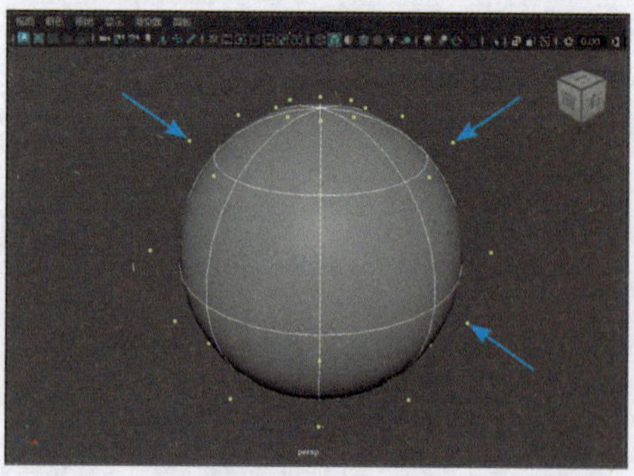

图 5-1 控制顶点

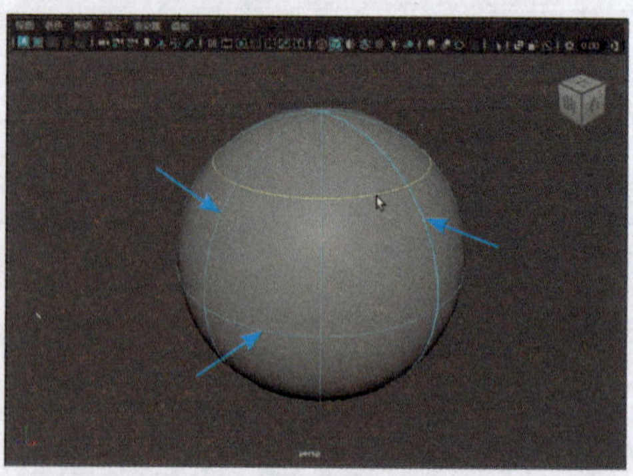

图 5-2 等参线

（3）曲面点

曲面点是指等参线的交叉点，位于曲面上。用户不能对其进行变换，如图5-3所示。

（4）壳线

使用壳线可以在NURBS模型的U方向和V方向上控制面，如图5-4所示。

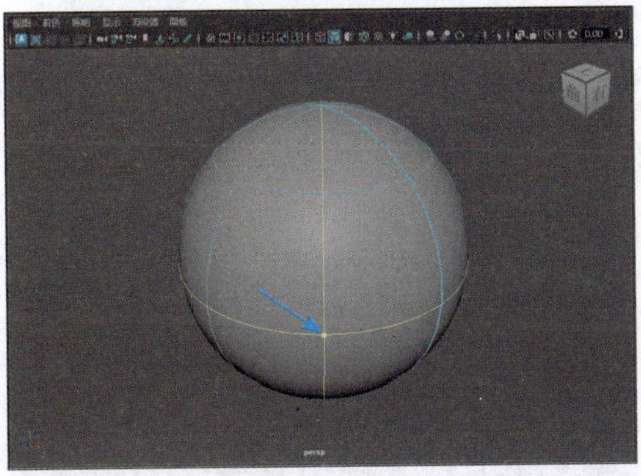

图 5-3 曲面点

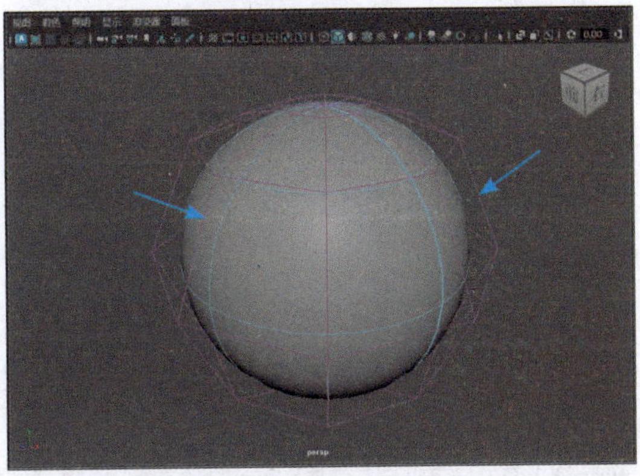

图 5-4 壳线

（5）曲面面片

NURBS曲面上的等参线将曲面分割成无数的面片，每个面片都是曲面面片，如图5-5所示，可以将曲面上的曲面面片复制出来，加以利用。

（6）曲面起始点

曲面起始点是U方向和V方向上的起始点。V方向和U方向是两个分别用字母V和U表示的控制点，它们与起始点一起决定了曲面的UV方向，如图5-6所示。

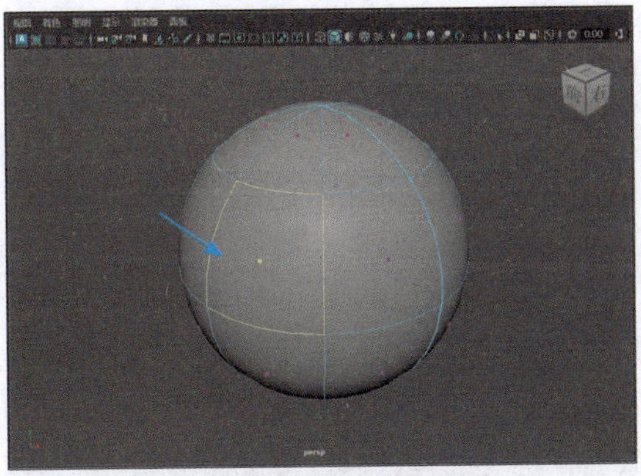

图 5-5 曲面面片

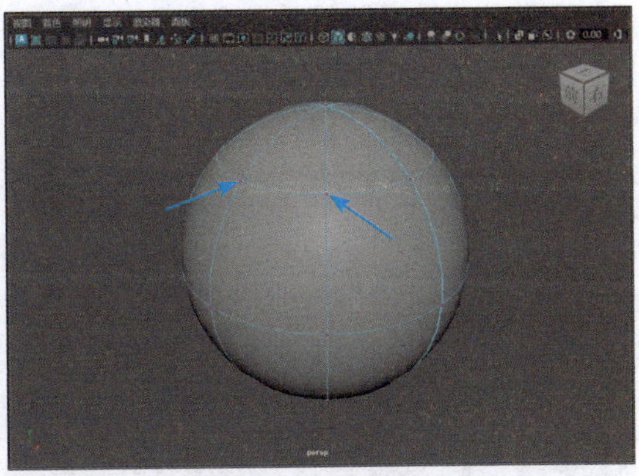

图 5-6 曲面起始点

## 2. NURBS曲线控制元素

NURBS曲线是NURBS曲面的构成基础，主要由控制顶点、编辑点、曲线点和壳线等元素构成。

（1）控制顶点

控制顶点也称为CV控制点，是壳线的交接点，主要用于控制曲线的形态。通过对CV点的调节，可在保持曲线良好平滑的前提下对曲线进行调整，如图5-7所示。

（2）编辑点

编辑点也称为EP编辑点，是曲线上的结构点，主要用于改变曲线形状，切换到编辑点模式，即可看到编辑点。每个EP编辑点都在曲线上，也就是说曲线都必须经过EP编辑点，如图5-8所示。

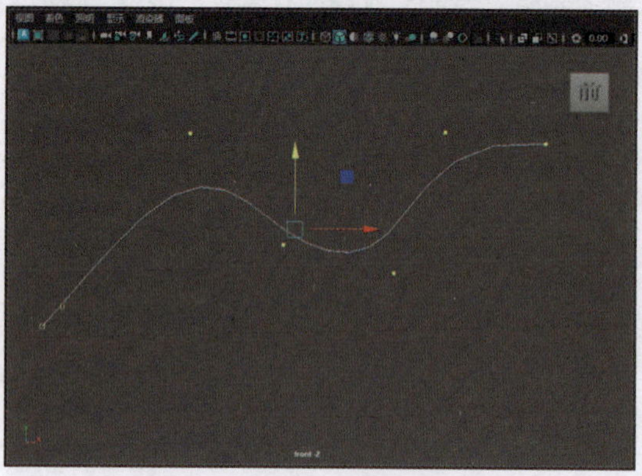

图 5-7　控制顶点

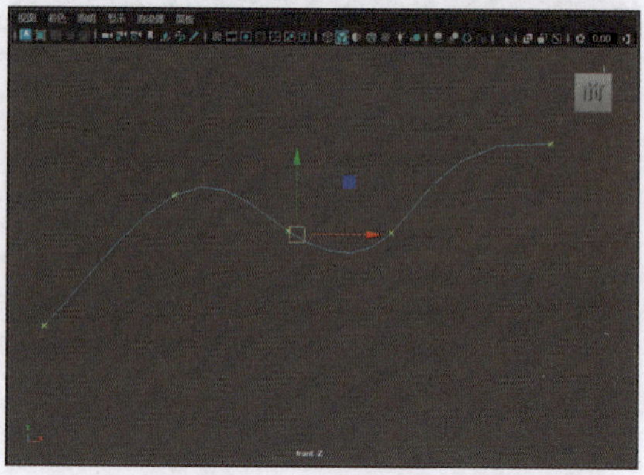

图 5-8　编辑点

（3）曲线点

曲线点是曲线上的任意点，不能改变曲线形状，切换到曲线点编辑模式后，在曲线上单击，即可选择曲线点，如图5-9所示。曲线点有可能与控制点或编辑点的位置相同，但不是同一种曲线元素类型。

（4）壳线

壳线是连接两个CV控制点之间的线段，主要用于观察CV控制点的位置。当模型的控制点非常多时，扭曲模型可能不知道会影响到哪个控制点，此时使用壳线可以轻松查找控制点，如图5-10所示。当选择影响表面指定区域的相关可控点时，也会用到壳线。

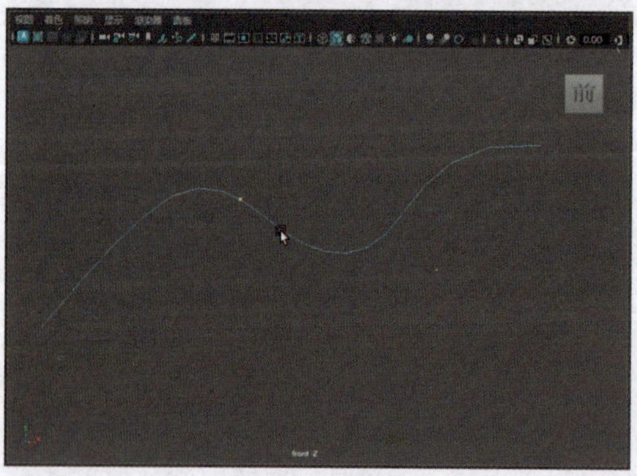

图 5-9　曲线点

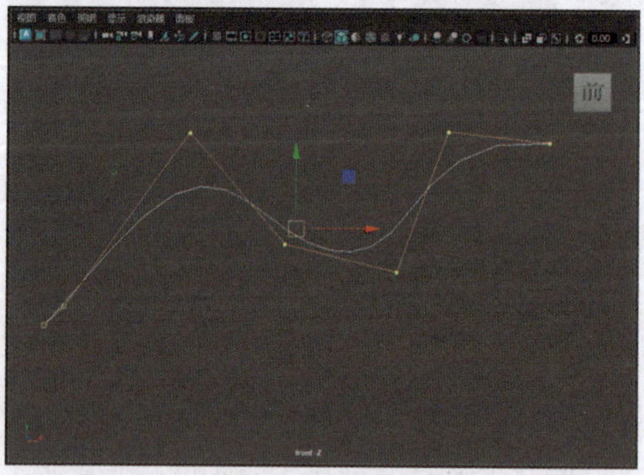

图 5-10　壳线

# 5.2 创建NURBS对象

以上简单介绍了NURBS对象的概念及构成元素，本节将介绍NURBS对象的创建方法。

## ■5.2.1 NURBS基本体

若要创建NURBS曲面对象，可在工具架上的“曲面”标签中单击相应的工具按钮进行创建，如图5-11所示。

图 5-11 使用曲面工具按钮创建

此外，还可在菜单栏中选择“创建”→“NURBS基本体”选项，在其级联菜单中选择所需选项也可创建，如图5-12所示。若勾选“交互式创建”选项，会切换到交互式创建模式，用户可拖动鼠标进行创建。具体方法与创建多边形基本体相同。

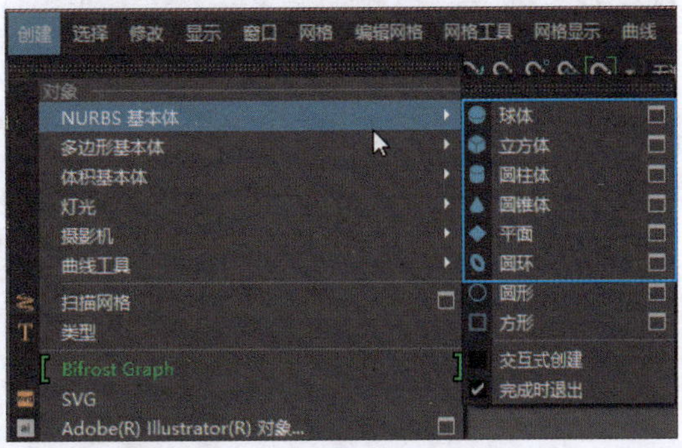


图 5-12 使用菜单栏命令创建

NURBS基本体创建完成后，可在“通道盒/层编辑器”面板中对其参数进行调整，如图5-13所示。

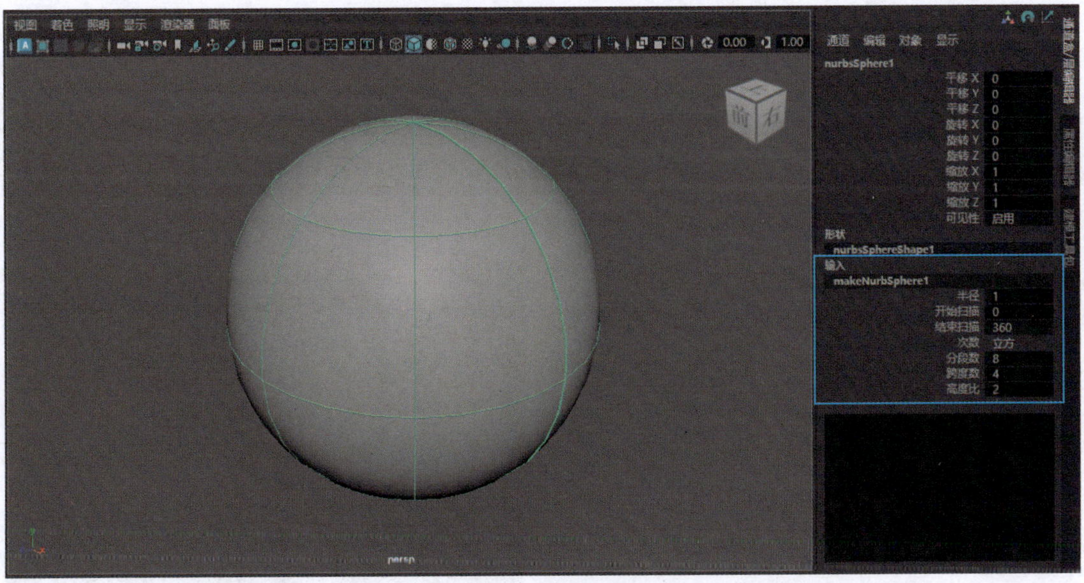


图 5-13 调整参数

创建的NURBS基本体与多边形基本体有本质的区别。以NURBS球体为例，该球体是由一条圆弧曲面旋转360° 而得到的。在“通道盒/层编辑器”面板中的“结束扫描”选项中设置不同的旋转角度，可得到不同的球体效果，如图5-14和图5-15所示。

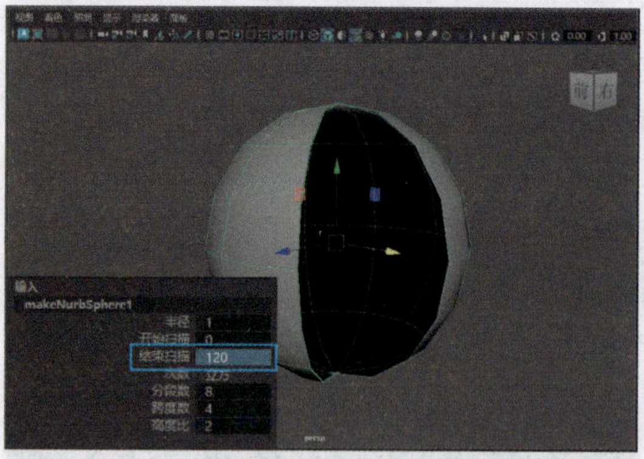


图 5-14 旋转 120° 效果

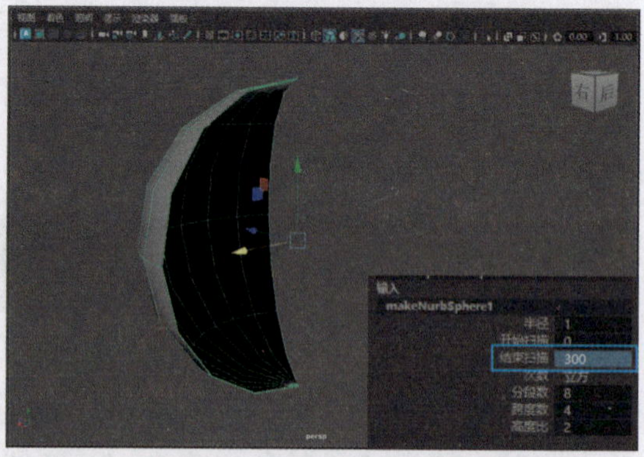


图 5-15 旋转 300° 效果

多边形球体是通过增加网格面的细分数生成的。细分数越高，球表面就越平滑，如图5-16所示。

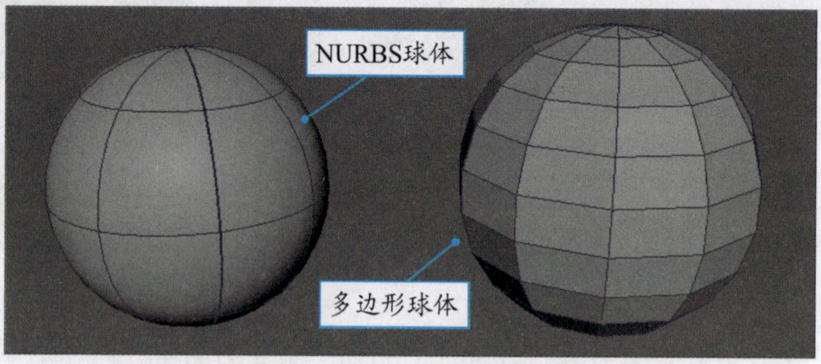


图 5-16 NURBS 球体与多边形球体对比效果

## ■5.2.2 NURBS曲线

如果需要创建曲线对象，可在工具架上切换到“曲线”标签，单击相应的曲线工具按钮进行创建，如图5-17所示。

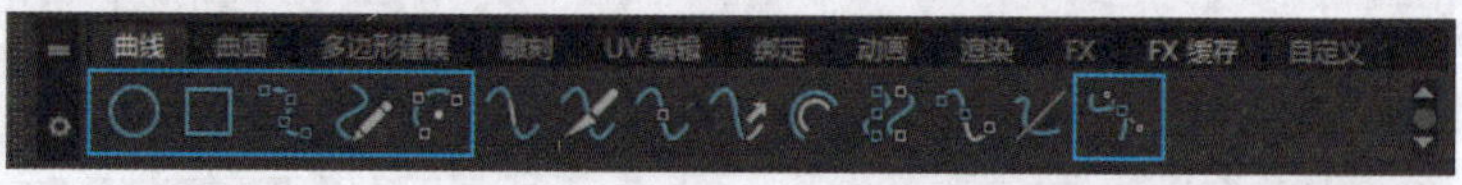


图 5-17 使用曲线工具按钮创建

也可在菜单栏中选择“创建”→“曲线工具”选项，在其级联菜单中选择相应工具进行创建，如图5-18所示。

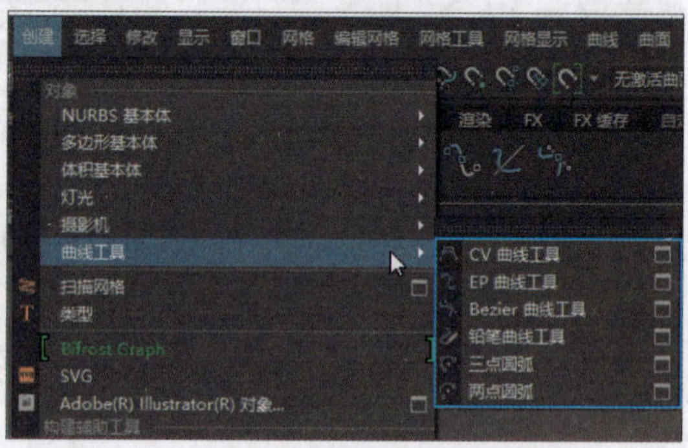


图 5-18 使用菜单栏命令创建

### 1. CV曲线工具

CV曲线工具有多种绘制模式，默认为“3立方”模式。在该模式下指定3个点，即可绘制一段弧线。如需绘制直线，将模式设为“1线性”即可，如图5-19所示。按住Shift键可绘制水平或垂直的直线。按回车键可结束绘制。

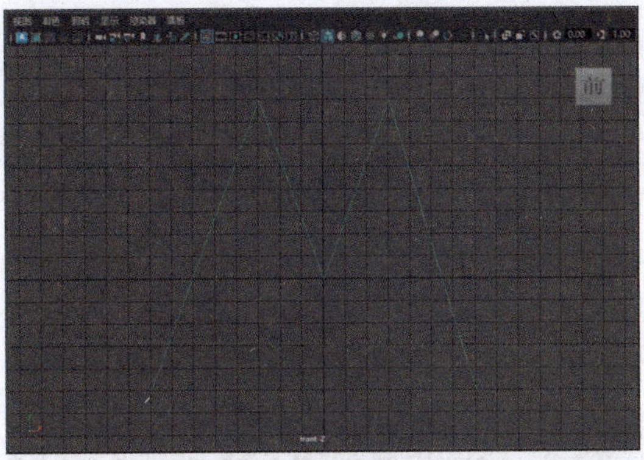


图 5-19　绘制直线

如果需要绘制曲线，可更改绘曲线模式。在菜单栏的“曲线工具”列表中单击“CV曲线工具”选项后的设置按钮■，在打开的“工具设置”对话框的“曲线次数”选项中选择次数即可。一般选择2或3次便可，如图5-20所示。

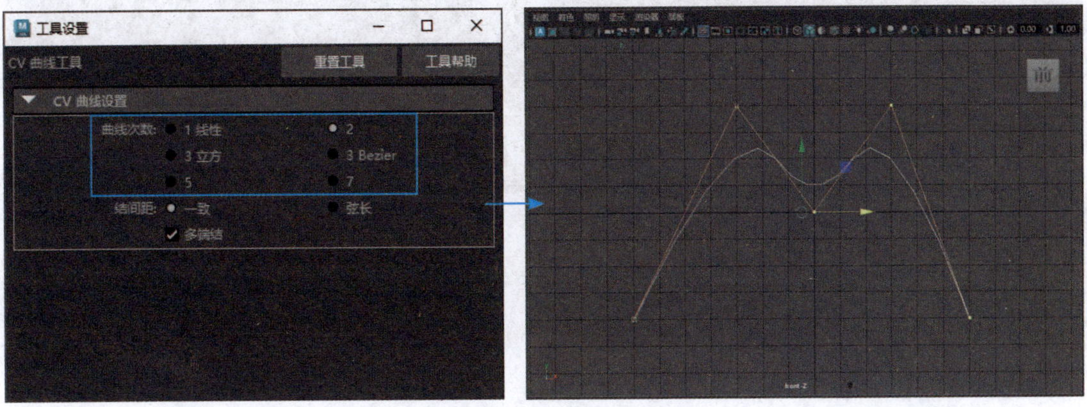


图 5-20　绘制“2”次曲线

> **提示**：选择曲线的次数越高，曲线越平滑，但所需的控制点也越多，曲线的形状也就能够进行更精细的调整。

### 2. EP曲线工具

EP曲线工具也很常用，其特点是可精确控制曲线所经过的位置。EP曲线工具的参数设置和绘制方式与CV曲线类似。只不过EP曲线是通过创建编辑点的方式来绘制曲线，如图5-21所示。

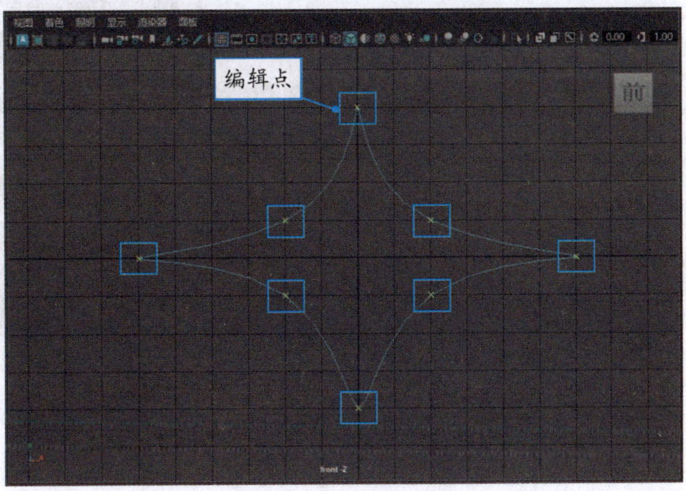


图 5-21　EP 曲线工具

### 3. Bezier曲线工具

利用Bezier曲线工具可以很灵活地创建各种复杂的曲线形状。它可以通过少量的控制点（也称为锚点）定义曲线的整体形态。每个控制点都有一个切线方向，该方向决定了曲线在该控制点附近的弯曲程度。

在视图中单击可创建曲线的锚点，拖动鼠标可确定锚点的切线方向和大小，如图5-22所示。通过多次单击并拖动鼠标，可连续创建Bezier曲线，按Ctrl+Shift+鼠标单击可闭合曲线，如图5-23所示。

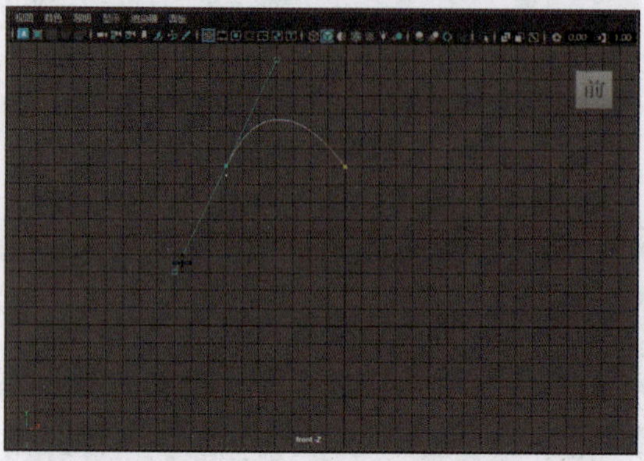


图 5-22　拖动鼠标确定锚点切线方向

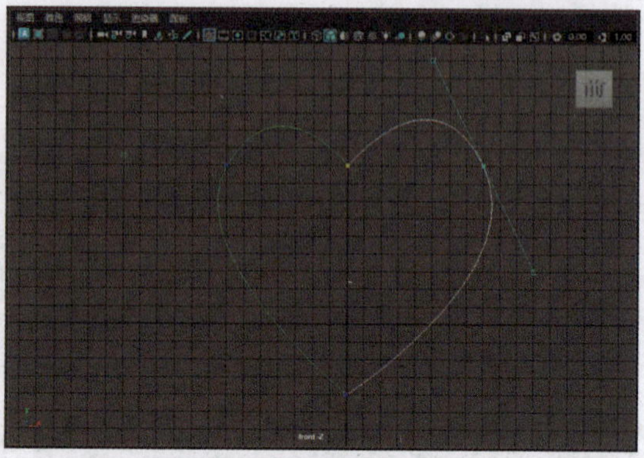


图 5-23　绘制连续的 Bezier 曲线

在菜单栏中单击“Bezier曲线”选项后的设置按钮，在打开的“工具设置”对话框中可以根据需求选择不同的切线模式，如图5-24所示。

### 4. 铅笔曲线工具

铅笔曲线工具是通过徒手绘制的方式来创建NURBS曲线的。在视图中拖动鼠标，即可进行绘制，灵活度很高，如图5-25所示。

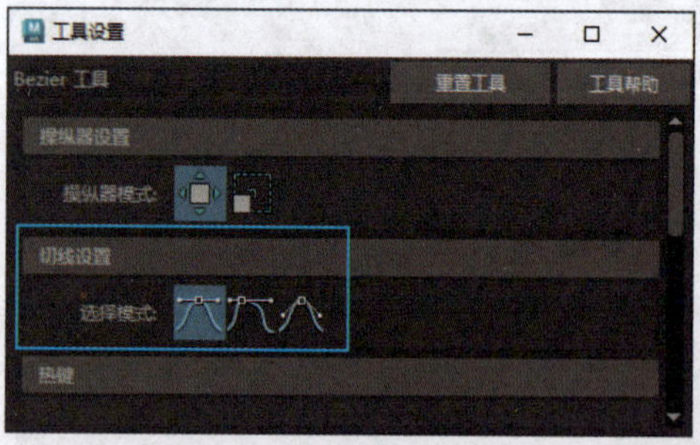


图 5-24　设置锚点切线模式

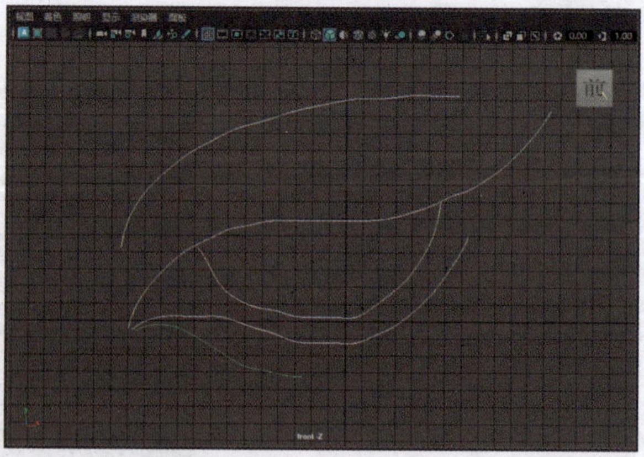


图 5-25　铅笔曲线工具

### 5. 三点圆弧/两点圆弧工具

三点圆弧和两点圆弧工具主要用于创建圆弧曲线。在绘制过程中可通过指定3个点或两个点生成一段弧线，如图5-26所示。通过移动控制点，可调整弧线的大小。

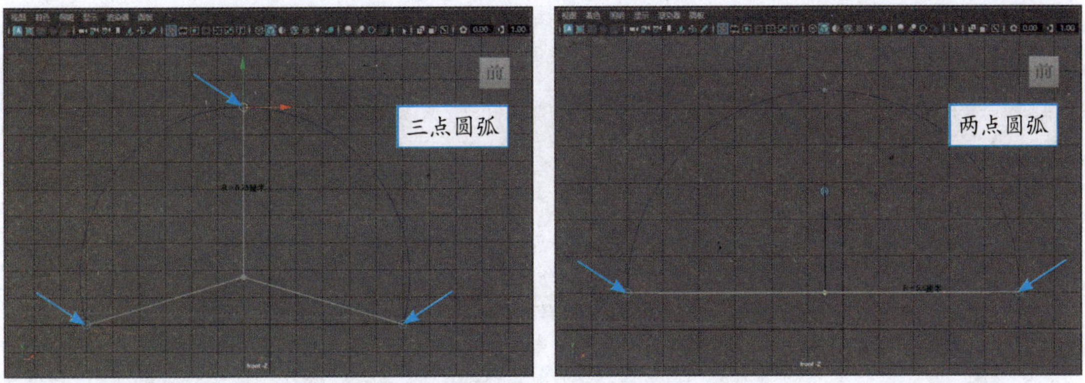


图 5-26　三点 / 两点圆弧工具

# 5.3　编辑曲线对象

绘制曲线后，一般都需要对曲线进行简单的编辑，以符合绘制需求。曲线的编辑方法有很多种，下面对一些常用的编辑方法进行介绍。

## ■5.3.1　调整曲线形态

选中曲线，单击鼠标右键，打开热盒控件，在此可选择所需的编辑模式，例如选择编辑点模式。在曲线上会显示出可编辑的点，移动编辑点可改变曲线的形态，如图5-27所示。可以切换到其他编辑模式继续编辑，直到曲线符合要求为止。

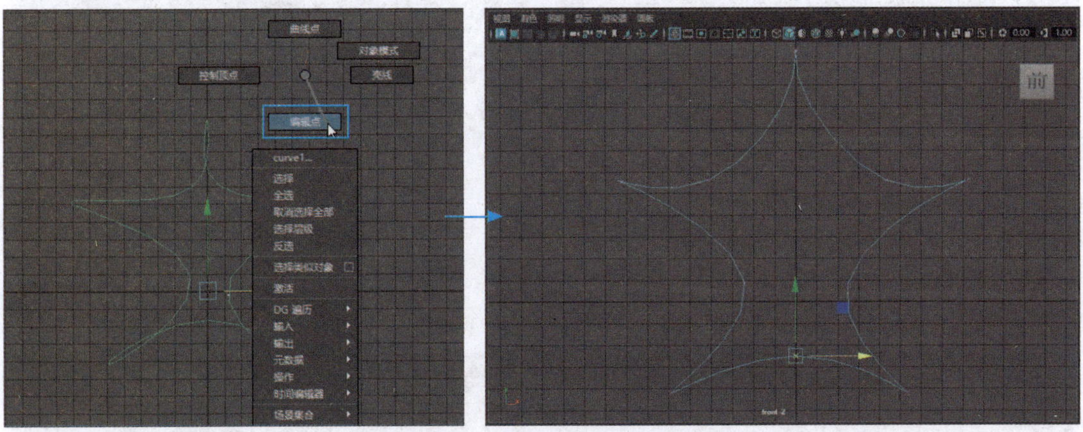


图 5-27　进入编辑点模式编辑曲线

下面使用CV曲线工具绘制四叶草外形轮廓。

**步骤01** 新建场景文件，切换到前视图。在视图工具栏中选择“视图”→“图像平面”→“导入图像”选项，将四叶草图片导入至视图中，并调整其大小，如图5-28所示。

**步骤02** 适当降低图像的亮度，以便绘制轮廓线。选中图片，在“属性编辑器”面板中调整图像的颜色增益，使其变灰，如图5-29所示。

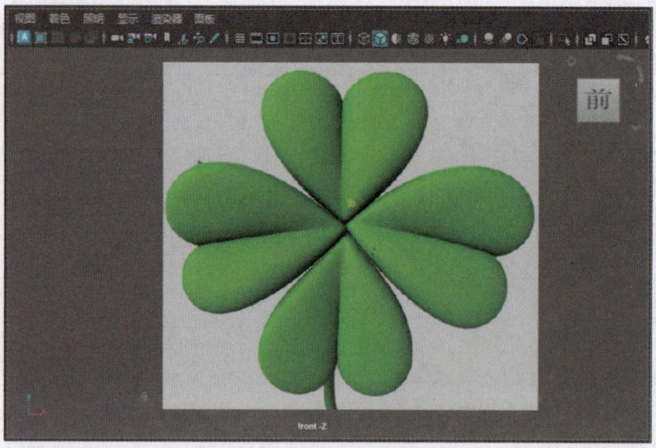


图 5-28　导入四叶草图片

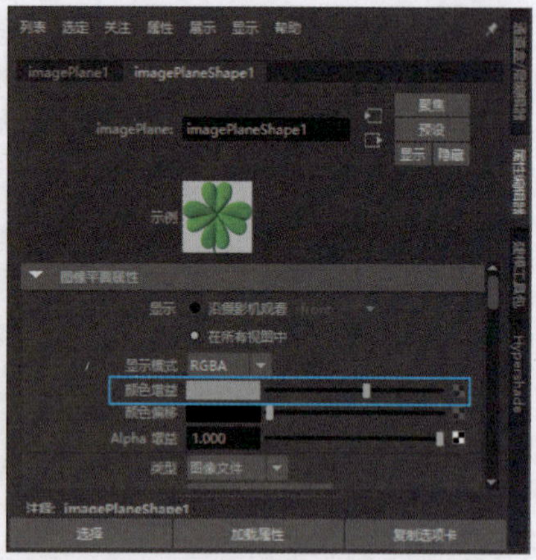


图 5-29　调整图像的颜色增益

**步骤 03** 在菜单栏中单击“创建”→“曲线工具”→“CV曲线”选项后的设置按钮，在打开的“工具设置”对话框中将“曲线次数”设为“3 立方”，如图5-30所示。

**步骤 04** 沿着图像轮廓绘制出一片叶子的曲线，如图5-31所示。

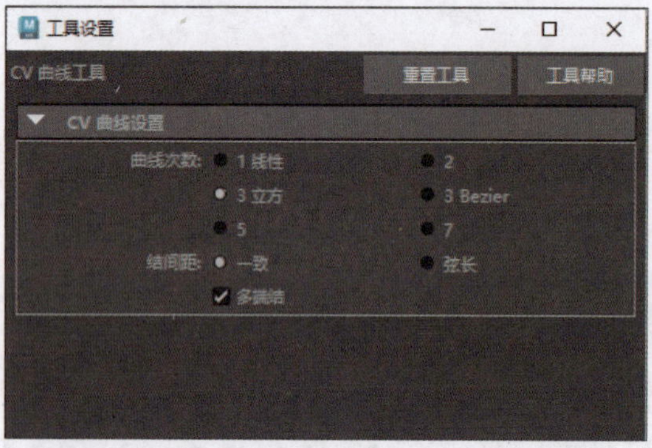


图 5-30　设置曲线次数

图 5-31　描绘图像轮廓

**步骤 05** 按回车键完成绘制。在菜单栏中选择“曲线”→“打开/关闭”选项，将绘制的CV曲线闭合，如图5-32所示。

**步骤 06** 右击该曲线，进入编辑点模式，如图5-33所示。

图 5-32　闭合曲线

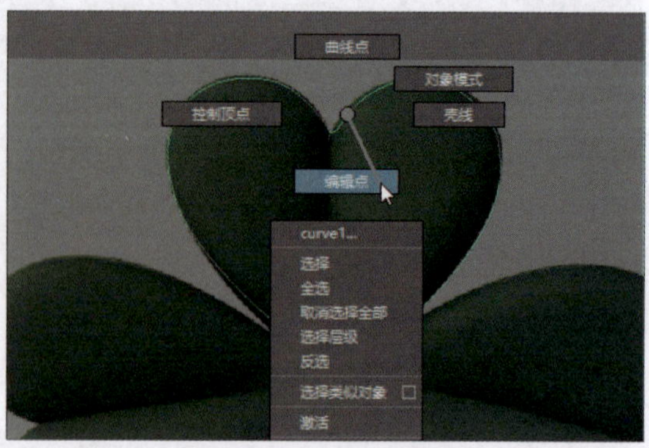


图 5-33　进入编辑点模式

步骤07 选中所需的控制点，使用移动工具对其位置进行调整，使其外形与叶子轮廓线相吻合，如图5-34所示。

步骤08 按照同样的方法，描绘出其他三片叶子外形，并删除图像，如图5-35所示。

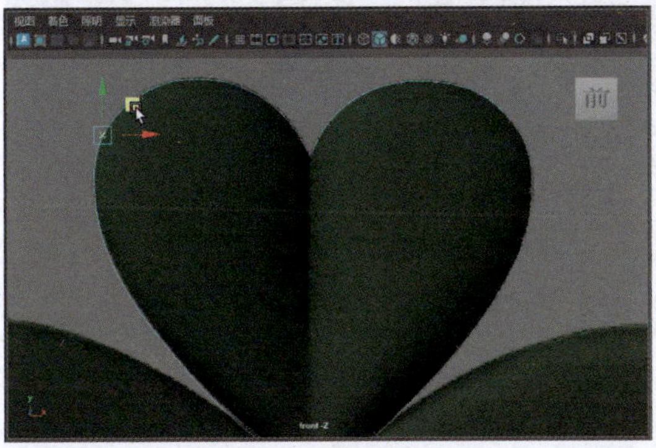


图 5-34 调整曲线

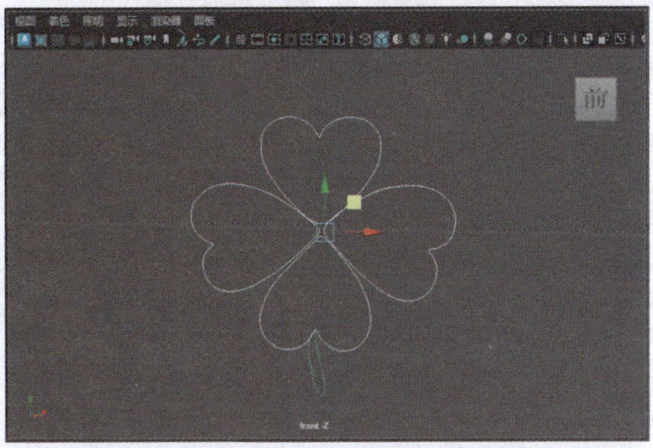


图 5-35 继续绘制其他叶子外形

步骤09 继续使用CV曲线工具，在叶子图形中绘制一条茎，如图5-36所示。至此，四叶草外形轮廓绘制完毕。

图 5-36 绘制四叶草效果

## ■5.3.2 修改曲线对象

Maya修改曲线工具包括锁定/解锁锁定长度、弯曲、卷曲、缩放曲率、平滑和拉直等。这些工具不常用，这里只做简单说明。

### 1. 锁定/解锁锁定长度

锁定长度是指将选定的曲线保持恒定的长度。如果对该曲线进行变换，曲线的形状会发生改变，但曲线的长度将保持不变。解锁锁定长度指的是解除对曲线长度的锁定。用户可以自由修改曲线的形状和长度，不会受到任何限制。

### 2. 弯曲

弯曲工具主要是对曲线进行弯曲变形，从而创建出各种复杂的曲线形状。

### 3. 卷曲

卷曲与弯曲相似，其区别在于：卷曲是在不同平面上对曲线进行弯曲变形，而弯曲则是在同一个平面上对曲线进行弯曲操作，如图5-37所示。

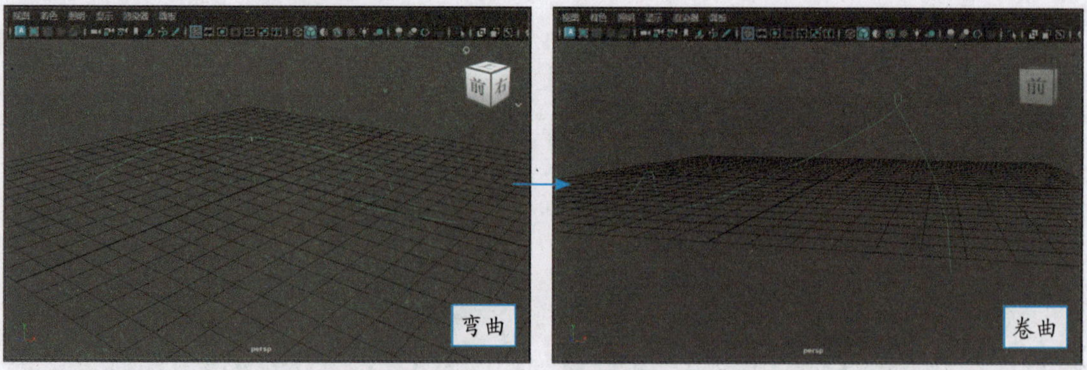


图 5-37　弯曲和卷曲示意

### 4. 缩放曲率

缩放曲率主要是对曲线的曲率值进行调整。

### 5. 平滑

平滑曲线主要是对绘制的曲线进行平滑处理，使其曲线更加自然流畅，如图5-38所示。

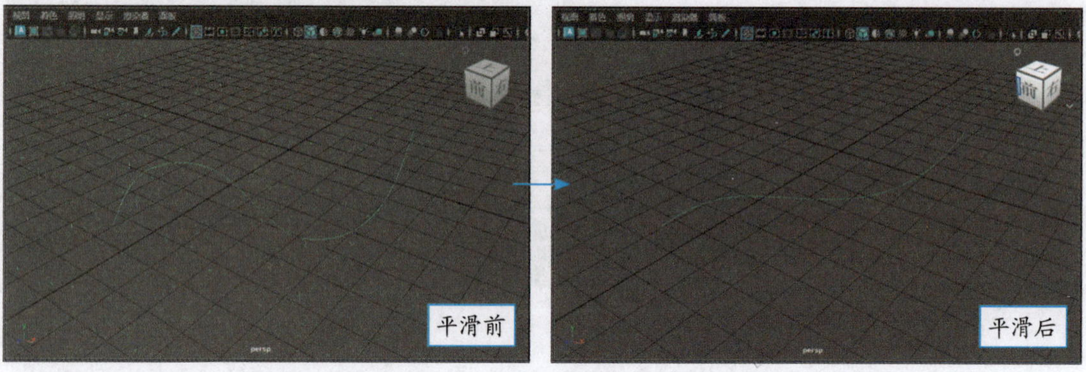


图 5-38　平滑曲线

### 6. 拉直

拉直曲线与平滑曲线正好相反。使用拉直曲线工具可将弯曲的线段拉直，变成一条直线，如图5-39所示。

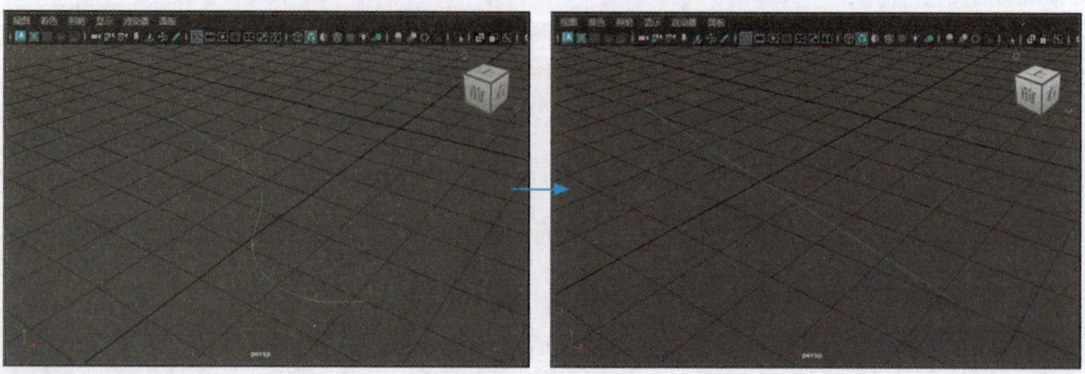

图 5-39　拉直曲线

## ■5.3.3 附加与分离曲线

使用附加曲线工具可将两条断开的曲线合并为一条曲线。在视图中选择两条曲线，在曲线工具架上单击“附加曲线”按钮即可，如图5-40所示。

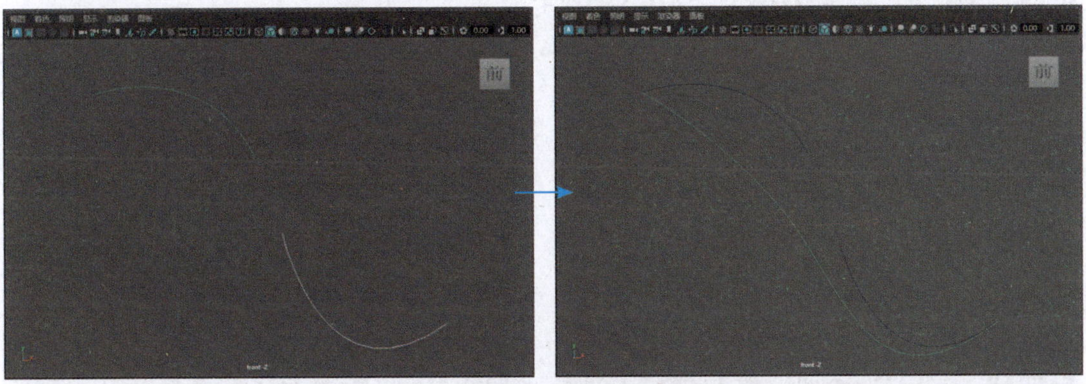

图 5-40 附加曲线

默认情况下，附加曲线方式为“融合”，该方式可以平滑连接两条曲线，使其生成一整段平滑曲线。用户可在“附加曲线选项”对话框中选择“连接”方式进行附加。该方式只会连接两条曲线，不会进行平滑处理，所以有时曲线中会产生明显的棱角效果，如图5-41所示。在菜单栏中单击“曲线”→“附加”选项后的设置按钮，可打开“附加曲线选项”对话框进行设置，如图5-42所示。

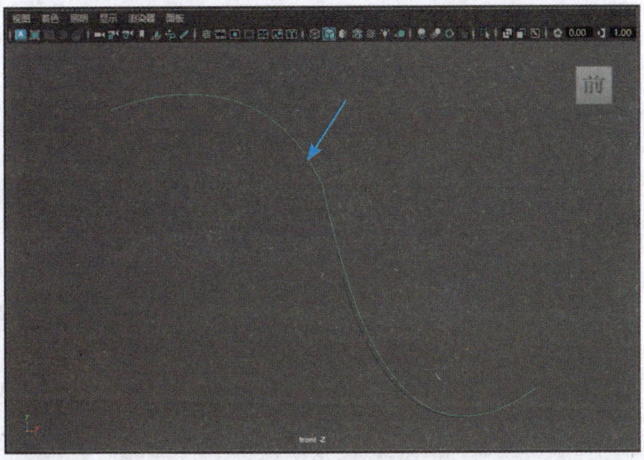

图 5-41 附加连接方式

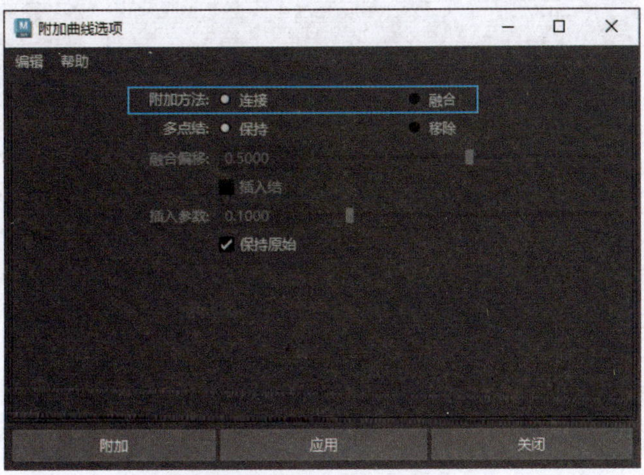


图 5-42 设置附加方法

> **提示**：在“附加曲线选项”对话框中勾选“保持原始”复选框时，附加曲线后将保留原有的曲线；取消勾选该选项，Maya将删除原始曲线。

与附加曲线工具相反，分离曲线工具是将一条NURBS曲线从指定的点分离出来，也可将一条封闭的NURBS曲线分离成开放的曲线。选中曲线，单击鼠标右键，调出热盒控件，选择“编辑点”选项进入该模式。在曲线上选择要分离的编辑点，在曲线工具架上单击“分离曲线”按钮，即可完成分离操作，如图5-43所示。

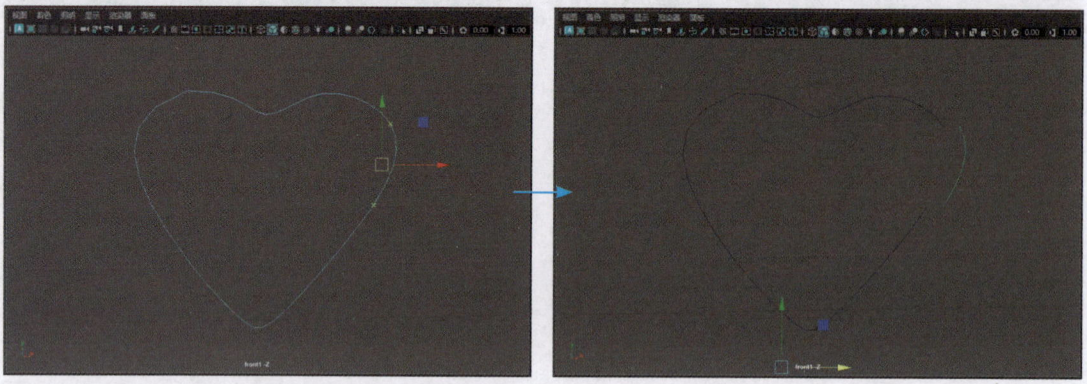

图 5-43　分离曲线

## ■5.3.4　对齐与偏移曲线

对齐曲线工具可对齐两条曲线的最近点，也可按曲线上的指定点对齐，同时保持曲线位置、切线和曲率的连续性。选中两条曲线，在菜单栏中选择“曲线”→“对齐”选项，即可将两条曲线以最近的点对齐，如图5-44所示。

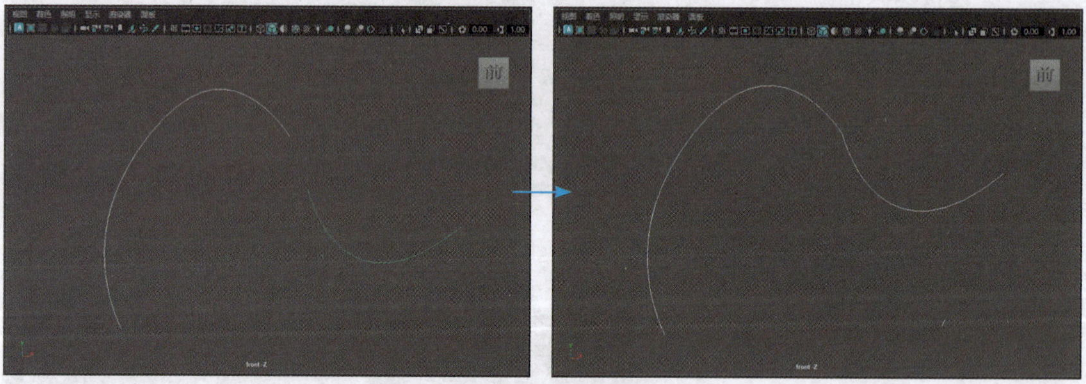

图 5-44　对齐曲线

偏移曲线工具是通过指定的偏移距离，在原曲线的基础上生成一条新的、与之平行的曲线。这条新曲线在形状上与原始曲线相似，但位置有所偏移。偏移曲线工具包含“偏移曲线”和“偏移曲面上的曲线”两种类型。

### 1. 偏移曲线

选中曲线，在工具架上单击“偏移曲线”按钮，可快速偏移该曲线，如图5-45所示。默认的偏移距离为1 cm。

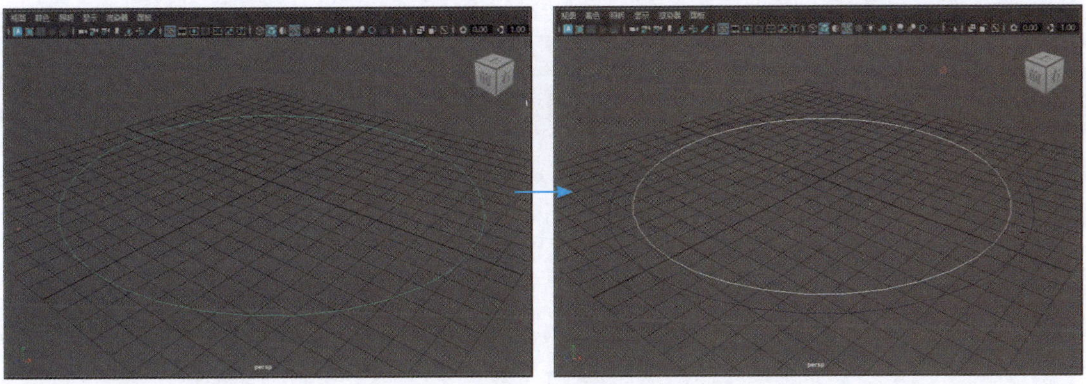

图 5-45 偏移曲线

如果需要修改偏移距离，可在菜单栏中单击“曲线”→“偏移”→“偏移曲线”选项后的设置按钮，打开“偏移曲线选项”对话框，在此可设置偏移距离参数，如图5-46所示。

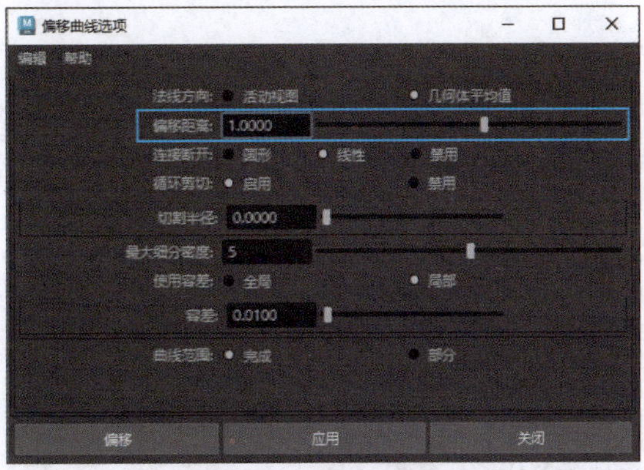


图 5-46 设置偏移距离

## 2. 偏移曲面上的曲线

如果需要在球体或其他曲面模型上偏移曲线，可使用这个工具。在曲面模型中选择要偏移的曲线，在菜单栏中选择“曲线”→“偏移”→“偏移曲面上的曲线”选项即可，如图5-47所示。也可在“偏移曲线选项”对话框中设置偏移距离。

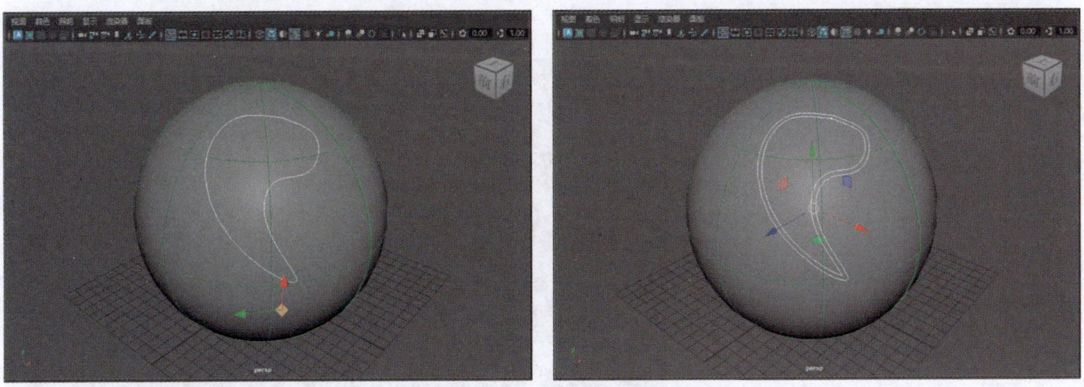

图 5-47 在曲面上偏移曲线

在偏移封闭的曲线时，经常会出现偏移后的曲线有交叉打结的情况，如图5-48所示。此时只需在“偏移曲线选项”对话框中启用“循环剪切”功能即可解决，如图5-49所示。

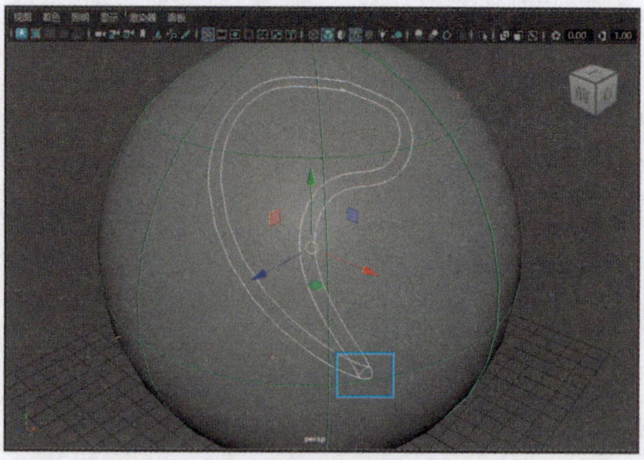

图 5-48　偏移后的曲线交叉打结

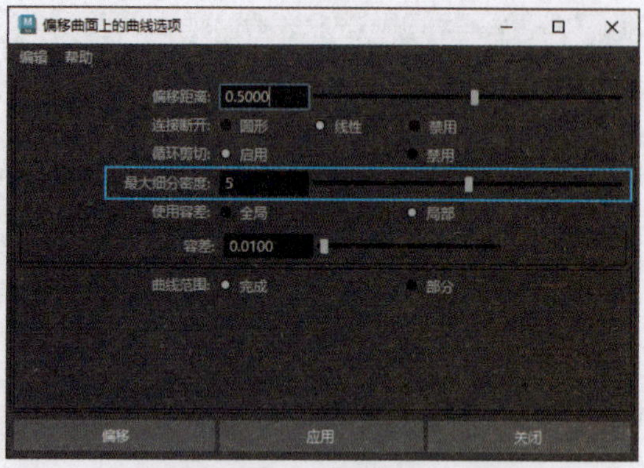


图 5-49　启用“循环剪切”功能

## ■5.3.5　圆角曲线

在曲线中使用圆角工具可在两条相交的或两条分离的曲线之间生成一条平滑过渡的曲线。选中两条曲线，在菜单栏中选择“曲线”→“圆角”选项即可，如图5-50所示。默认的圆角半径为1 cm。

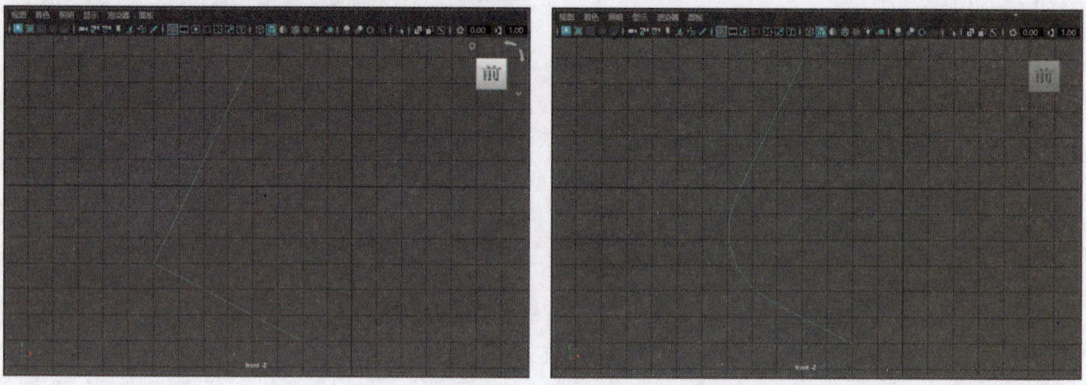

图 5-50　圆角曲线

在菜单栏中单击“曲线”→“圆角”选项后的设置按钮，在打开的“圆角曲线选项”对话框中可对半径参数进行设置。此外，默认的圆角操作后，圆角和两条曲线是分离的，如果要想将其合并为一条完整的曲线，需要勾选“修剪”和“接合”两个复选框，如图5-51所示。

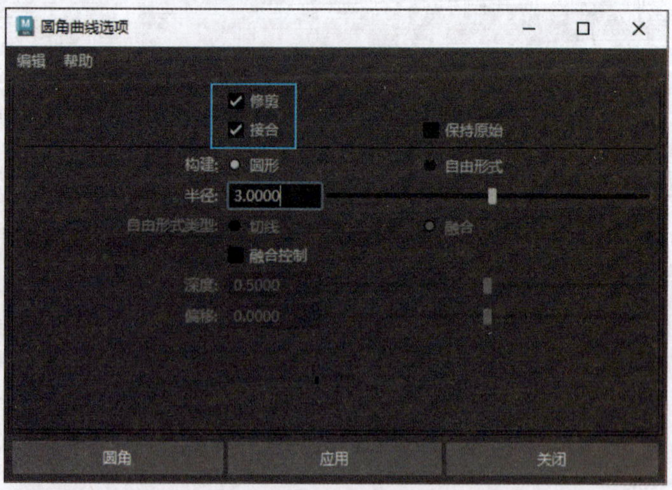


图 5-51　合并圆角曲线

## ■5.3.6 开放/闭合曲线

使用开放/闭合曲线工具可将开放的曲线生成封闭的曲线，或将封闭的曲线生成开放的曲线。选中所需曲线，在菜单栏中选择“曲线”→“开放/闭合”选项，即可闭合该曲线，如图5-52所示。

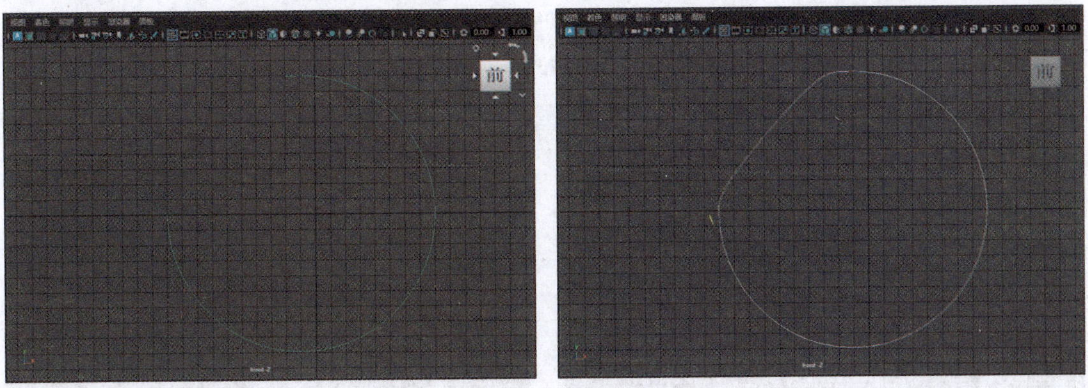

图 5-52 闭合曲线

如果是一条闭合的曲线，选中该曲线后，使用开放/闭合曲线工具后，Maya会从曲线起始点处删除一段曲线，从而形成开放曲线。

**提示**：所有曲线都会有起始点（包括闭合的圆形）。曲线起始点编辑用空心方框表示。此外，在进入控制点模式下，“U”点则为曲线第2个点，表示曲线绘制的方向。如图5-53所示。

图 5-53 曲线的起始点和 U 点的标识

## ■5.3.7 添加点

添加点工具是指在已创建的曲线上通过添加点继续绘制曲线，完成后会生成一条完整的曲线。选中已有的曲线，在工具架上单击“添加点工具”按钮，或在菜单栏中选择“曲线”→“添加点”选项，进入曲线绘制模式，用户可继续指定曲线下一个点进行绘制，直到按回车键结束为止，如图5-54所示。

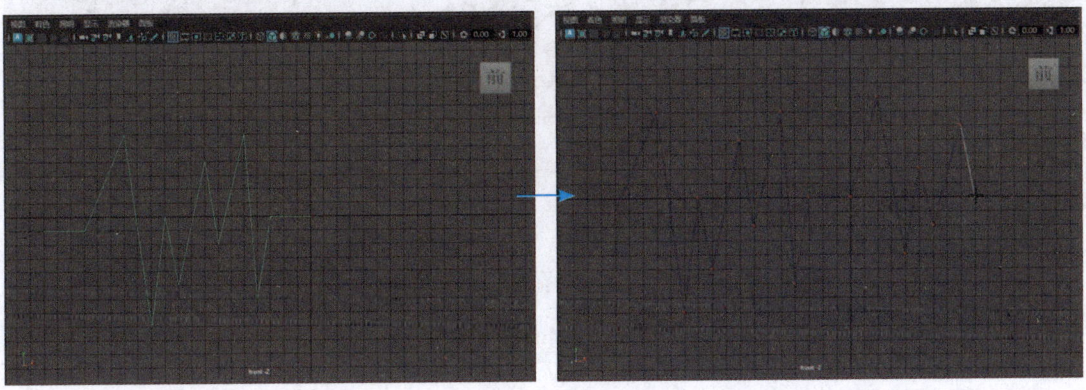

图 5-54 继续绘制曲线

## ■5.3.8　复制曲面曲线

利用复制曲面曲线工具可对曲面上的等参线、剪切边等附着的曲线进行复制，以便修复和优化曲面模型。

下面以复制圆锥体等参线为例介绍复制曲面曲线的具体操作。

**步骤01** 使用NURBS圆锥体工具创建一个半径为3 cm、高为2 cm的圆锥体，如图5-55所示。

**步骤02** 将圆锥体的跨度数设为4，如图5-56所示。

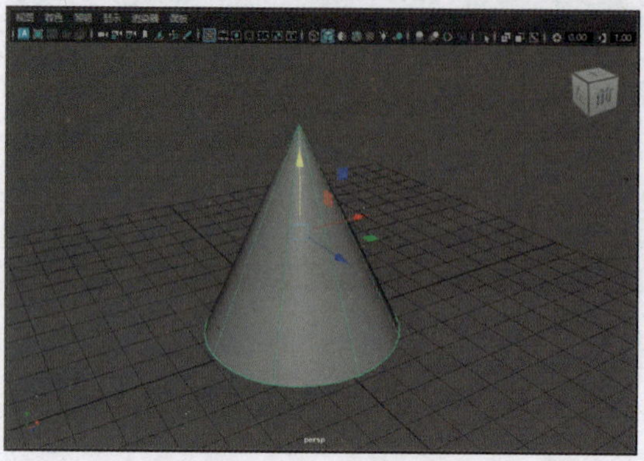

图 5-55　创建 NURBS 圆锥体

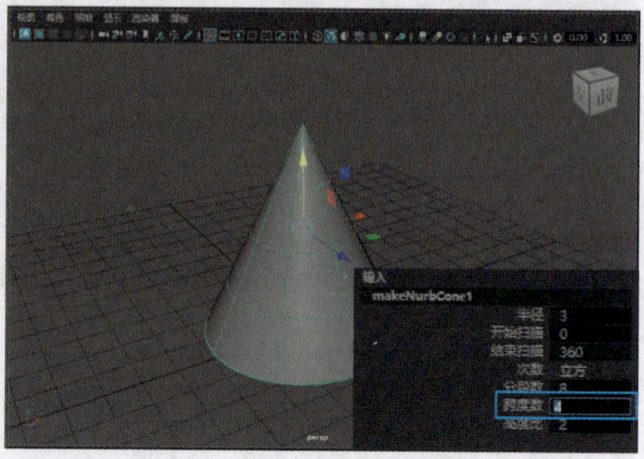


图 5-56　设置圆锥体跨度数

**步骤03** 右击鼠标右键，打开热盒控件。选择“等参线”选项，进入该模式，如图5-57所示。

**步骤04** 全选圆锥体的等参线，在菜单栏中选择“曲线”→“复制曲面曲线”选项，即可将所有等参线进行复制，并以白色高亮显示。

**步骤05** 使用移动工具将复制出的等参线移至指定位置即可，如图5-58所示。

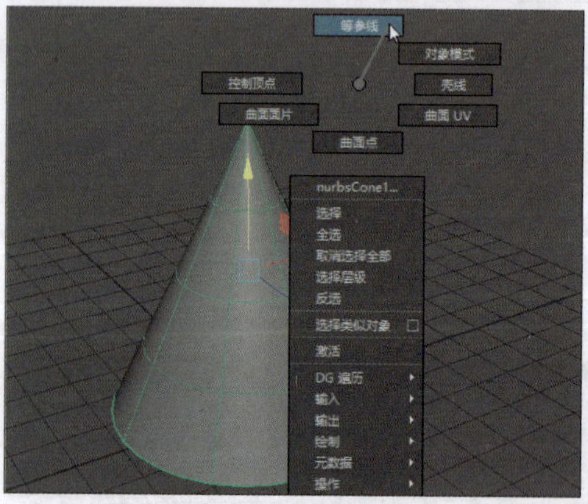


图 5-57　进入等参线模式

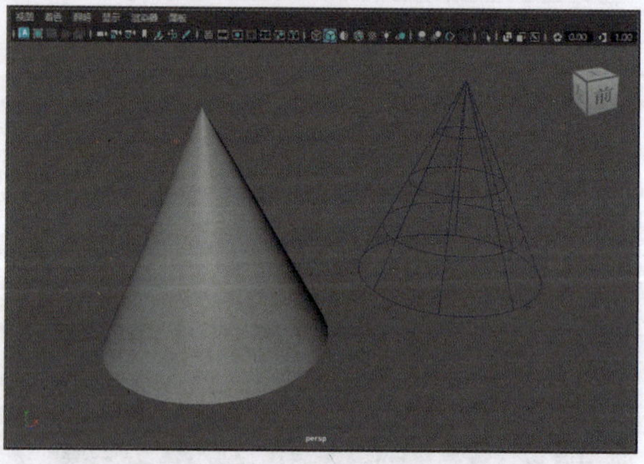

图 5-58　复制圆锥体等参线

## ■5.3.9　重建曲线

重建曲线工具主要用于调整曲线的形状和精度。通过控制曲线的次数、跨度、节点匹配、切线连续性等参数，可得到一个相似的曲线，以满足特定的绘制需求。在工具架上单击“重建曲线”命令，即可启动该工具。

例如，要将曲线上的编辑点设定为6个，可先选中该曲线，然后在菜单栏中单击“曲线”→“重建”选项后的设置按钮，打开“重建曲线选项”对话框，将跨度数设为6，如图5-59所示。单击“应用”按钮，此时被选中的曲线已发生了变化，如图5-60所示。

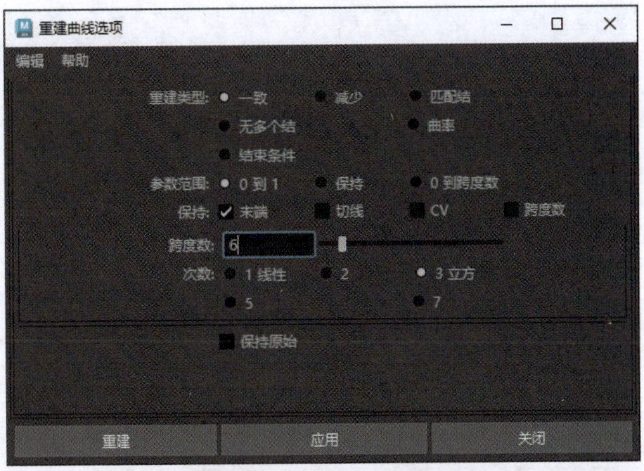


图 5-59 设置曲线跨度数

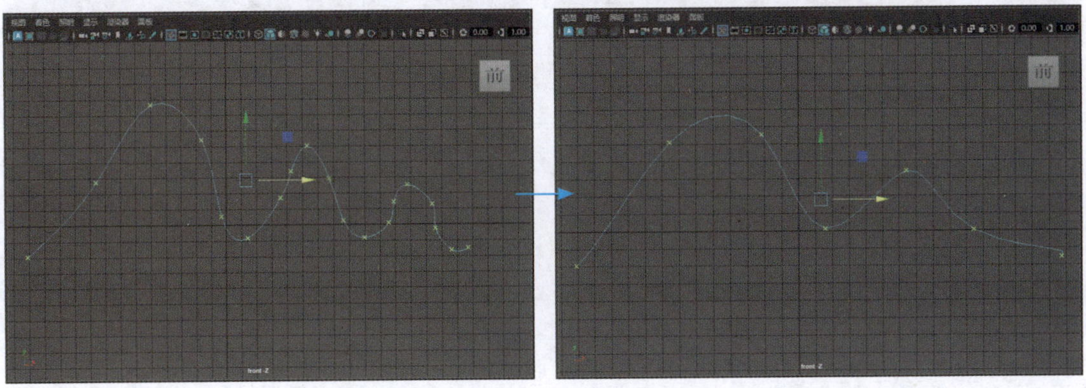

图 5-60 重建曲线

## ■5.3.10 曲线编辑工具

使用曲线编辑工具可通过在曲线上指定任意点来对曲线形态进行调整。在工具架上单击“曲线编辑工具”按钮，或在菜单栏中选择“曲线”→“曲线编辑工具”选项，在曲线上指定一点，通过拖动编辑手柄可调整当前曲线的形态，如图5-61所示。

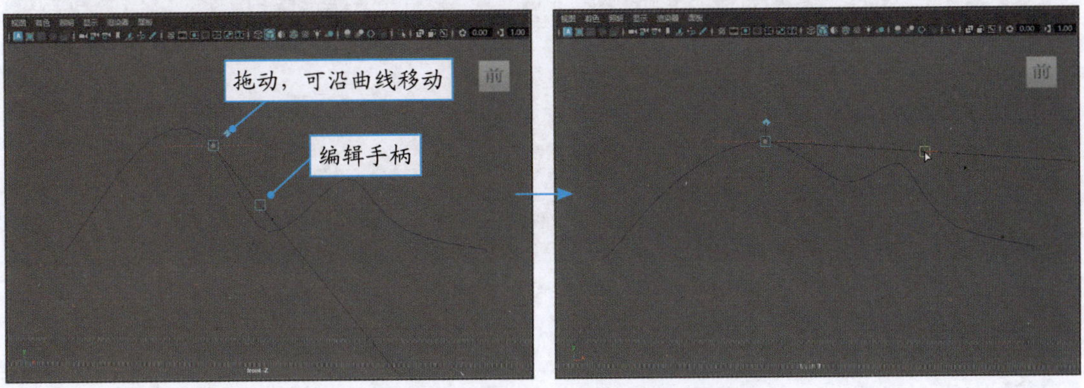


图 5-61 使用曲线编辑工具调整曲线

# 5.4　由曲线生成曲面模型

NURBS曲线创建完成后，用户可通过放样、平面、旋转和挤出等4种基本创建工具将曲线迅速转化为曲面模型。

## ■5.4.1　放样曲线

使用放样工具可以将参与操作的多个样条线作为放样的横截面或图形，然后在这些横截面之间生成曲面，以此创建一个曲面模型。

依次选择创建的NURBS曲线，在曲面工具架上单击“放样”按钮，或在菜单栏中选择“曲面”→“放样”选项，均可生成三维曲面对象，如图5-62所示。

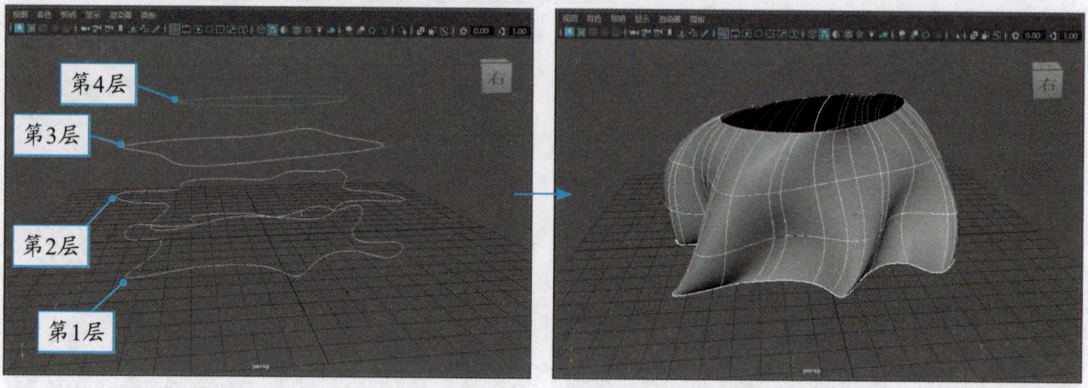


图 5-62　放样曲线

在菜单栏中单击“放样”选项后的设置按钮，打开“放样选项”对话框，将“输出几何体”选项设为多边形，并将其类型设为四边形，此时生成的模型即为多边形。默认的输出几何体为NURBS曲面，如图5-63所示。

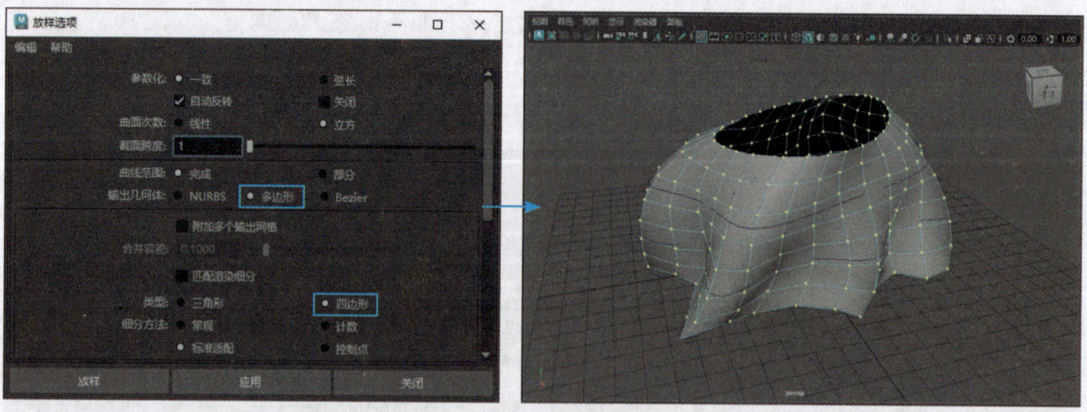


图 5-63　生成多边形模型

下面利用放样曲线工具绘制花瓶图形。

**步骤01** 新建场景文件。在工具架上单击“NURBS圆形”按钮，创建圆形。使用缩放工具调整圆形大小，如图5-64所示。

**步骤02** 选中圆形，按Ctrl+D组合键复制圆形。使用移动工具将圆形向上移动至合适位置，如图5-65所示。

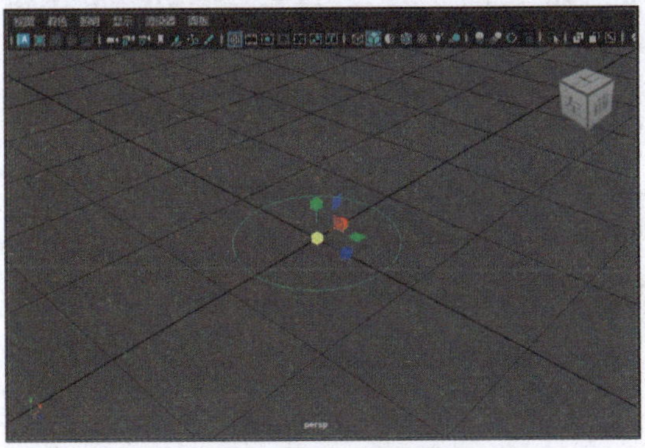

图 5-64　绘制圆形

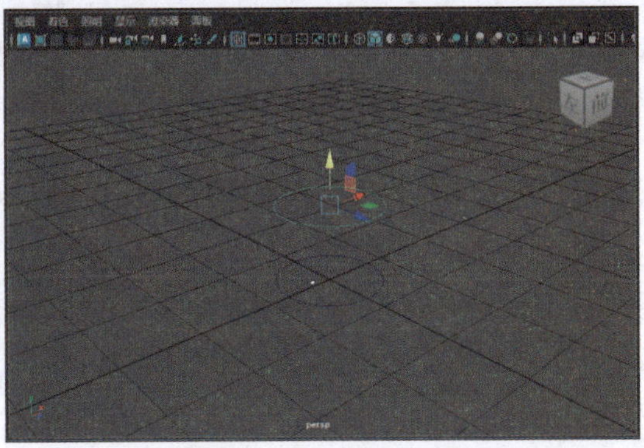

图 5-65　复制并移动圆形

**步骤03** 使用缩放工具对复制的圆形进行等比放大，如图5-66所示。

**步骤04** 重复以上步骤，复制并调整其他圆形的比例和位置，完成花瓶横截面的绘制，如图5-67所示。

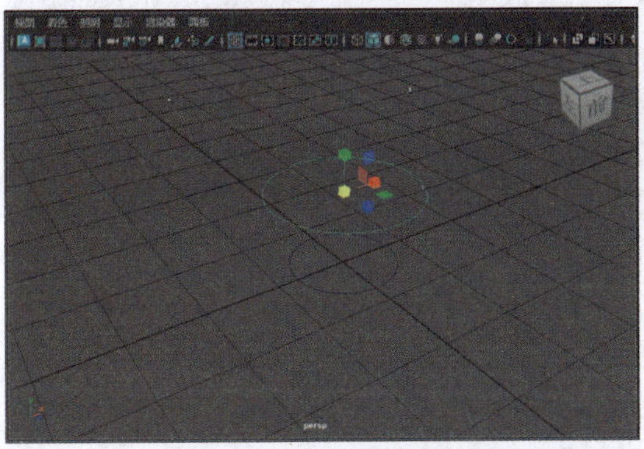

图 5-66　等比放大圆形

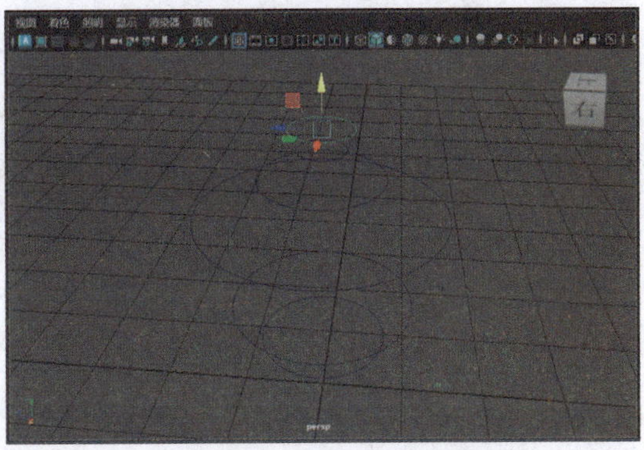

图 5-67　继续复制并移动圆形

**步骤05** 从下到上依次选取所有圆形，如图5-68所示。

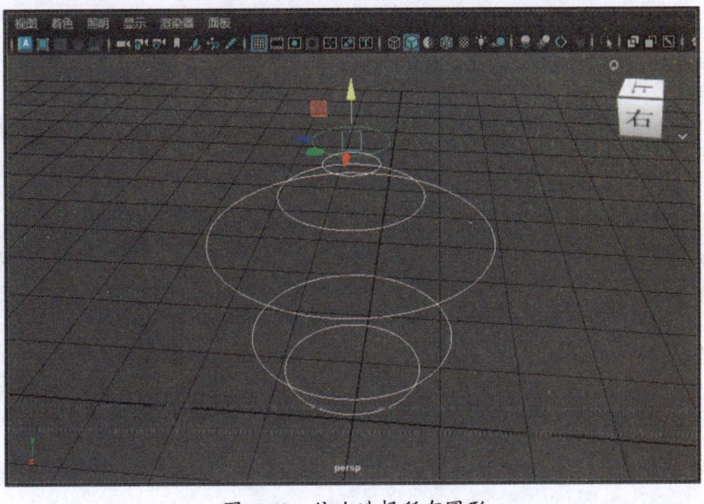

图 5-68　依次选择所有圆形

步骤 06 在菜单栏中选择“曲面”→“放样”选项，即可生成花瓶模型，如图5-69所示。

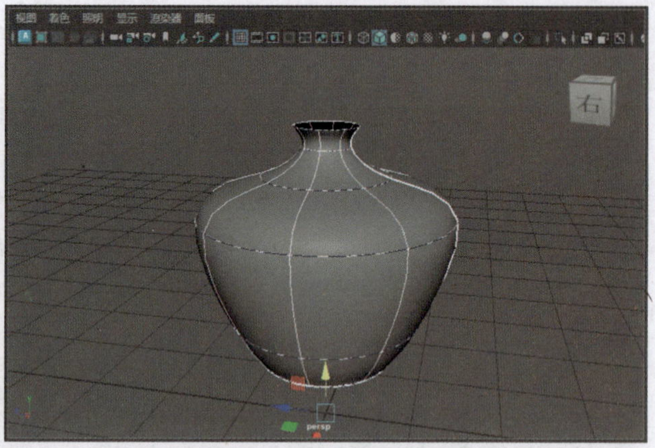


图 5-69 生成花瓶模型

步骤 07 选中花瓶的横截面，使用移动工具可对其位置进行调整。此时，花瓶的外形也随之发生变化，如图5-70所示。

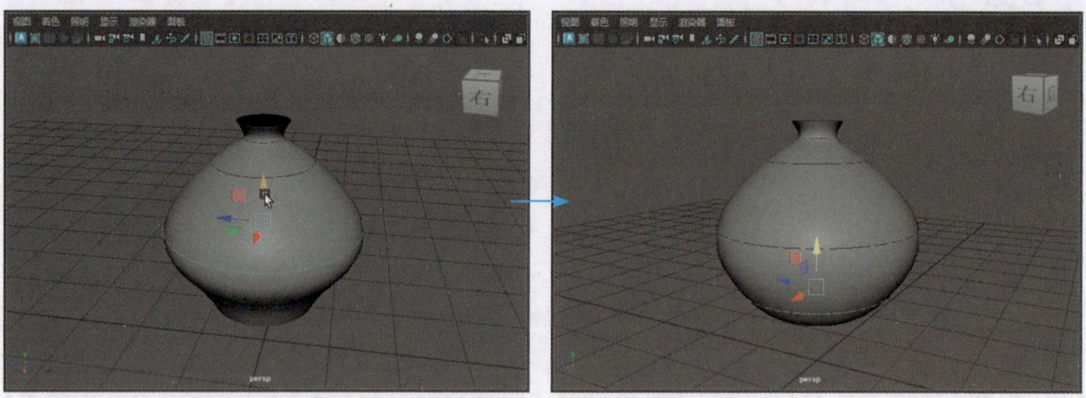


图 5-70 修改花瓶外形

## ■5.4.2 平面曲线

使用平面曲线工具可将闭合的曲线生成一个平面。选中闭合曲线，在曲面工具架上单击“平面”按钮，或在菜单栏中选择“曲面”→“平面”选项均可，如图5-71所示。

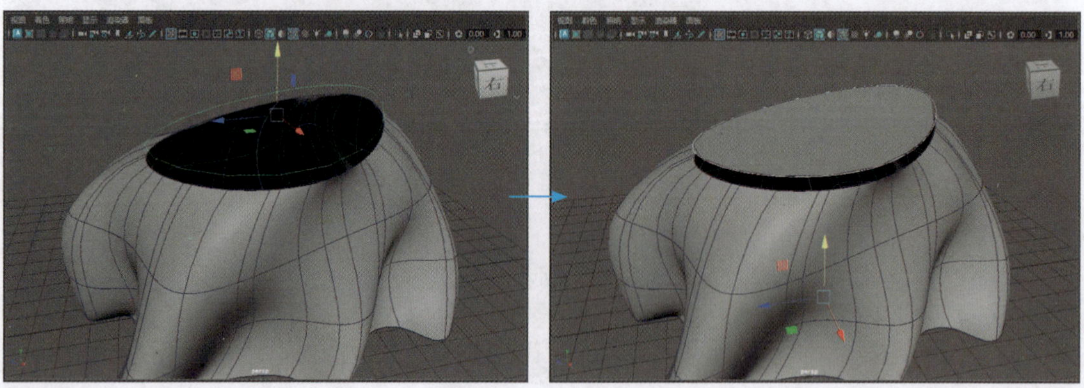

图 5-71 生成平面

## ■5.4.3 旋转曲线

使用旋转曲线工具可将一条NURBS曲线沿着指定的旋转轴进行360°旋转，从而生成一个曲面模型。选中所需曲线，在曲面工具架上单击“旋转”按钮，或在菜单栏中选择“曲面”→“旋转”选项均可，如图5-72所示。

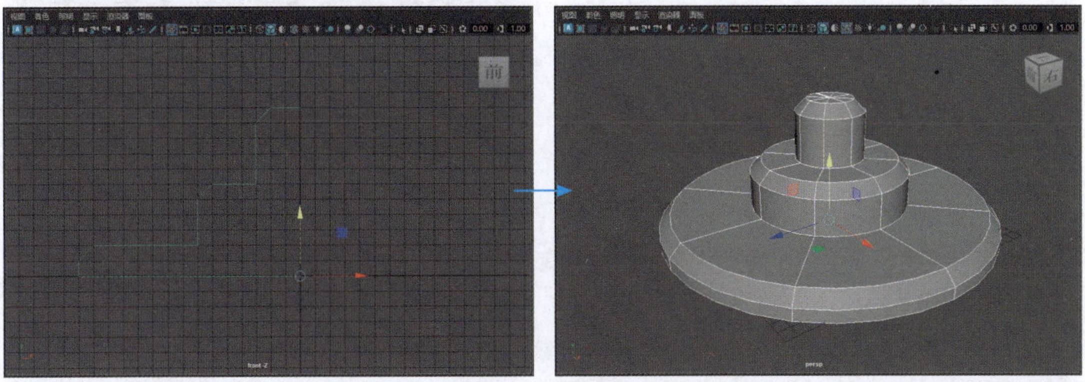


图 5-72 旋转曲线

在菜单栏中单击“旋转”选项后的设置按钮，打开“旋转选项”对话框，在其中可以对旋转轴、扫描角度、曲面分段数、输出几何类型等参数进行设置，如图5-73所示。

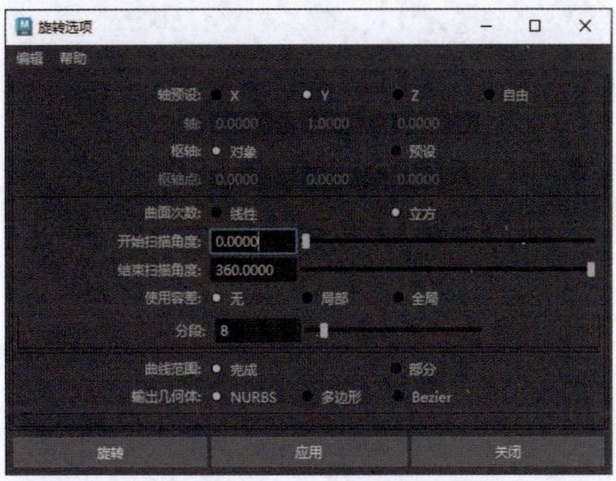


图 5-73 设置旋转参数

下面利用旋转曲线工具制作水果盘模型。

**步骤 01** 新建文件，切换到前视图。选择CV曲线工具，并将其曲线次数设为“3 立方”，如图5-74所示。

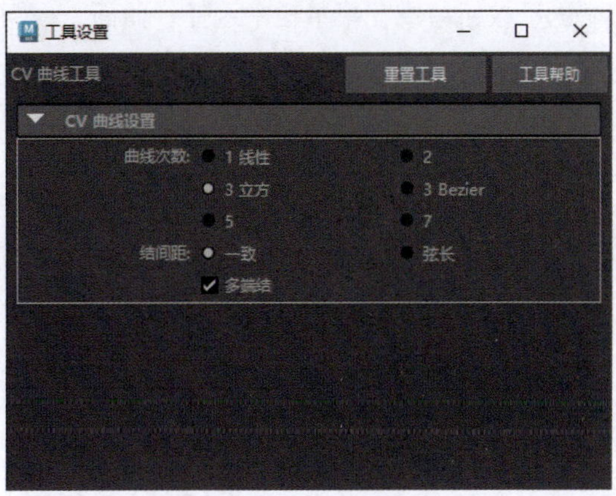


图 5-74 设置曲线次数

步骤02 按X键开启栅格捕捉模式，捕捉栅格垂直中线，绘制水果盘半边的横截面图形，如图5-75所示。

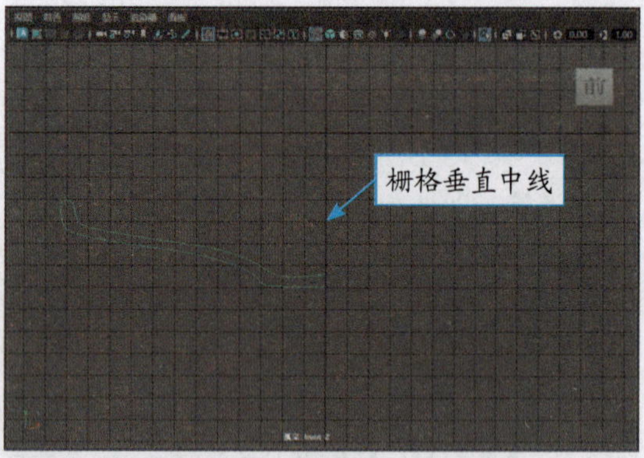


图 5-75　绘制水果盘半边横截面

步骤03 选中该横截面，在曲面工具架上单击“旋转”按钮，将其生成水果盘曲面模型，如图5-76所示。

步骤04 再次使用CV曲线工具，捕捉栅格垂直中线，绘制苹果半边的横截面图形，如图5-77所示。

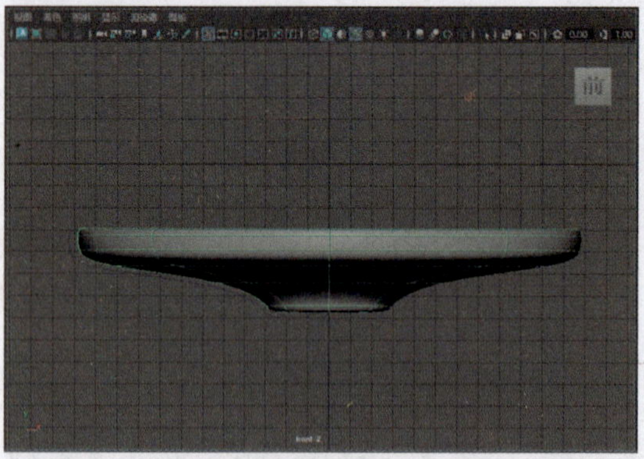


图 5-76　生成水果盘曲面模型

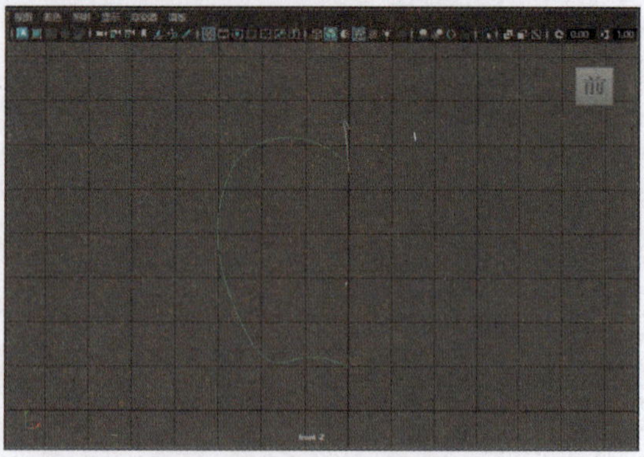


图 5-77　绘制苹果半边横截面

步骤05 选中苹果横截面，使用旋转工具将其生成苹果曲面模型，如图5-78所示。

步骤06 按Ctrl+G组合键将苹果模型进行编组。按住Shift键并拖动苹果，将其进行复制，并放置在水果盘中。适当旋转和缩放苹果，使其符合整体画面比例。切换到透视图，可观察创建效果，如图5-79所示。

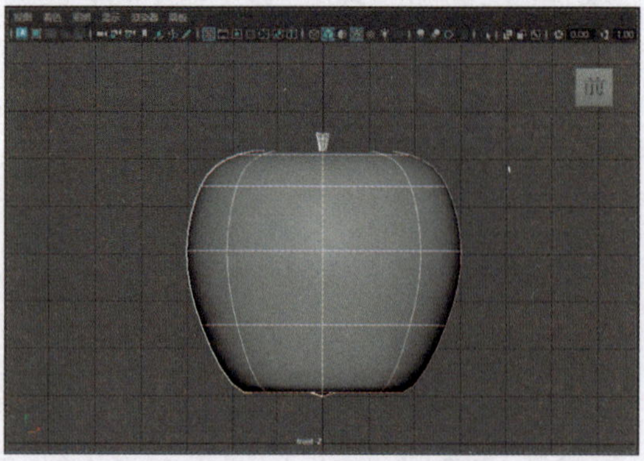


图 5-78　生成苹果曲面模型

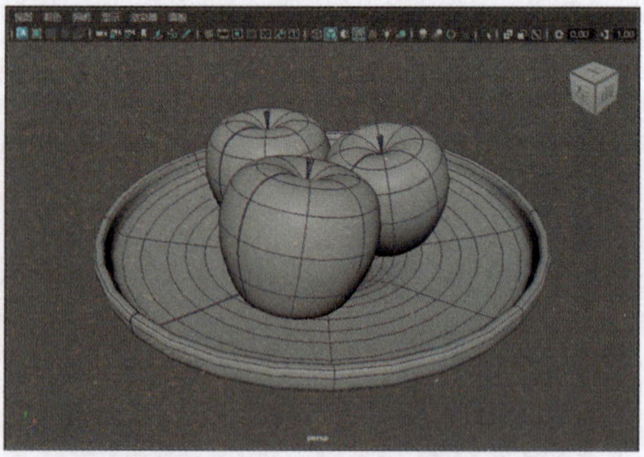

图 5-79　水果盘及苹果模型效果

## ■5.4.4 挤出曲线

使用挤出曲线工具可将选定的曲线沿指定路径挤出一定的厚度，从而生成曲面模型。依次加选曲线和路径线，单击曲面工具架上的“挤出”按钮，或在菜单栏中选择“曲面”→“挤出”选项均可，如图5-80所示。

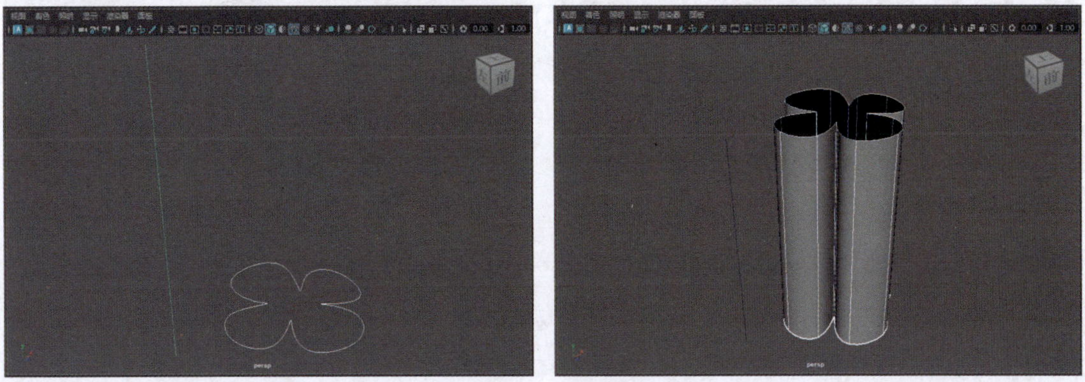

图 5-80 挤出曲线

# 5.5 课堂演练：制作中式绳结模型

本案例使用NURBS曲线工具绘制中式绳结模型，其中会使用到扫描网格工具进行辅助绘制。该工具可通过扫描一条或多条曲线，然后沿着曲线生成网格模型。

扫码观看视频

**步骤01** 新建文件，切换到顶视图。单击视图工具栏中的“视图”选项，在其列表中选择“图像平面”→“导入图像”选项，打开“打开”对话框，选择绳结参考图，将其插入至顶视图中。按R键，适当放大参考图，如图5-81所示。

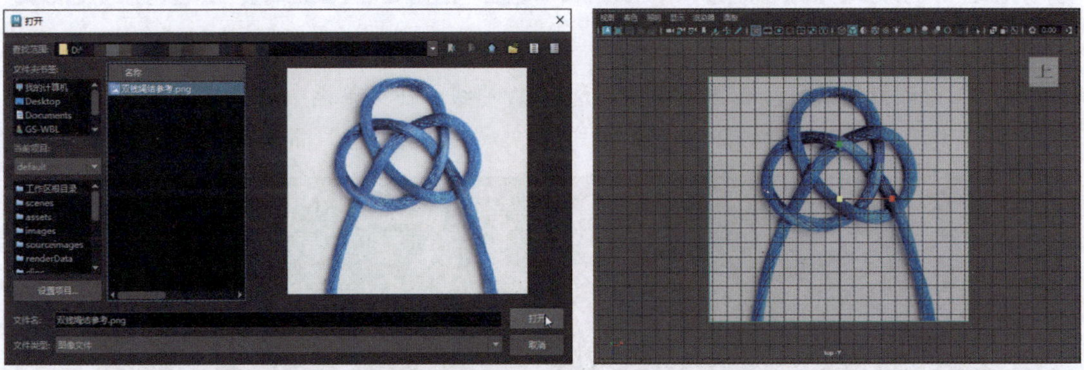

图 5-81 插入绳结参考图

**步骤02** 使用CV曲线工具，将曲线次数设为“3立方”，沿着参考图中的绳结走向绘制CV曲线，按回车键结束绘制，如图5-82所示。

**步骤03** 切换到透视图，适当将CV曲线向上移动，方便调整，如图5-83所示。

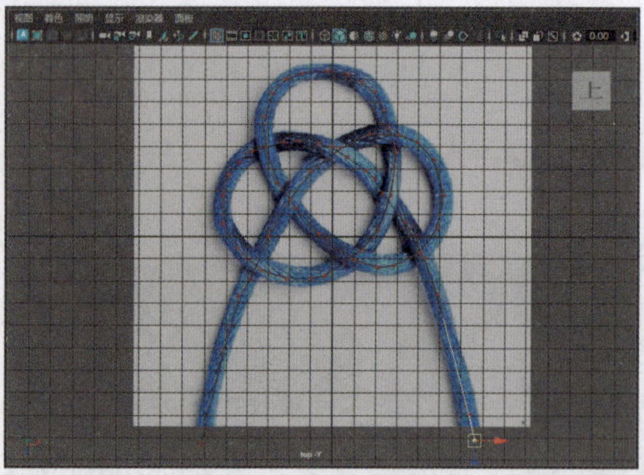

图 5-82　绘制 CV 曲线

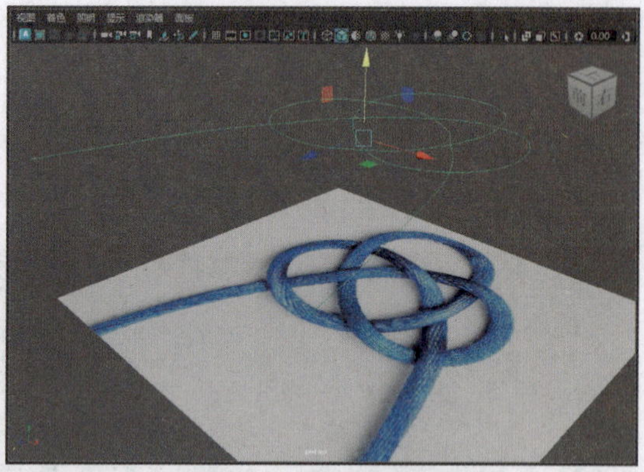

图 5-83　移动 CV 曲线

**步骤 04** 选中CV曲线，右键调出热盒控件，选择“编辑点”选项，进入该模式，如图5-84所示。

**步骤 05** 根据参考图中绳子的结构，选择相应的编辑点向上或向下移动，调整其结构，如图5-85所示。

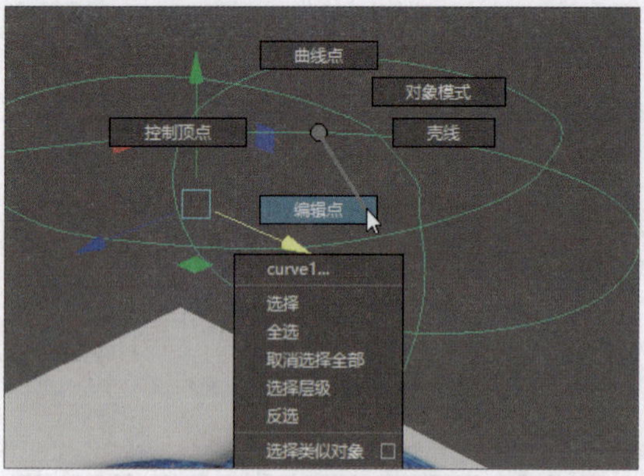


图 5-84　进入编辑点模式

图 5-85　调整曲线结构

**步骤 06** 退出编辑点模式，并删除参考图。选中CV曲线，在菜单栏中选择“创建”→“扫描网格”选项，此时CV曲线以转换成网格模型，并打开“属性编辑器”面板，如图5-86所示。

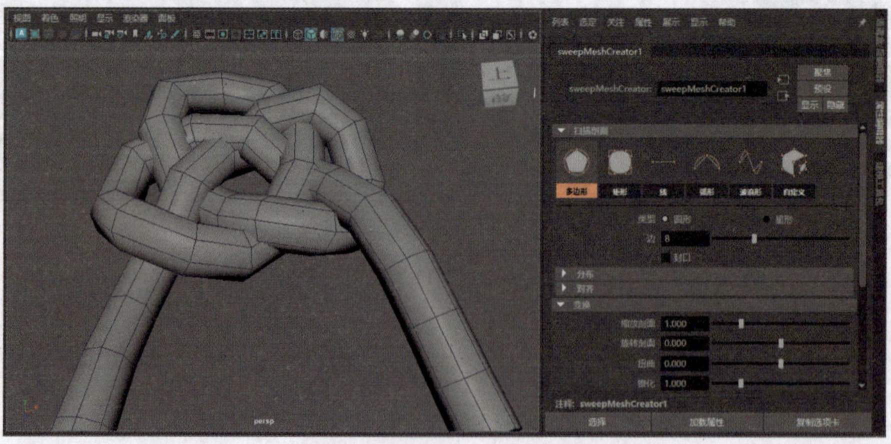

图 5-86　CV 曲线转换网格模型

步骤07 在“属性编辑器”面板中，在“扫描剖面”选项区域勾选“封口”复选框。在“变换”选项区域中将缩放剖面设为0.750，其他参数保持默认，如图5-87所示。

步骤08 将“插值”选项区域中的精度设为90，并勾选“优化”复选框，如图5-88所示。

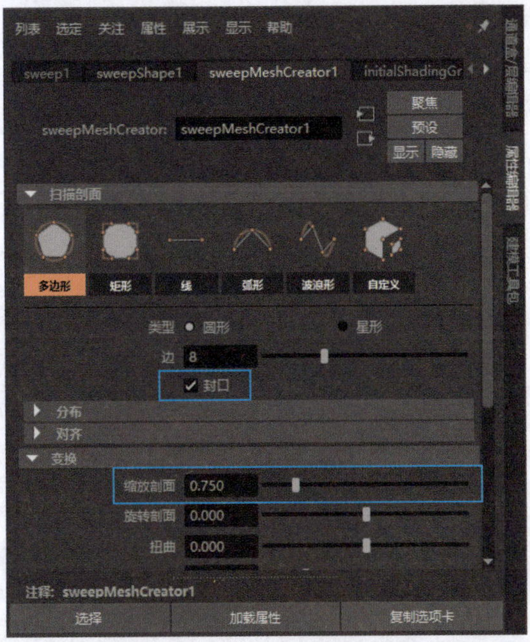


图 5-87　设置封口和缩放剖面

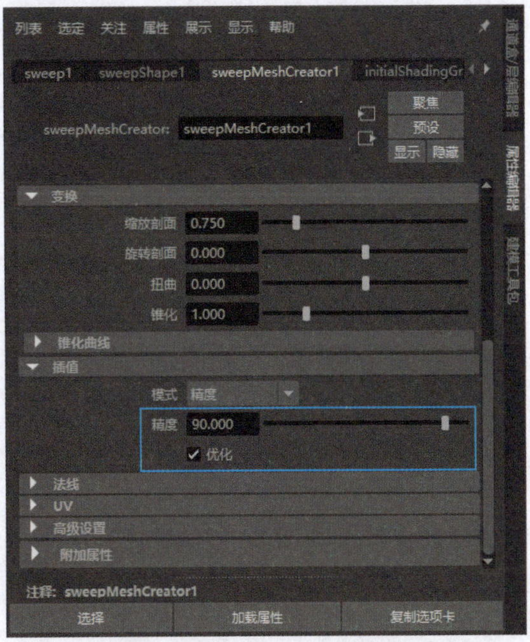


图 5-88　设置精度和优化参数

步骤09 设置完成后，透视图中的绳结模型就已发生了相应的变化，如图5-89所示。至此，单股双钱绳结模型绘制完成。

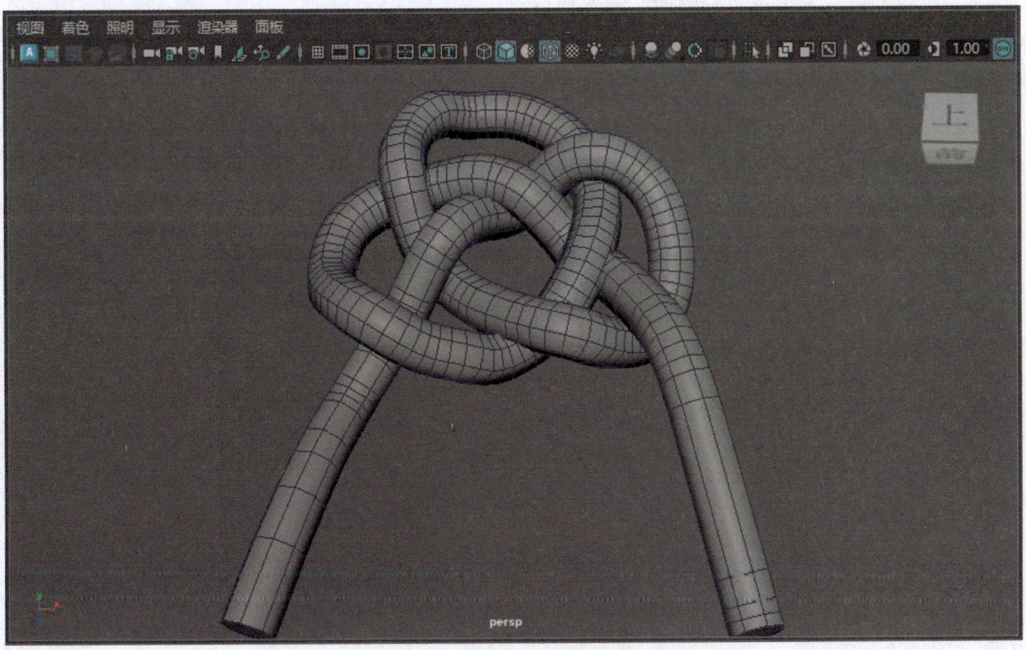


图 5-89　单股双钱绳结效果

# 课后作业

## 一、填空题

1. NURBS对象包含__________和__________两种类型。

2. NURBS曲线主要由_________、_________、_________和_________等元素构成。

3. 利用CV曲线工具绘制直线，需将曲线次数设为_________模式。

4. 将两条断开的曲线合并为一条曲线，需使用_________工具。

## 二、选择题

1. NURBS建模多用于（　　）方面。

A. 生物建模　　B. 建筑

C. 工业产品模型　　D. 其他

2. 要调整曲线上的编辑点数量，可使用（　　）命令。

A. 重建曲线　　B. 添加点

C. 曲线编辑工具　　D. 复制曲面曲线

3. 不属于创建曲线的工具是（　　）。

A. CV曲线工具　　B. EP曲线工具

C. 铅笔曲线工具　　D. 附加曲线

4. 要将多条不同平面的曲线横截面生成一个曲面模型，需使用（　　）工具。

A. 偏移曲线　　B. 旋转曲线

C. 放样曲线　　D. 曲线编辑

5. 可在原曲线上继续绘制曲线的命令是（　　）。

A. 附加曲线　　B. 添加点

C. 重建曲线　　D. 打开/闭合曲线

## 三、操作题

利用CV曲线工具和旋转曲线工具创建花瓶曲面模型，如图5-90所示。

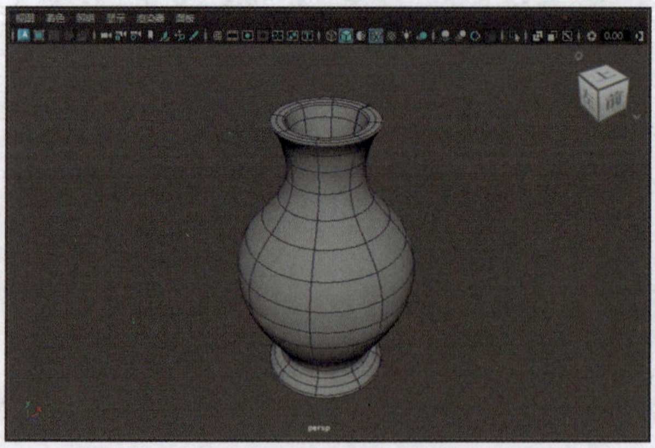

图 5-90　创建花瓶曲面模型

# 第6章

# NURBS曲面建模

## 内容概要

一般来说，曲面建模是从创建曲线开始，先通过创建点形成曲线，再生成曲面，所以曲线和曲面这两种功能是不可分割的。上一章介绍了NURBS曲线的创建与编辑操作，本章将接续上一章的内容，介绍NURBS曲面编辑工具的使用方法。

## 素质要点

- 建模技巧：掌握NURBS曲面建模技术，能够创建复杂的曲面模型，包括角色、场景、道具等。
- 团队协作：通过小组项目，让学生具备在团队中分担任务、共享资源、共同解决问题的能力。

## 数字资源

【本章素材】："素材文件\第6章"目录下

【本章课堂演练最终文件】："素材文件\第6章\课堂演练"目录下

## 6.1 曲面编辑模式

与编辑曲线相似，若想调整曲面形状或结构，也可在热盒控件中进行操作。选中曲面，右键打开热盒控件，选择所需元素选项，即可进入该编辑模式，如图6-1所示。

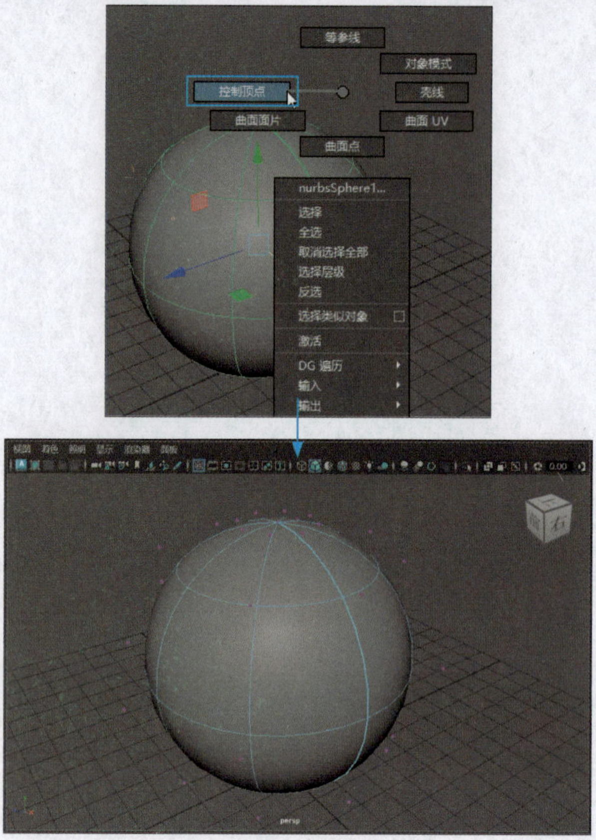


图 6-1　进入控制顶点编辑模式

选中并拖动所需的控制顶点，即可改变曲面的形状，如图6-2所示。

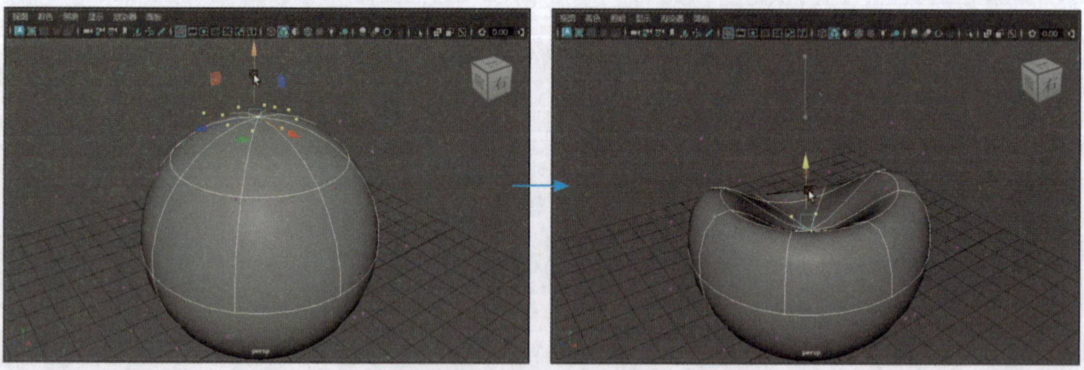

图 6-2　调整曲面形状

编辑完成后，右键打开热盒控件，选择“对象模式”选项，即可退出编辑操作，如图6-3所示。

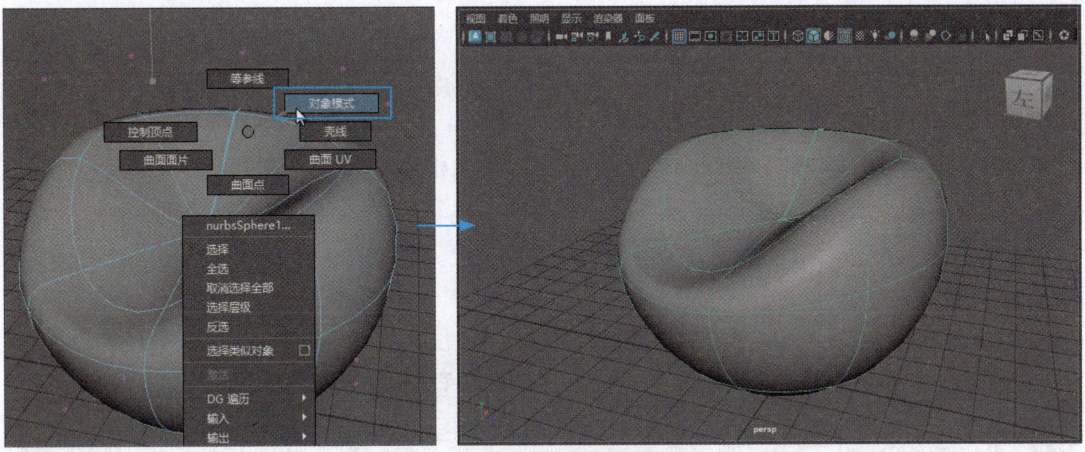


图 6-3　退出编辑模式

使用以上方法可进入其他编辑模式进行操作，在此不再赘述。

## 6.2　编辑曲面对象

NURBS曲面编辑工具与NURBS曲线编辑工具很相似，其区别在于两者的应用对象不同。可在曲面工具架上选择相关工具，如图6-4所示，也可在菜单栏中通过“曲面”菜单列表进行选择。下面对部分常用编辑工具进行介绍。

图 6-4　曲面工具架

### ■6.2.1　复制NURBS面片

复制NURBS面片工具是指将曲面模型中的某一个曲面进行复制，使其成为单独的一个面片。右键打开热盒控件，进入曲面面片编辑模式，选择对应面片点后，在菜单栏中选择“曲面”→“复制NURBS面片”选项，即可复制该面片，如图6-5所示。

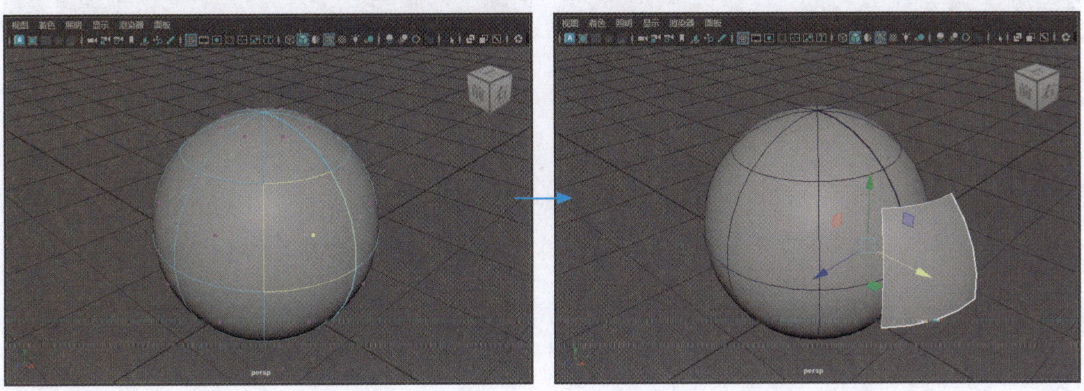


图 6-5　复制曲面面片

## ■6.2.2 插入等参线

在创建曲面模型时，插入等参线工具是经常要用到的。使用该工具可以在不改变曲面形状的情况下插入等参线，以方便调整曲面结构。

选中曲面模型，右键打开热盒控件，进入等参线编辑模式，指定所需插入位置最近的一条等参线，按住鼠标左键并拖动，此时会显示出一条红色高亮显示的曲线，将其拖至所需位置。然后在“曲面”工具栏中单击“插入等参线”按钮，即可完成等参线的添加操作，如图6-6所示。

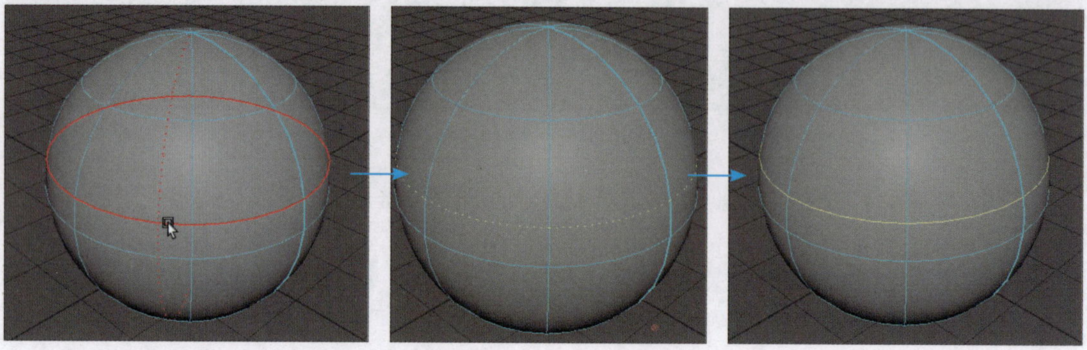

图 6-6 插入等参线

## ■6.2.3 对齐曲面

曲面对齐工具是指将两个曲面以其中一个曲面为基准进行对齐操作。选中两个曲面，在菜单栏中选择“曲面”→“对齐”选项，此时会以两者距离最近的切线来对齐，如图6-7所示。

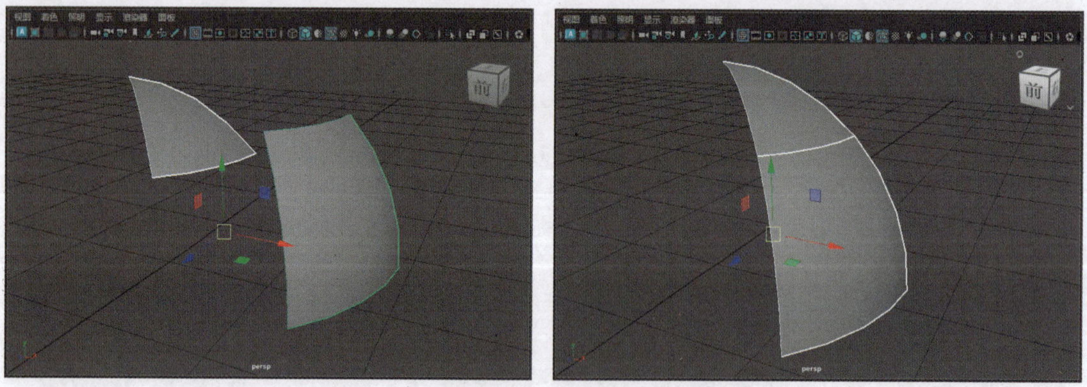


图 6-7 对齐曲面

单击“对齐”选项后的设置按钮，打开“对齐曲面选项”对话框，在其中可以设置对齐方式和对齐位置。勾选“附加”复选框，对齐后的两个曲面将进行合并，如图6-8所示。

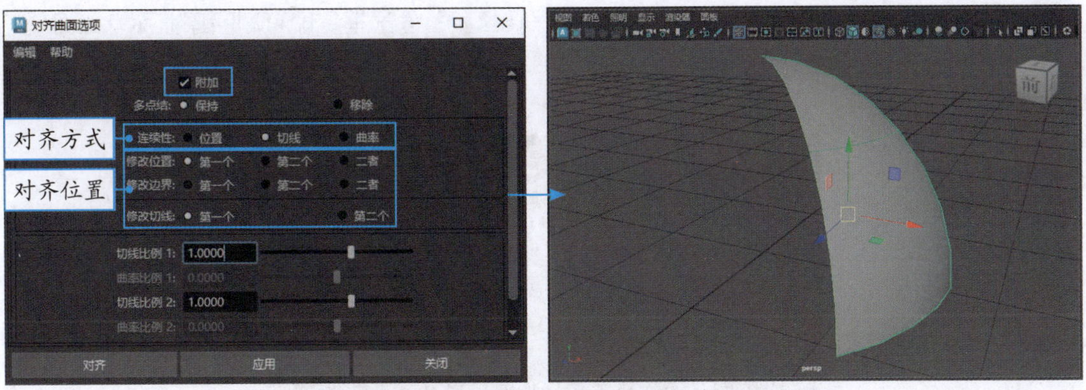


图 6-8　附加对齐曲面

## ■6.2.4　附加曲面和分离曲面

附加曲面是指将两个曲面合并成一个新的曲面。选中要合并的两个曲面，在曲面工具架上单击“附加曲面”按钮，或在菜单栏中选择“曲面”→“附加”选项，均可完成曲面的合并操作，如图6-9所示。

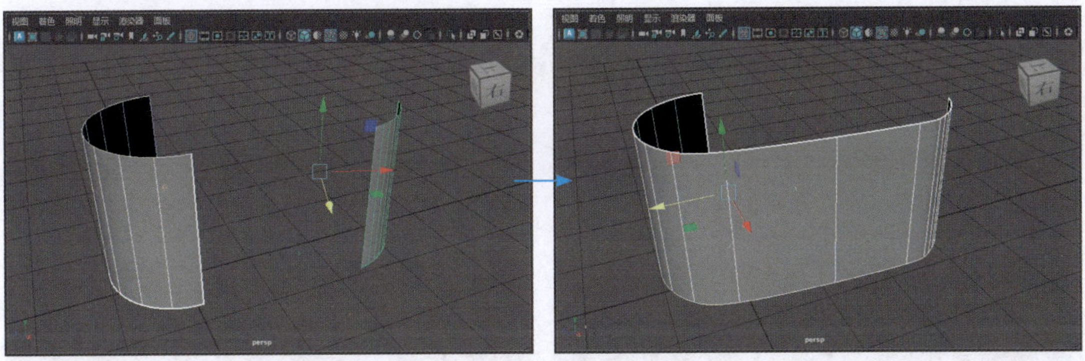

图 6-9　附加曲面

默认情况下，附加曲面后会保留原曲面。对原曲面进行变换，附加曲面也会随之变换，如图6-10所示，两者之间存在关联性。

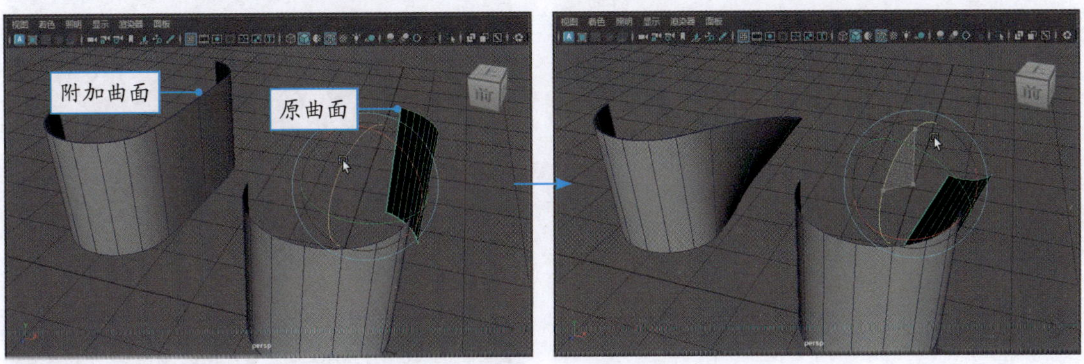


图 6-10　附加曲面与原曲面关联

在“附加曲面选项”对话框中取消勾选“保持原始”复选框，即可删除原曲面，如图6-11所示。

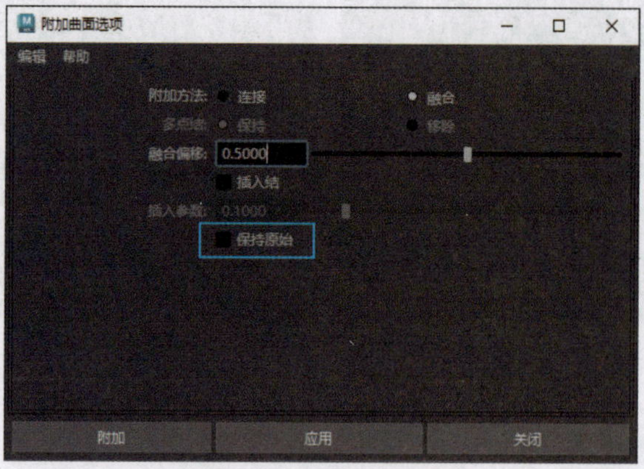


图 6-11　删除原曲面

分离曲面与附加曲面相反。分离曲面是指通过选择曲面上的等参线将曲面分离出来，形成两个独立的曲面。

选中所需曲面，右键进入等参线编辑模式。在曲面中指定要分离的等参线，然后在曲面工具架上单击“分离曲面”按钮，或在菜单栏中选择“曲面”→“分离”选项，均可在指定的等参线位置处进行分离，如图6-12所示。

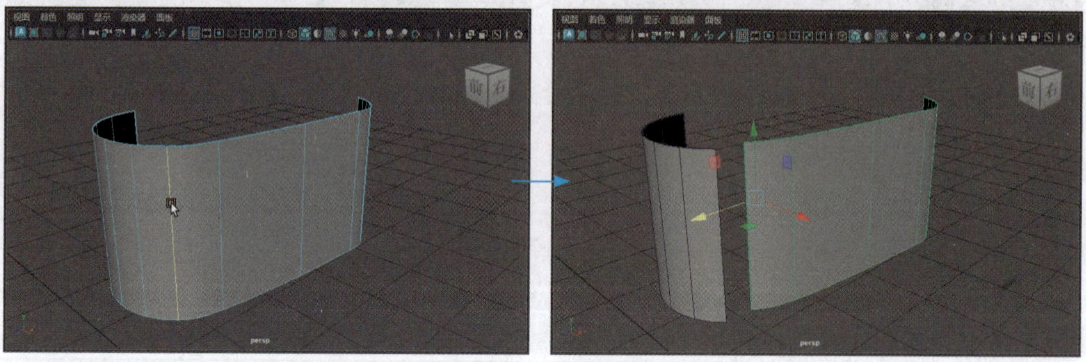

图 6-12　分离曲面

下面利用附加曲面工具创建葫芦模型。

**步骤 01** 在工具架上单击“NURBS球体”按钮，创建球体，如图6-13所示。

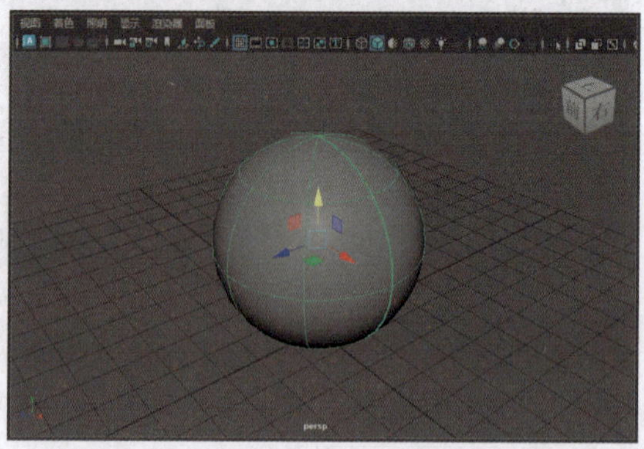

图 6-13　创建球体

步骤02 使用缩放工具对球体进行缩放，调整球体外形，如图6-14所示。

步骤03 按Ctrl+D组合键复制球体，并使用缩放工具将复制的球体进行缩放，如图6-15所示。

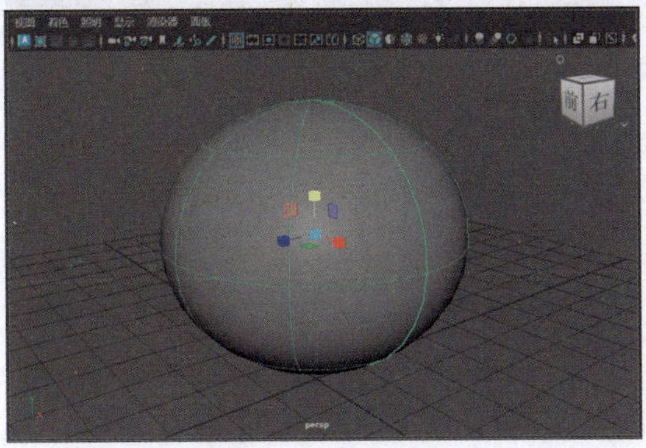

图 6-14 缩放球体

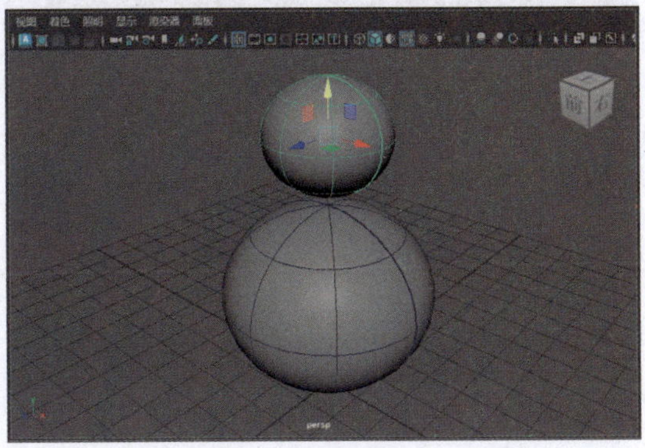

图 6-15 复制球体

步骤04 按住Shift键加选另一个球体，在工具架上单击“附加曲面”按钮，将两个球体进行连接，如图6-16所示。

步骤05 在菜单栏中选择“曲面”→“反转方向”选项，调整模型的法线方向，如图6-17所示。

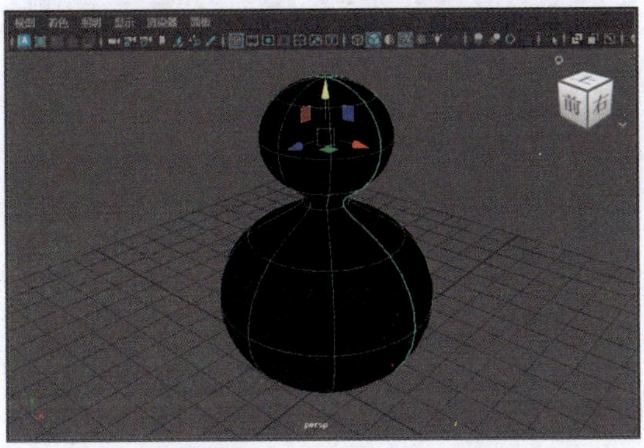

图 6-16 附加曲面

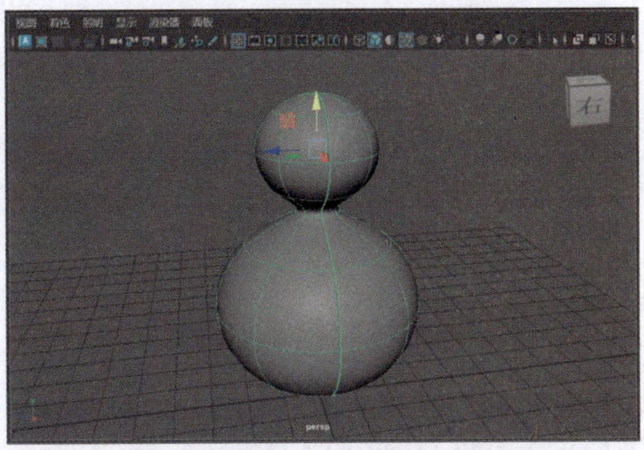

图 6-17 反转曲面方向

步骤06 在工具架上单击“NURBS圆柱体”按钮，创建圆柱体。使用缩放工具缩放圆柱体，并将其放置在葫芦上方，作为葫芦口，如图6-18所示。

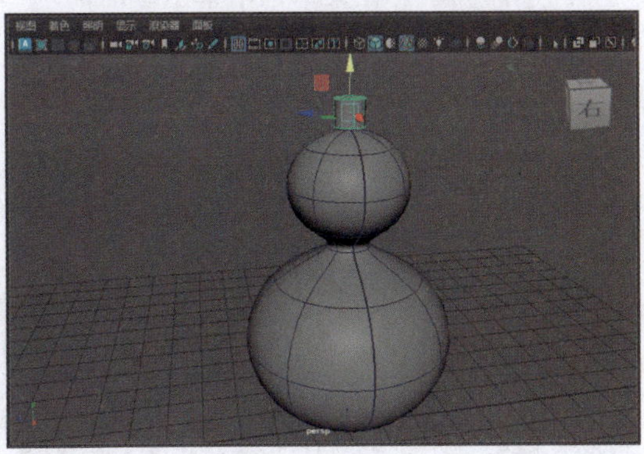

图 6-18 创建圆柱体

步骤07 按Shift键加选葫芦身模型，再次单击“附加曲面”按钮，将葫芦口连接至葫芦身中，如图6-19所示。

**步骤08** 右击葫芦模型，进入等参线编辑模式，选择葫芦口边线，如图6-20所示。

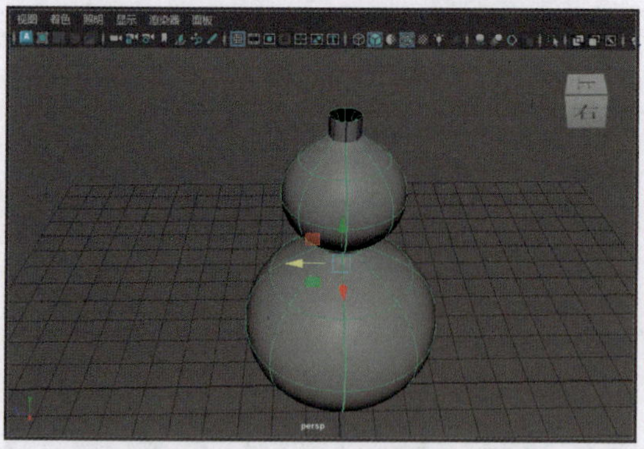

图 6-19 附加圆柱体

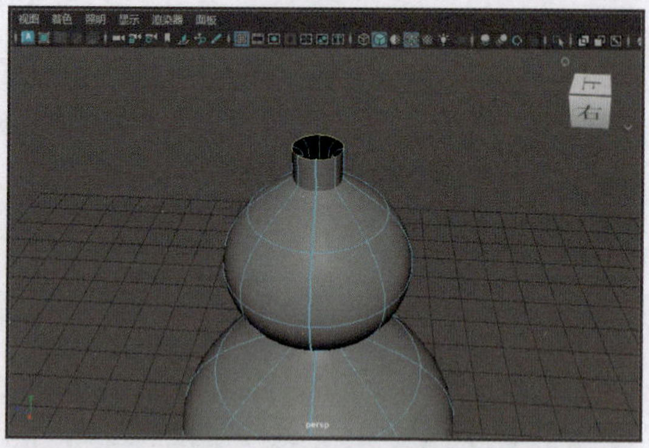

图 6-20 进入等参线编辑模式

**步骤09** 在工具架上单击“平面”按钮，将葫芦封口，如图6-21所示。至此，葫芦模型绘制完成。

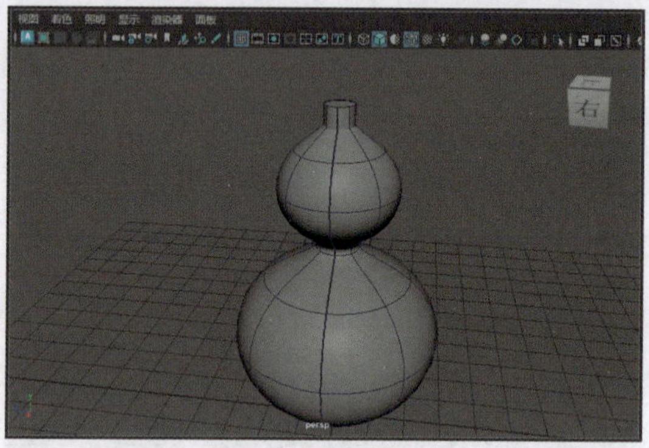

图 6-21 葫芦模型效果

## ■6.2.5 打开/关闭曲面

使用打开/关闭曲面工具可将曲面在U或V向进行打开或闭合操作。使用该工具后，原本开放的曲面会闭合，而原本闭合的曲面会打开。

选中曲面后，在菜单栏中单击“曲面”→“打开/关闭”选项后的设置按钮，打开“开放/闭合曲面”对话框，选择曲面方向，如图6-22所示。单击“应用”按钮，此时曲面模型就会发生相应的变化，如图6-23所示。

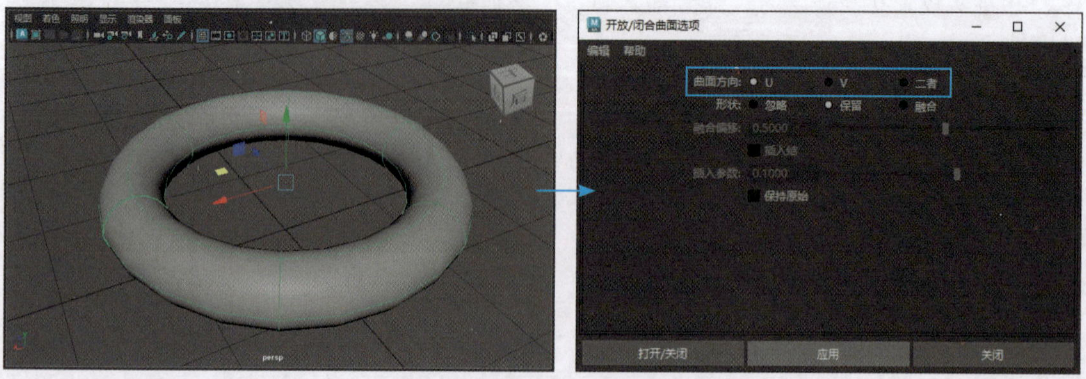


图 6-22 设置曲面开放方向

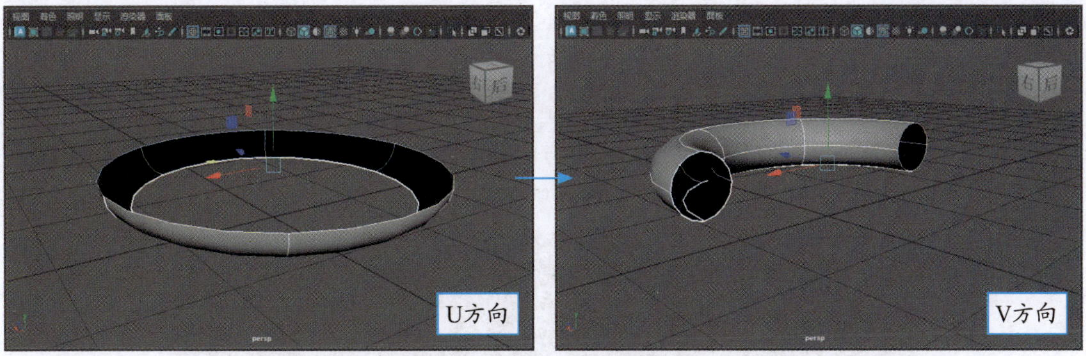


图 6-23 两种不同的曲面方向

要想闭合曲面，同样可使用打开/关闭曲面工具，并选择曲面闭合的方向即可，如图6-24所示。

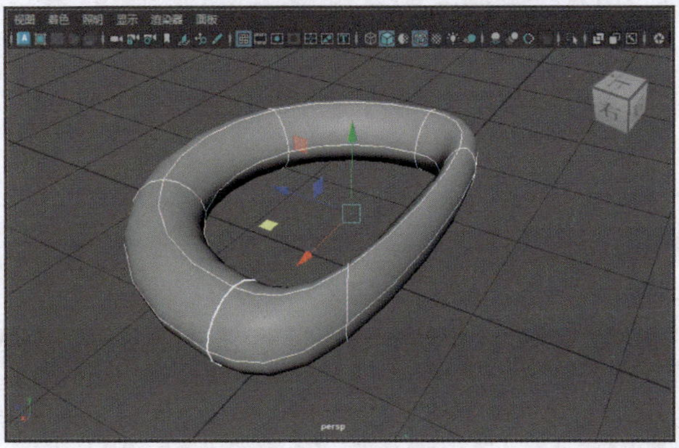

图 6-24 V 方向闭合曲面

## ■6.2.6 在曲面上投影曲线

使用在曲面上投影曲线工具可将绘制的曲线按照指定的形式投影到曲面上，形成曲面曲线。选中曲面模型和要投影的曲线，在曲面工具架上单击“在曲面上投影曲线”按钮，或在菜单栏中选择“曲面”→“在曲面上投影曲线”选项，均可将曲线投影至曲面模型中，如图6-25所示。

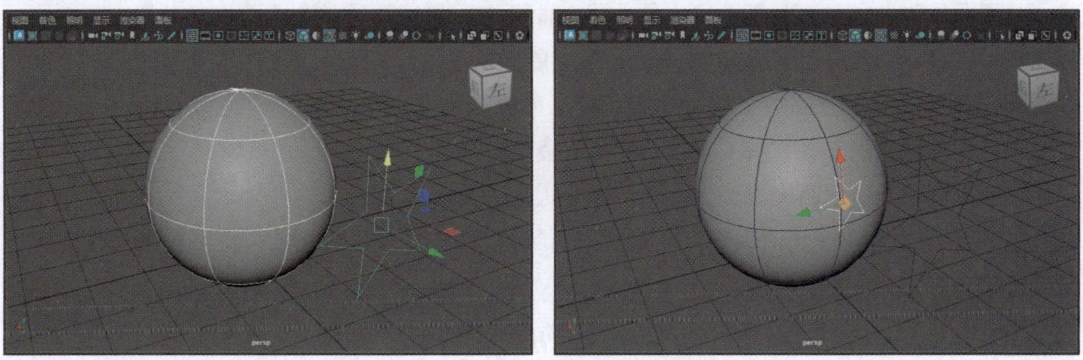

图 6-25 在曲面上投影曲线

单击“在曲面上投影曲线”选项后的设置按钮，打开“在曲面上投影曲线选项”对话框，在其中可以对投影的两种形式进行选择，如图6-26所示。

- **活动视图：**用垂直于当前激活视图方向作为投影方向。
- **曲面法线：**用垂直于曲面方向作为投影方向。

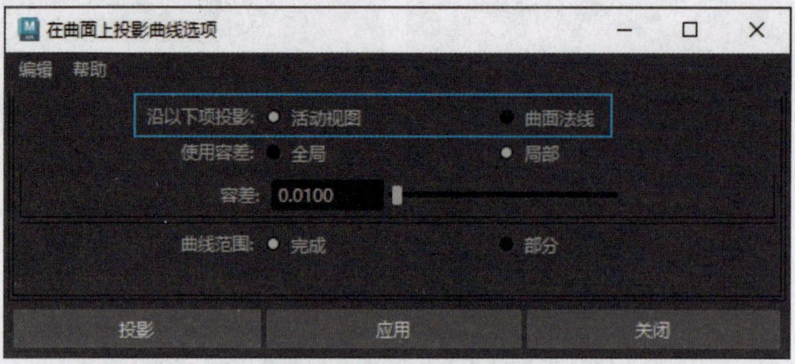


图 6-26　选择投影形式

## 6.2.7　相交与修剪曲面

曲面相交工具用于在两个相交的曲面交界处生成一条相交的曲线，这条曲线可以用于后续的剪切、分割、圆角等操作。选中相交曲面模型，可在曲面工具架上单击“曲面相交”按钮，或在菜单栏中选择“曲面”→“相交”选项，如图6-27所示。

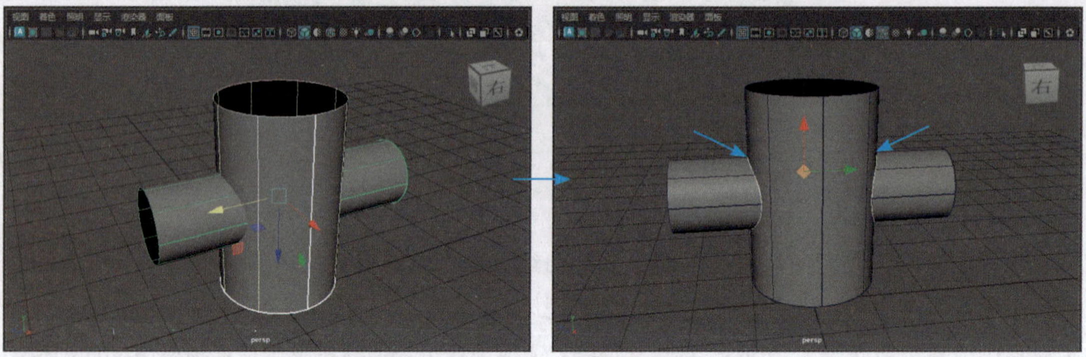

图 6-27　相交曲面

使用曲线修剪工具可根据曲面上的曲线对曲面进行修剪，通常与曲面相交工具或在曲面上投影曲线工具结合使用。在实际操作中先选择所需曲线（如相交曲线），然后选择曲面对象，在曲面工具架上单击“修剪工具”按钮，或在菜单栏中选择“曲面”→“修剪工具”选项，接着选择需要保留的部分，按回车键，即可完成修剪操作。

下面以创建镂空星星图案为例，介绍修剪工具的具体用法。

**步骤 01** 新建文件，切换到顶视图。创建圆形曲线，将圆形的半径设为2，将次数设为线性，将分段数设为10，如图6-28所示。

**步骤 02** 选中曲线，右键进入编辑点模式。选择所需编辑点，使用缩放工具将其向内缩放，绘制星星形状，如图6-29所示。

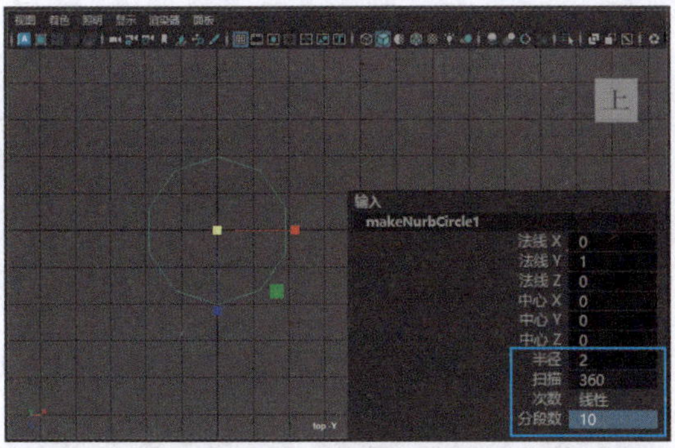


图 6-28 创建圆形曲线

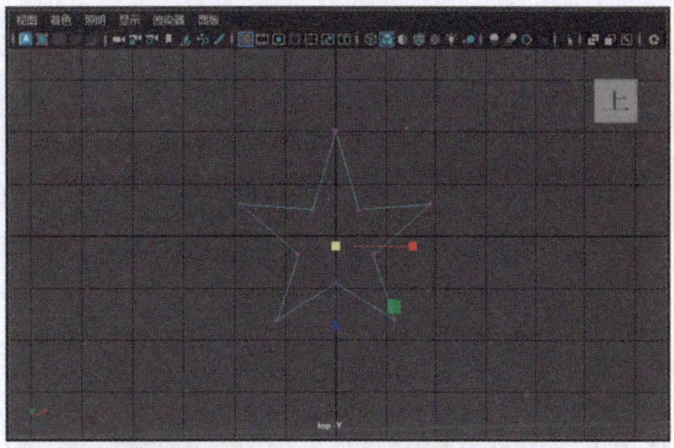


图 6-29 绘制星星形状

**步骤03** 在曲面工具架上单击“NURBS平面”按钮，创建一个平面，并将其“U向面片数”和“V向面片数”选项均设为1，将宽度设为5。切换到透视图，调整星星与平面之间的距离，如图6-30所示。

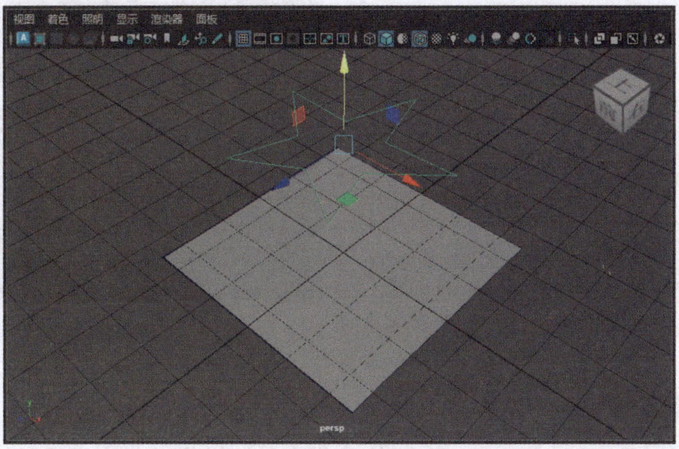


图 6-30 调整两者之间的距离

**步骤04** 选中星星并加选平面，在菜单栏中单击“曲面”→“在曲面上投影曲线”选项后的设置按钮，在打开的“在曲面上投影曲线选项”对话框中将“沿以下项投影”设为曲面法线，单击“应用”按钮，如图6-31所示。

图 6-31 设置投影方式

**步骤05** 星星图形会垂直投影至平面中，效果如图6-32所示。

步骤06 先选中星星图形，然后加选平面。在曲面工具架上单击“修剪工具”按钮，选择保留的平面，如图6-33所示。

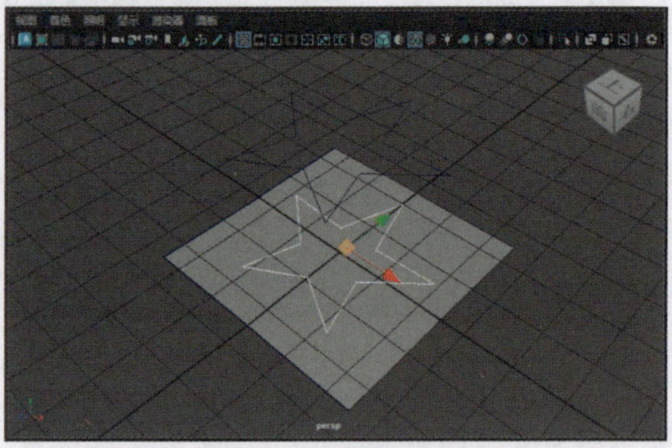

图 6-32　投影星星图形

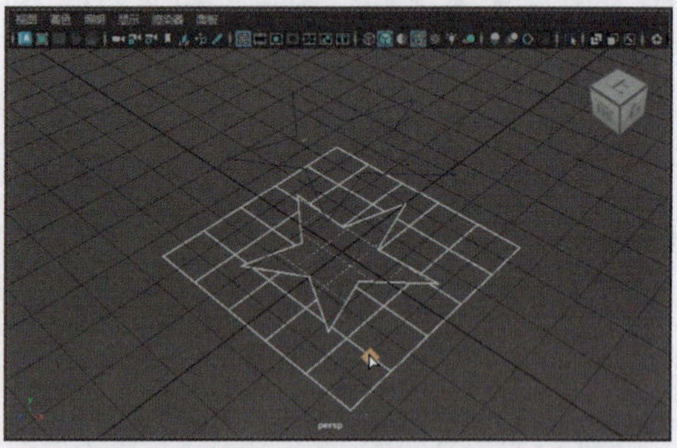

图 6-33　选择要保留的平面

步骤07 按回车键，完成修剪，删除多余的星星曲线。至此，镂空星星图案创建完毕，效果如图6-34所示。

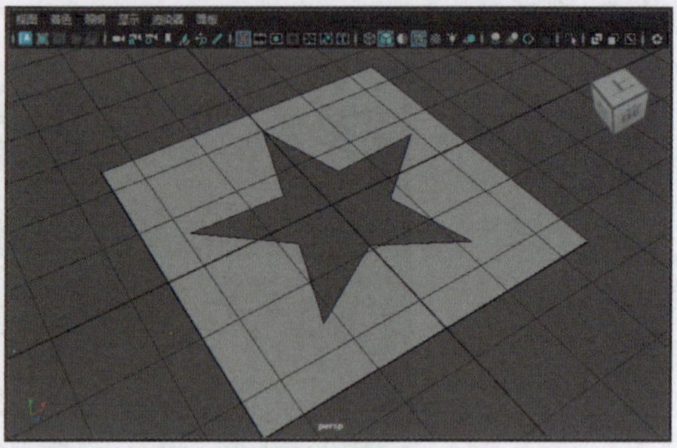

图 6-34　镂空星星图案

## ■6.2.8　圆化曲面

使用圆化曲面工具可圆化NURBS曲面的公共边，在操作过程中可通过控制手柄调整圆化的半径。在选择公共边时需注意，不要选择其他无关的边线。用户可切换至线框模式，以便观察。在菜单栏中选择“曲面”→“圆化工具”选项，选择曲面要圆化的公共边，此时会显示一个圆化控制手柄。拖动手柄可控制圆化半径。调整后按回车键，即可完成圆化边操作，如图6-35所示。

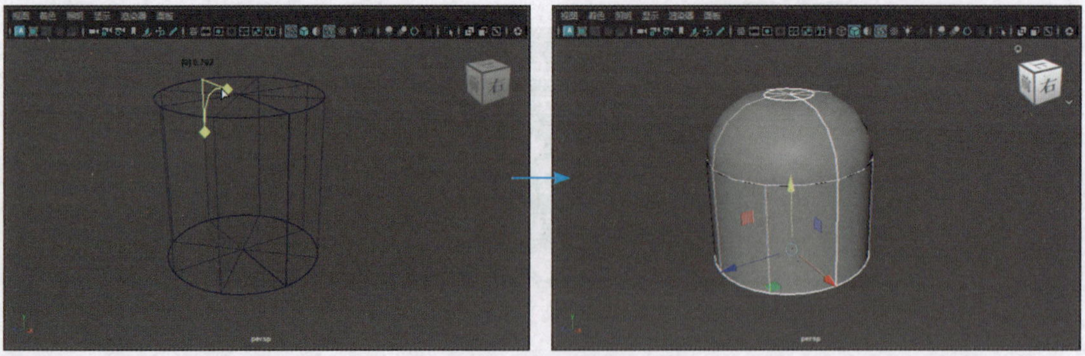

图 6-35　圆化曲面

圆化完成后，可在“通道盒/层编辑器”面板中对圆化半径进行修改，如图6-36所示。

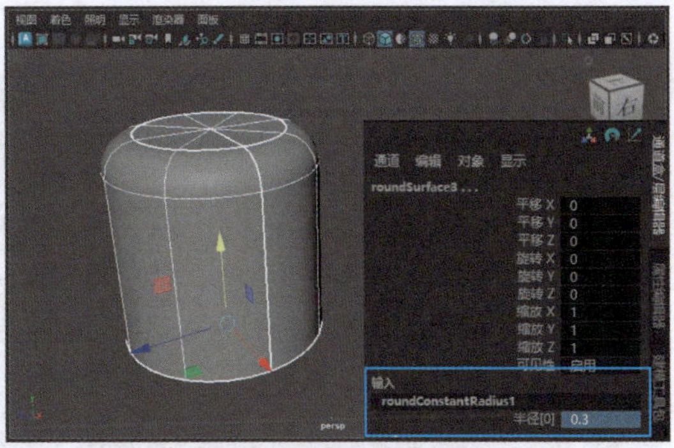


图 6-36　精确修改圆化半径值

❗ **提示**：默认创建的NURBS圆柱体是没有顶面和底面的。如需创建带顶面或底面的NURBS圆柱体，可在菜单栏中单击“创建”→“NURBS基本体”→“圆柱体”选项后的设置按钮，在“NURBS圆柱体选项”对话框中设置“封口”选项即可，如图6-37所示。

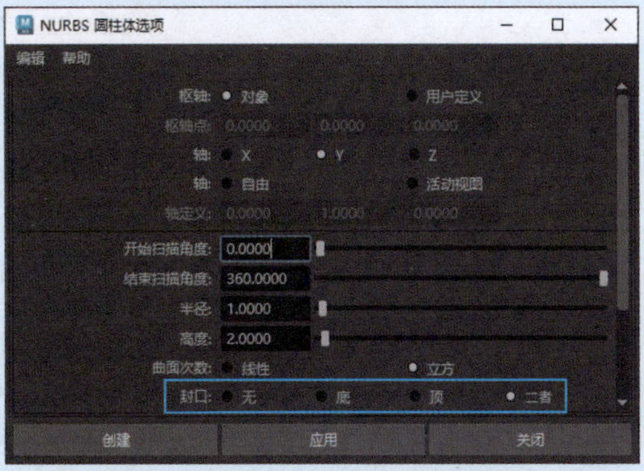


图 6-37　创建带顶面和底面 NURBS 圆柱体

## 6.2.9　雕刻几何体

使用雕刻几何体工具可对曲面上的CV控制点或顶点进行推、拉等操作，以达到变形的效果。在曲面工具架上单击“雕刻几何体”按钮，或在菜单栏中选择“曲面”→“雕刻几何体”选项，在曲面模型中拖动光标，均可刻画曲面，如图6-38所示。

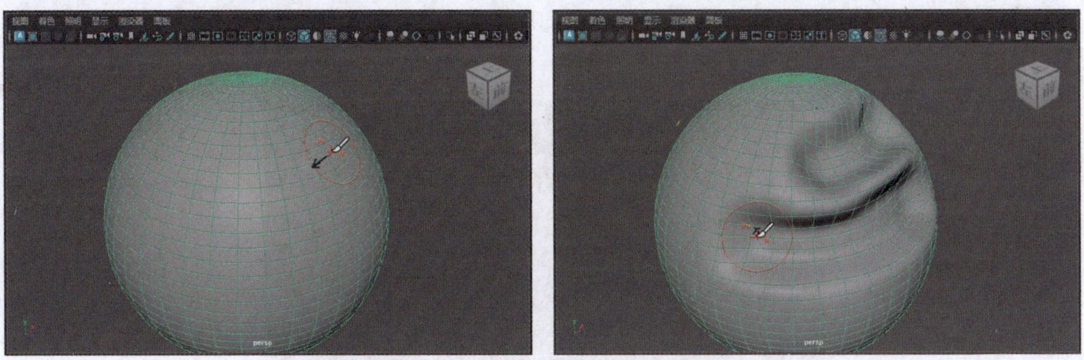

图 6-38　雕刻曲面

该工具默认为“推动”操作模式（向内凹），用户可以对其雕刻模式进行修改。单击“雕刻几何工具”选项后的设置按钮，打开“工具设置”对话框。在“雕刻参数”选项组中“操作”选项组中进行选择，图6-39所示为“拉动”模式（向外凸）效果。

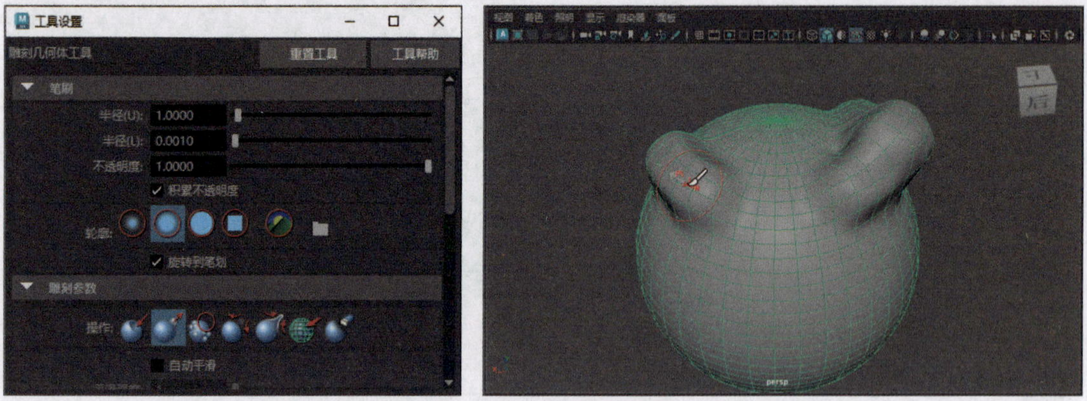


图 6-39 “拉动”操作模式

下面对这7种操作模式进行简单说明。

- **推动**：用于创建凹陷或减少曲面的厚度。
- **拉动**：用于创建凸起或增加曲面的厚度。
- **平滑**：平均分布笔刷半径中所有顶点的位置，使曲面变得更加光滑。用于去除雕刻过程中产生的凹凸不平，使曲面更加平滑自然。
- **松弛**：通过平均分布最大曲面异常来保持整体形状。它与平滑操作不同，松弛操作更注重保持曲面的整体形状，而不是简单地去除凹凸不平。
- **收缩**：用于强化曲面折痕或边缘效果，使其更加明显。
- **滑动**：沿着曲面的现有形状滑动顶点，保持曲面的整体连续性，调整局部形状。
- **擦除**：删除或撤销之前的雕刻笔划，恢复曲面的原始状态或部分状态。

**提示**：在雕刻过程中，在按住B键的同时按住鼠标中键，并左右拖动可快速调整笔刷大小。

下面利用雕刻几何体工具创建连绵山脉曲面模型。

**步骤 01** 新建文件。创建NURBS平面，并将“U向面片数”和“V向面片数”选项均为50，如图6-40所示。

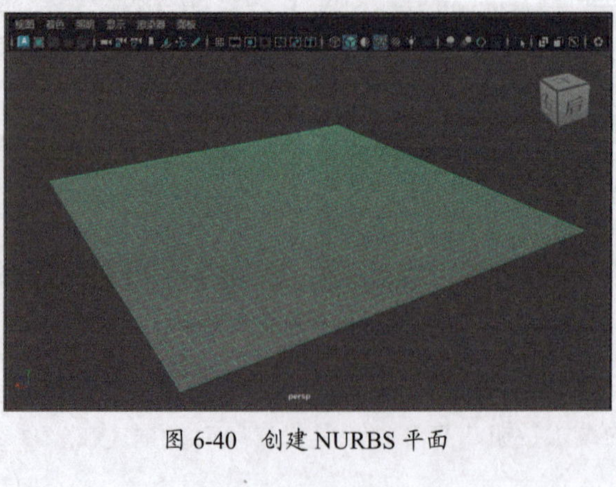


图 6-40 创建 NURBS 平面

步骤02 使用雕刻几何体工具，将其操作模式设为“拉动”，将笔刷“半径（U）”设为0.5，如图6-41所示。

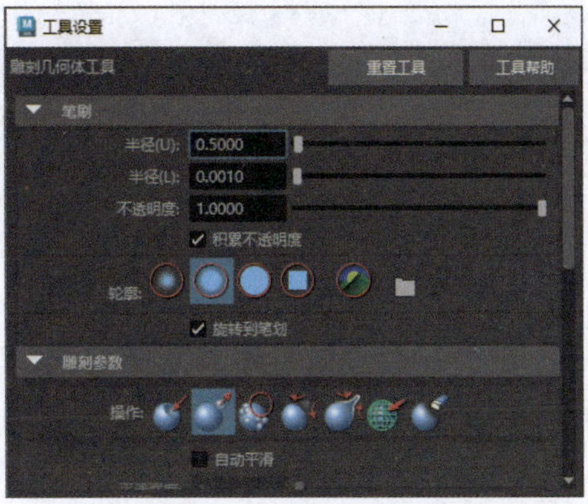


图 6-41　设置工具参数

步骤03 在平面上单击并拖动笔刷绘制山脉形状，如图6-42所示。可重复、多次绘制，使山脉呈现出不同形状。

步骤04 将操作模式设为“平滑”，对山脉做平滑处理，调整山脉整体形态即可，如图6-43所示。

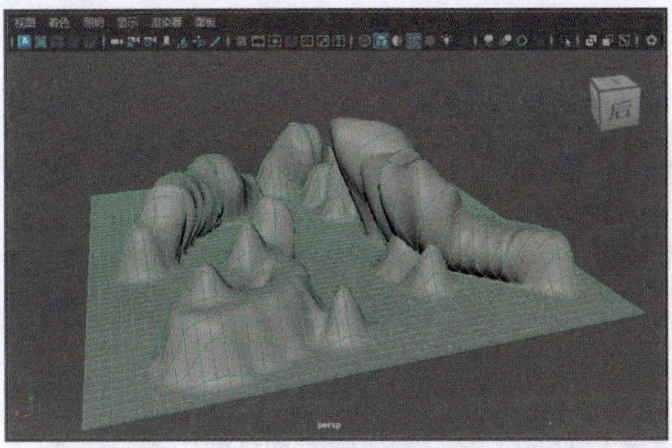

图 6-42　绘制山脉形状

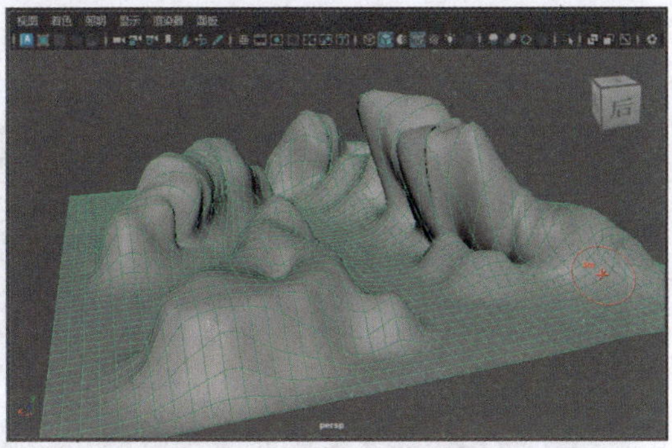

图 6-43　调整山脉形态

## ■6.2.10　反转曲面方向

使用反转曲面方向工具可改变曲面的UV方向，以达到改变曲线法线方向的目的。在创建曲面时，经常遇到创建的曲面呈黑色显示，这说明曲面的法线方向反转了，此时可使用该工具反转曲面法线。选中曲面，在菜单栏中选择“曲面”→“反转方向”选项即可，如图6-44所示。

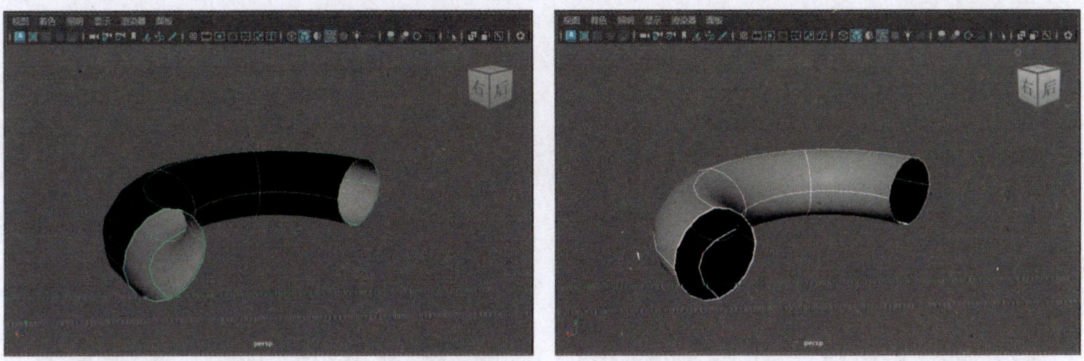

图 6-44　反转曲面方向

# 6.3 曲面特殊成形

在创建一些特殊的曲面时，使用常规编辑工具可能无法满足制作需求，此时就要使用一些特殊的工具创建。本节分别对这些工具进行介绍。

## ■6.3.1 双轨成形

"双轨成形"是一种通过沿两条路径曲线扫描一系列剖面曲线创建一个曲面的建模方法，该方法生成的曲面可以与其他曲面保持连续性。

"双轨成形"包括3种方式，可在菜单栏中选择"曲面"→"双轨成形"选项，在打开的级联菜单选择所需方式即可，如图6-45所示。

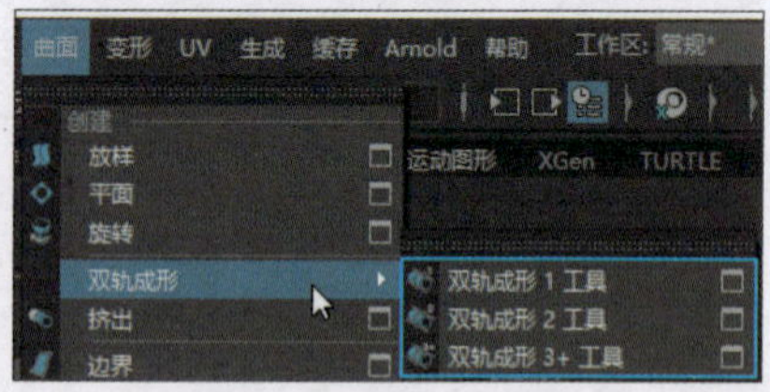

图 6-45　双轨成形的 3 种方式

### 1. 双轨成形1工具

使用"双轨成形1工具"可将一条轮廓线沿着两条路径线进行扫描，从而生成曲面。实际操作时，先选择轮廓线，然后加选两条路径曲线，在菜单栏中选择"双轨成形1工具"选项，即可创建曲面，如图6-46所示。

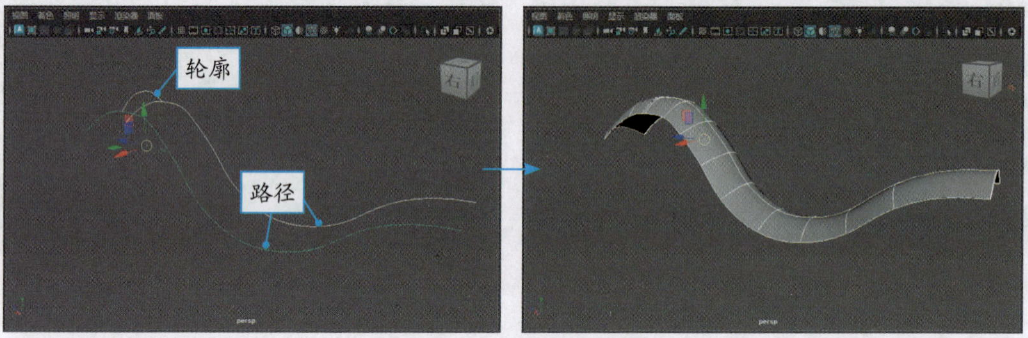

图 6-46　双轨成形 1 工具

### 2. 双轨成形2工具

使用"双轨成形2工具"可沿着两条路径线在两条轮廓线之间生成一个曲面。操作时，先选择两条轮廓线，然后加选两条路径曲线，在菜单栏中选择"双轨成形2工具"选项即可，如图6-47所示。

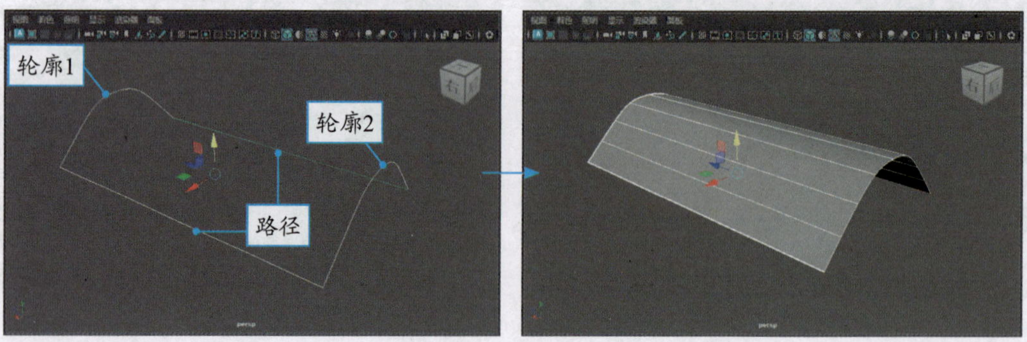

图 6-47　双轨成形 2 工具

### 3. 双轨成形3+工具

使用“双轨成形3+工具”可通过两条路径线和多条轮廓线生成曲面。操作时，先选择“双轨成形3+工具”，选择所有的轮廓线并按回车键，然后加选两条路径曲线，即可生成曲面，如图6-48所示。

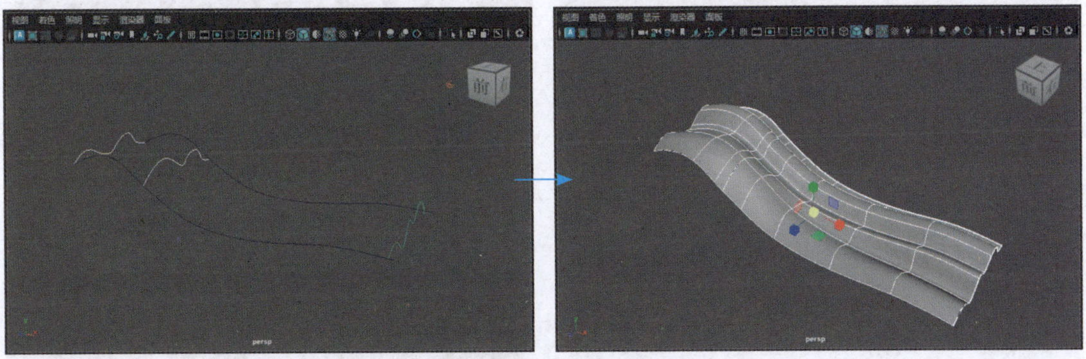

图 6-48　双轨成形 3+ 工具

## ■6.3.2　边界

使用边界工具可用一组边界曲线创建三维曲面。这些曲线可以是开放的，也可以是闭合的，它们定义了曲面的边缘。该工具类似于平面工具，但与平面工具不同的是，边界工具不需要所有边线都保持在同一水平面。

选中所有边线，在菜单栏中选择“曲面”→“边界”选项，即可生成三维曲面模型，如图6-49所示。

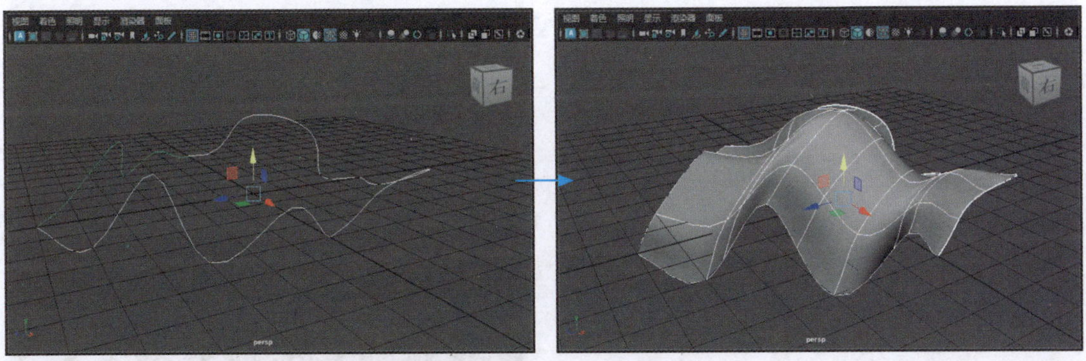

图 6-49　使用边界工具生成曲面

## ■6.3.3　倒角

使用曲面倒角工具可将现有曲线创建为倒角曲面。选中所需曲线，在菜单栏中“曲面”→“倒角”选项，即可生成一个默认的倒角面，如图6-50所示。

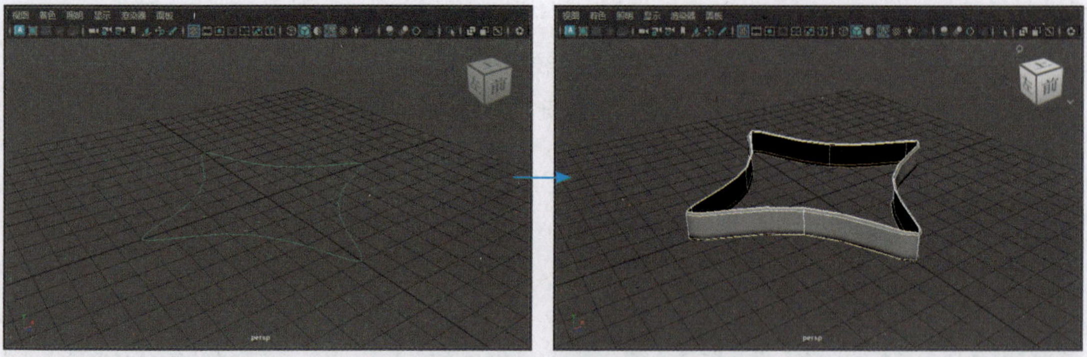

图 6-50　生成倒角曲面

单击“倒角”选项后的设置按钮，打开“倒角选项”对话框，在其中可以根据需要设置倒角类型、倒角值、挤出高度等参数，如图6-51所示。

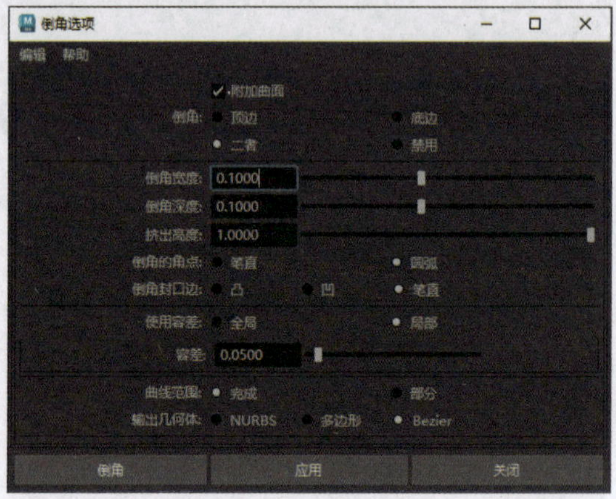


图 6-51　设置倒角参数

在“曲面”菜单列表中，用户还可选择“倒角+”工具进行曲面倒角。该工具是倒角工具的升级版，它集合了多个倒角样式，默认为“直出”样式。在“倒角+选项”对话框中可选择其他样式，如图6-52所示。

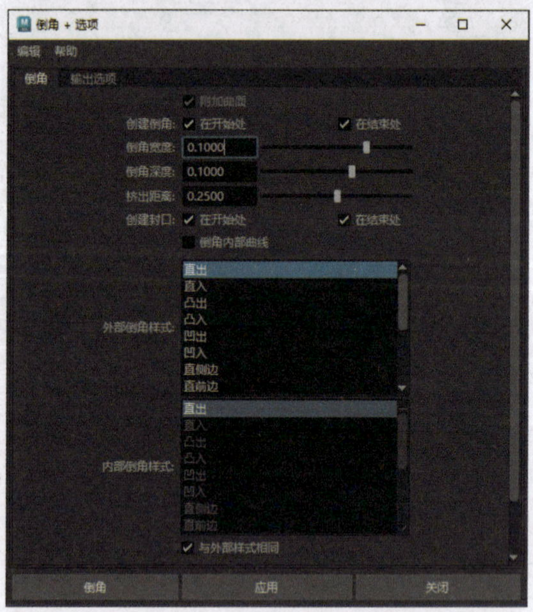


图 6-52　“倒角+选项”对话框

## 6.4 课堂演练：制作易拉罐模型

易拉罐模型有很多种创建方法，本案例利用NURBS曲线和曲面相关知识点进行创建，主要涉及的功能有插入等参线、调整曲面控制顶点、修剪曲面、在曲面上投影曲线等。

扫码观看视频

**步骤01** 新建文件，创建一个NURBS曲面圆柱体，将其半径设为2.5、分段为20、跨度数为5、高度比为4，如图6-53所示。

**步骤02** 右键进入等参线编辑模式，选中圆柱体顶部的等参线，向下拖至合适位置，如图6-54所示。

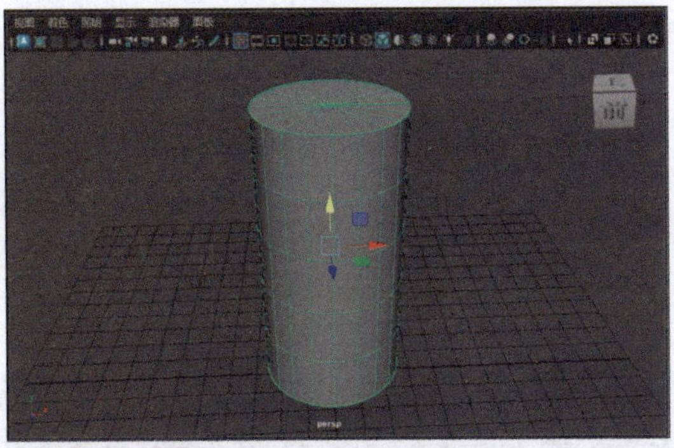

图 6-53 绘制曲面圆柱体

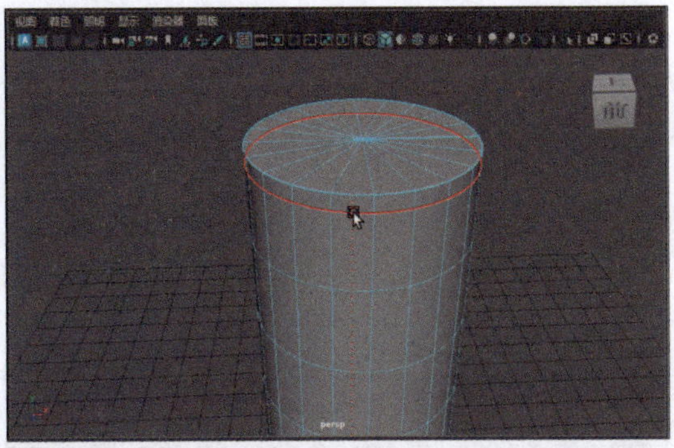

图 6-54 指定等参线位置

**步骤03** 在曲面工具架上单击“插入等参线”按钮，插入一条等参线，如图6-55所示。

**步骤04** 右键，进入曲面控制顶点编辑模式，并切换到前视图。选择圆柱体上方相应的控制顶点，利用缩放工具将其向内进行缩放，如图6-56所示。

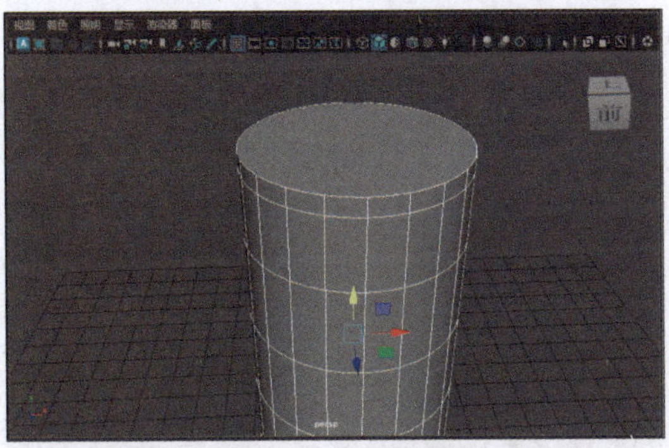

图 6-55 插入等参线

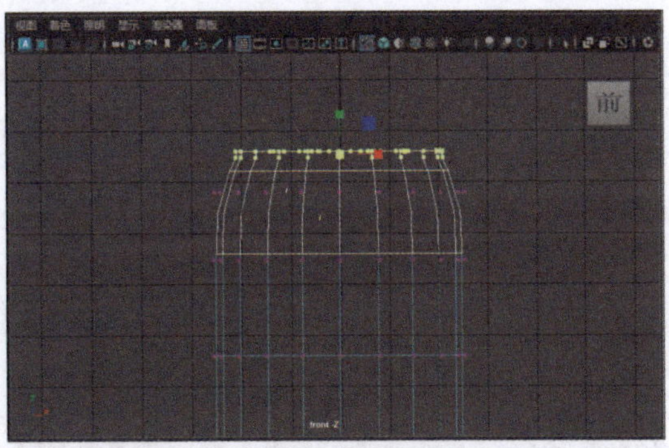

图 6-56 缩放瓶口

**步骤05** 切换到透视图。选中圆柱顶部曲面，右键进入等参线编辑模式，沿着曲面边线向内拖出一条等参线，如图6-57所示。

**步骤06** 单击“插入等参线”按钮，完成顶部等参线的添加，如图6-58所示。

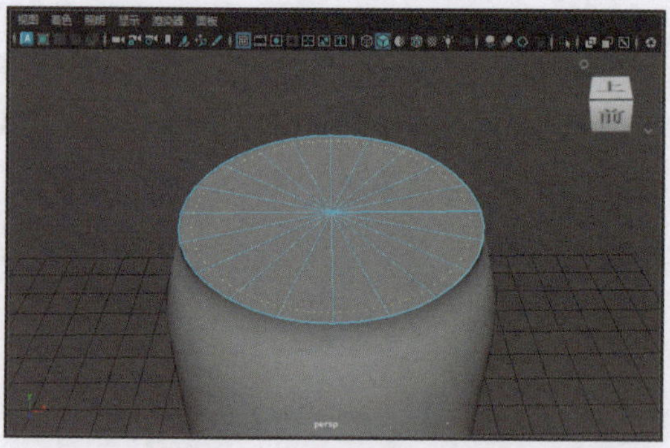
图 6-57　调整等参线位置

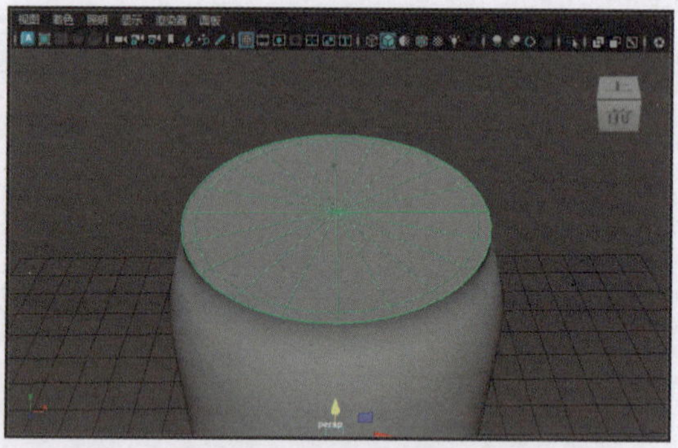
图 6-58　添加顶部等参线

**步骤 07** 右键，进入控制顶点编辑模式，全选顶部所有顶点，并按Ctrl键，取消最外圈的顶点，如图6-59所示。

**步骤 08** 切换到前视图，将选中的顶点向下移动至合适位置，如图6-60所示。

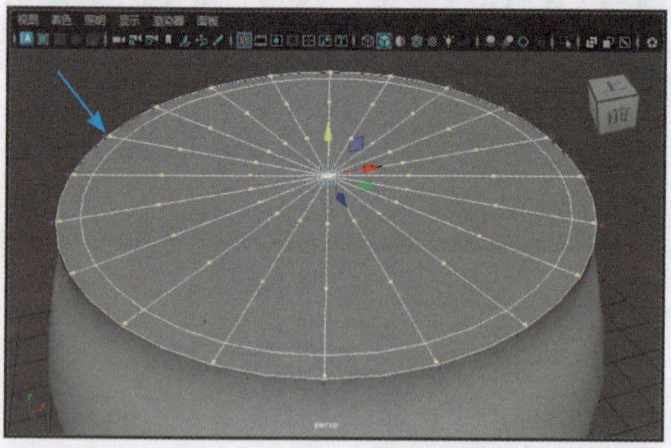
图 6-59　选择所需的控制顶点

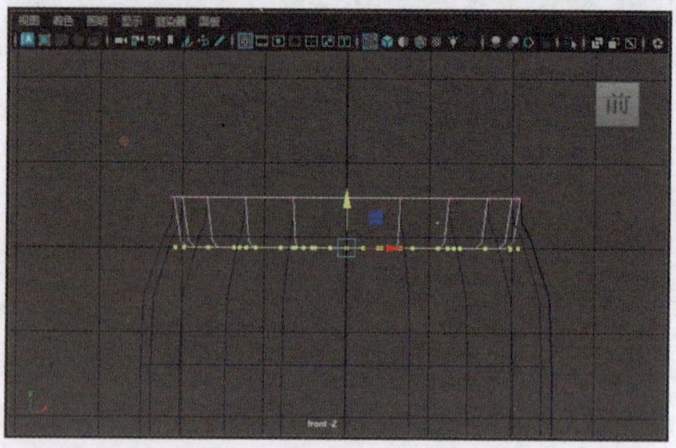
图 6-60　向下移动选中的顶点

**步骤 09** 切换到透视图。右键，进入等参线编辑模式，在该曲面中再插入一条等参线，如图6-61所示。

**步骤 10** 右键，进入控制顶点编辑模式，选中该曲面所需的顶点，如图6-62所示。

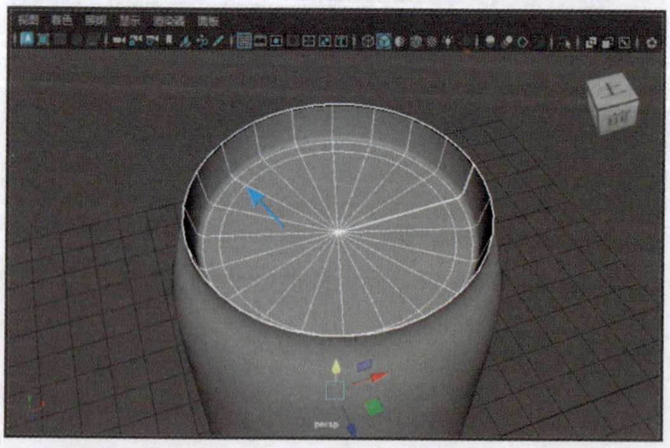
图 6-61　添加曲面等参线

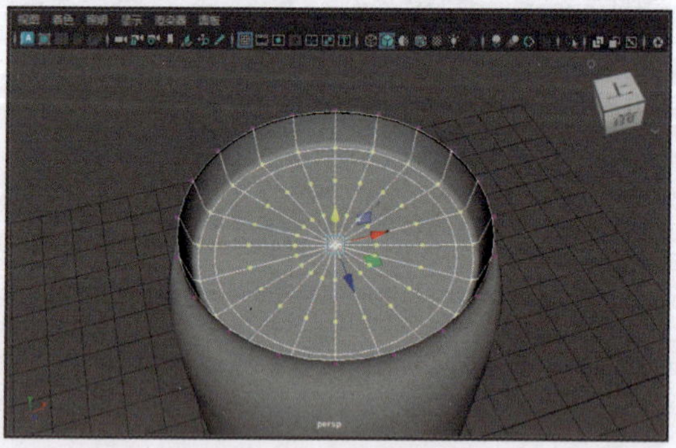
图 6-62　选中所需顶点

**步骤 11** 切换到前视图，将选中的顶点向上移至合适位置，如图6-63所示。

**步骤 12** 退出控制顶点编辑模式，进入等参线编辑模式。切换到透视图，选中顶部外围凸起的边线，向下添加一条等参线，如图6-64所示。

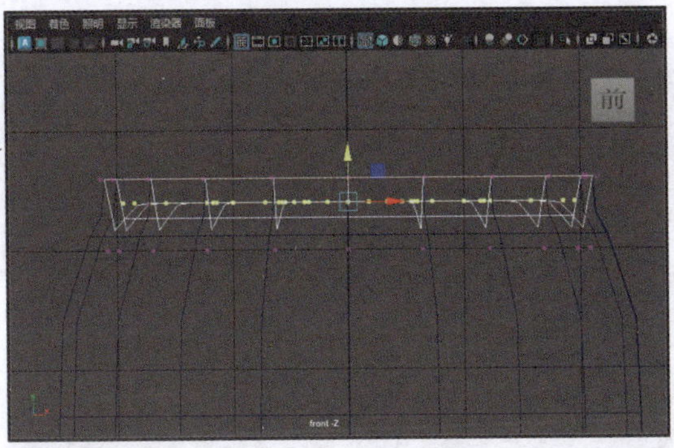

图 6-63　向上移动顶点

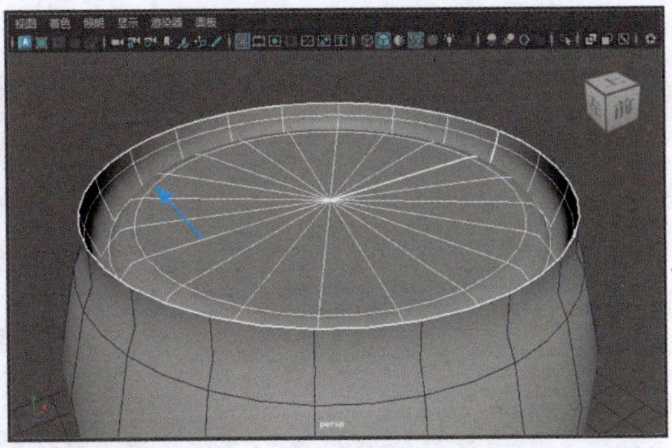

图 6-64　添加顶部外围等参线

**步骤13** 右键，进入壳线编辑模式，选中顶部外围第2条壳线，此时在该壳线上的所有顶点都被选中，如图6-65所示。

**步骤14** 使用缩放工具将这一圈顶点向内缩，制作出瓶口边缘的厚度，然后使用移动工具将该顶点适当向上拉，如图6-66所示。

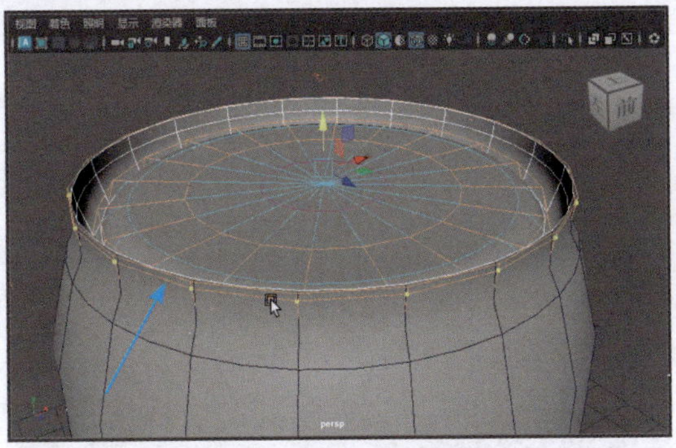

图 6-65　选中壳线顶点

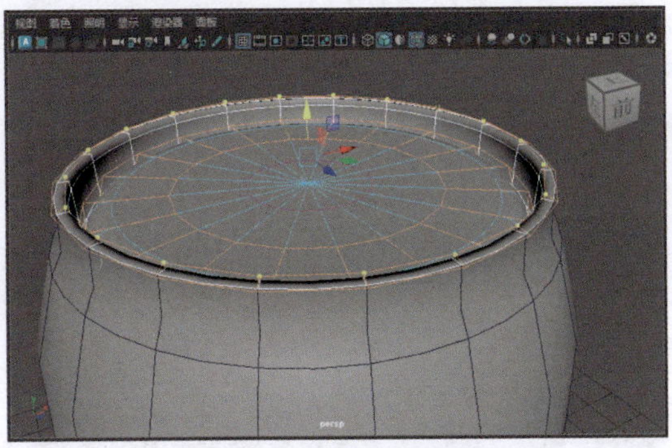

图 6-66　制作边缘厚度

**步骤15** 选择最外围的壳线，使用缩放工具适当向外缩放，然后将其向下移动至合适位置，如图6-67所示。

**步骤16** 右键，进入等参线编辑模式，在最外围插入一条等参线，如图6-68所示。

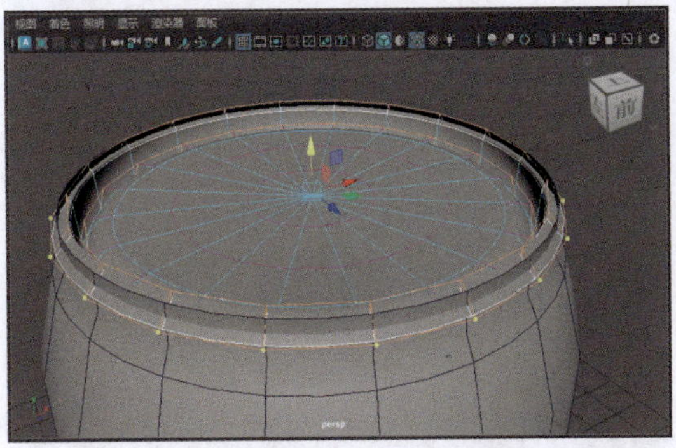

图 6-67　调整最外围的壳线位置

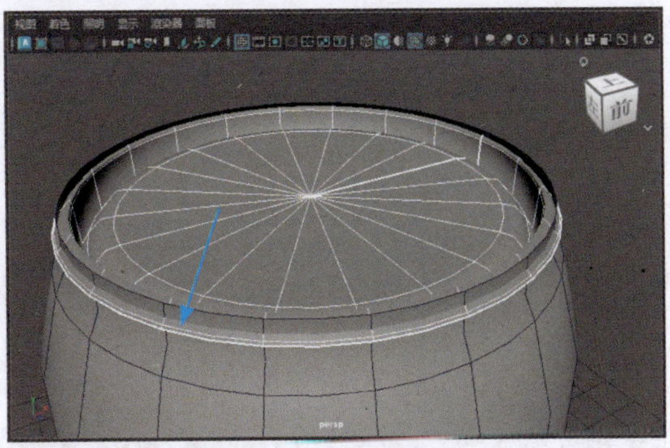

图 6-68　插入外围等参线

**步骤17** 进入壳线编辑模式，选择刚添加等参线的壳线，将其向上移至合适位置，完成瓶口外围的收口造型，如图6-69所示。

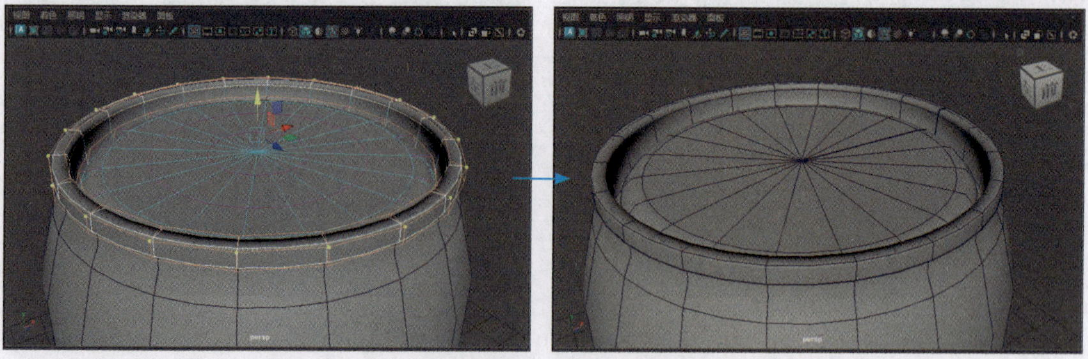

图 6-69　制作瓶口外围的收口造型

**步骤 18** 切换到顶视图。使用NURBS圆形工具在顶视图中绘制圆形。右键进入编辑点模式，使用移动和缩放工具调整圆形的编辑点，创建出易拉罐拉口形状，如图6-70所示。

**步骤 19** 切换到前视图，选中该形状，将其向上移动至顶部合适位置，如图6-71所示。

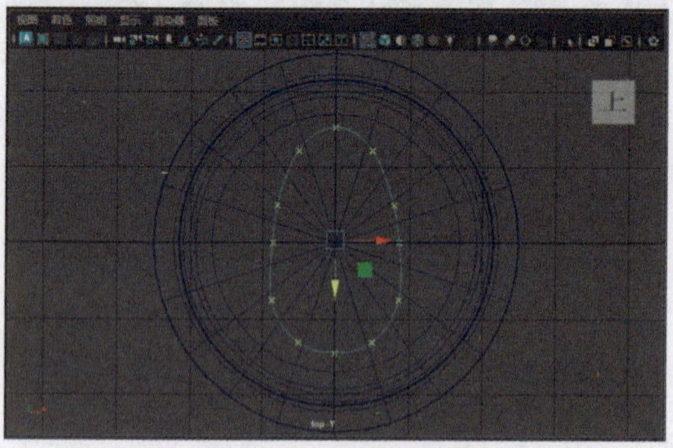

图 6-70　绘制易拉罐拉口形状

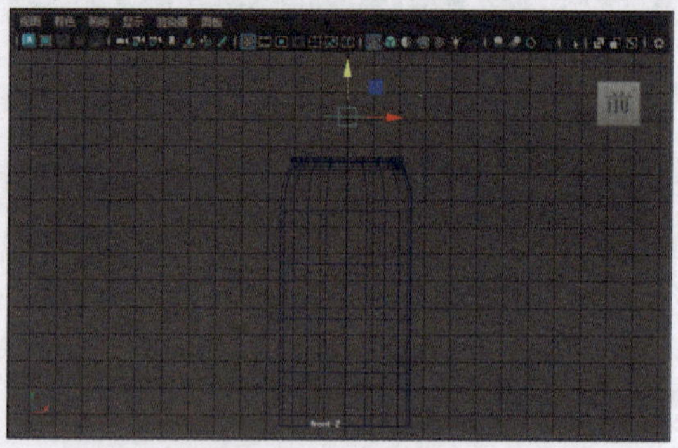

图 6-71　调整形状位置

**步骤 20** 选中绘制的形状，并加选瓶口曲面。在曲面工具架上单击“在曲面上投影曲线”按钮，以“曲面法线”投影方式将形状投影到瓶口曲面，如图6-72所示。

**步骤 21** 选中瓶口曲面，在曲面工具架上单击“修剪工具”按钮，选择保留瓶口曲面，按回车键，对曲面进行修剪，如图6-73所示。

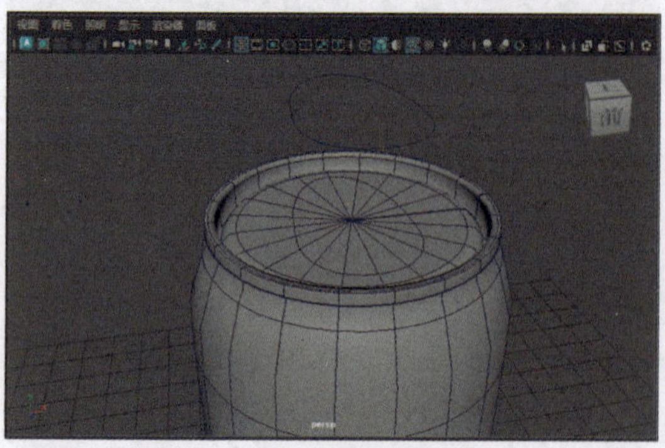

图 6-72　投影形状至瓶口曲面

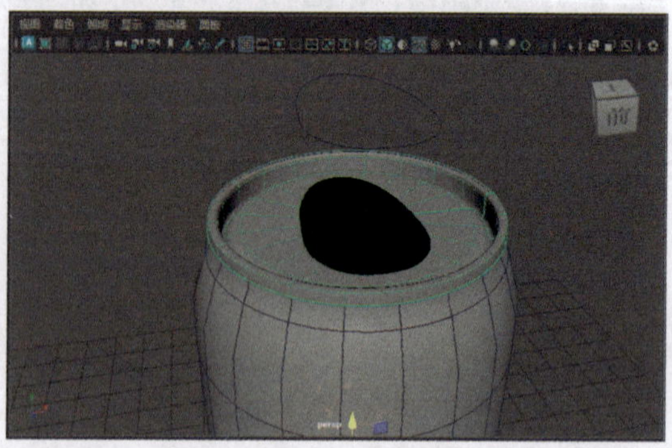

图 6-73　修剪曲面

**步骤22** 右键，进入修剪边编辑模式，选中修剪边。在菜单栏中单击“曲面”→“倒角+”选项后的设置按钮，在打开的“倒角+选项”对话框中设置倒角参数，如图6-74所示。

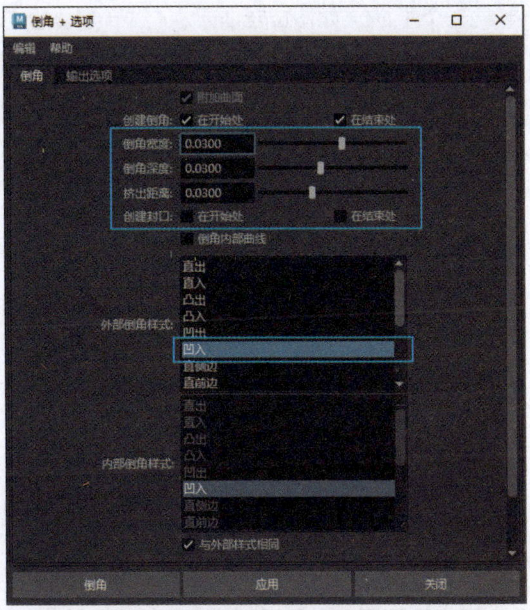

图 6-74 设置倒角参数

**步骤23** 设置后单击“应用”按钮，将其修剪边进行倒角，并挤出一定的厚度，如图6-75所示。

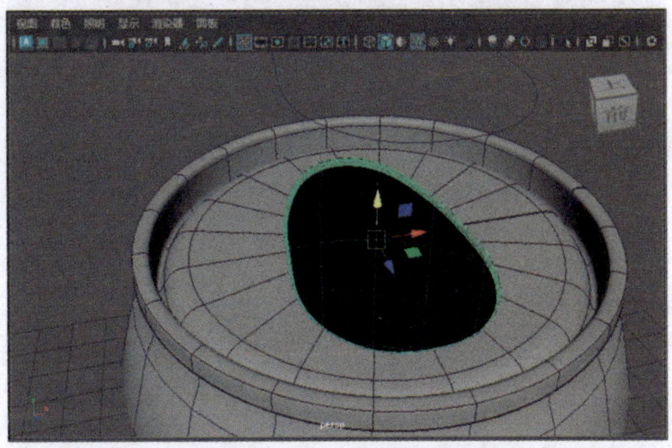
图 6-75 修剪边倒角效果

**步骤24** 选中绘制的拉口曲线，在曲面工具架上单击“平面”按钮，将其生成一个平面，并将其放置对应拉口的位置处，如图6-76所示。

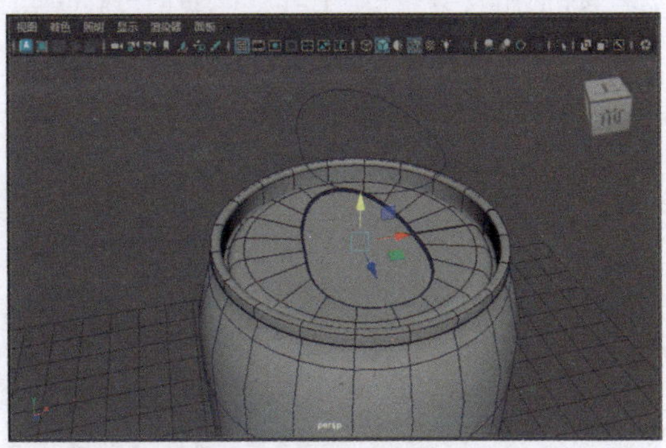
图 6-76 拉口曲线转平面

**步骤25** 切换到顶视图，使用NURBS圆形工具绘制圆形，并进入编辑点模式，使用缩放和移动工具调整圆形的形状，如图6-77所示。

**步骤26** 将该曲线形状移至易拉罐顶部。切换到透视图，选中该形状，单击“平面”按钮，将其生成一个平面，如图6-78所示。

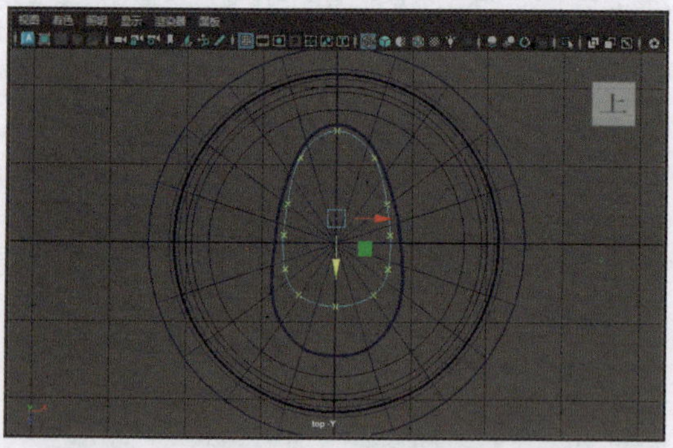

图 6-77　创建并调整圆形

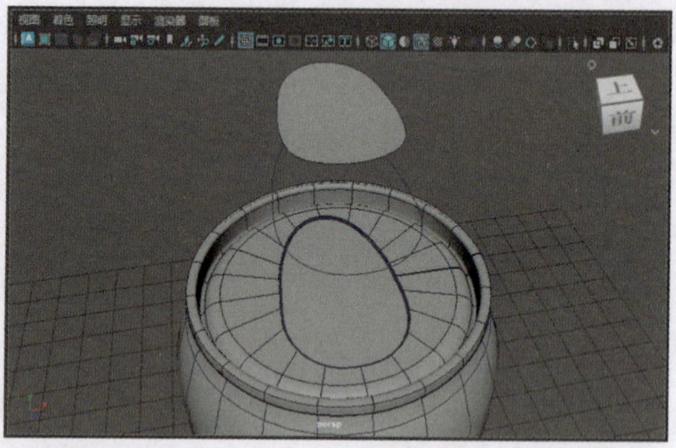

图 6-78　生成曲面

步骤27 按照"步骤25"的方法，再创建一个圆形，并调整编辑点，如图6-79所示。

步骤28 将该形状移至最上端。选中该形状并加选"步骤26"中生成的平面，使用在曲面上投影曲线工具，将形状投影至平面上，如图6-80所示。

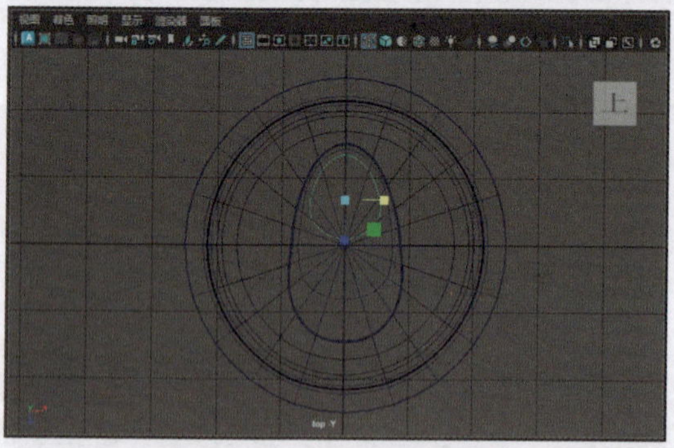

图 6-79　再次创建并调整圆形

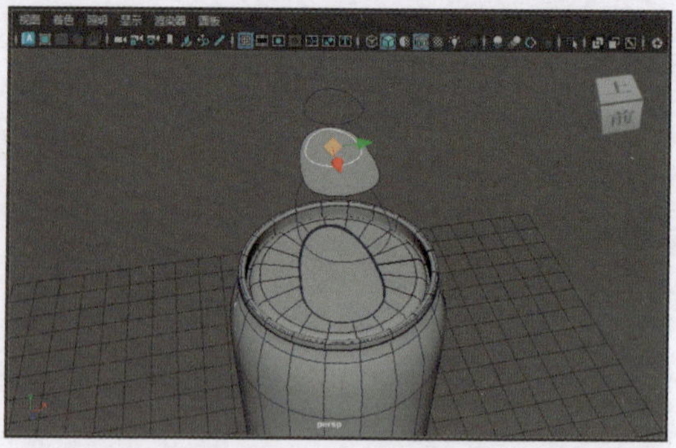

图 6-80　投影曲线形状

步骤29 使用修剪工具将投影的曲线进行删除，如图6-81所示。

步骤30 使用"倒角+"工具对该曲面进行倒角。具体步骤可参照"步骤22"～"步骤23"进行操作，完成拉环模型的创建，如图6-82所示。

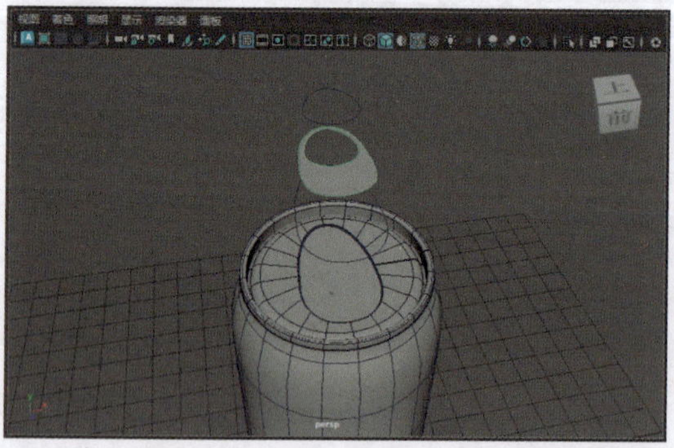

图 6-81　修剪曲面

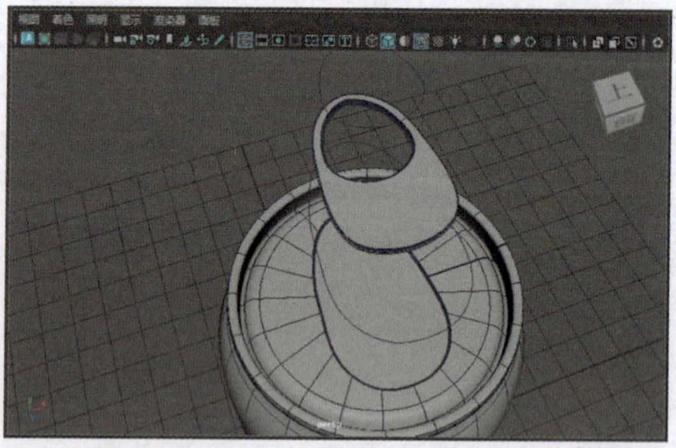

图 6-82　制作拉扣模型

步骤31 删除多余的曲线。切换到顶视图，再次创建并调整圆形，如图6-83所示。

**步骤32** 将该形状移至易拉罐顶部合适位置。切换到透视图，使用在曲面上投影曲线工具将该形状投影至拉口曲面上，如图6-84所示。

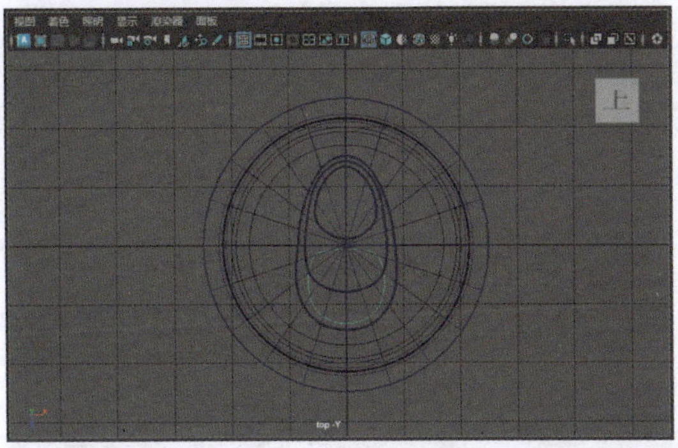


图 6-83　创建并调整形状

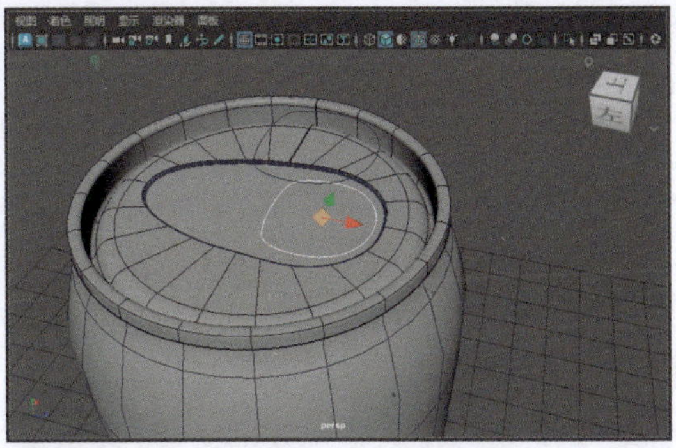

图 6-84　投影形状

**步骤33** 使用修剪工具将该投影形状从拉口曲面中减去，如图6-85所示。

**步骤34** 再次选中“步骤31”中绘制的形状，单击“平面”按钮，将其生成一个平面。右键，进入控制顶点编辑模式，将平面中部分顶点向下移动，作出向下扭曲的效果，如图6-86所示。

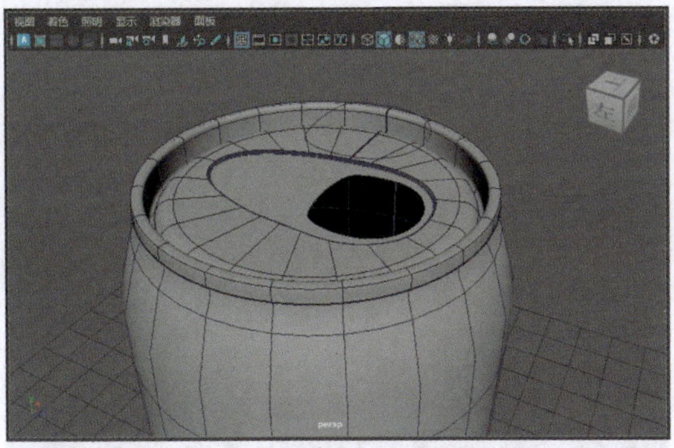

图 6-85　修剪曲面

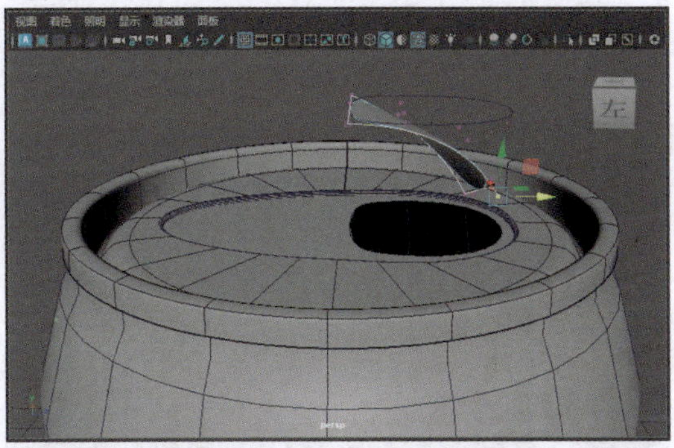


图 6-86　生成平面并制作扭曲效果

**步骤35** 将该曲面移至拉口处，如图6-87所示。

**步骤36** 选择做好的拉环模型，按Ctrl+G组合键将其组合。放置在易拉罐瓶口的合适位置，如图6-88所示。

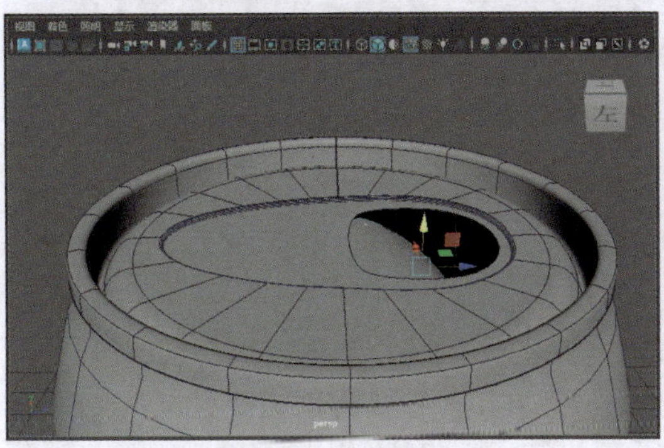


图 6-87　移动曲面

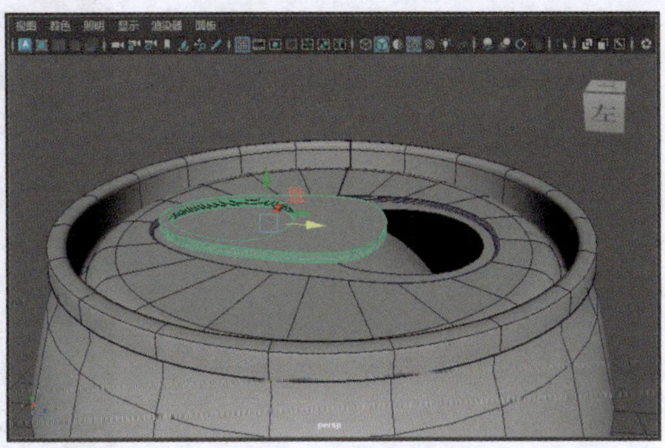


图 6-88　组合拉环模型

步骤37 使用旋转工具将该拉环进行旋转，如图6-89所示。

步骤38 创建一个小圆柱体曲面，调整其大小，放置在拉环的合适位置，易拉罐瓶口绘制完成，如图6-90所示。

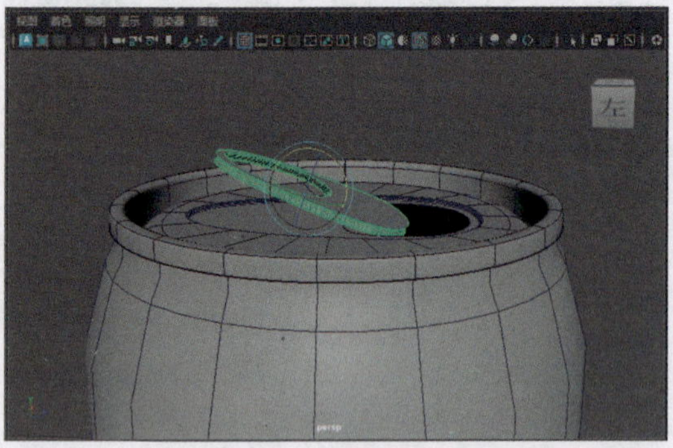

图 6-89 旋转拉环模型

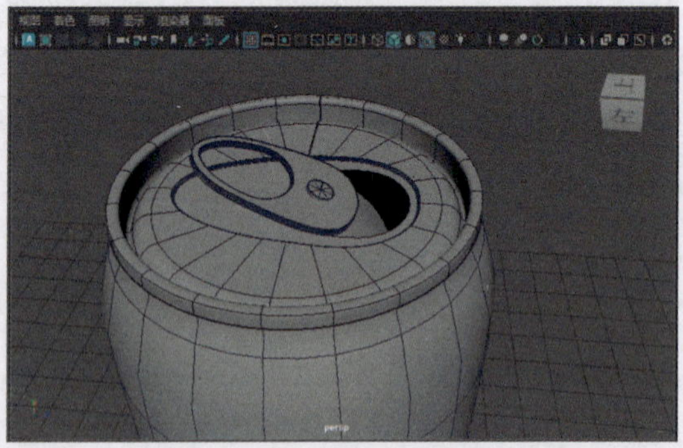

图 6-90 组合拉环模型

步骤39 调整视角，选择易拉罐主体曲面，使用插入等参线工具在柱体底部插入一条等参线，如图6-91所示。

步骤40 切换到前视图，并进入控制顶点编辑模式。选择圆柱底面所有顶点，使用缩放工具将其向内缩放，使之与瓶口相呼应，如图6-92所示。

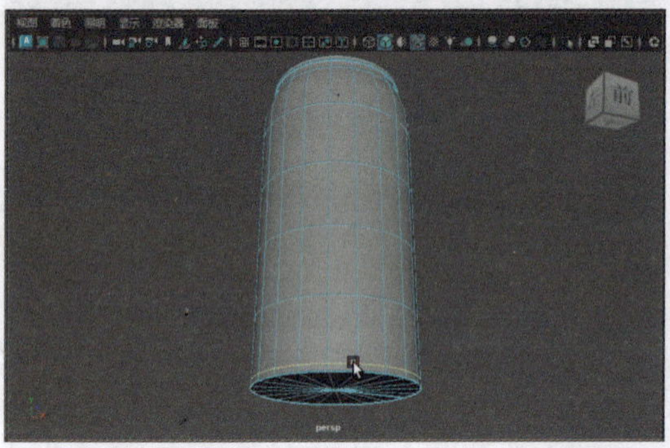

图 6-91 插入底部等参线

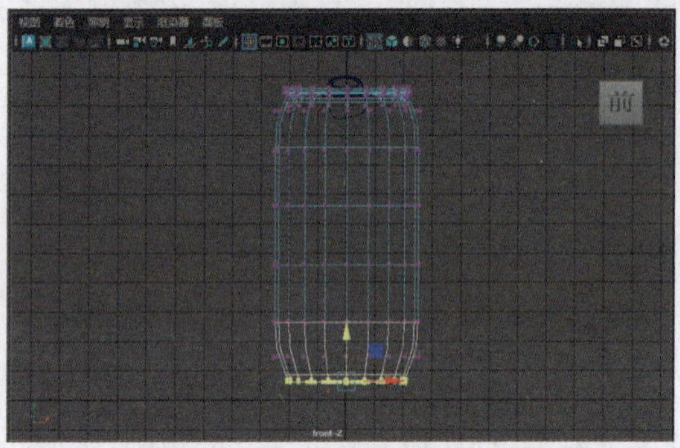

图 6-92 缩放易拉罐柱体底面

步骤41 由于易拉罐底部具体结构看不见，可以忽略不做。切换到透视图，调整视角，即可观察制作效果，如图6-93所示。

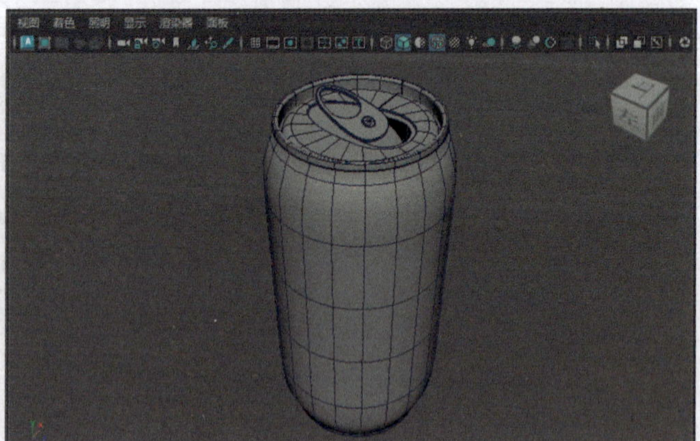

图 6-93 易拉罐最终效果

## 课后作业

### 一、填空题

1. 曲面包含______、______、______、______、______、______6种编辑模式。

2. 双轨成形建模方法包括“______”“______”“______”3个工具。

3. 利用在曲面上投影曲线工具时，可在“在曲面上投影曲线选项”对话框中对______和______两种投影模式进行选择。

4. 利用______可在曲面的交界处产生一条相交的曲线，以用于后续的剪切操作。

### 二、选择题

1. 在曲面上需要剪掉一块形状，会用到的命令是（　　）。

A. 倒角　　B. 剪切

C. 修剪　　D. 摄影机

2. 将已有的曲线映射到曲面上，可以使用的命令是（　　）。

A. 在曲面上投影曲线　　B. 相交曲面

C. 附加曲面　　D. 雕刻几何体

3. 把两个曲线连接，形成曲面的命令是（　　）。

A. 连接曲面　　B. 附加曲面

C. 相交曲面　　D. 打开/闭合曲面

4. 曲线曲面不能通过以下哪种方法创建（　　）。

A. 使用相交曲线工具可以产生曲面曲线

B. 使用投影曲线到曲面工具可以产生曲面曲线

C. 选择曲面，单击激活按钮，在曲面直接绘制曲线形成曲面曲线

D. 使用相交曲面工具可以在曲面之间产生曲面曲线

### 三、操作题

利用双轨成形工具创建胃部模型，效果如图6-94所示。

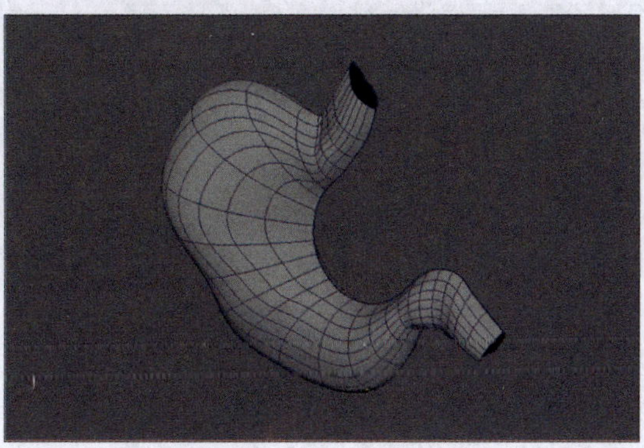

图 6-94　胃部模型效果

# 第7章

# 材质贴图与灯光

## 内容概要

在了解Maya的基本建模工具后，接下来介绍模型材质与灯光设置的基础操作，包括材质编辑器、材质基本类型、材质属性设置、UV纹理贴图编辑、灯光基本设置等内容。

## 素质要点

- 专业技能：能够创建和编辑逼真的材质，运用UV展开技术为模型赋予高质量贴图，并学会使用Maya灯光系统。
- 技术与艺术融合：探索技术与艺术创作的结合点，鼓励学生尝试新技术、新风格，创新表达方式。

## 数字资源

【本章素材】："素材文件\第7章"目录下

【本章课堂演练最终文件】："素材文件\第7章\课堂演练"目录下

# 7.1 材质基础

材质是指模拟真实世界中模型外观和纹理的质地，通过调整材质的相关属性参数，可让模型呈现出各种不同的材质效果。Maya的材质功能与3ds Max的材质功能相似，都可使用材质编辑器对材质的颜色、反射、折射、质感、表面粗糙度等属性进行调整。

## 7.1.1 材质编辑器

材质编辑器是对模型材质进行编辑的设置窗口。在状态行中单击“ ”按钮，或在菜单栏中选择“窗口”→“渲染编辑器”→“Hypershade”选项，均可调出材质编辑器，如图7-1所示。

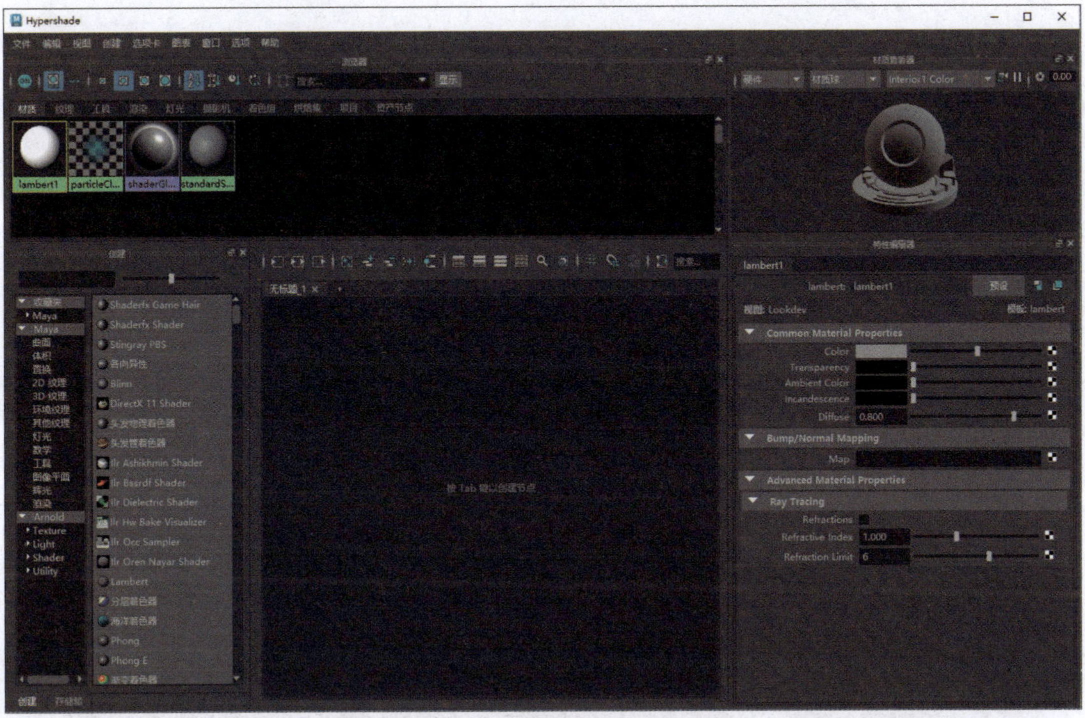


图 7-1 Hypershade 窗口（材质编辑器）

Hypershade窗口默认分为6个部分，分别为菜单栏、“浏览器”面板、“创建”面板、“工作区”面板、“材质查看器”面板和“特性编辑器”面板。

### 1. 菜单栏

菜单栏位于窗口最顶端，包含文件、编辑、视图、创建、选项卡、图表、窗口、选项和帮助9个功能命令，材质编辑器中所有的操作命令在这里都能找到。

### 2. “浏览器”面板

“浏览器”面板位于菜单栏下方，它由工具栏和样本分类区两部分组成。工具栏主要用于编辑和调整材质节点在样本区中的显示方式，而样本分类区的功能则用于存放已经创建或修改过的材质球、纹理、节点、灯光等区域。通过多个选项卡对样本分类区进行分类，可以方便用户查找相应的节点，如图7-2所示。

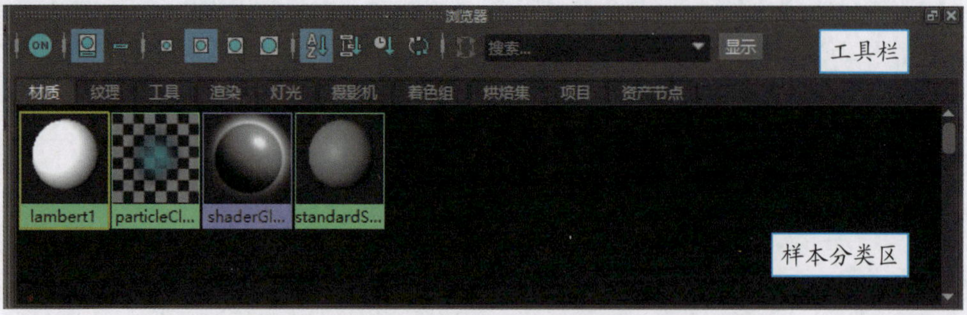


图 7-2 “浏览器”面板

### 3.“创建”面板

“创建”面板主要用于创建材质球、置换节点、2D纹理、3D纹理、环境纹理、灯光等各种节点等。单击栏中相应的节点名称，即可在工作区中创建相应的材质或纹理，同时会在样本分类区对应的选项卡中显示出相应的材质球、纹理或灯光等图标，如图7-3所示。

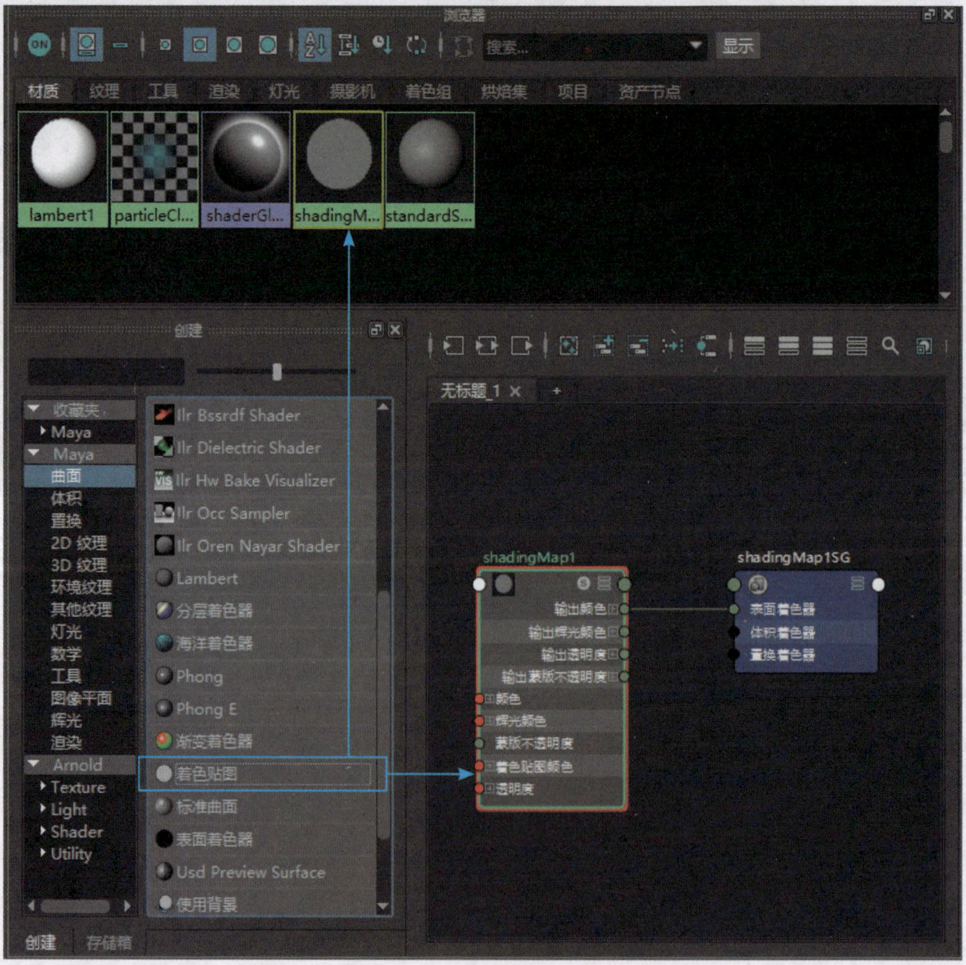


图 7-3 “创建”面板

### 4.“工作区”面板

“工作区”面板用于设置材质节点之间的连接，添加的材质属性会以图表的方式显示在工作区中。用户可通过单击工作区上方的工具栏按钮，对工作区中的图表显示样式、图表节点的添加与清除、图表的排列等选项进行调整，如图7-4所示。

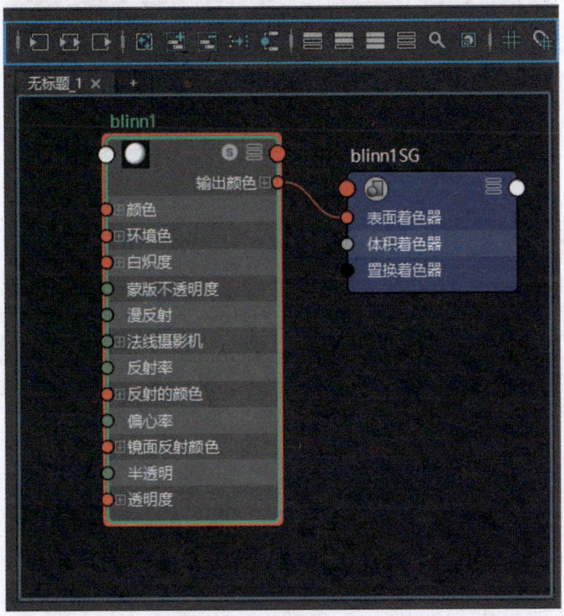


图 7-4 “工作区”面板

### 5.“材质查看器”面板

通过“材质查看器”面板可以预览材质节点的颜色、质感、贴图等信息，还可选择“材质球”“布料”“茶壶”“海洋”“头发”“球体”等不同的查看模式预览材质效果，如图7-5所示。

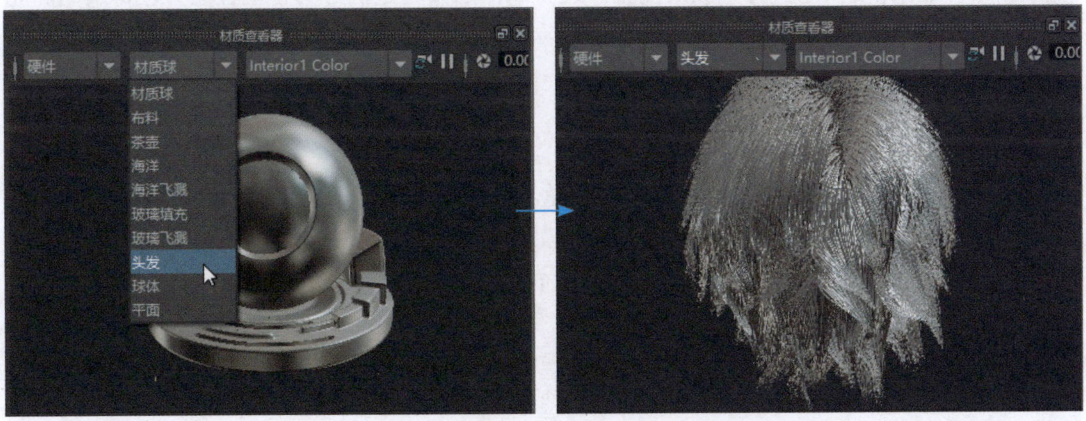


图 7-5 “材质查看器”面板

### 6.“特性编辑器”面板

“特性编辑器”面板位于“材质查看器”面板下方，在此可以设置各种节点的属性参数，包括材质的颜色、透明度、漫反射、凹凸贴图等，如图7-6所示。

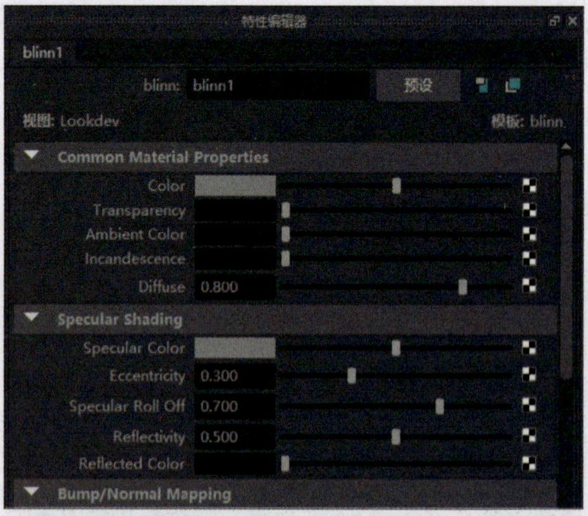


图 7-6 “特性编辑器”面板

> **提示**：材质编辑器的各个窗口不是固定的，用户可以自由调节窗口的大小和位置。将鼠标移动至窗口之间的边界上，当鼠标指针变成双向箭头，按住鼠标左键移动，即可调整窗口大小。除了工作区以外的窗口均为可浮动窗口。

## ■7.1.2 材质基本类型

Maya中提供了许多不同的材质类型来体现丰富的质感，这些材质具有不同的高光形态，有相同的表面体积效果，有相同的颜色、透明、环境、白炽和凹凸等选项。

### 1. 各向异性材质

Anisotropic（各向异性）材质可以模拟具有方向性纹理的模型表面，它有着独特的镜面高光属性，可根据角度大小进行细致的调整。通常球体的高光是圆形的，但各向异性材质的高光却是不规则的。由于材质的特殊性，适合表现一些不规则的反射效果，如毛发、金属表面、玻璃等透明材质。

### 2. Blinn（布林）材质

Blinn（布林）材质主要用于模拟具有光泽表面的模型。它具有可调节性极强的高光柔和度，可以产生柔和的高光和镜面反射，具有金属表面和玻璃表面的特性。该材质适用于金属、塑料或玻璃等材料，在一些高光不是很强的木质家具物体上也常常用到。

### 3. Lambert（兰伯特）材质

Lambert（兰伯特）材质是Maya的默认材质，它不考虑光的反射和折射，只计算漫反射光照，适用于模拟树木、墙壁等材质。

### 4. Phong（冯）材质

Phong（冯）材质具有极其强烈的高光，且高光非常集中，常用于模拟光滑的、表面有光泽的物体，如水、玻璃等。

### 5. Phong E（冯E）材质

Phong E（冯E）材质是Phong（冯）材质的简化版本，高光要柔和一些，对于表现一些高光不太强烈，但相对集中的质感有一定的优势。

Maya中还有4种较常用的无体积材质，分别是layered shader（分层着色器）、shading map（着色贴图）、surface shader（表面着色器）、use background（使用背景）。

- **layered shader（分层着色器）**：可以将不同的材质节点合成在一起。上层的透明度可以调整或者建立贴图，显示出下层的某个部分。白色的区域表示完全透明，黑色区域表示完全不透明。
- **shading map（着色贴图）**：给物体表面添加一个颜色，适用于非现实或卡通的阴影效果。
- **surface shader（表面着色器）**：给材质节点赋予颜色，与shading map差不多，但它除了颜色，还可设置透明度、辉光度和光洁度，所以在目前卡通材质的节点里适用于表面阴影的材质较多。
- **use background（使用背景）**：一般用于合成的单色背景。

## 7.1.3 材质属性

Maya的材质属性很多，其中，公用材质属性、镜面反射着色和特殊效果3种比较常用。可在材质编辑器窗口的“特性编辑器”面板中进行设置，也可在“属性编辑器”面板中进行设置。

### 1. 公用材质属性

公用材质属性是各种材质都有的属性，也是最基本的属性设置之一，包含材质的颜色、透明度、环境色、白炽度、凹凸贴图、漫反射等属性，如图7-7所示。

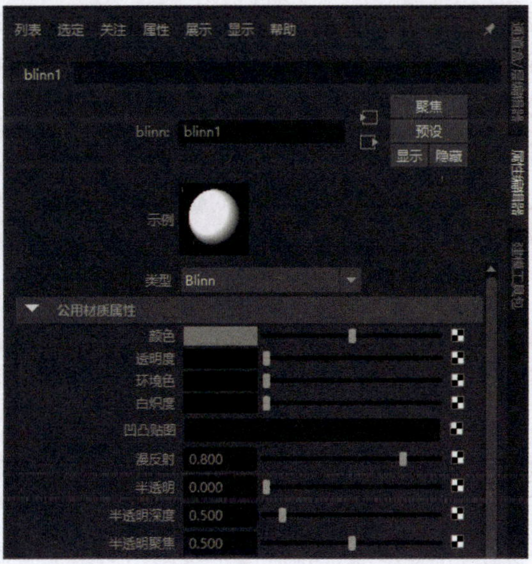


图 7-7 公用材质属性栏

- **颜色**：设置材质的固有颜色，是表面材质最基本的属性。单击"颜色"选项后的色块，将打开"颜色历史"窗口，在此可选择合适的材质颜色，如图7-8所示。单击选项右侧的贴图按钮，可打开"创建渲染节点"窗口，从中选择一种贴图，即可添加至模型表面，如图7-9所示。

图 7-8　调整材质颜色

图 7-9　设置材质贴图

- **透明度**：当透明度为0（黑）时，其表面完全不透明；当该值为1（白）时，则完全透明。
- **环境色**：设置模型在周围环境光照射下所呈现出的颜色。默认为黑色，此时的环境光不影响材质的颜色。当颜色逐渐变亮，环境光对材质颜色的影响越来越大。反之，影响越来越小。
- **白炽度**：设置模型自发光的强度和颜色（并不照亮别的物体）。默认值为0（黑），该选项可模拟出各种自发光效果，如灯泡、荧光棒、金属高温发热的状态等。
- **凹凸贴图**：使用图像文件设置模型表面的凹凸效果。凹凸贴图一般使用灰度图像表示模型表面的凹凸起伏，图像中亮部表示凸起部分，暗部表示凹陷部分。
- **漫反射**：该选项是一个核心且基础的选项，它描述的是模型在各个方向反射光线的能力。漫反射值越大，其模型就越接近其本来的颜色。默认值为0.8，可用范围为0~∞。
- **半透明**：用于设置模型对光线的穿透性。设置的数值越高，半透明效果越强，反之则越不透明。
- **半透明深度**：是指灯光通过半透明模型所形成的阴影位置的远近。
- **半透明聚焦**：是指灯光通过半透明模型所形成的阴影的大小。数值越大，阴影越大，且可全部穿透物体；数值越小，阴影越小，其会在表面形成反射和穿透。换句话说，就是可以形成表面的反射和底部的阴影。

## 2. 镜面反射着色

该属性栏用于设置模型表面在光线照射下产生的镜面反射效果。在制作镜子、金属、玻璃等光滑表面时，可对其中的参数选项进行设置，如图7-10所示。

- **偏心率：**用于控制材质高光区域的大小。
- **镜面反射衰减：**用于控制高光强弱程度。
- **镜面反射颜色：**用于控制高光颜色，可根据颜色的设定控制高光的色彩。
- **反射率：**用于控制材质表面反射的强度。
- **反射的颜色：**用于控制材质表面反射光的颜色。该选项一般是通过添加环境贴图模拟反射效果，可以减少一定的渲染时间。

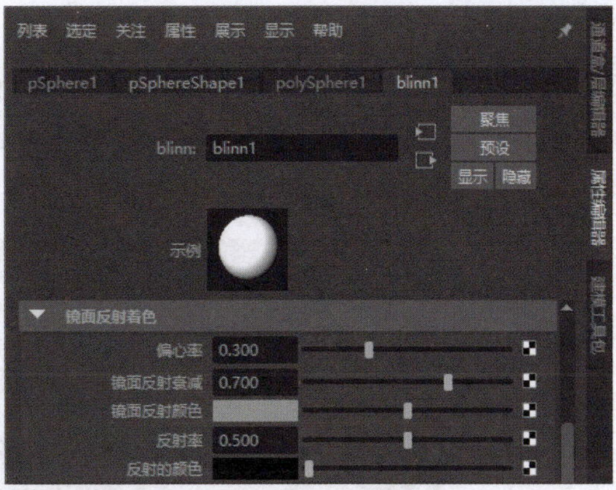

图 7-10 镜面反射着色属性栏

## 3. 特殊效果

特殊效果属性栏主要用于在渲染后自动为模型添加辉光效果，如图7-11所示。辉光效果是一种通过设置光线在模型表面或周围散射而产生的柔和发光现象，是用于增强场景视觉效果的光学特效。

- **隐藏源：**用于控制是否隐藏模型。
- **辉光强度：**用于控制辉光的强弱程度。在材质编辑器窗口的“特性编辑器”面板中也可以进行辉光属性的设置，如图7-12所示。

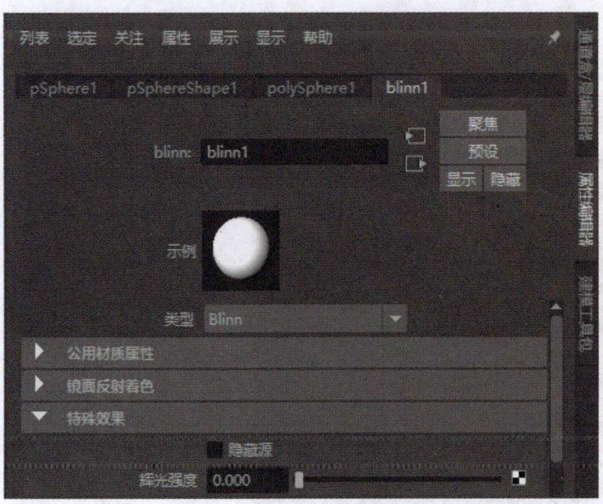

图 7-11 特殊效果属性栏

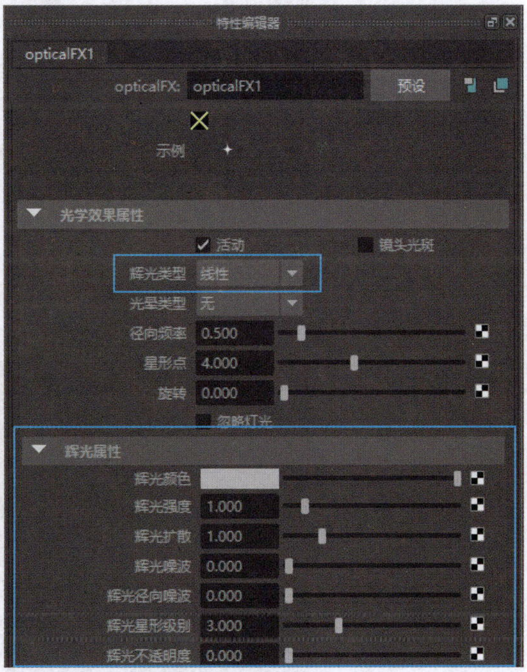

图 7-12 “特性编辑器”面板

## ■7.1.4 赋予材质的方法

材质设置完成后可将该材质赋予到模型表面。Maya中赋予材质的方法有3种。

**方法一**：右击模型，进入热盒控件。在菜单列表中选择“指定新材质”选项，在打开的“指定新材质”窗口中选择所需的材质，即可赋予模型表面，如图7-13所示。

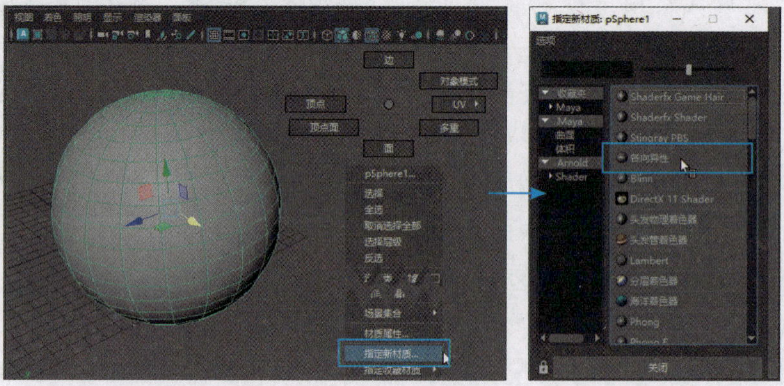

图 7-13 赋予材质的方法一

**方法二**：打开Hypershade窗口，在“浏览器”面板中选择所需材质球，按住鼠标中键，将其拖至视图模型中，即可赋予该材质，如图7-14所示。

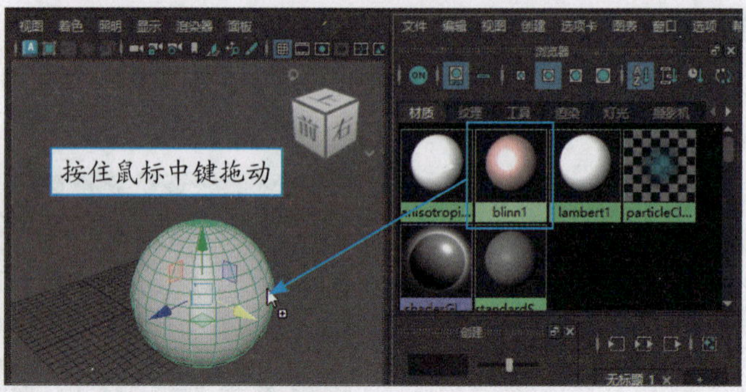


图 7-14 赋予材质的方法二

**方法三**：在Hypershade窗口的“浏览器”面板中右击所需材质球，打开热盒控件，选择“为当前选择指定材质”选项，即可赋予模型材质，如图7-15所示。

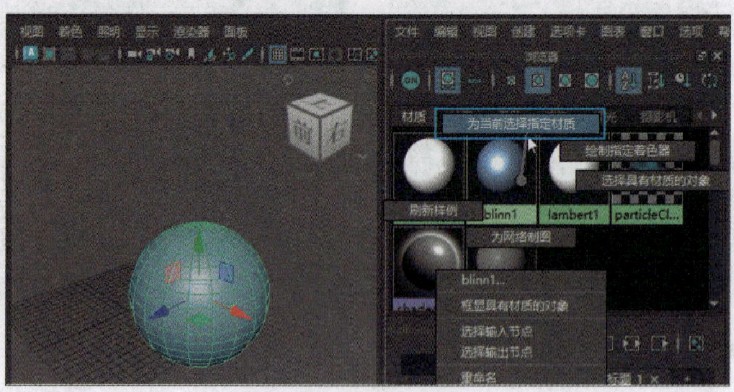


图 7-15 赋予材质的方法三

下面利用Hypershade窗口中的相关命令为塑料水杯上色。

**步骤 01** 打开模型文件，选中该塑料杯模型，打开Hypershade窗口，将其窗口拖至视图区右侧设置面板下方的空白处，以方便后续操作，如图7-16所示。

图 7-16 调整 Hypershade 窗口的位置

**步骤 02** 在Hypershade窗口的“创建”面板中选择“Phong”材质，创建Phong1材质球，并在“特性编辑器”面板中对该材质球进行重命名，如图7-17所示。

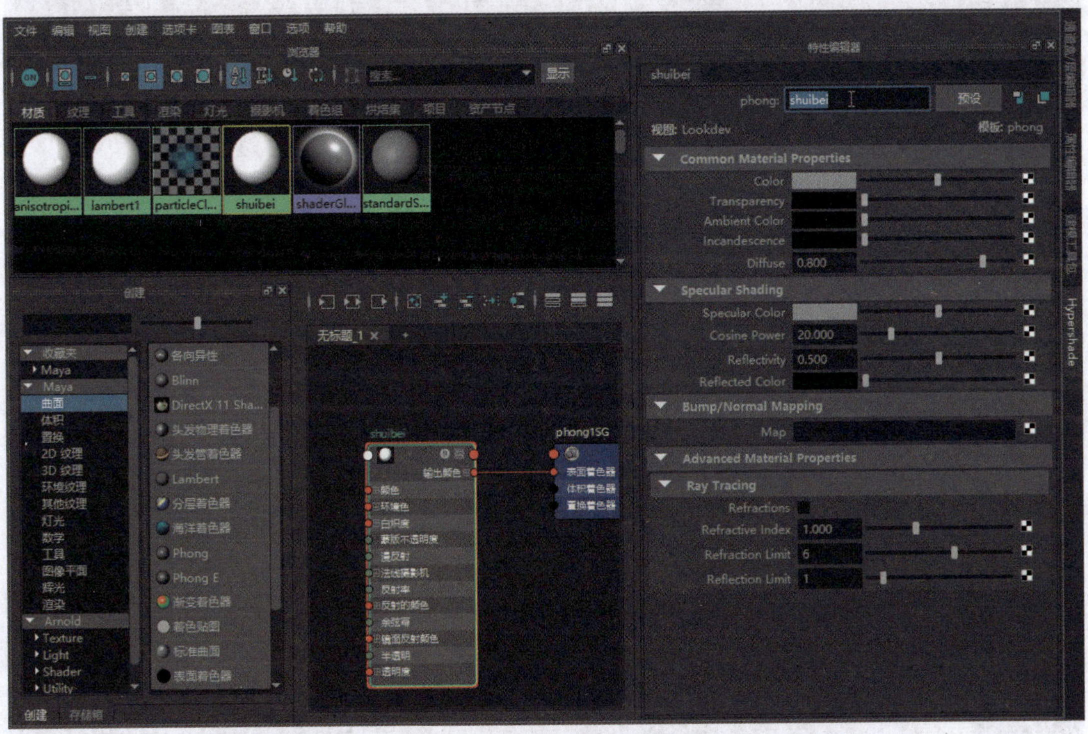


图 7-17 创建水杯材质球

> **提示**：材质球名称需用英文或拼音字母进行命名，不能使用中文进行命名。

**步骤03** 在“特性编辑器”面板的“Common Material Properties（公用材质属性）”选项组中单击“Color（颜色）”选项后的色块，打开“颜色历史”窗口，选择水杯的颜色，如图7-18所示。

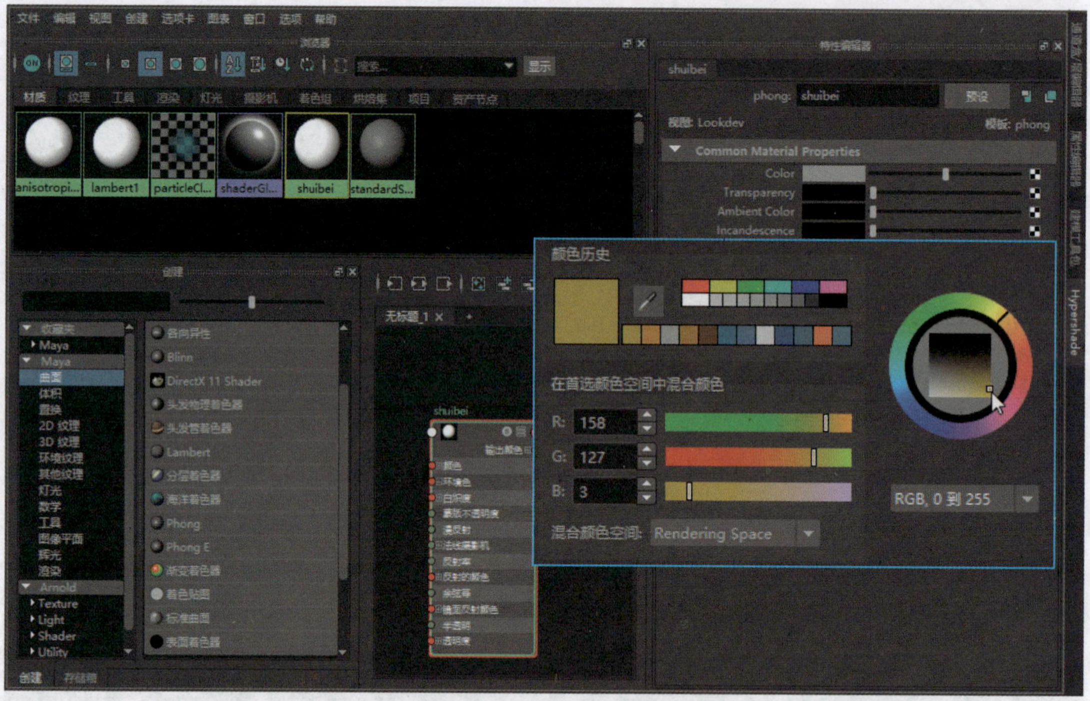


图 7-18 选择水杯颜色

**步骤04** 选中水杯材质球，右键选择“为当前选择指定材质”选项，即可为水杯上色，如图7-19所示。

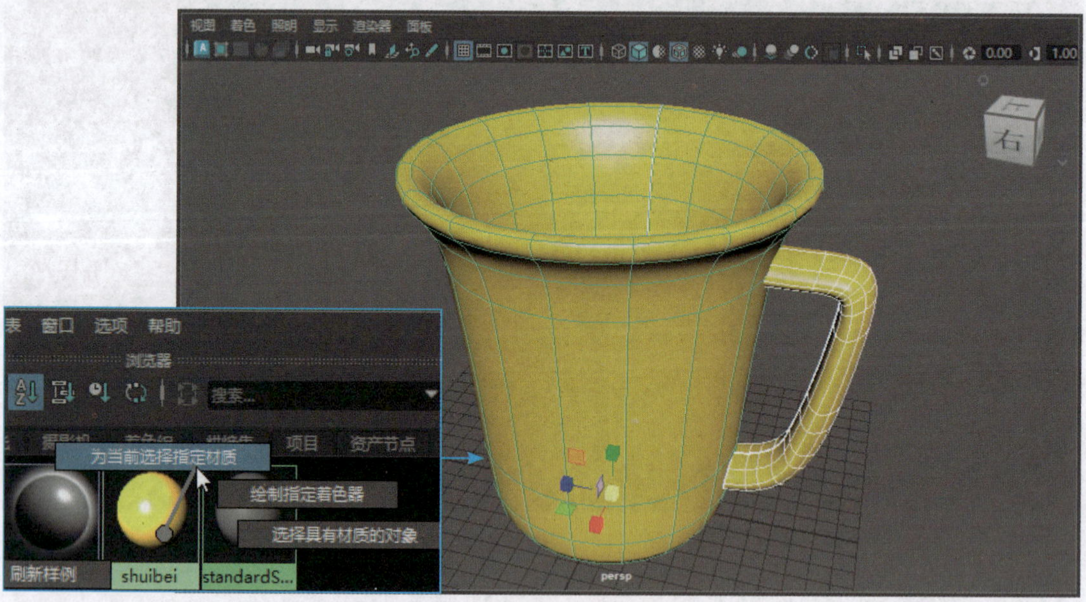


图 7-19 水杯上色效果

# 7.2 纹理贴图基础

纹理贴图是指将二维图像映射到模型表面，从而增加模型的细节和真实感。这种映射一般是通过UV坐标来实现。本节对纹理贴图和UV纹理编辑的相关操作进行简单介绍。

## ■7.2.1 纹理属性

Maya中提供了2D纹理、3D纹理、环境纹理等多种纹理类型，可在Hypershade窗口的“创建”面板中进行选择，如图7-20所示。

- **2D纹理：**可看作是一个平面的图像，当它被应用到3D模型上时，会根据模型的UV映射来决定图像在模型表面的显示方式。
- **3D纹理：**与2D纹理不同，它是以三维方式生成的图案，不受物体外观的影响，在3D纹理中可以通过对参数的调节来控制纹理和图案的效果。
- **环境纹理：**不直接作用于模型表面，而是用于模拟周围的环境。

图 7-20 多种纹理贴图

### 1. 纹理通用属性

大多数纹理都具有“颜色平衡”“效果”两项通用属性。

(1)“颜色平衡”属性

“颜色平衡”属性栏主要是校正纹理贴图的颜色和调节通道，如图7-21所示。

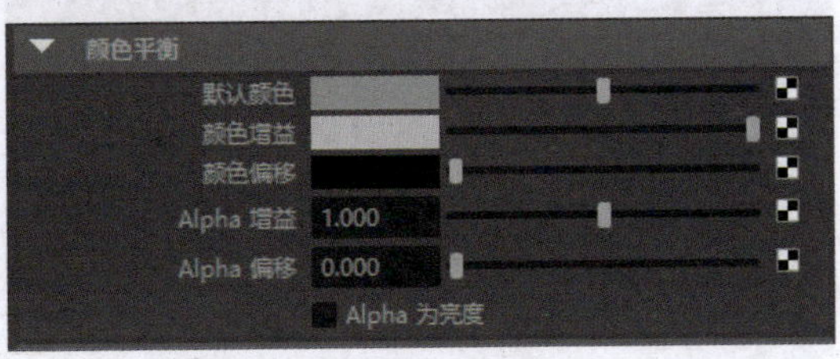


图 7-21 颜色平衡属性栏

- **默认颜色：**只有在贴图坐标覆盖不满时才会有作用。
- **颜色增益：**当增益的颜色和原纹理相乘为白色时，和任何纹理相乘都会发生变化；为黑色时，和任何纹理相乘都不会产生变化。
- **颜色偏移：**颜色偏移的颜色和原纹理会进行一个相加处理。
- **Alpha增益：**是指应用到纹理的“outAlpha”通道的比例因子，默认值为1（无效果）。

仅当纹理用作凹凸或置换时才有效果。

- **Alpha偏移**：是指应用到纹理的“outAlpha”通道的偏移因子。例如，如果“Alpha增益”值为-1，而“Alpha偏移”值为1，则“outAlpha”通道发生反转，默认值为0（无效果）。仅当纹理用作凹凸或置换时才有效果。
- **Alpha为亮度**：用色彩的亮度信息作为Alpha值。

（2）效果属性

效果属性栏主要用于对纹理效果进行简单设置，如图7-22所示。

- **过滤**：细微地对纹理图像进行模糊处理。
- **过滤器偏移**：模糊图像，较小数值的调整就会对模糊程度产生很大影响。
- **反转**：反转颜色。将黑变白，白变黑。
- **颜色重映射**：按图像的亮度重新赋予颜色。用默认的红绿蓝替代原来的颜色，纹理不变，颜色改变。

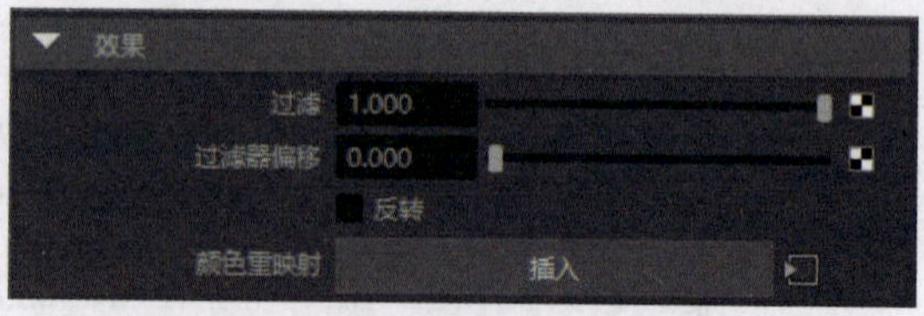

图 7-22　效果属性栏

## 2. 纹理特有属性

每个纹理都具有自己特有的属性，这些属性会直接影响纹理效果的形成。下面介绍几个比较常用的纹理效果。

（1）凸起

使用凸起可以创建一个边缘逐渐变暗的白色方形栅格纹理，如图7-23所示，用于凹凸贴图或置换贴图。凸起纹理的渲染效果如图7-24所示。

- **U向宽度**：控制纹理黑色U方向的宽度，取值范围为0~1，默认值为0.1。
- **V向宽度**：控制纹理黑色V方向的宽度，取值范围为0~1，默认值为0.1。

图 7-23　凸起纹理属性栏

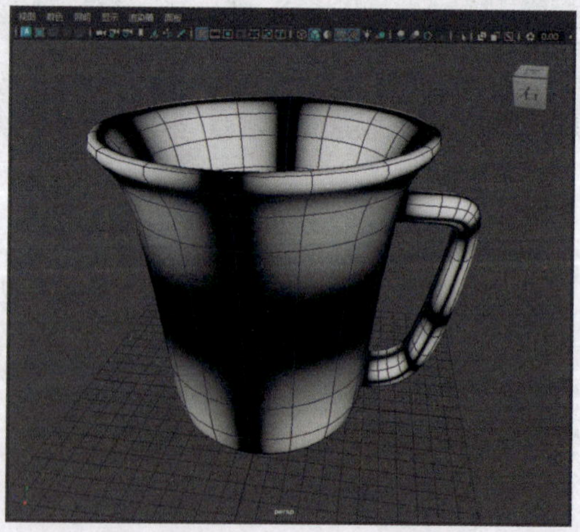
图 7-24　凸起纹理效果

（2）棋盘格

使用棋盘格可以创建棋盘形图案的纹理效果，如图7-25所示。在多边形模型展开UV时，常用此纹理进行贴图的校对，防止贴图拉伸。棋盘格纹理的渲染效果如图7-26所示。

- **颜色1/颜色2**：棋盘格纹理的两种颜色控制。
- **对比度**：两种纹理颜色对比度，取值范围为0~1，默认值为1。

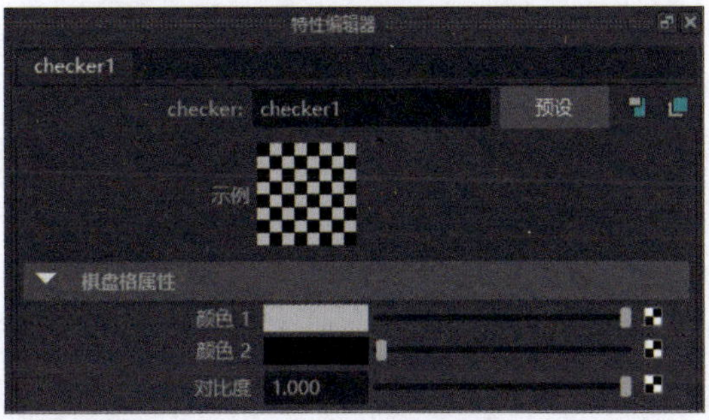


图 7-25　棋盘格纹理属性栏

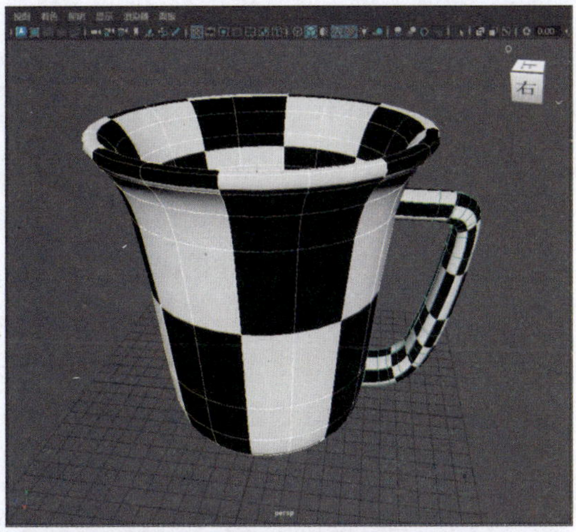

图 7-26　棋盘格纹理的渲染效果

(3) 布料

布料纹理一般用于模拟织布、编织类模型表面，用户可对其纹理属性进行设置，如图7-27所示。布料纹理的渲染效果如图7-28所示。

- **间隙颜色**：U方向和V方向的间隔颜色。边沿处的颜色将混入其属性中，间隔颜色越浅，所模拟布料的纤维就会显得越柔软、透明。
- **U向颜色/V向颜色**：可分别对U或V方向的纹理颜色进行调节。
- **U向宽度/V向宽度**：可分别对U或V方向的纹理宽度进行调节。
- **U向波**：调节U方向纹理的波纹起伏大小。
- **V向波**：调节V方向纹理的波纹起伏大小。
- **随机度**：在U和V方向随机涂抹纹理，调整随机度可以用不规则的纹理创建外观自然的布料材质，取值范围为0~1，默认值为0。
- **宽度扩散**：随机设置每条纹理不同位置的宽度，取值范围为0~1，默认值为0。
- **亮度扩散**：随机设置每条纹理不同位置

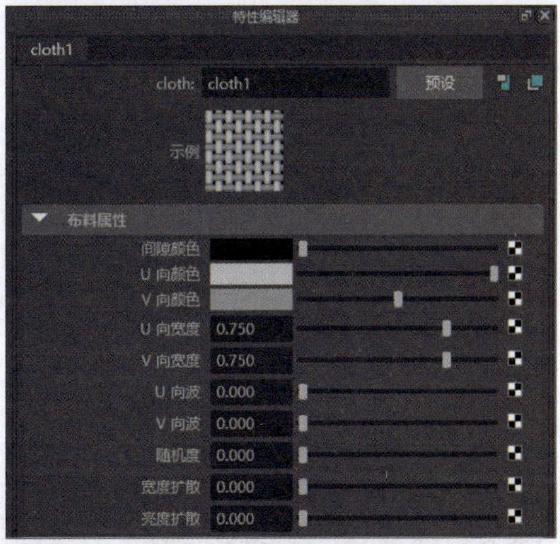


图 7-27　布料纹理属性栏

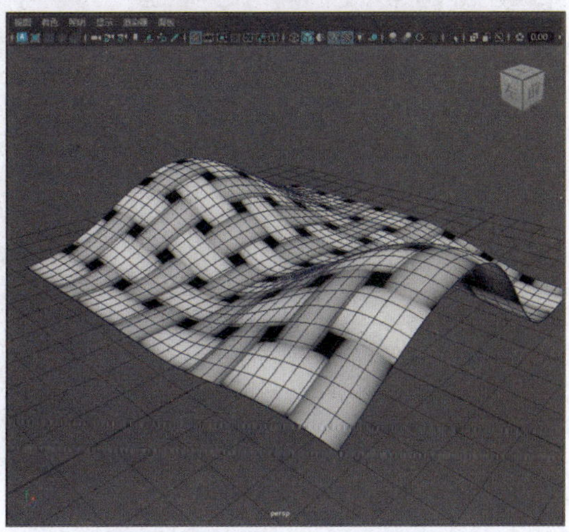

图 7-28　布料纹理的渲染效果

的亮度。取值范围为0~1，默认值为0。

（4）噪波

噪波纹理适用于凹凸效果表现和一些不规则的怪异纹理效果制作。可根据需要对噪波的相关属性参数进行调整，如图7-29所示。噪波纹理的渲染效果如图7-30所示。

- **阈值**：极限值，用于控制整个噪波的亮度。
- **振幅**：用于控制纹理中的比例，当增加数值时，亮的区域会更亮，而暗的区域会更暗。
- **比率**：用于控制噪波的频率，增加数值会增大分形细节，使效果更加强烈。
- **频率比**：用于确定噪波频率的空间比例关系。
- **最大深度**：用于控制纹理的计算数量。
- **弯曲**：在噪波功能中指定一个膨胀和凹凸的变形效果。
- **时间**：设置噪波纹理的动画。通过对时间属性设置关键帧，可以控制纹理的更改速率和更改量。
- **频率**：设置噪波纹理动画的密度或波动速度。
- **内爆**：用于控制膨胀和收缩。
- **内爆中心**：指定膨胀和收缩的中心位置。
- **密度**：用于控制噪波之间的融合数量和强度。
- **斑点化度**：用于控制噪波的随机密度，增加数值时，会出现大小不一的密度区域。
- **大小随机化**：用于控制噪波远点的随机尺寸。
- **随机度**：用于使用billow噪波类型时噪波圆点的数量。如果设置为0，所有点都将放置在规则的图案里。
- **衰减**：用于控制噪点的衰减效果。

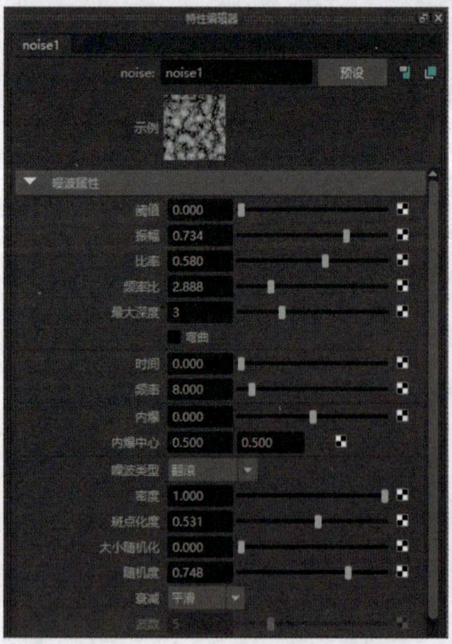


图 7-29　噪波纹理属性栏

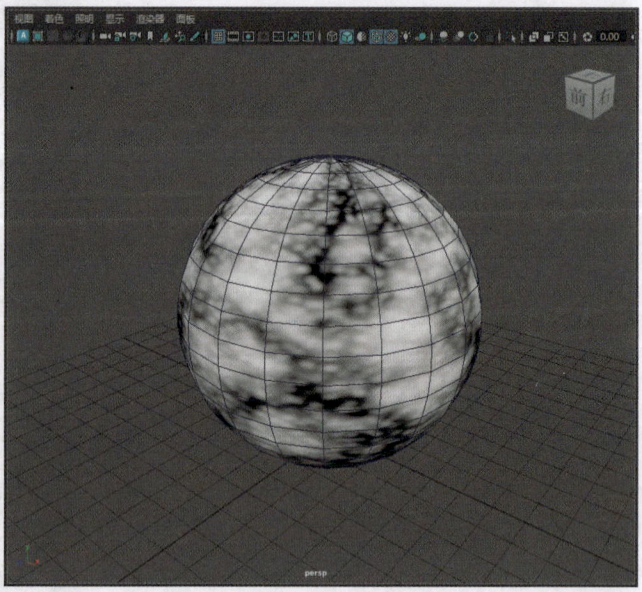


图 7-30　噪波纹理的渲染效果

（5）渐变

渐变纹理适用于创建一种颜色向另外一种颜色的过渡效果。在渐变纹理属性栏中可对其渐变颜色、渐变类型、渐变位置等参数进行设置，如图7-31所示。渐变纹理的渲染效果如图7-32所示。

- **类型：**用于控制颜色方向的类型。
- **插值：**用于控制颜色之间融合的方式。
- **选定颜色：**选择控制点的颜色，可以通过连接任何节点替换现有的单色。
- **选定位置：**用于控制所选颜色控制点在渐变中的位置。
- **U向波：**用于控制颜色的横向波纹。
- **V向波：**用于控制颜色的竖向波纹。
- **噪波：**用于控制颜色的噪波大小。
- **噪波频率：**用于控制颜色的噪波频率，默认值为0.5。

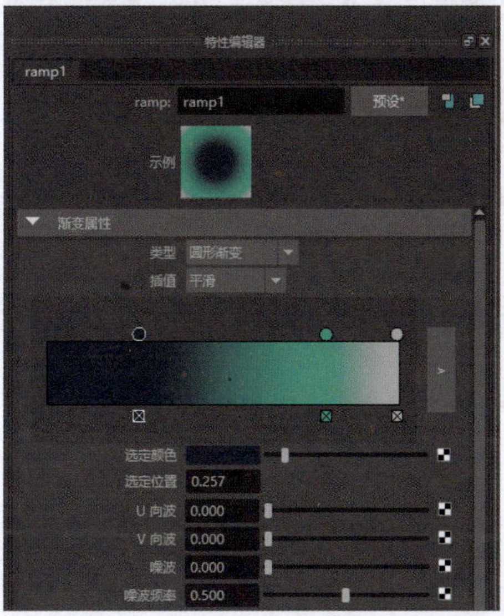


图 7-31 渐变纹理属性栏

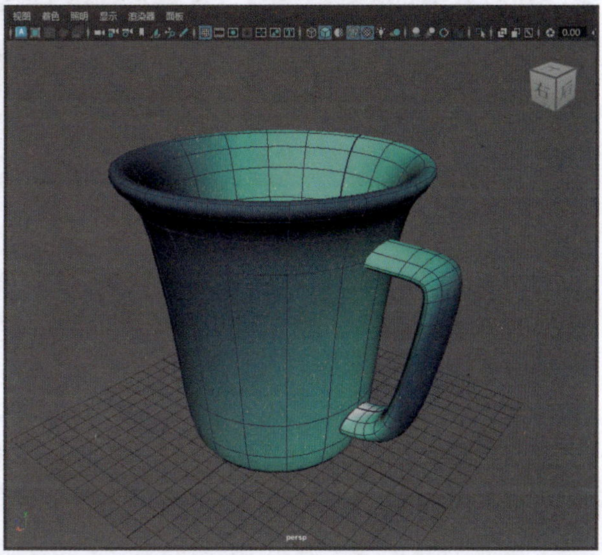


图 7-32 渐变纹理效果

## ■7.2.2 UV纹理编辑

UV相当于贴图在模型上的坐标信息，它是将三维的模型表面进行拆分，平铺成二维的形态，然后利用二维软件（如Photoshop）对贴图进行修改或编辑。所以，在为模型赋予贴图之前应先拆分模型的UV，以确定贴图纹理在模型上的正确坐标位置，避免贴图纹理的错乱与拉伸。

### 1. UV映射工具

通常模型的初始UV比较乱，无法直接在UV编辑器里进行整理，所以需要对模型进行一个初始的UV划分。Maya根据现实中的物体形状归纳出3种几何映射和1种自动映射方式。例如，人体的头部可使用球形映射，身体和四肢可使用圆柱形映射，而自动映射可以应用于不规则的物体。

在菜单栏中选择“UV”选项，在其列表中可查看到这4种映射方式，如图7-33所示。下面简单介绍平面映射方式。

平面映射是通过一个平面将UV映射到模型上，这种方式适合于相对平整的表面。单击"平面"选项后的设置按钮，可打开"平面映射选项"对话框，如图7-34所示，在其中可以对映射的方式、投影源等参数进行设置。

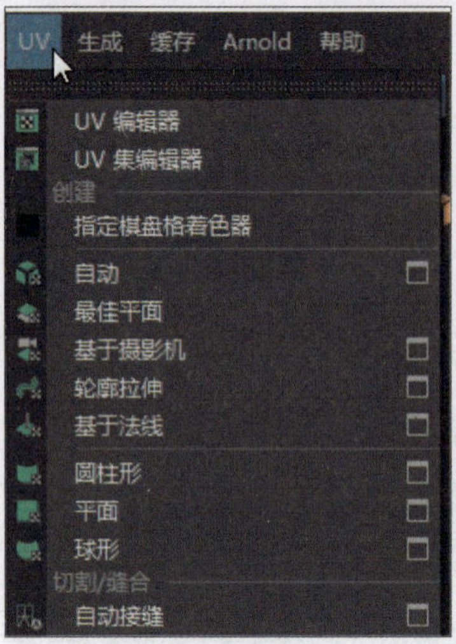


图 7-33　4 种映射方式

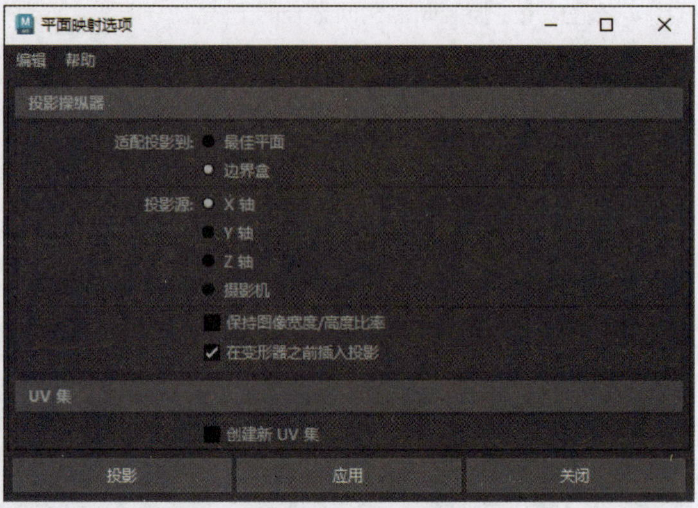


图 7-34　设置平面映射选项

- **最佳平面**：自动用最佳的平面UV方式映射给多边形物体，以改变物体的UV属性。
- **边界盒**：以自定义的方向映射多边形物体。
- **投影源**：根据模型的实际情况选择*X*、*Y*、*Z*三种映射方向，或者使用摄影机的视角来决定映射角度。
- **保持图像宽度/高度比率**：未勾选此项时，当进行完映射后，模型的UV是充满整个0~1纹理平面内的。勾选此项后，会使UV的每个面与相应的模型面的宽高比相同，可以相对缓解拉伸。
- **在变形器之前插入投影**：当多边形模型使用了变形工具后，这个选项是相关联的，如果将该项关闭，变形动画后，顶点位置纹理的放置会被变形影响，导致纹理位置的偏差。
- **创建新UV集**：启用该选项，可以为模型的不同部分创建独立的UV布局，以便管理和应用不同的纹理。

添加平面映射后，可通过拖动贴图周边的带有颜色的控制点对UV位置、大小、方向进行调整和缩放，如图7-35所示。

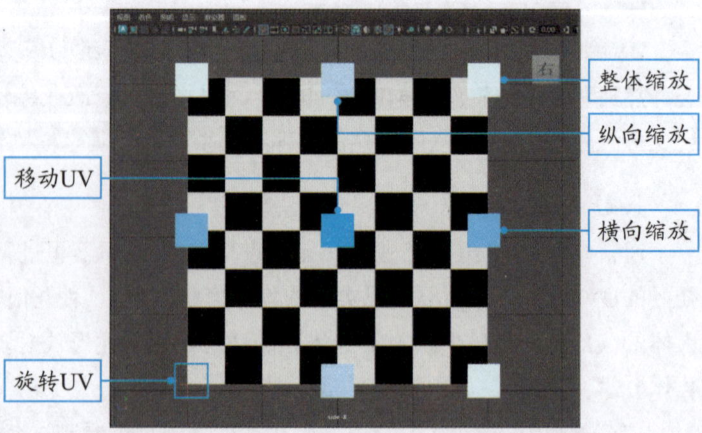


图 7-35　平面映射调整 UV 贴图

单击左下角的旋转UV控制点，可切换至旋转状态，单击并拖动旋转控制器可对UV贴图进行旋转操作，如图7-36所示，再次单击旋转UV控制点即完成操作。

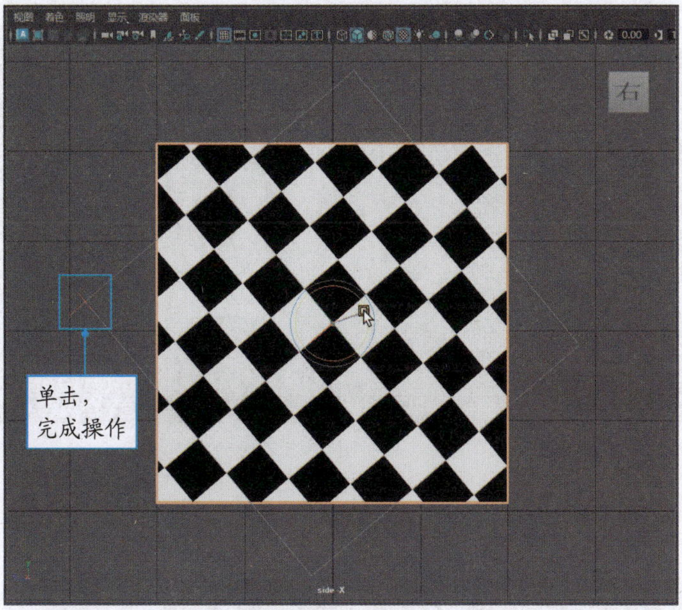


图 7-36 旋转 UV

## 2. UV编辑器

UV编辑器是一个专用的UV工作窗口，该窗口主要是对UV进行编辑，并将编辑后的UV导出为一张图片，作为二维软件绘制纹理贴图的参考。在菜单栏中选择“窗口”→“建模编辑器”→“UV编辑器”选项，即可打开该编辑器界面和“UV工具包”面板，如图7-37所示。

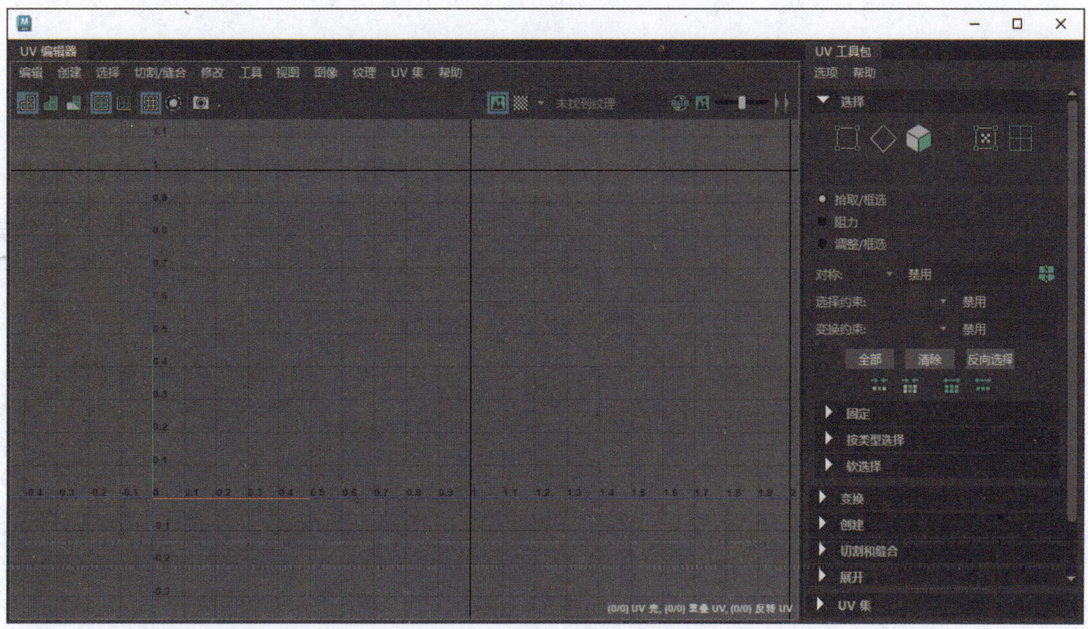


图 7-37 UV 编辑器界面

在视图中单击所需的模型，在UV编辑器中就会显示相应的UV。每个模型的UV形状都不同，如图7-38所示。单击编辑器上方工具栏中的按钮，可对UV的显示状态进行设置，如图7-39所示。

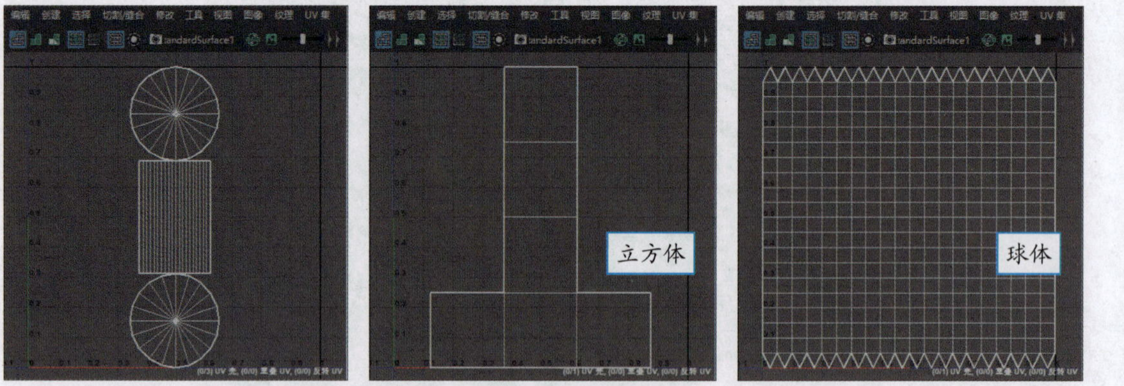


图 7-38　不同几何体有不同的 UV

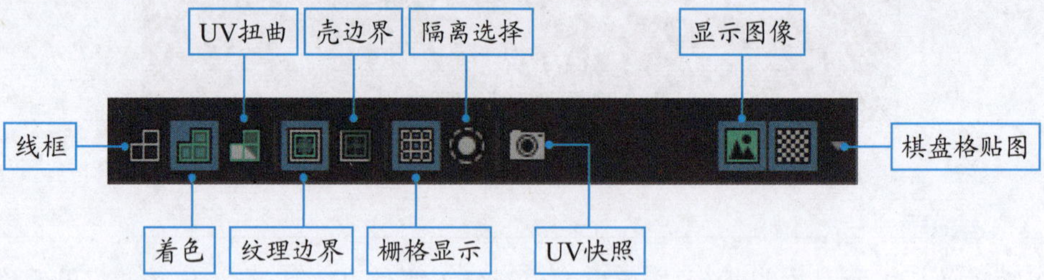


图 7-39　UV 显示状态

- **线框**：只显示模型边框，相当于Maya视图区中的线框显示模式。
- **着色**：为UV进行着色，默认为半透明的蓝色。当出现UV重叠时，重叠的部分会显示为红色，以提醒用户调整。
- **UV扭曲**：查看UV是否有拉伸或压缩。正常为白色显示，如有拉伸则会显示为红色，如有压缩则显示为蓝色。
- **纹理边界**：显示UV纹理剪裁的边界线。
- **壳边界**：为UV壳边界线着色，一般不开启。
- **栅格显示**：是否在UV编辑器中显示栅格。默认为显示状态。
- **隔离选择**：将选中的UV纹理单独显示。
- **UV快照**：快速保存当前UV布局的图像文件，以方便在Photoshop中绘制贴图图案。
- **显示图像**：显示或隐藏纹理图像。
- **棋盘格贴图**：开启该功能后，场景中的模型会以棋盘格方式显示UV纹理，以方便观察纹理是否变形。一般为开启状态。

在UV编辑器中，可先右键选择编辑模式，然后结合“UV工具包”面板中的相关命令对UV纹理进行编辑操作。

下面以编辑长方体UV为例介绍如何展开并缝合UV纹理。

**步骤 01** 创建一个立方体，并使用缩放工具将其进行拉伸。打开UV编辑器，此时，可看到长方体被拉伸面的UV纹理已出现变形，如图7-40所示。

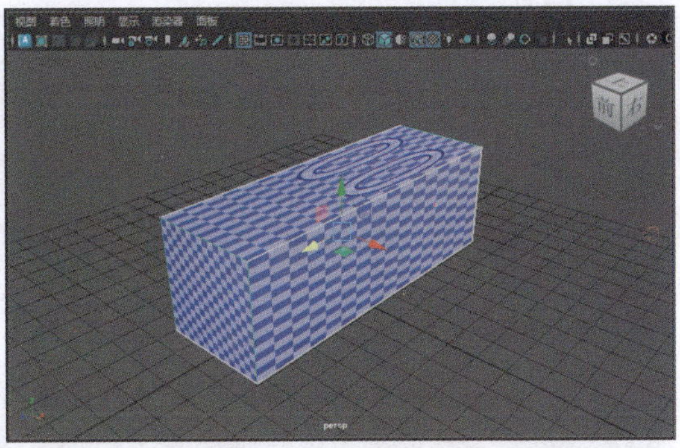

图 7-40　启动 UV 编辑效果

**步骤 02** 选中长方体，右键进入面编辑模式，选择长方体上、下两个面。在UV编辑器中单击菜单栏中的“创建”→“平面”选项后的设置按钮，如图7-41所示。

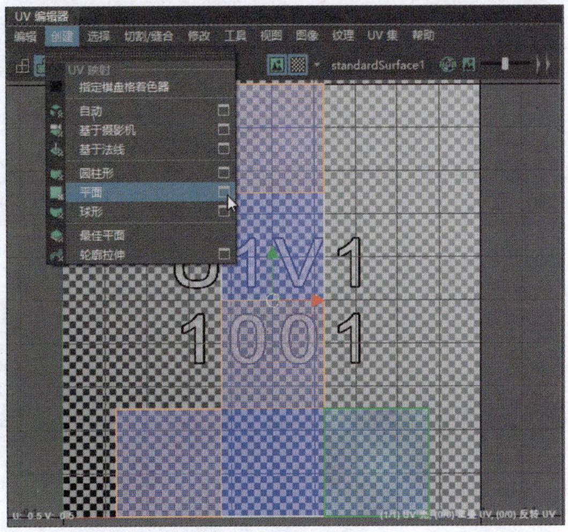


图 7-41　单击设置按钮

**步骤 03** 在打开的“平面映射选项”对话框中将投影源设为*Y*轴，单击“应用”按钮，即可展开长方体上下两个面，如图7-42所示。

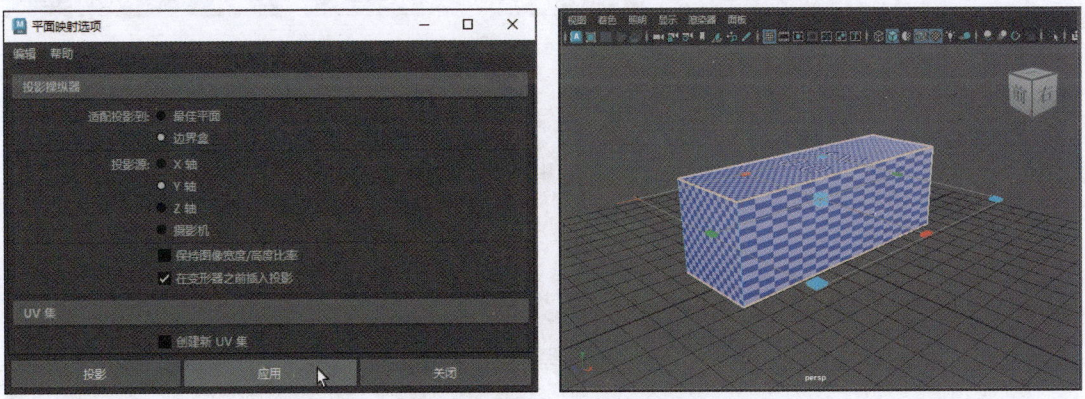


图 7-42　展开上、下面的 UV

**步骤 04** 在UV编辑器中选中红色的面，分别将其移至其他位置，如图7-43所示。

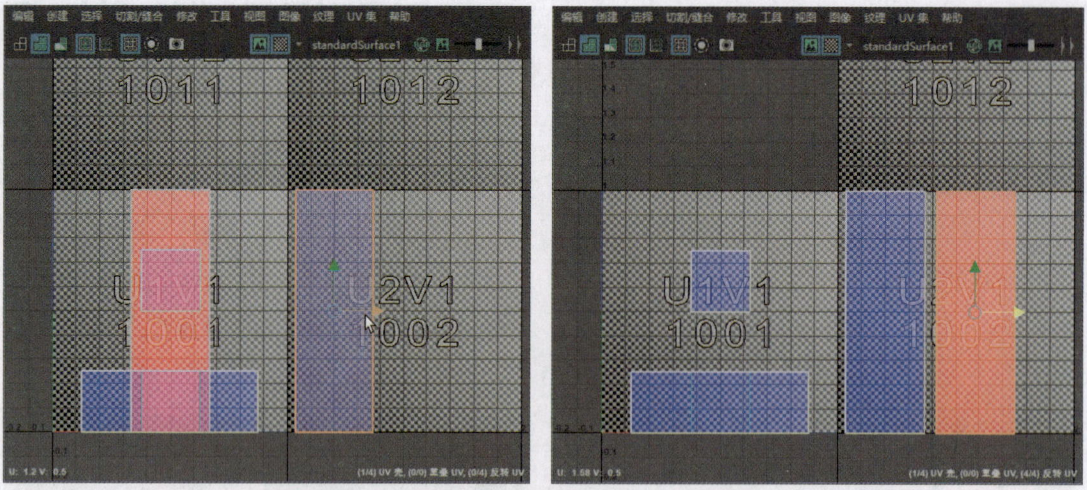


图 7-43　移动 UV 壳

**步骤 05** 选中红色的面，在“UV工具包”面板的“变换”→“工具”选项组中单击“翻转”选项，即可翻转该面，如图7-44所示。

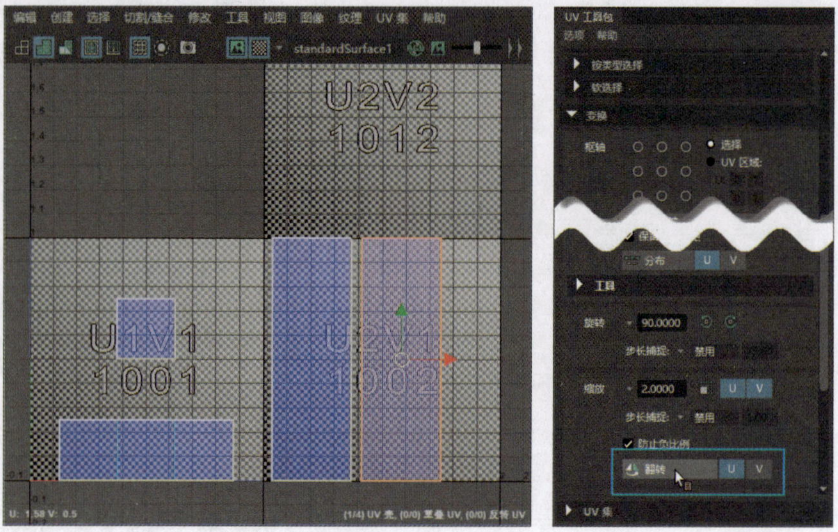


图 7-44　翻转 UV 壳

**步骤 06** 按照同样的方法，选择长方体两个侧面，在“平面映射选项”对话框中将投影源设为*X*轴，展开长方体两个侧面，如图7-45所示。

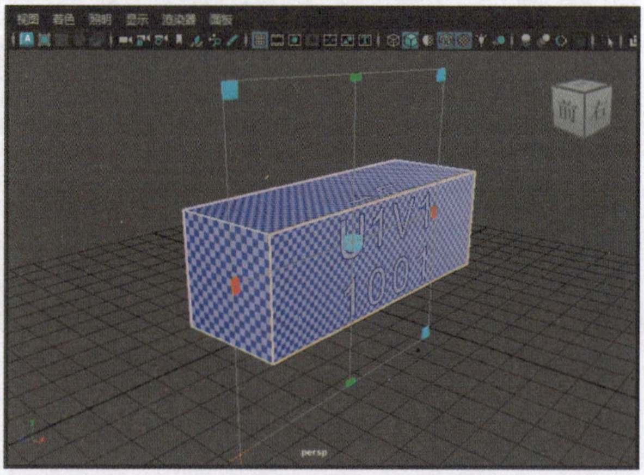


图 7-45　展开长方体侧面

**步骤 07** 同样在UV编辑器中将这两个面拖至其他位置，并对红色的面进行翻转，如图7-46所示。

**步骤 08** 按照同样的方法，将长方体前后两个面也进行展开，并在UV编辑器中调整这两个面的位置，如图7-47所示。

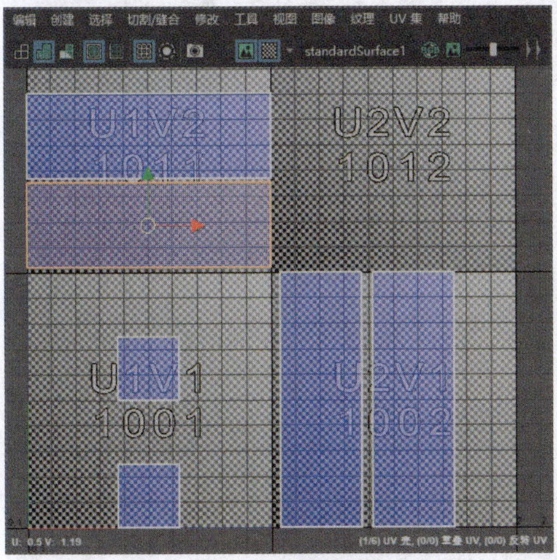


图 7-46 移动并翻转 UV 壳

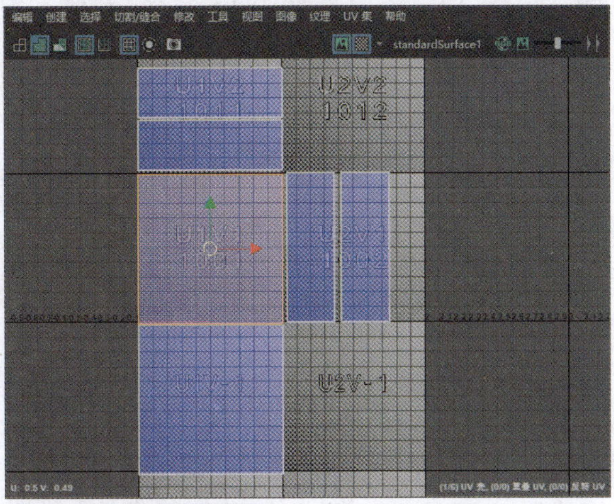


图 7-47 展开长方体前后两个面

**步骤 09** 全选所有面，在“UV工具包”面板中单击“排列和布局”选项组中的“排布”选项，将UV壳进行重新排布，并放置在一个单元格（1 cm × 1 cm）中，如图7-48所示。

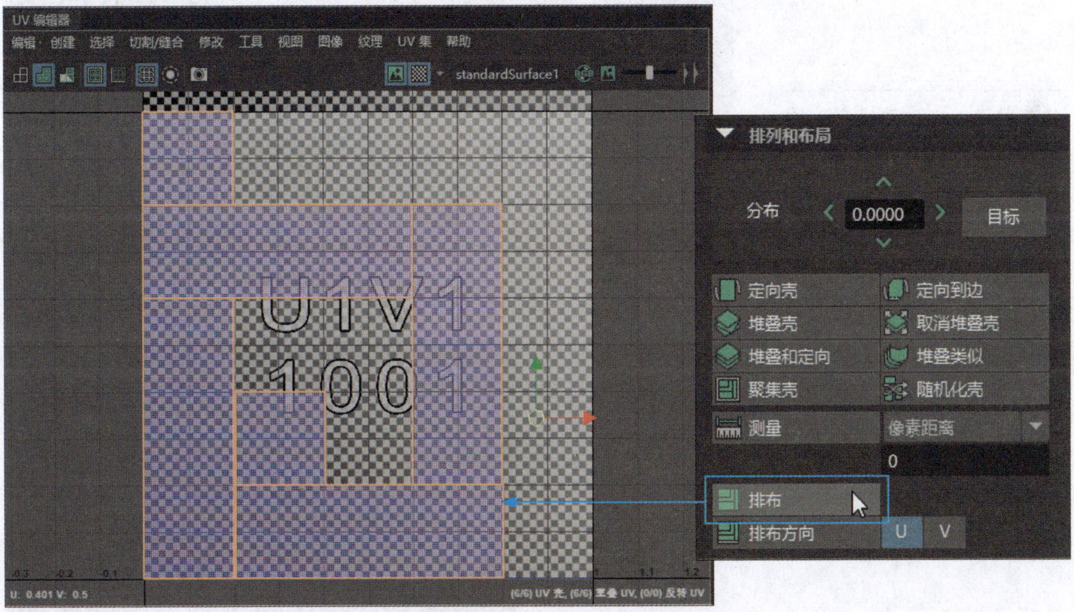


图 7-48 UV 壳重新排布

**步骤 10** 此时可以看到长方体每个面的接缝处都不能很好的衔接，需要进行面与面的缝合。在UV编辑器中，先将长方体4个侧面依次排好，如图7-49所示。

**步骤 11** 选中一个面，右键进入边编辑模式，选择该面的一条边，此时与该面衔接的面的边线也同样被选中，如图7-50所示。

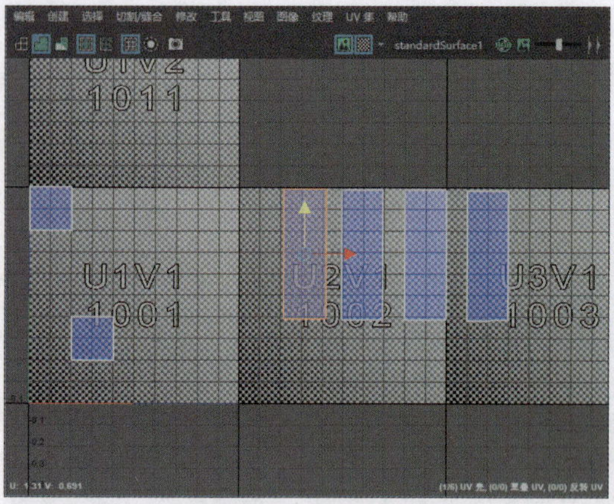

图 7-49　调整长方体 4 个侧面位置

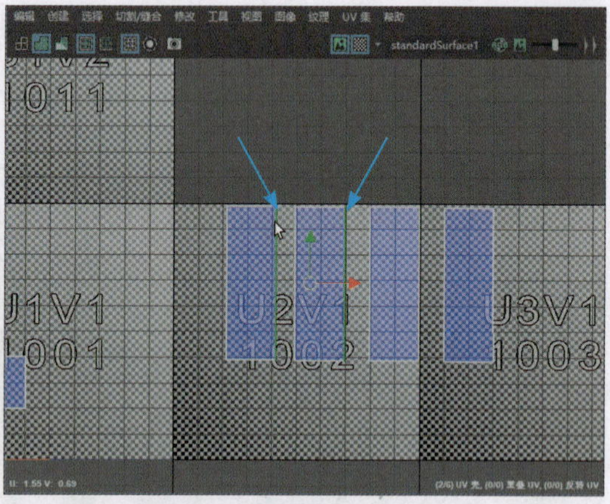

图 7-50　选中衔接边线

**步骤 12** 在“UV工具包”面板中单击“切割和缝合”选项组中的“缝合到一起”选项，两条被选中的衔接边即会合并在一起，实现两个侧面的缝合，然后调整缝合面的位置，如图7-51所示。

> **提示**：在移动缝合面的位置时，需右键进入UV壳编辑模式，才可选中全部缝合面。

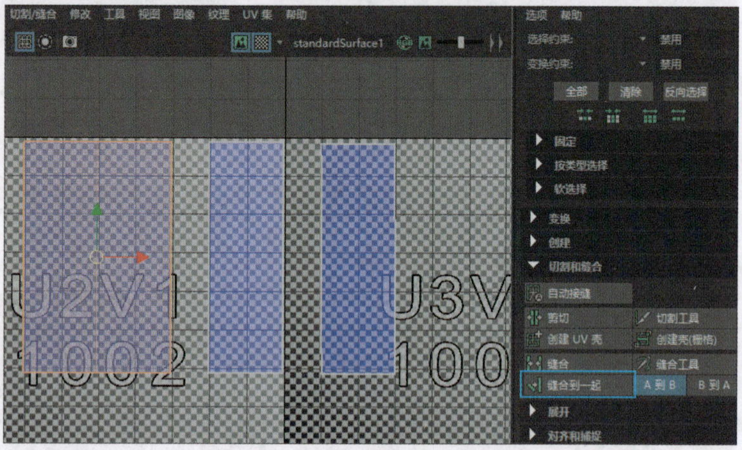

图 7-51　缝合长方体两个侧面

**步骤 13** 按照同样的方法，缝合其他两个侧面和前、后两个面，将其缝合为一个整面，如图7-52所示。

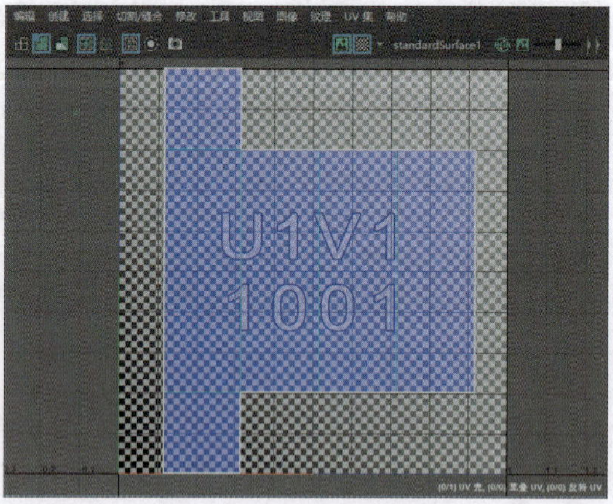

图 7-52　缝合所有面

调整模型的UV后，可在UV编辑器中单击“UV快照”按钮，在打开的“UV快照选项”对话框中设置图像的输出路径、大小、格式等参数，单击“应用”按钮，即可将当前UV纹理输出为图像文件，如图7-53所示。

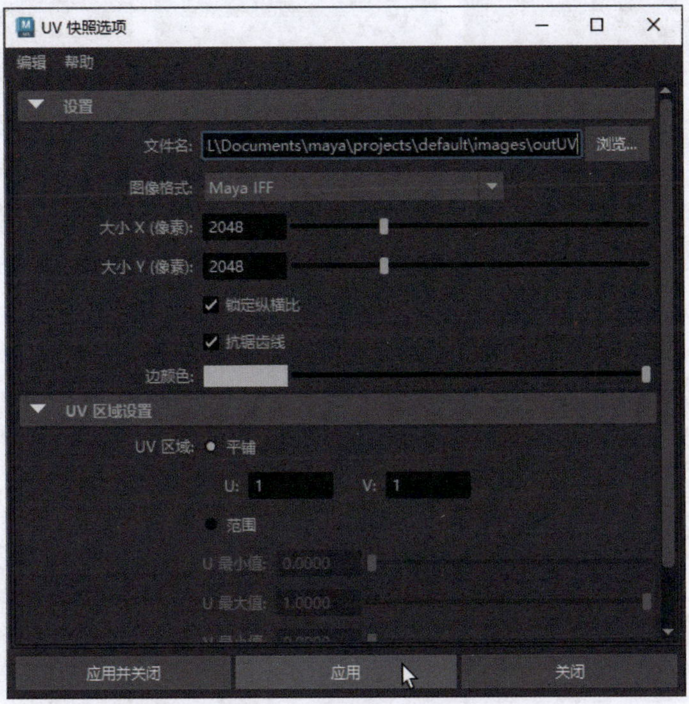


图 7-53 UV 输出为图像

最合理的UV分布取决于纹理类型、模型构造、模型在画面中的比例、渲染尺寸等，但也应遵循以下几点原则。

- 除非必要，UV尽量避免相互重叠。
- UV尽量避免拉伸。
- 尽量减少UV的接缝（可划分较少的UV块面）。
- 将UV接缝安排在摄影机不易察觉的位置或结构变化较大、不同材质外观的地方。
- 保持UV在0~1纹理平面内，并充分利用0~1的纹理空间。
- 同一模型不同UV块的比例尽量一致。

## 7.2.3 贴图设置

设置模型的UV后，可以为模型赋予相应的纹理图片，以得到更加真实的效果。用户可使用Hypershade窗口中的“文件”纹理功能进行操作。

选中模型，先为其添加一个默认的Lambert材质球，在“特性编辑器”面板中单击“Color（颜色）”选项右侧的“”按钮，打开“创建渲染节点”窗口，选择“文件”选项，在“file1”属性面板中单击“图像名称”选项后的文件夹按钮，如图7-54所示。打开“打开”对话框，选择所需的贴图，单击“打开”按钮，选中材质球，将其贴图赋予到模型上即可，如图7-55所示。

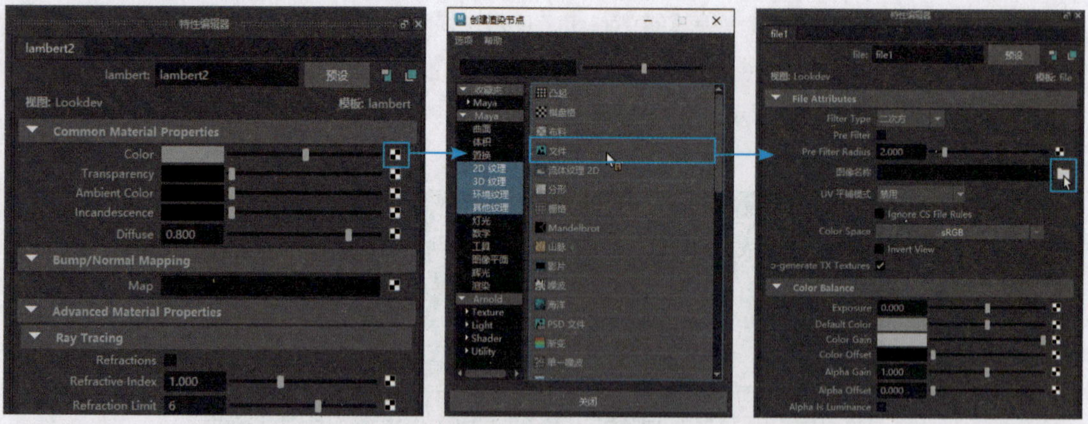


图 7-54　打开文件属性面板

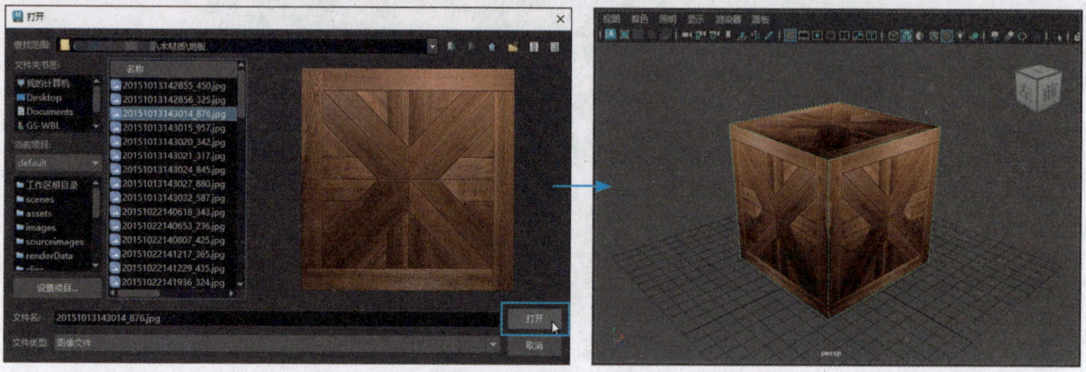


图 7-55　赋予材质贴图

# 7.3 灯光基础

灯光对于整个场景具有很大影响，是场景渲染的关键要素。在建模过程中，场景会显示一盏默认的灯光，用于查看场景的模型效果。一旦添加新灯光后，默认的灯光将不再起作用。本节将对灯光的添加与设置进行简单的介绍。

## ■7.3.1　灯光类型

Maya提供了环境光、平行光、点光源、聚光灯、区域光和体积光6种灯光类型，每种灯光都有不同的用法。

### 1. 环境光

使用环境光能够从各个方向均匀地照射场景中所有的物体。环境光有两种照射方式：一种是光线从光源的位置平均地向各个地方照射，类似一个点光源；另一种是光线从所有地方平均照射，犹如一个无限大的中空球体从内部的表面发射灯光一样。

环境光一般不作为主光源，通常用于模拟漫反射，起到均匀照亮整个场景、调整场景色调的作用，环境光只有在打开光线追踪算法之后才能计算阴影，如图7-56所示。

在渲染工具架上单击“环境光”按钮，或在菜单栏中选择“创建”→“灯光”→“环境光”选项均可创建。单击“环境光”选项后的设置按钮，在打开的“创建环境光选项”对话框中可对环境光的强度、颜色及阴影等参数进行调整，如图7-57所示。

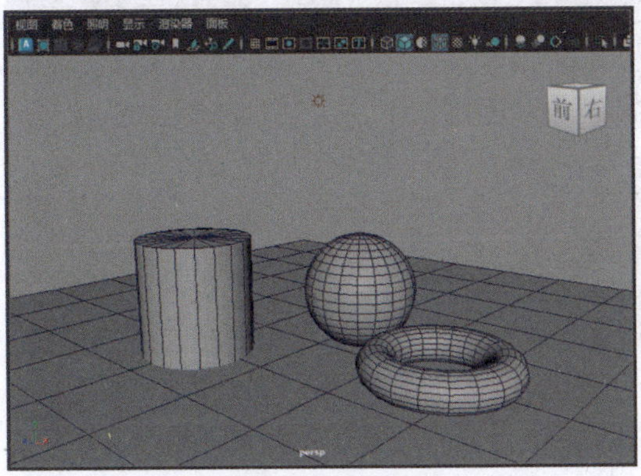


图 7-56　添加环境光

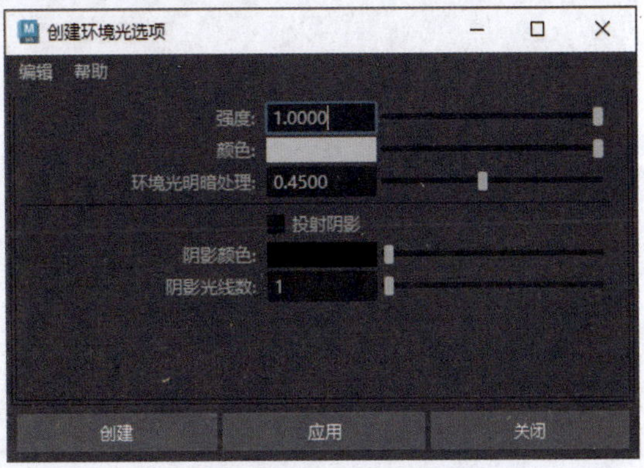


图 7-57　设置环境光参数

## 2. 平行光

平行光的光线是互相平行的，使用平行光可以模拟一个很远的点光源发射灯光，类似于太阳照射地球的效果，如图7-58所示。要注意的是，平行光没有衰减属性。无论场景有多大，平行光照射方向的物体都会被照亮。

在渲染工具架上单击“平行光”按钮，或在菜单栏中选择“创建”→“灯光”→“平行光”选项均可创建。单击“平行光”选项后的设置按钮，在打开的“创建平行光选项”对话框中可对光源的强度、颜色及阴影等参数进行调整，如图7-59所示。

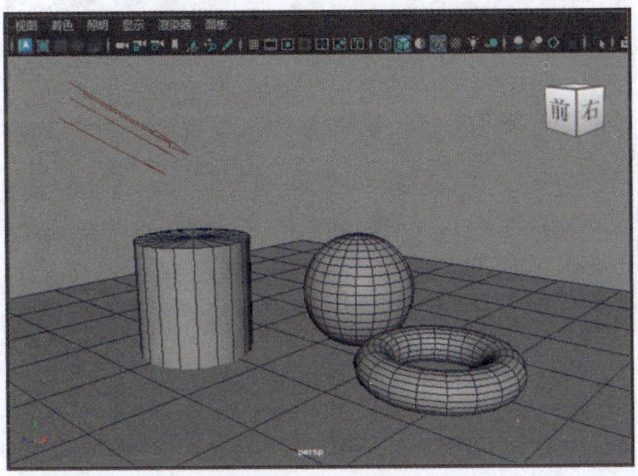


图 7-58　添加平行光

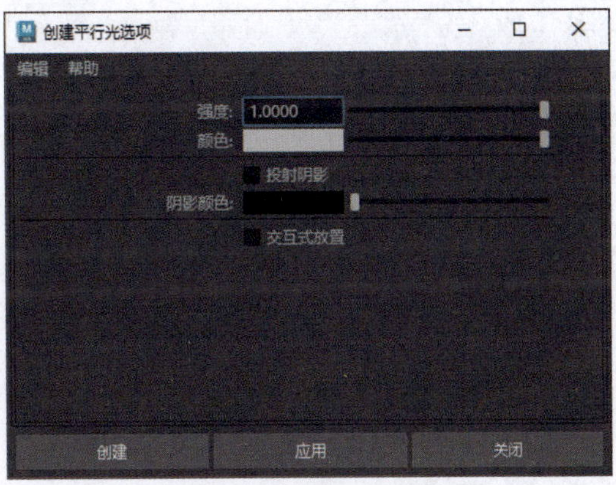


图 7-59　设置平行光参数

## 3. 点光源

点光源的光线是从一个点向四周进行发散，所以光线是不平行的。它可以用于模拟灯泡或夜空中的星星效果，具有非常广泛的应用范围，如图7-60所示。

在渲染工具架上单击“点光源”按钮，或在菜单栏中选择“创建”→“灯光”→“点光源”选项均可创建。单击其设置按钮，在打开的“创建点光源选项”对话框中可对光源的强度、颜色及阴影等参数进行调整，如图7-61所示。

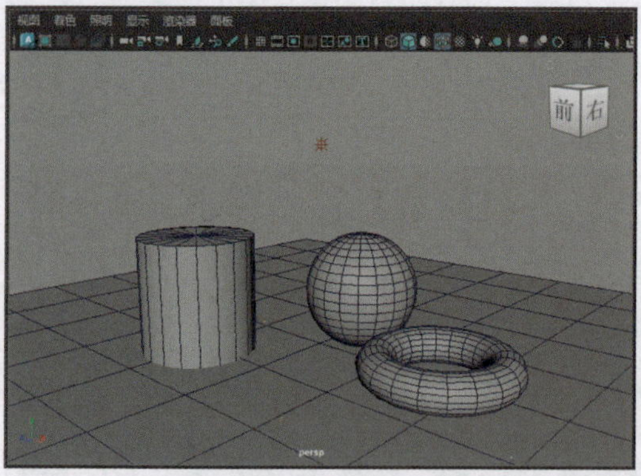


图 7-60　添加点光源

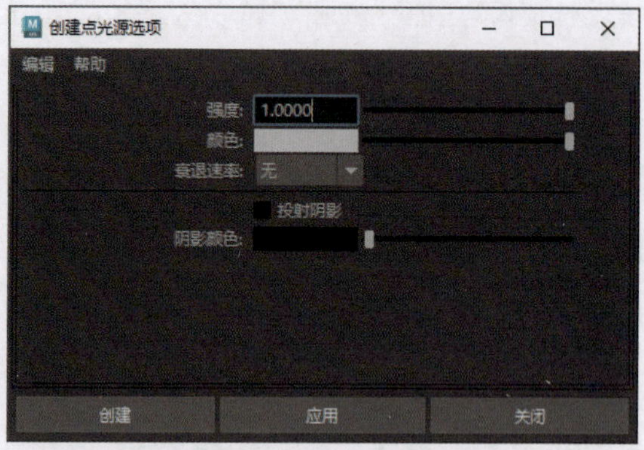


图 7-61　设置点光源参数

## 4. 聚光灯

聚光灯是具有方向性的灯光，它的光线是从一个点并以一个圆锥形区域平均地发射光线，聚光灯的光照锥角是可以调节的，这样可更好地控制灯光范围，几乎可以模拟任何照明效果，如图7-62所示。

在渲染工具架上单击“聚光灯”按钮，或在菜单栏中选择“创建”→“灯光”→“聚光灯”选项均可创建。单击其设置按钮，在打开的“创建聚光灯选项”对话框中可对光源的各种参数进行调整，如图7-63所示。

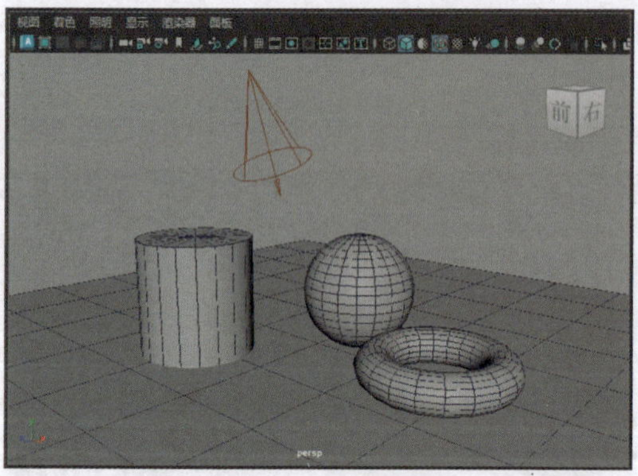


图 7-62　添加聚光灯

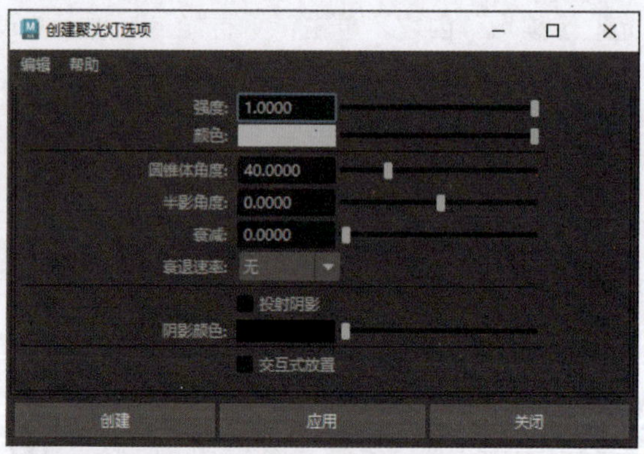


图 7-63　设置聚光灯参数

## 5. 区域光

区域光（也叫面光源），和其他灯光不同，区域光是一种二维的面积光源。使用变换工具调节区域光图标面积的大小可控制灯光的亮度和强度，调节灯光图标方向可改变照射方向，如图7-64所示。

在渲染工具架上单击“区域光”按钮，或在菜单栏中选择“创建”→“灯光”→“区域光”选项均可创建。单击其设置按钮，在打开的“创建区域光选项”对话框中可对光源的各种参数进行调整，如图7-65所示。

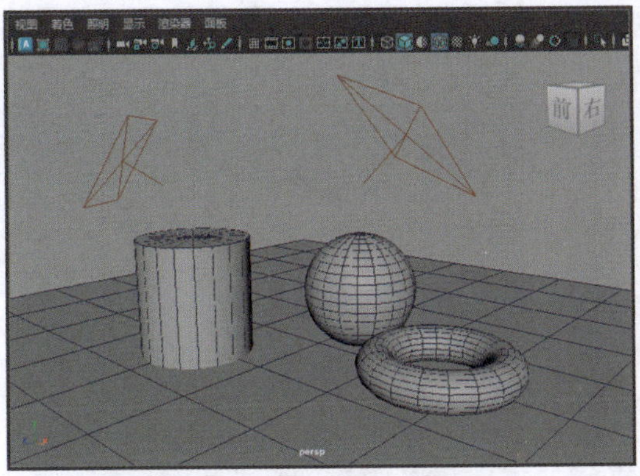


图 7-64　添加区域光

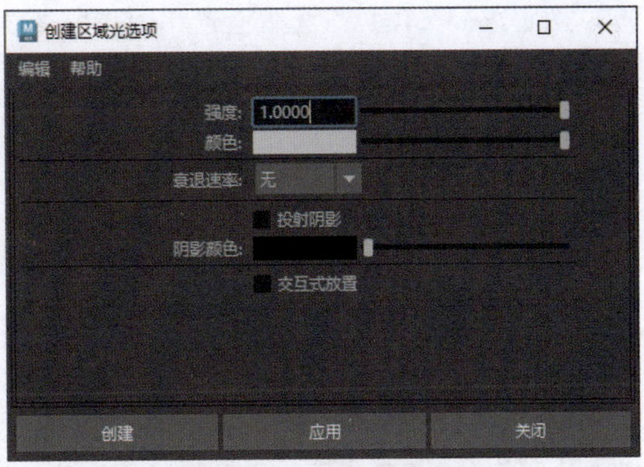


图 7-65　设置区域光参数

### 6. 体积光

体积光有别于其他光源。使用体积光可更好地体现灯光的延伸效果，可以方便地控制光线所能达到的范围。体积光只对它线框所涵盖的范围内进行照明，所以可以使用变换工具控制光线的范围大小，如图7-66所示。

在渲染工具架上单击“体积光”按钮，或在菜单栏中选择“创建”→“灯光”→“体积光”选项均可创建。单击其设置按钮，在打开的“创建体积光选项”对话框中可对光源的各种参数进行调整，如图7-67所示。

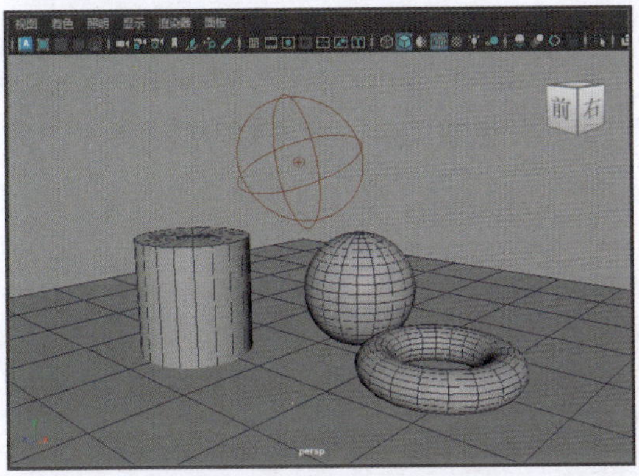


图 7-66　添加体积光

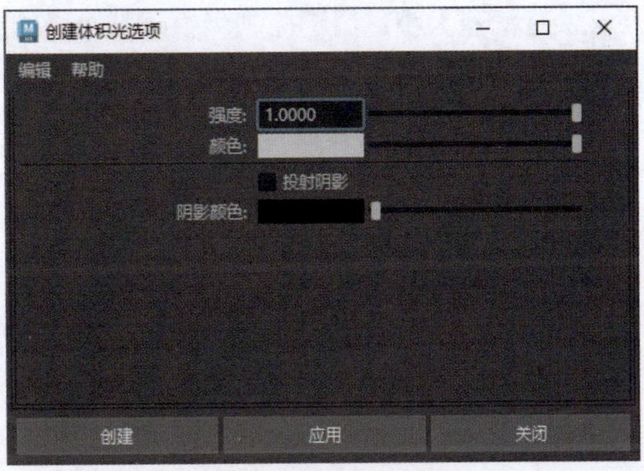


图 7-67　设置体积光参数

## ■7.3.2　阴影类型

模型被光线照射后，就会产生阴影。Maya中阴影的生成方式有两种，分别为深度贴图阴影和光线跟踪阴影。

### 1. 深度贴图阴影

深度贴图阴影产生的方式是在渲染时生成一个深度贴图文件，它会计算灯光到物体表面的距离，然后根据运算结果判断是否产生阴影。这种生成阴影方式的优点是渲染速度快，生成的阴影相对边缘柔和，但是和光线跟踪阴影相比缺乏真实性，如图7-68所示。

选中添加的灯光，在“属性编辑器”面板的“深度贴图阴影属性”选项栏中勾选“使用深度贴图阴影”选项，灯光就会产生深度贴图阴影，如图7-69所示。

图 7-68　深度贴图阴影效果

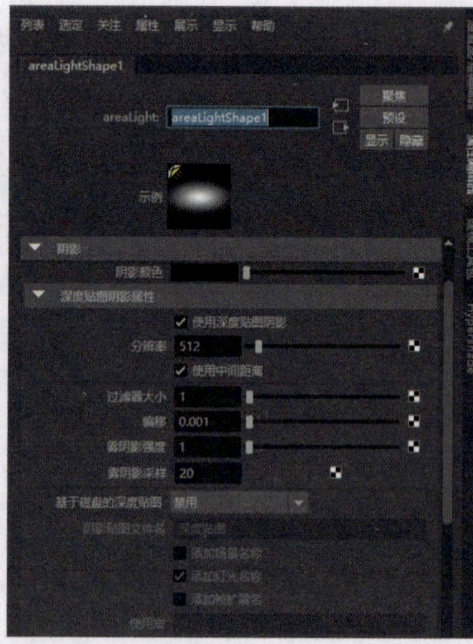


图 7-69　“深度贴图阴影属性”选项栏

深度贴图阴影属性的主要参数说明如下：

- **使用深度贴图阴影：**只有勾选该复选框，深度贴图阴影才会被激活。
- **分辨率：**数值越大，阴影贴图分辨率越高，阴影效果越好，但渲染速度会降低。
- **过滤器大小：**用于控制产生阴影边缘的虚化效果。数值越大，边缘越柔和；数值越小，边缘越锐利。
- **偏移：**调节该参数可以使阴影和物体表面分离。数值变大时，物体的阴影会留下一部分；数值为1时，阴影完全消失。

## 2. 光线跟踪阴影

光线跟踪阴影的生成方式可以比较真实地跟踪计算光线的传播路线，从而确定如何投射以及在哪里投射阴影。它能提供非常真实的效果，但由于光线跟踪阴影是计算整个场景的，所以需要花费更多的计算时间，效果如图7-70所示。

图 7-70　光线跟踪阴影效果

在“属性编辑器”面板的“光线跟踪阴影属性”选项栏中勾选“使用光线跟踪阴影”选项，即可开启该阴影效果，如图7-71所示。

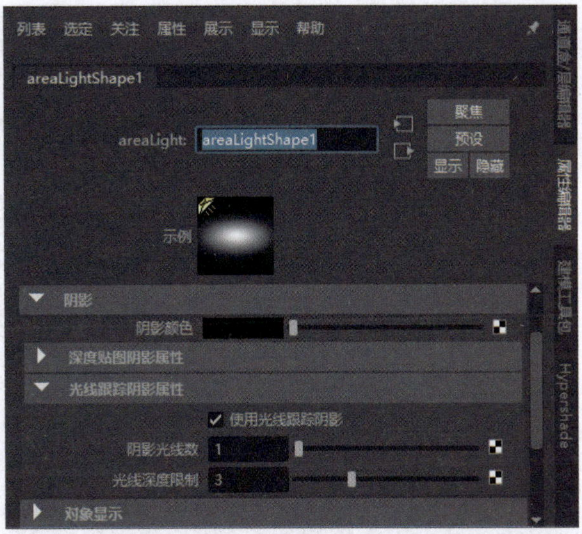


图 7-71 “光线跟踪阴影属性”选项栏

## ■7.3.3 灯光特效

在场景中适当地添加灯光特效，可增加场景的层次感。Maya提供了多种灯光特效，其中辉光特效和灯光雾特效最为常用。

### 1. 辉光特效

辉光特效用于增强或模拟光线散射的效果，使模型边缘产生柔和的光晕，广泛应用于游戏、影视场景中，如图7-72所示。

图 7-72 辉光特效的效果

选中场景灯光，在“属性编辑器”面板的“灯光效果”选项栏中单击“灯光辉光”选项右侧的“■”按钮，在打开的opticalFX面板中可对辉光的属性参数进行设置，如图7-73所示。

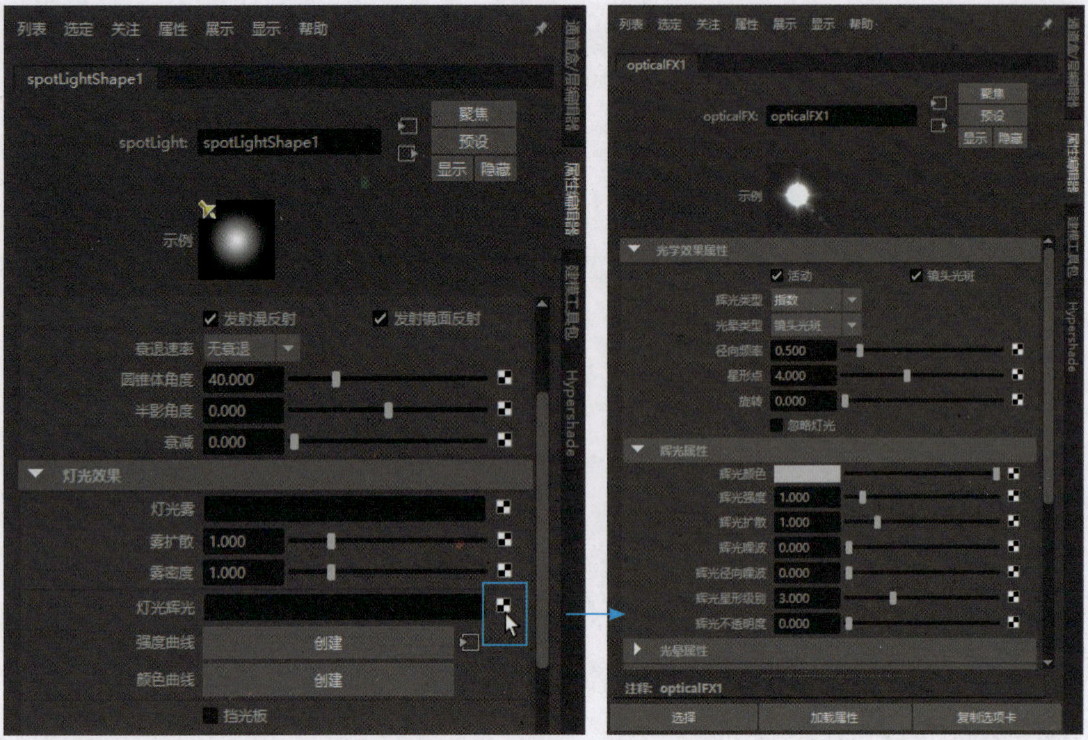


图 7-73　设置辉光属性参数

下面对辉光的主要属性参数进行说明。

- **活动：** 勾选该复选框可以使辉光特效起作用。
- **镜头光斑：** 勾选该复选框会启用镜头光斑效果。
- **辉光类型：** 用于选择辉光的类型，包括None（无）、Linear（线性）、Exponential（指数）、Ball（球体）、Lens Flare（镜头光斑）、Rim Halo（边缘光晕）6种。
- **辉光颜色：** 用于设置辉光的颜色。默认为白色，单击色块会打开拾色器面板。
- **辉光强度：** 用于设置辉光的亮度。可设置为负值，负值时将从其他辉光中吸光。
- **辉光扩散：** 用于设置辉光相对于镜头的大小。
- **辉光噪波：** 用于设置辉光的噪波强度。
- **辉光径向噪波：** 用于控制辉光随机扩散。
- **辉光星形级别：** 用于调节光束的宽度，数值越小，光束越窄。

### 2. 灯光雾特效

灯光雾特效是在灯光的照明范围内添加一种云雾效果，如图7-74所示。该效果只能应用于点光源、聚光灯和体积光。点光源的灯光雾是球形的，聚光灯的灯光雾是锥形的，体积光的灯光雾则由灯光的体积形状决定。

选中灯光，在“属性编辑器”面板中会看到“灯光效果”选项栏，如图7-75所示。

图 7-74 聚光灯的灯光雾效果

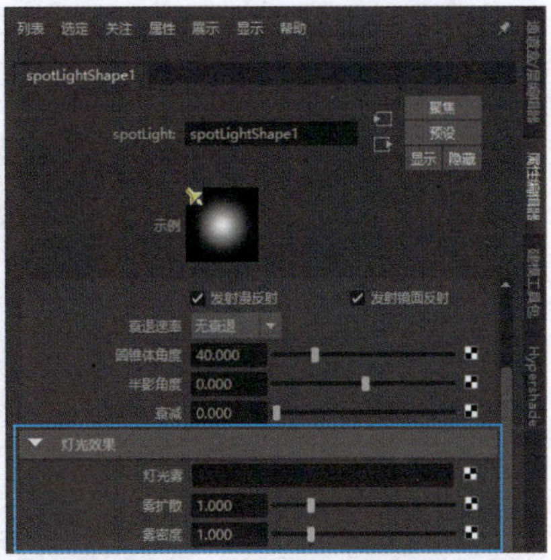


图 7-75 灯光雾属性设置

- **灯光雾：**在此栏中可自定义灯光雾的名称。单击右侧的贴图按钮可为灯光添加一个雾节点，也就是创建了一个灯光雾效果，此时可以进入灯光雾节点的属性面板中进一步设置属性参数。
- **雾扩散：**用于控制灯光雾的分布情况，数值越高，光线分布越密集。
- **雾密度：**用于控制灯光雾的照明强度。数值越小，灯光雾越弱；数值越大，灯光雾越强。

## 7.4 课堂演练：制作书房一角效果

本案例利用Maya材质编辑器和灯光功能，为现有的书房模型赋予相应的材质和基础布光。

扫码观看视频

**步骤 01** 打开素材文件，可以看到书房局部场景模型，如图7-76所示。

**步骤 02** 先进行基础布光。在渲染工具架上单击“聚光灯”按钮，添加一盏聚光灯。选中聚光灯，按T键，使用移动工具调节聚光灯的目标点，以此调整灯光的位置，如图7-77所示。

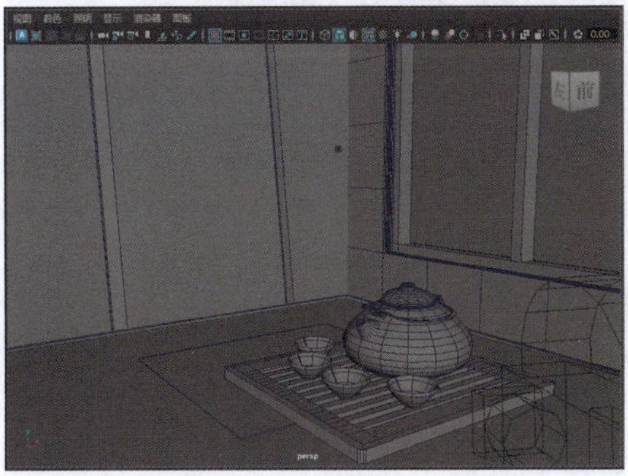

图 7 76 场景模型

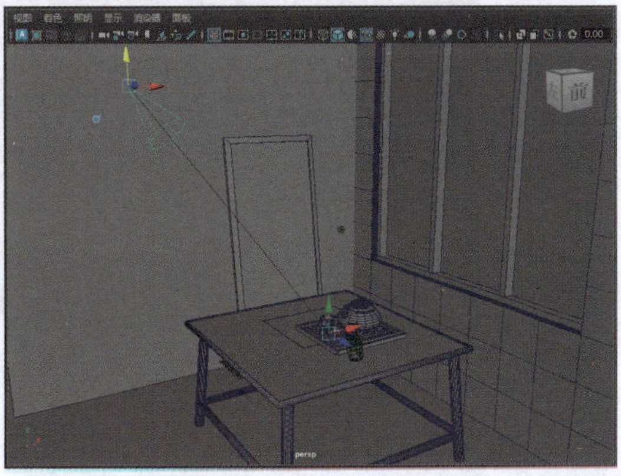

图 7-77 添加聚光灯

**步骤 03** 选中聚光灯，在“属性编辑器”面板中调整“聚光灯属性”选项栏中的参数，如图7-78所示。

**步骤 04** 选择“阴影”选项栏，调整阴影颜色。选择“光线跟踪阴影属性”选项栏，勾选“使用光线跟踪阴影”复选框，其他保持默认，如图7-79所示。

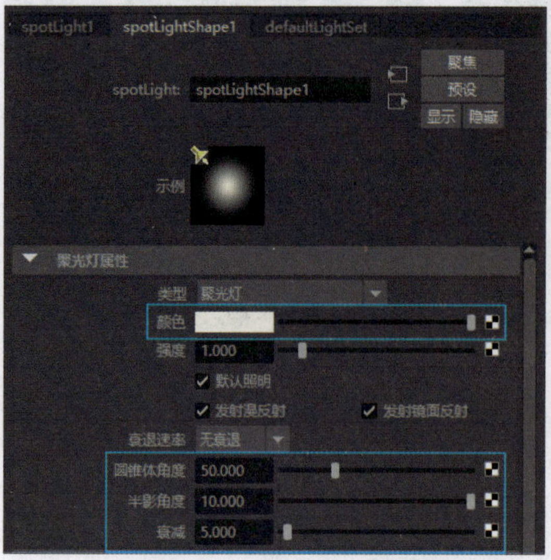


图 7-78　设置聚光灯属性

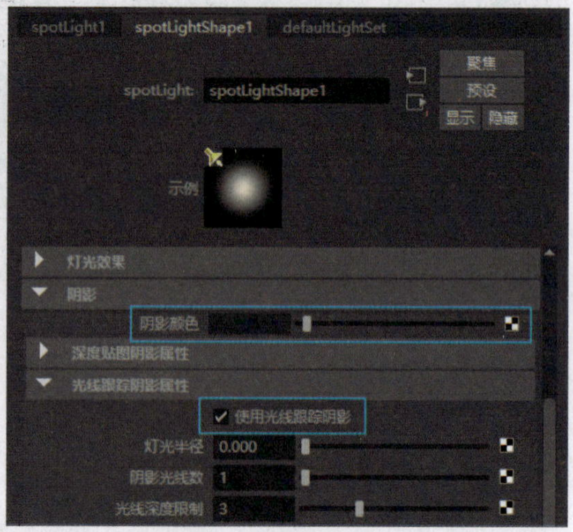


图 7-79　设置灯光阴影

**步骤 05** 在视图工具栏中单击“使用所有灯光”按钮，开启灯光模式，如图7-80所示。

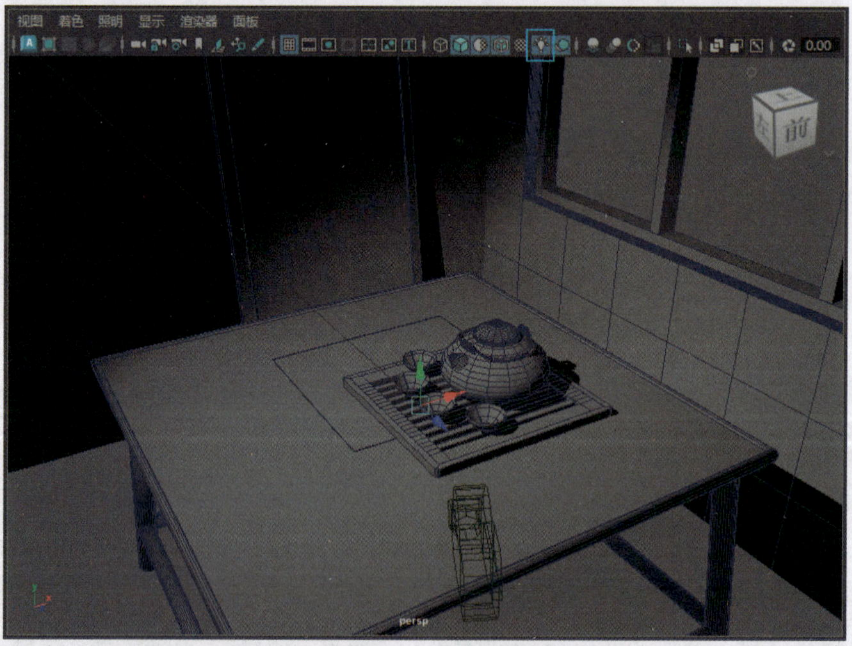


图 7-80　开启灯光模式

**步骤 06** 在渲染工具架上单击“平行光”按钮，添加平行光，调整平行光的位置，如图7-81所示。

**步骤 07** 选中平行光，在“属性编辑器”面板中调整“平行光属性”选项栏中的参数，并取消勾选“使用光线跟踪阴影”复选框，如图7-82所示。

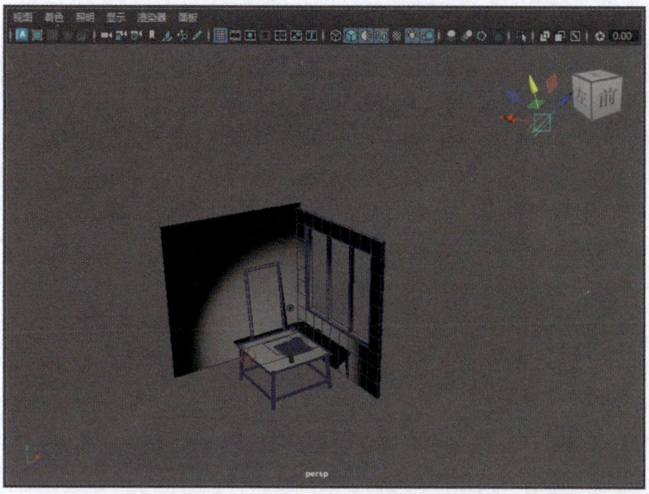


图 7-81　添加平行光

图 7-82　设置平行光参数

**步骤08** 在装饰画顶部添加聚光灯，并调整其参数，如图7-83所示。

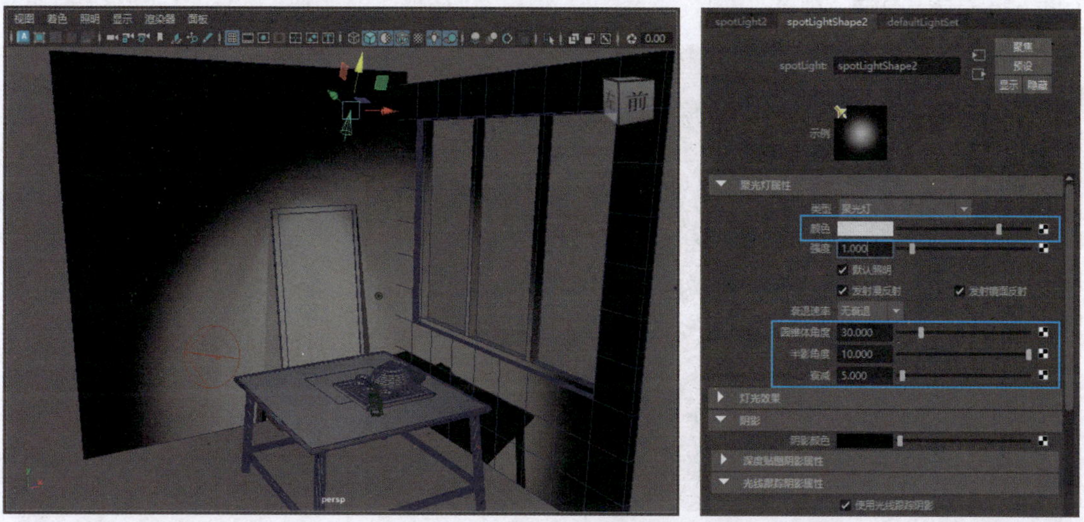


图 7-83　再添加一个聚光灯

**步骤09** 在视图工具栏中选择“面板”→“透视”→“Camera2”选项，切换到摄影机视图，如图7-84所示。

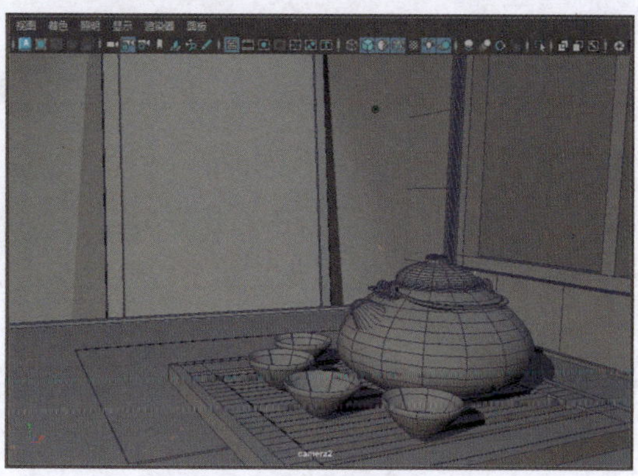

图 7-84　切换到摄影机视图

**步骤10** 在状态行中单击“打开渲染视图”按钮，打开“渲染视图”窗口，单击“渲染当前帧”按钮，可对摄影机视角进行渲染，如图7-85所示。

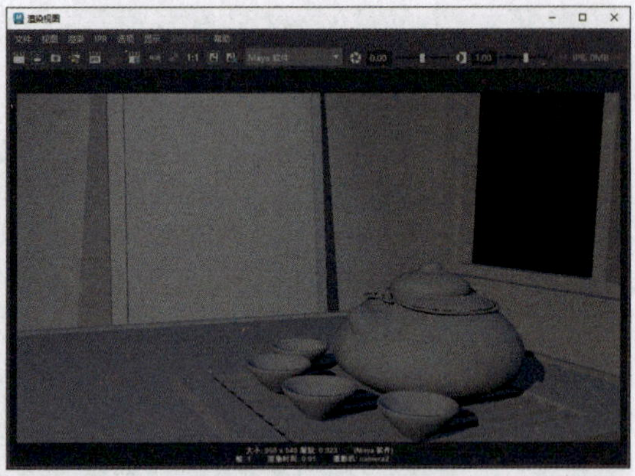

图 7-85　渲染摄影机视图

> **提示**：渲染参数的设置会在下一章中介绍。

**步骤11** 基础布光结束后，接下来为场景赋予相应的材质。选中方桌模型，打开Hypershade窗口。在“创建”面板中单击Lambert选项，创建该材质球，并对其重命名，如图7-86所示。

**步骤12** 在“特性编辑器”面板的“Common Material Properties”选项栏中单击“Color”选项后的贴图按钮，打开“创建渲染节点”窗口，选择“2D纹理”→“文件”选项，如图7-87所示。

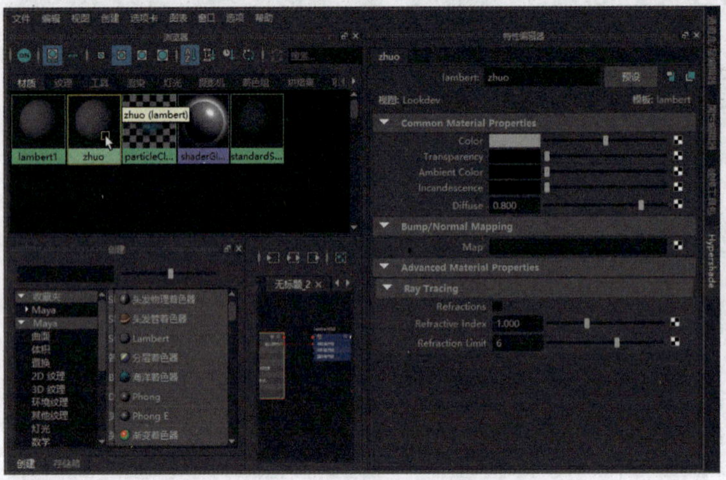

图 7-86　创建方桌材质球

图 7-87　添加纹理文件

> **提示**：Hypershade窗口的选项参数几乎都是英文，用户可在“属性编辑器”面板中进行设置，其选项都是相同的。

**步骤13** 在“特性编辑器”面板的“File Attributes”选项栏中单击“图像名称”选项后的文件夹按钮，在“打开”对话框中选择方桌的贴图文件，如图7-88所示，单击“打开”按钮。

**步骤14** 右击该材质球，将其赋予方桌模型。切换至“Persp（透视）”视图模式，查看方桌贴图，如图7-89所示。

**步骤15** 添加桌布材质。在Hypershade窗口中新建Lambert材质球，并将其重命名。在“特性编辑器”面板中单击“Color”选项后的贴图按钮，打开“创建渲染节点”窗口，选择“2D纹理”→“文件”选项，添加桌布贴图，如图7-90所示。

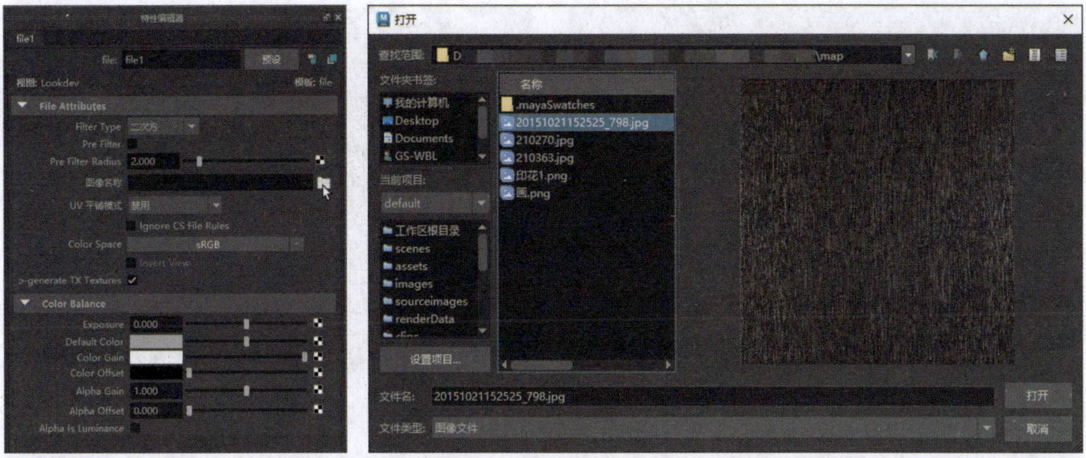

图 7-88 选择贴图文件

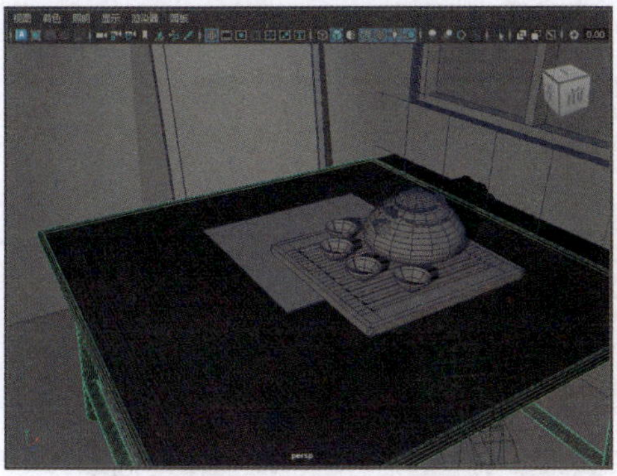

图 7-89 创建方桌材质球

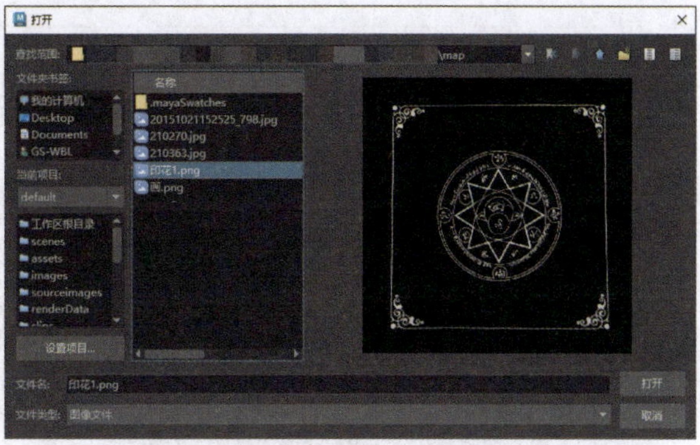

图 7-90 选择桌布贴图

**步骤 16** 选中桌布，在菜单栏中单击“UV”→“平面”选项后的设置按钮，打开“平面映射选项”对话框，将投影源设为*Y*轴，并通过拖动UV蓝色控制点，缩放贴图大小，如图7-91所示。

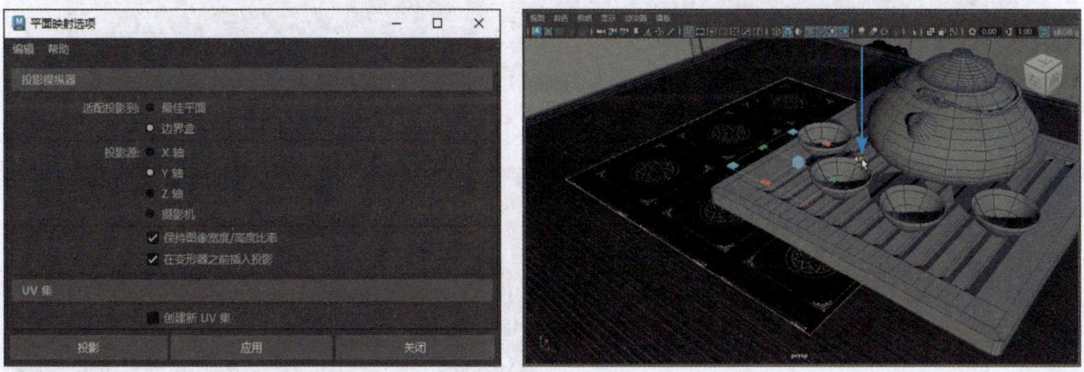

图 7-91 调整桌布 UV

**步骤 17** 添加茶盘材质。在Hypershade窗口中新建Lambert材质球，并对其重命名。在“Common Material Properties”选项栏中单击“Color”选项后的色块按钮，调整颜色，如图7-92所示。

**步骤 18** 选择茶盘外壳，为其赋予该材质球颜色，如图7-93所示。

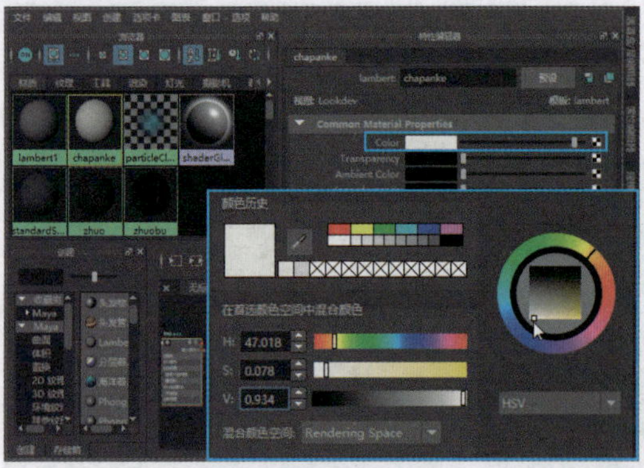

图 7-92 调整材质颜色

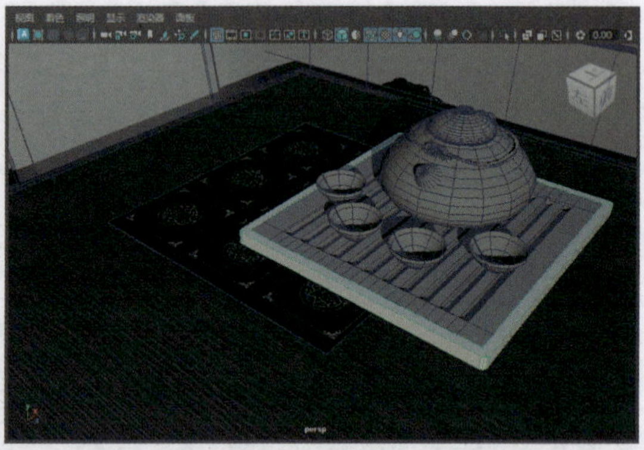

图 7-93 赋予外壳材质颜色

**步骤 19** 创建茶盘木材质。新建Lambert材质球，并对其重命名。单击“Color”选项后的贴图按钮，为其添加木质贴图，如图7-94所示。

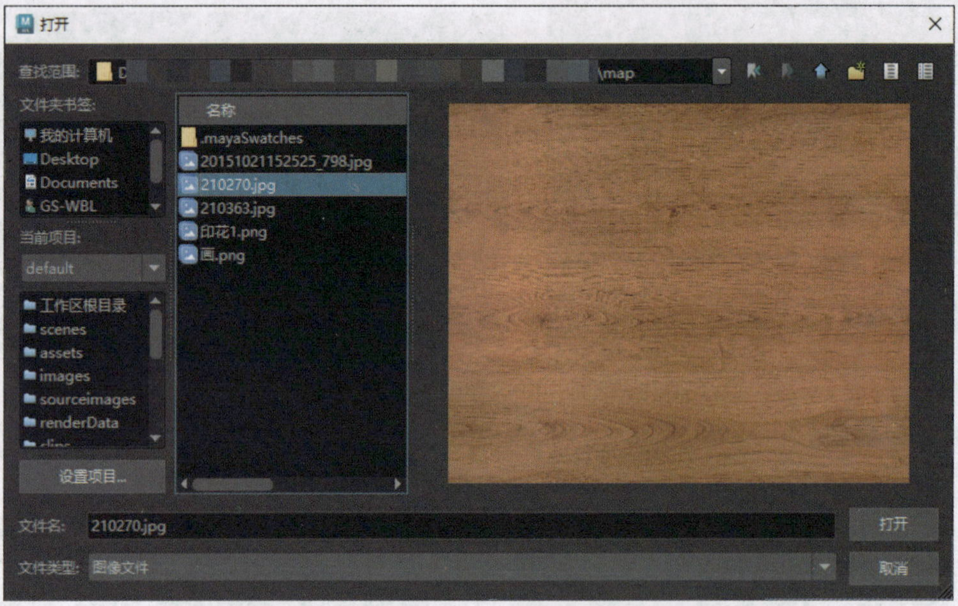

图 7-94 添加木质贴图

**步骤 20** 选中茶盘，赋予该材质。使用平面UV，调整该材质的UV，如图7-95所示。

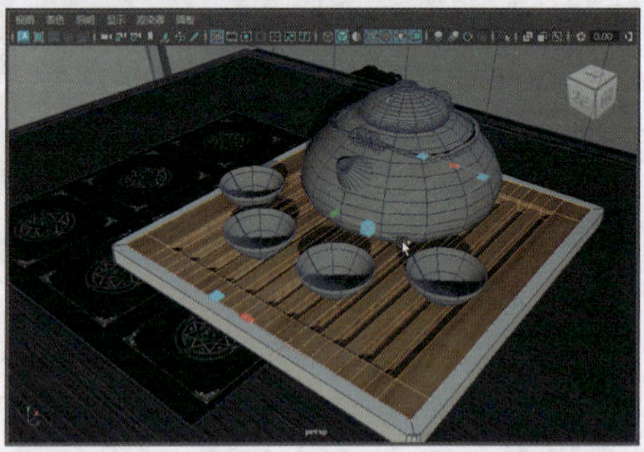

图 7-95 调整木材质 UV

**步骤21** 创建茶具白瓷材质。在Hypershade窗口中新建blinn材质球，并对其重命名。在“特性编辑器”面板中调整白瓷的颜色及镜面反射参数，如图7-96所示。

**步骤22** 将调整的白瓷材质赋予茶壶及茶碗模型，如图7-97所示。

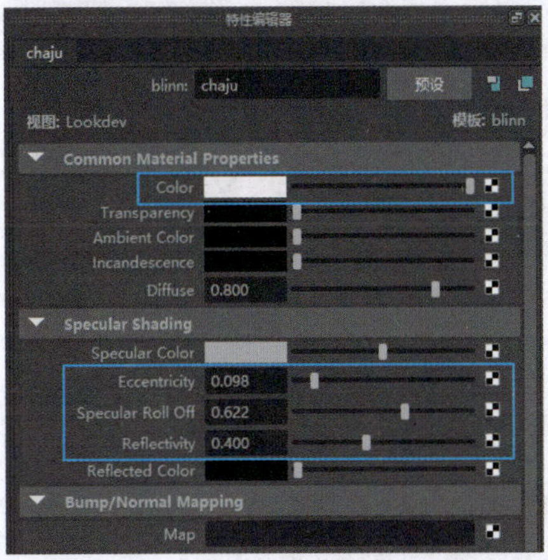


图 7-96　调整白瓷属性参数

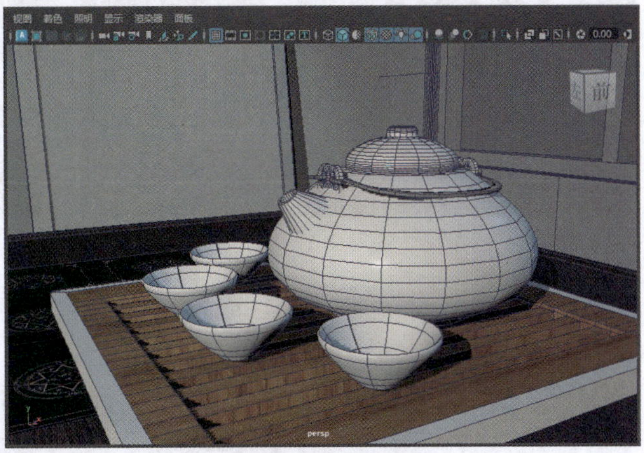

图 7-97　赋予白瓷材质

**步骤23** 创建茶壶拉手金属材质。在Hypershade窗口中新建Phong材质球，并对其重命名。在“特性编辑器”面板中调整材质属性，如图7-98所示。

**步骤24** 将该材质赋予茶壶拉手，单击“渲染当前帧”按钮，渲染当前视图，效果如图7-99所示。

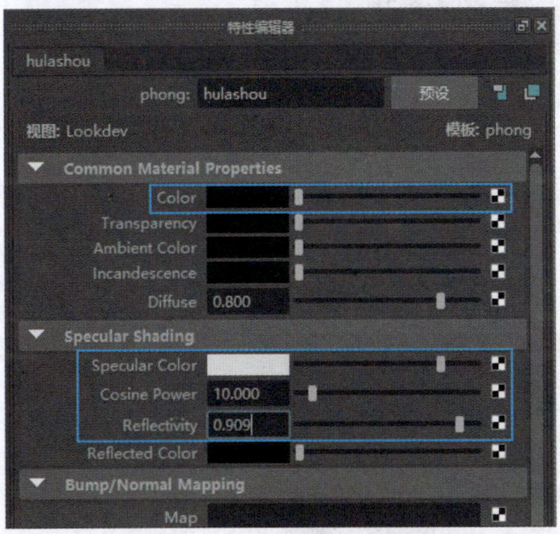


图 7-98　调整金属材质参数

图 7-99　渲染当前帧效果

**步骤25** 创建水墨画材质。在Hypershade窗口中新建Lambert材质球，并对其重命名。单击“Color”选项后的贴图按钮添加相关贴图，如图7-100所示。

**步骤26** 将该贴图赋予在画模型上，并使用平面UV，将投影源设为Z轴，调整UV大小，效果如图7-101所示。

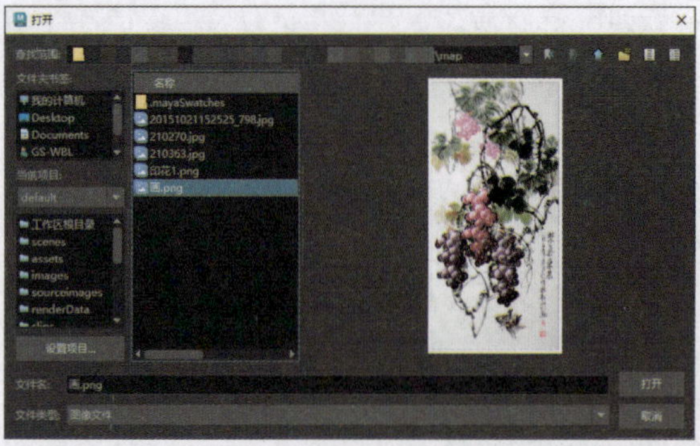

图 7-100　创建水墨画材质

图 7-101　调整贴图 UV

步骤 27 在Hypershade窗口中新建Lambert材质球，分别创建画框、墙面及窗材质球，调整其材质颜色，将其赋予相应模型，如图7-102所示。

图 7-102　创建其他模型材质

步骤 28 将视图调整至摄影机视图。打开“渲染视图”窗口，单击“渲染当前帧”按钮进行渲染，渲染效果如图7-103所示。

图 7-103　渲染场景效果

## 课后作业

### 一、填空题

1. Hypershade窗口中的“浏览器”面板是由__________和__________两部分组成。

2. Maya的材质属性有很多，__________属性、__________属性和__________属性3种较为常用。

3. Maya提供了__________、__________、__________、__________、__________和__________6种灯光类型。

4. UV纹理的映射方式有__________、__________、__________、__________4种。

### 二、选择题

1. 赋予材质的方法有（　　）。

A. 3种　　B. 1种
C. 4种　　D. 2种

2.（　　）材质属性是各种材质都有的属性，也是最基本的属性。

A. UV纹理编辑器　　B. UV映射
C. 公用材质属性　　D. 2D纹理属性

3. Maya默认的材质是（　　）。

A. 各向异性　　B. Lambert
C. Blinn　　D. Phong

4.（　　）光源具有方向性，光线是从一个点以一个圆锥形区域中平均地发射光线。

A. 平行光　　B. 点光源
C. 体积光　　D. 聚光灯

### 三、操作题

利用Hypershade窗口为Logo文字添加金属材质，设置效果如图7-104所示。

图 7-104　金属材质效果

# 第8章

# 摄影机与渲染设置

## 内容概要

调整摄影机和渲染设置是塑造场景效果的关键步骤。摄影机视角不仅决定了场景视角，还能在一定程度上烘托场景的氛围。渲染则是将虚拟场景转化为逼真的影像，通过调整一系列参数丰富画面的细节与质感。本章将对Maya中摄影机的创建和渲染设置功能进行详细讲解。

## 素质要点

- 渲染设置：掌握基本的渲染设置，能够输出高质量图像和视频。
- 故事叙述：学习如何通过三维模型讲述故事，包括角色设计、视觉语言应用等。

## 数字资源

【本章素材】："素材文件\第8章"目录下

【本章课堂演练最终文件】："素材文件\第8章\课堂演练"目录下

# 8.1 关于摄影机

Maya提供了persp（透视图）、top（顶视图）、front（前视图）和side（侧视图）4个摄影机，这些摄影机一般只用于场景建模过程中。如果想要渲染场景，需要用户自定义摄影机，以满足制作需求。

## ■8.1.1 创建摄影机

摄影机的创建方法有很多种，其中直接单击创建按钮最为常用。在工具架上选择“渲染”标签，单击“创建摄影机”按钮，即可在栅格原点位置创建摄影机，如图8-1所示。

也可在菜单栏中选择“创建”→“摄影机”→“摄影机”选项进行创建，如图8-2所示。

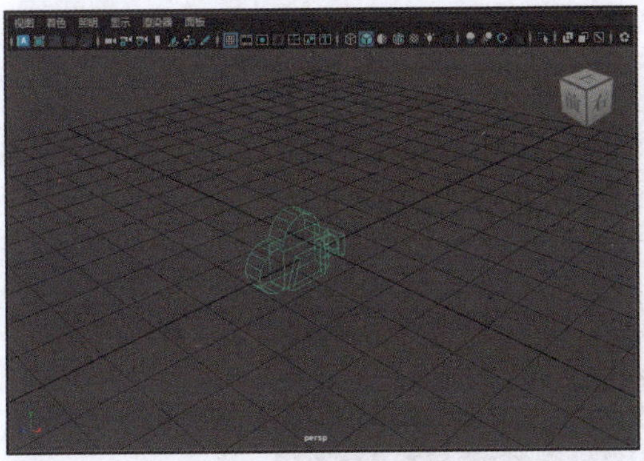

图 8-1 使用工具架命令创建

图 8-2 使用菜单栏命令创建

创建摄影机后，可使用移动、缩放、旋转工具调整摄影机大小和角度。在视图区的工具栏中选择“面板”→“透视”→“Camera1”选项，可切换到摄影机视图观察场景，如图8-3所示。

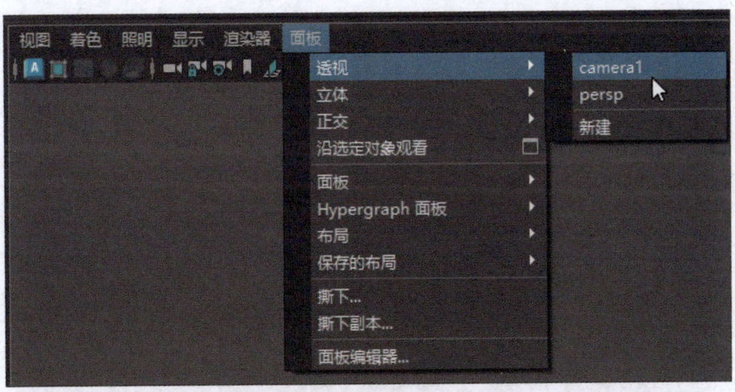


图 8-3 切换到摄影机视图

下面以调整闹钟观察视角为例，介绍摄影机的创建及调整的具体步骤。

**步骤01** 打开素材文件，在渲染工具架上单击“创建摄影机”按钮，创建一台摄影机。在透视图中使用移动和缩放工具调整摄影机的位置和大小，如图8-4所示。

**步骤02** 在视图工具栏中选择“面板”→“透视”→“Camera1”选项，即可切换至摄影机视图，如图8-5所示。

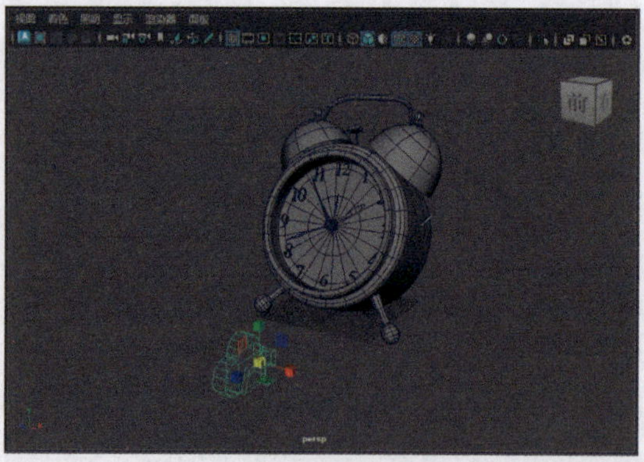


图 8-4　创建摄影机

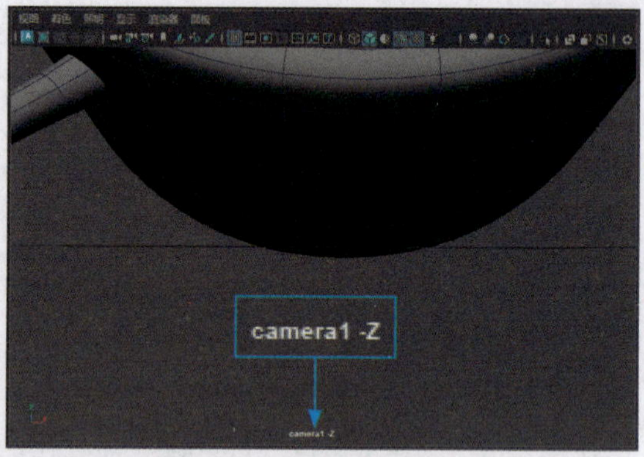


图 8-5　切换至摄影机视图

**步骤 03** 选中摄影机，按空格键，切换到“四个视图”布局样式，如图8-6所示。

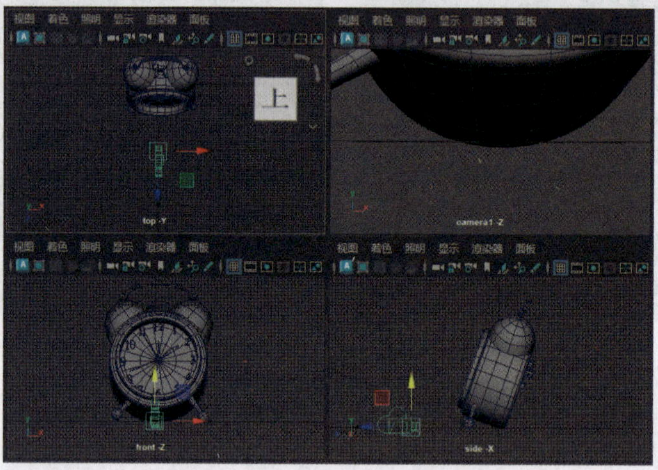


图 8-6　切换到“四个视图”布局

**步骤 04** 在顶视图、前视图和右视图中调整摄影机位置，然后在摄影机视图中查看结果，如图8-7所示。调整完成后，切换回摄影机视图即可。

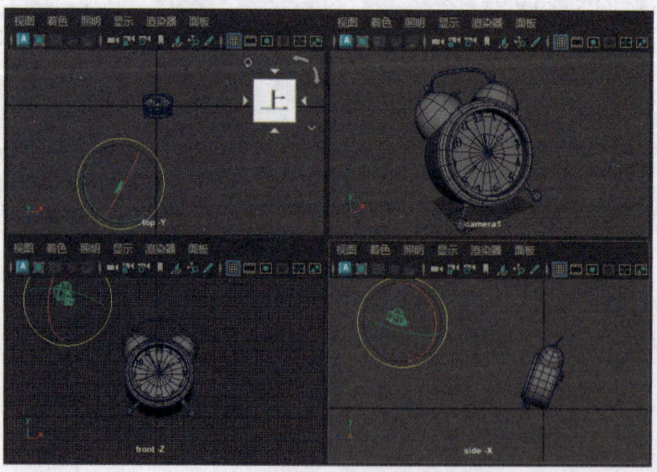


图 8-7　调整摄影机角度及位置

摄影机视图创建完成后，在视图工具栏中单击“锁定摄影机”按钮，此时该视图会被锁定，它不会因视图的平移、缩放而变换。在动画制作过程中，这一功能能够确保场景视角的稳定性。如需解锁视图，再次单击该按钮即可。

## ■8.1.2 摄影机分类

Maya摄影机可分为3种，分别为：摄影机，摄影机和目标，摄影机、目标和上方向。

①“摄影机”是没有控制柄的，常用于制作单帧渲染或一些简单的场景动画。一般被称为单节点摄影机。

②“摄影机和目标”（俗称目标摄影机）带有控制柄，常用于制作路径动画或注释动画。一般被称为双节点摄影机，如图8-8所示。

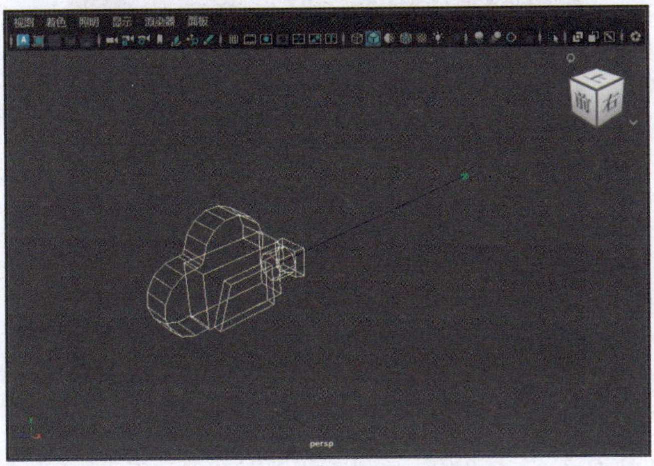

图 8-8 “摄影机和目标”类型

③“摄影机、目标和上方向”是带控制柄的目标摄影机，比目标摄影机具有更多元化的操作，使用控制柄可控制摄影机的旋转角度。常用于制作一些比较复杂的动画，一般被称为多节点摄影机，如图8-9所示。

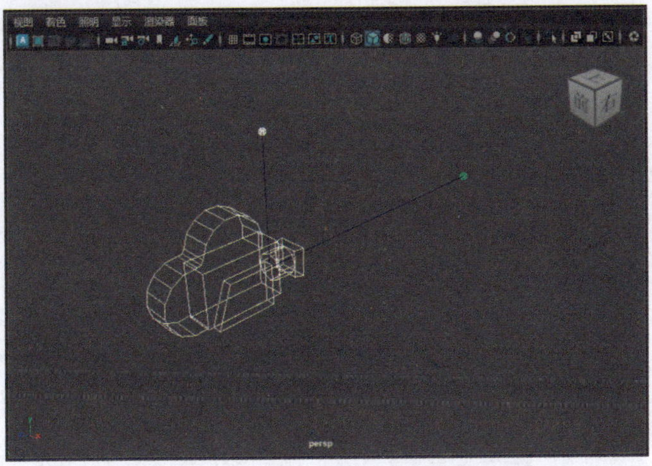

图 8-9 “摄影机、目标和上方向”类型

## 8.2 摄影机参数设置

创建摄影机后，除了调整摄影机的角度和位置外，通常还需要对其相关参数进行设置，以达到制作需求。

### ■8.2.1 摄影机属性

选中添加的摄影机，在“属性编辑器”面板的“摄影机属性”选项栏中可对摄影机的视角、焦距、剪裁平面等参数进行设置，如图8-10所示。

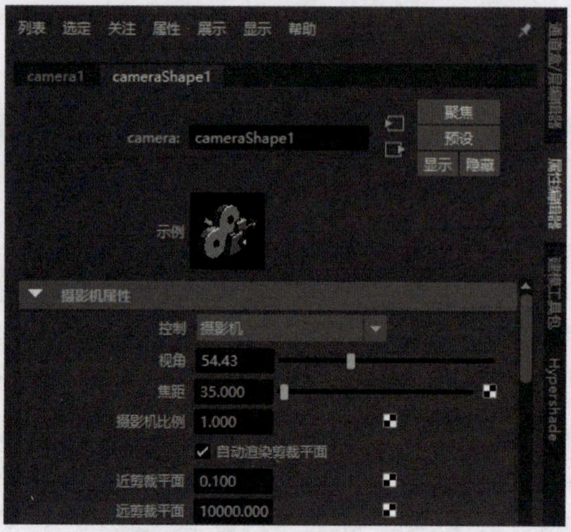


图 8-10 “摄影机属性”选项栏

- **控制：**单击下拉按钮，在打开的下拉列表中可以选择3种不同类型的摄影机，不用重新创建新的摄影机。
- **视角：**用于设置摄影机的视野范围，视角的大小决定了视野范围的大小，也决定了物体在摄影机画面中的大小。视角参数越大，物体在摄影机画面中所占的比例就越小。
- **焦距：**用于设置镜头中心到胶片的距离。数值越大，摄影机的焦距就越大，目标物体在摄影机画面中所占的比例就越大。
- **摄影机比例：**按比例设置摄影机视野的大小。参数越小，目标物体在摄影机视图中就越大。
- **自动渲染裁剪平面：**启用该选项后，Maya会自动设置剪裁平面。
- **近剪裁平面/远剪裁平面：**用于设置从摄影机到剪裁平面的距离。

### ■8.2.2 胶片背

胶片背模拟了传统摄影机中的胶片平面，它决定了摄影机的成像区域和渲染输出的尺寸。在“属性编辑器”面板中通过调整“胶片背”选项栏中的相关参数，可以控制摄影机的光圈大小、纵横比、镜头挤压比等，如图8-11所示。

接下来对“胶片背”选项栏中的主要选项进行说明。

- **胶片门：**可在预设的列表中选择合适的摄影机规格尺寸。
- **摄影机光圈（英寸）：**用于控制摄影机光圈的高度和宽度。光圈的大小直接影响焦距和垂直视图的关系，进而影响图像的放大和透视效果。
- **胶片纵横比：**用于设置摄影机光圈高度和宽度的比例。当改变光圈的参数时，纵横比也会自动更新，以反映光圈尺寸的变化。
- **适配分辨率门：**用于设置分辨率门相对于胶片门的大小。该参数可以确保渲染输出的图像与所需分辨率相匹配。
- **胶片偏移：**以屏幕为标准，水平或垂直移动分辨率门或胶片门。默认值为0。

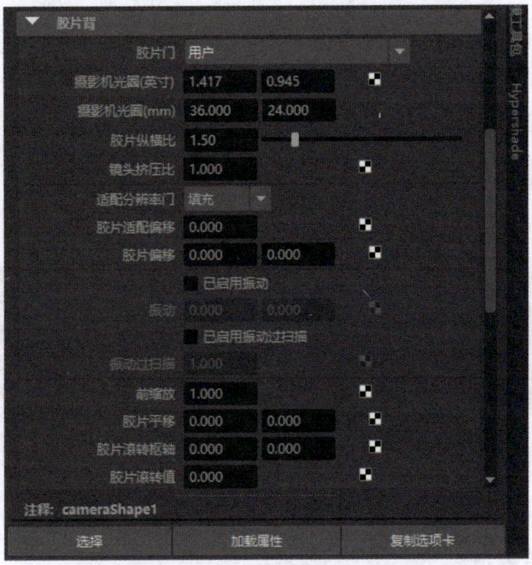


图 8-11 “胶片背”选项栏

## ■8.2.3 摄影机景深

景深是一种表现物体特写的方法。镜头对准主体物时，画面会自动聚焦、变清晰，其他物体则为模糊状，以此突出显示主体。在Maya中，用户可通过调整景深参数模拟真实的景深效果。在“属性编辑器”面板中展开“景深”选项栏，即可对其参数进行设置，如图8-12所示。

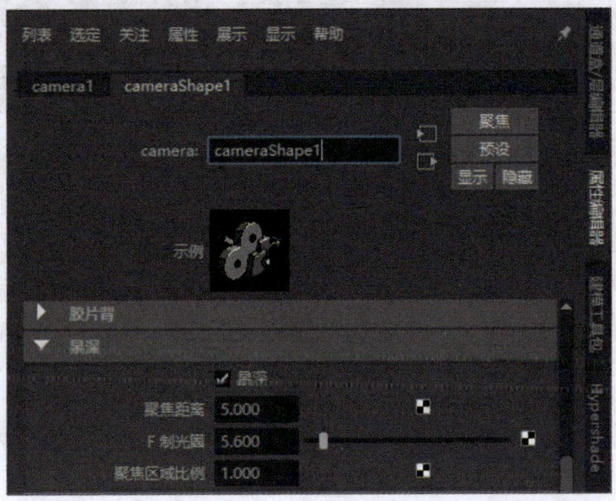


图 8-12 “景深”选项栏

- **景深**：勾选该复选框会开启景深效果，以下选项才可设置。
- **聚焦距离**：用于设置景深的最远点和最近点之间的距离。
- **F制光源**：用于设置景深范围的大小。数值越小，景深越短。
- **聚焦区域比例**：用于设置摄影机与物体之间的距离。当物体在距离范围内时，会变得清晰可见，反之则模糊不清。

# 8.3 渲染设置

渲染是指将三维场景（包括模型、材质、灯光等元素）转化成二维图像或视频的过程。在进行渲染前，通常需要对一些渲染参数进行设置，以便更好地呈现场景效果。

## ■8.3.1 Maya渲染功能

在渲染场景时需切换到“渲染”模块。在状态行中单击“菜单集”按钮，选择“渲染”选项即可。也可在工具架上选择“渲染”标签，查看常用的渲染命令，如图8-13所示。

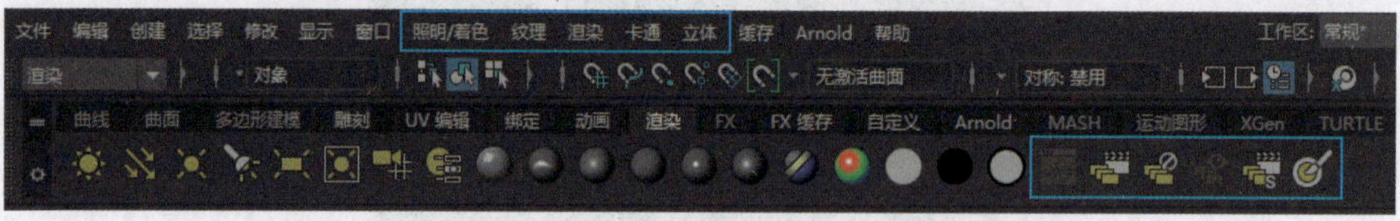


图 8-13　渲染命令

在状态行中单击“打开渲染视图”按钮，即可打开“渲染视图”窗口，如图8-14所示。在该窗口中可以实时预览场景渲染效果，并将渲染结果导出。

图 8-14　“渲染视图”窗口

“渲染视图”窗口中常用选项说明如下所述。

- **渲染当前帧**：渲染并显示当前视图中的场景效果。
- **渲染区域**：只对窗口中被框选的区域进行渲染。
- **快照**：获取当前所选视图的线框快照并添加到“渲染视图”窗口。
- **渲染序列**：将动画或场景按帧逐一渲染成图像序列的过程，以方便后续的视频编辑、合成及特效处理等操作。
- **IPR渲染当前帧**：实时渲染当前帧。当在场景中调整材质、灯光或其他渲染属性时，可以在调整场景时立即看到效果，而无须等待完整的渲染过程。
- **刷新IPR图像**：刷新实时渲染的图像。
- **显示渲染设置**：单击该按钮可打开“渲染设置”窗口。
- **显示RGB通道**：切换到RGB图像渲染通道。
- **显示Alpha通道**：切换到Alpha图像渲染通道。
- **显示实际大小**：将预览图像以1：1的尺寸大小进行显示。
- **保持图像**：在渲染过程中，即使关闭渲染窗口，已渲染的图像也会被保留并可以继续查看。
- **选择渲染器**：指定Maya的渲染器。
- **曝光**：调整渲染图像的显示亮度。可直接输入参数，也可拖动滑块进行调整。

## 8.3.2 渲染器分类

Maya可用的渲染器包括Maya软件、Maya硬件、Maya向量、Mental Ray、Arnold Render等。下面分别对这些渲染器进行简单介绍。

### 1. Maya软件

Maya软件渲染器是兼容Maya所有内置特效（Mental Ray材质除外）的稳定渲染器。使用Maya软件渲染器可以进行精确的光线追踪计算，可以渲染出光滑表面的反射、折射和透明效果。

### 2. Maya硬件

Maya硬件渲染器是利用计算机上的显卡对图像进行实时渲染。使用Maya硬件渲染器可以利用显卡渲染出接近软件渲染的图像质量，渲染速度比软件渲染要快得多，但是对显卡的要求很高。

### 3. Maya向量

Maya向量渲染器是Maya的一个渲染插件，用于制作各种线框图和卡通效果，同时还可以直接将动画渲染输出成SWF格式。利用这一特性，可以为动画添加一些复杂的三维效果。

### 4. Mental Ray

Mental Ray因其良好的开放性和操控性而被集成到Maya等三维软件中，是一款超强的高端渲染器，能够实现反射、折射、焦散和全局光照明等其他渲染器很难实现的效果，被广泛应用于电影、动画、广告等领域。

### 5. Arnold Render

Arnold Render是Maya内置的高级渲染器，同时也是一款高级Monte Carlo光线跟踪渲染器。如果用户要使用Arnold Render，那么整个场景中就要尽量使用Arnold灯光、材质、节点、属性栏设置等一起进行工作。

## ■8.3.3　Maya软件渲染器

Maya软件渲染器是Maya常用的渲染方式，可以用于渲染除硬件粒子以外的所有效果，可以根据需要设置抗锯齿级别控制渲染的速度和品质。在菜单栏中选择“渲染”→“渲染设置”选项，可打开“渲染设置”窗口，如图8-15所示。

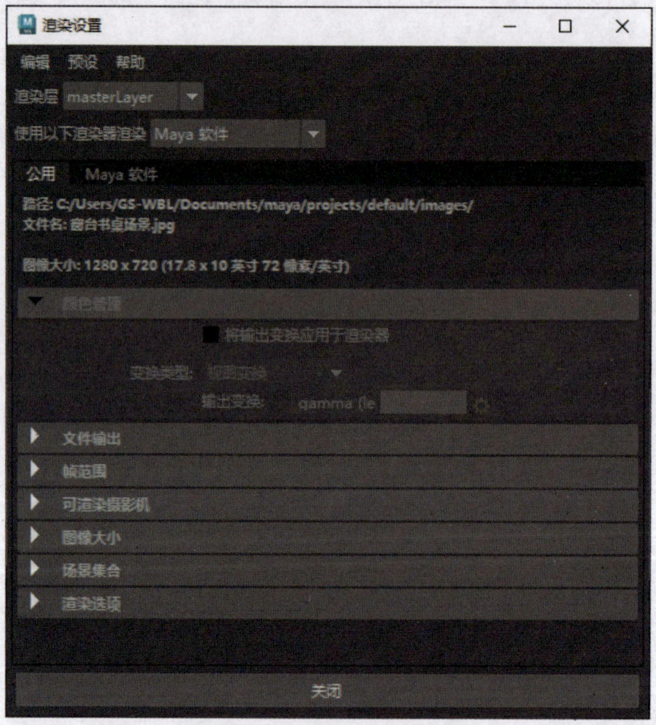


图 8-15 “渲染设置”窗口

### 1. “公用”选项卡

“公用”选项卡中的属性是不同类型渲染器所通用的，在其中可根据需要设置文件的保存格式、图像大小等。

（1）文件输出

“文件输出”选项栏主要用于设置文件输出的名称、文件保存格式，如图8-16所示。

- **文件名前缀**：用于设置输出文件的名称。
- **图像格式**：在下拉列表中有多种图像格式可供选择。
- **帧/动画扩展名**：该下拉列表中有多项可供选择。名称由“文件名前缀”决定，#代表序列帧，ext代表扩展名。选择“名称.#.扩展名”选项，会激活“帧范围”选项栏中的参数。
- **帧填充**：设置图像序列的位数。

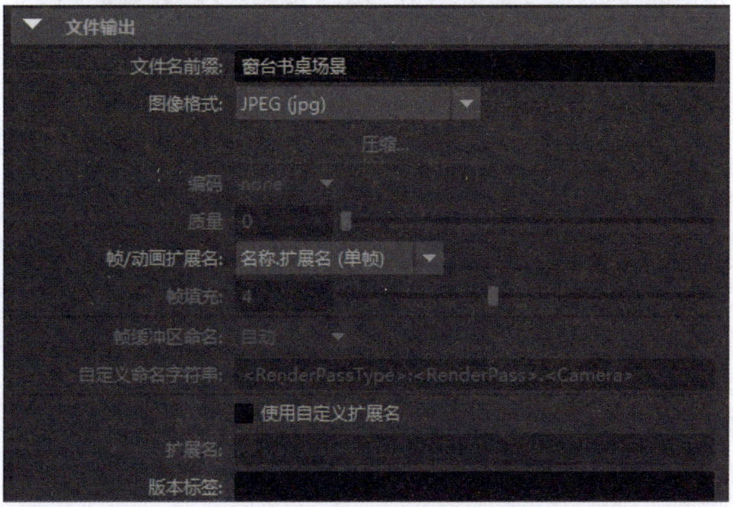


图 8-16 “文件输出”选项栏

（2）帧范围

“帧范围”选项栏主要用于设置渲染动画时的开始帧、结束帧和帧数，如图8-17所示。

- **开始帧**：用于设置渲染动画的起始帧。如果设置为20，渲染将从动画的第20帧开始渲染。
- **结束帧**：用于设置渲染动画的结束位置。
- **帧数**：用于设置渲染时的帧间隔，即每隔几帧渲染一次。

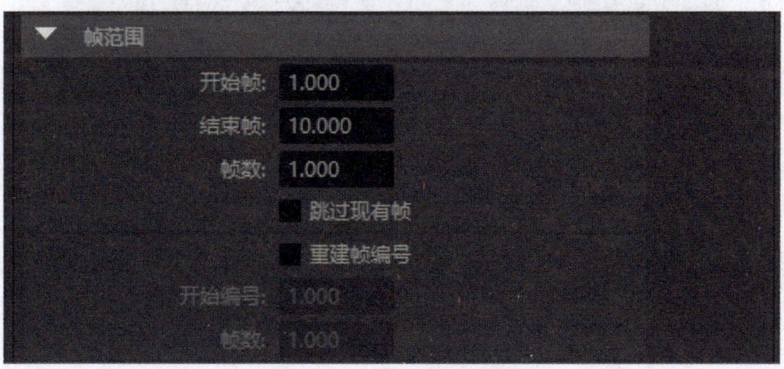


图 8-17 “帧范围”选项栏

（3）可渲染摄影机

“可渲染摄影机”选项栏主要用于在渲染过程中指定哪个摄影机被用于生成图像或动画。如果不进行特殊设置，Maya会渲染当前激活的视图，如图8-18所示。

- **Alpha通道**：如果勾选此项，渲染出的文件将带有Alpha通道的属性。
- **深度通道**：如果勾选此项，渲染出的文件将带有深度通道的属性。

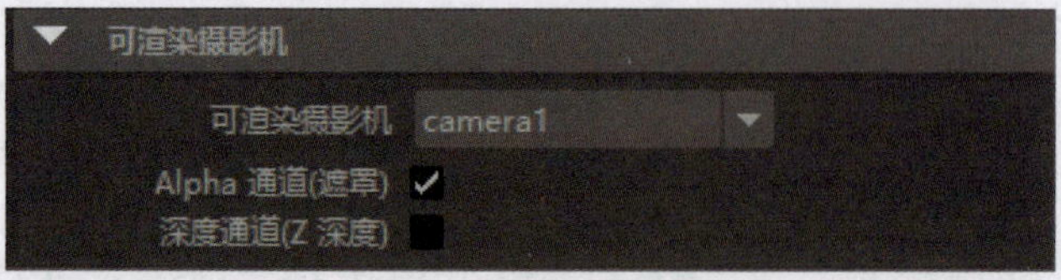


图 8-18 “可渲染摄影机”选项栏

（4）图像大小

该选项栏主要用于设置输出图像的大小及精度，如图8-19所示。

- **预设**：列表中提供了多种预置分辨率的形式。
- **保持宽度/高度比率**：勾选该复选框将依据当前的宽高比进行锁定。改变宽度或者高度时，另一个数值也将随之改变。
- **保持比率**：该参数有“像素纵横比”“设备纵横比”两个选项，分别用于设置不同的图像纵横比。
- **宽度/高度**：该数值用于设置像素的宽度和高度。
- **大小单位**：用于选择图片尺寸的单位，默认为像素。
- **分辨率**：即图像分辨率，默认分辨率为72。渲染输出的图片用于印刷时该参数才会起作用。

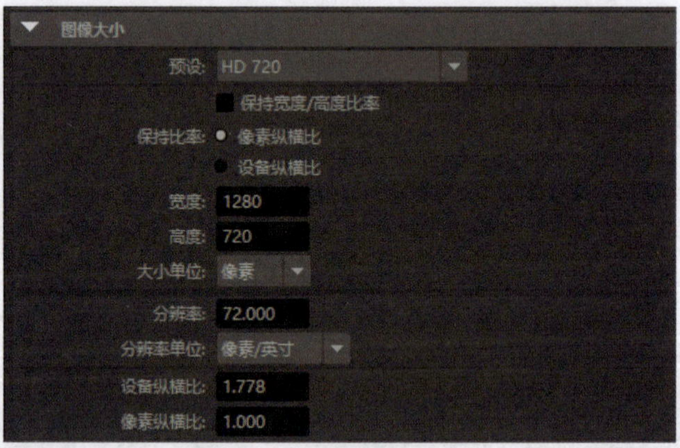


图 8-19 “图像大小”选项栏

### 2.“Maya软件”选项卡

“Maya软件”选项卡主要用于设置渲染参数，常用到的选项栏包括抗锯齿质量、采样数、光线跟踪质量等。

（1）抗锯齿质量

该选项栏主要用于控制渲染的抗锯齿效果，如图8-20所示。

- **质量**：在其下拉菜单中提供了一些预设的抗锯齿级别，可以根据需要进行选择。级别越高，图像的效果越好，但渲染速度越慢。

- **边缘抗锯齿：**用于控制边缘的抗锯齿程度，其下拉列表中有4种选项。

（2）采样数

该选项板中的参数用于设置渲染结果的采样数值。数值越高，渲染的图像效果就越好，渲染时间越长。

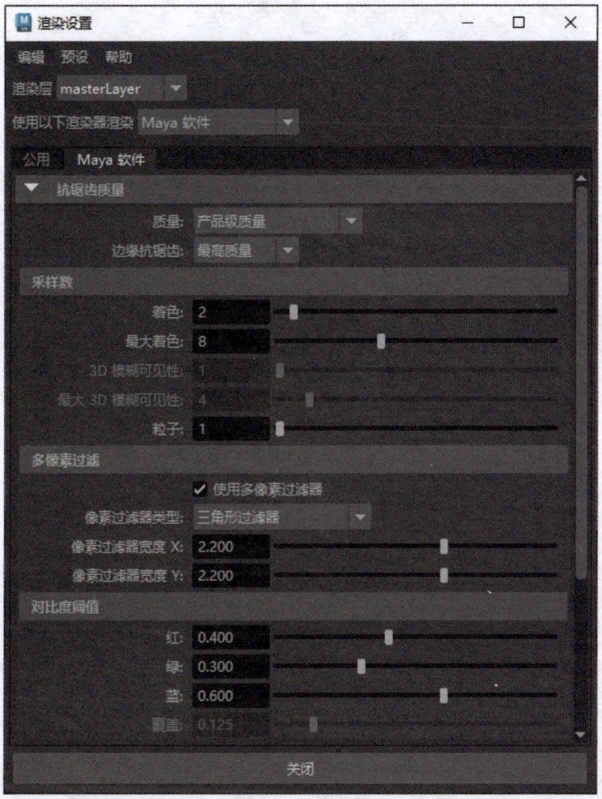


图 8-20 “抗锯齿质量”选项栏

（3）光线跟踪质量

该选项栏主要用于控制渲染场景时光线跟踪的质量，如图8-21所示。

- **光线跟踪：**勾选该选项，可打开光线跟踪功能，Maya在渲染时会计算光线跟踪。
- **反射：**设置光线被反射的最大次数。该数值和材质自身的反射限制值起共同作用。
- **折射：**设置光线被折射的最大次数，一般不超过10。
- **阴影：**光线被反射或折射后仍能对物体投射阴影的最大次数。数值为0时，阴影消失。

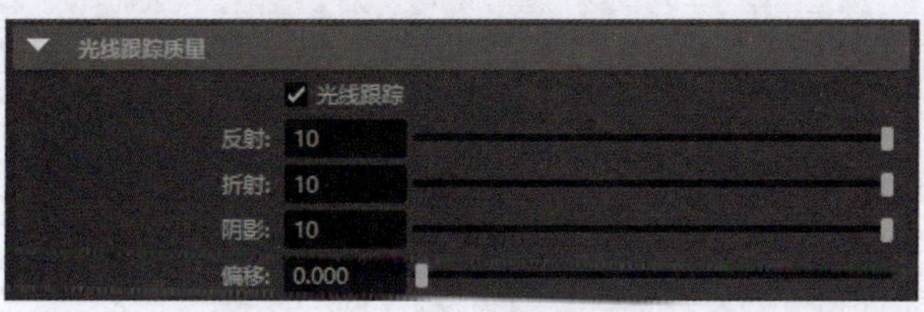


图 8-21 “光线跟踪质量”选项栏

下面以渲染水果场景为例，介绍Maya软件渲染器常用参数的设置操作。

**步骤 01** 打开场景文件，切换到“Camera1”视图，可看到当前场景中的材质、灯光已创建完毕，如图8-22所示。

图 8-22　查看场景效果

**步骤 02** 切换到“渲染”模块。在菜单栏中选择“渲染”→“渲染设置”选项，打开“渲染设置”窗口，将“使用以下渲染器渲染”选项设为“Maya软件”渲染器，如图8-23所示。

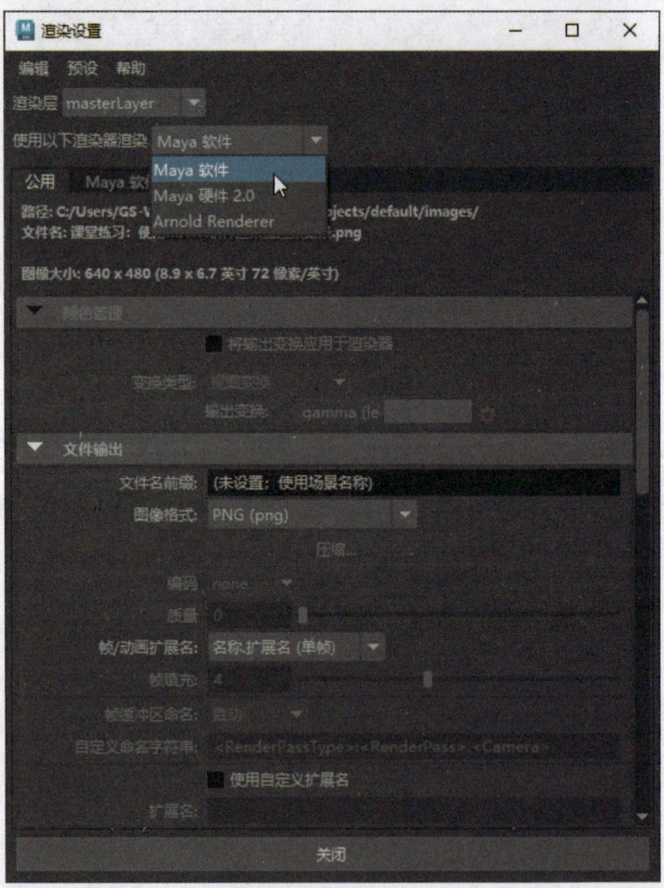


图 8-23　选择渲染器

步骤03 在“公用”选项卡中展开“可渲染摄影机”选项栏，将“可渲染摄影机”设为“Camera1”，如图8-24所示。

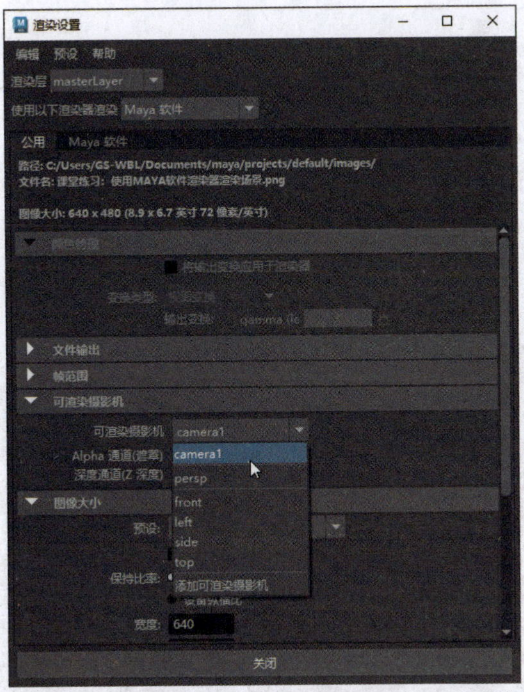


图 8-24 设置“可渲染摄影机”

步骤04 展开“图像大小”选项栏，将预设设为“640×480”，如图8-25所示。

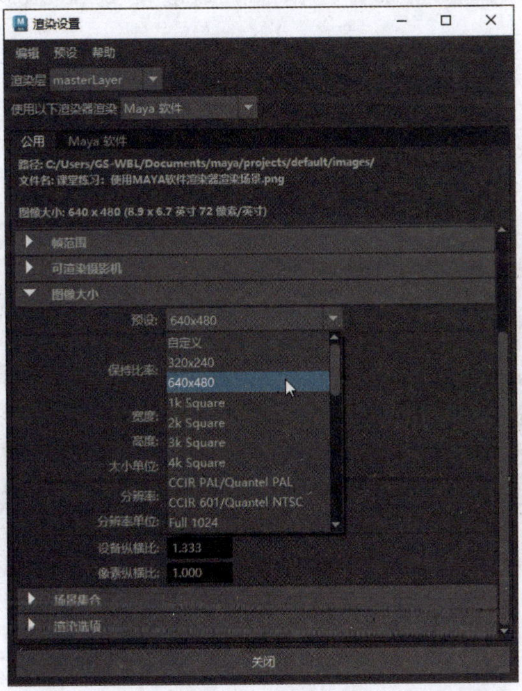


图 8-25 选择渲染尺寸

步骤05 切换到“Maya软件”选项卡，展开“抗锯齿质量”选项栏，将质量设为“预览质量”，其他参数为默认，如图8-26所示。

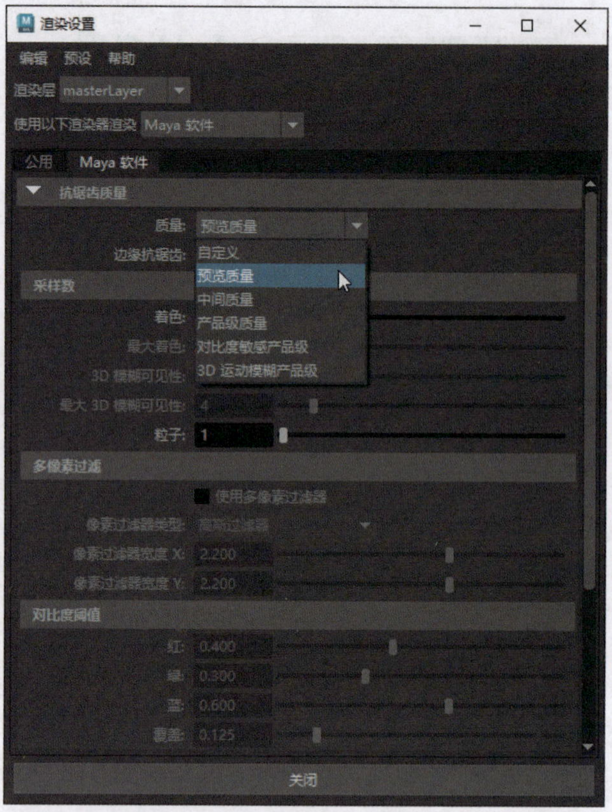


图 8-26　选择抗锯齿质量

步骤06 在状态行中单击“打开渲染视图”按钮，打开“渲染视图”窗口，单击“渲染当前帧”按钮，对摄影机视图进行测试渲染，如图8-27所示。

图 8-27　测试渲染

步骤07 确认效果后，可进行最终渲染出图操作。打开“渲染设置”窗口，在“图像大小”选项栏中重新设置渲染尺寸，本例设为“HD 1080”，如图8-28所示。

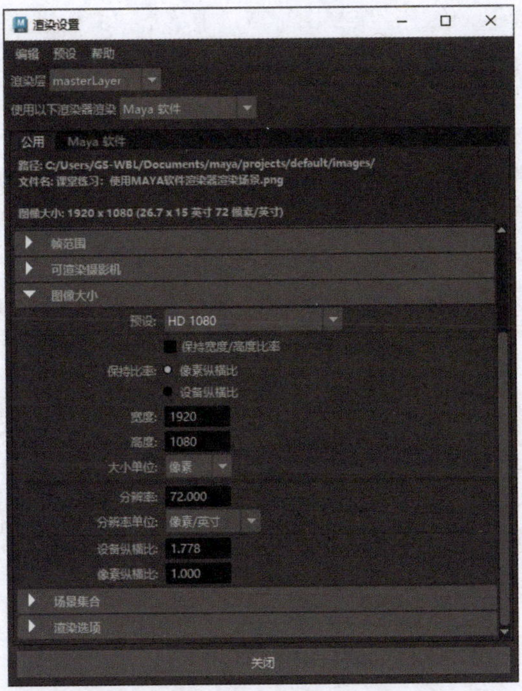

图 8-28 选择最终渲染尺寸

步骤08 切换到“Maya软件”选项卡，将抗锯齿质量设为“产品级质量”。在“多像素过滤”选项栏中勾选“使用多像素过滤器”复选框，将像素过滤器类型设为“高斯过滤器”，如图8-29所示。

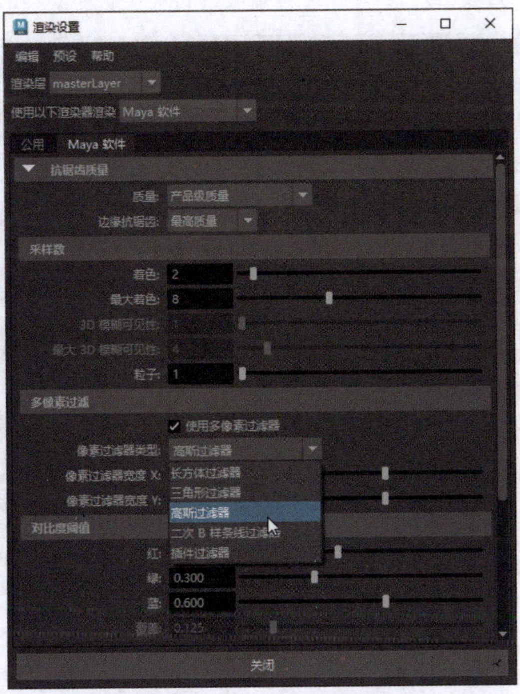

图 8-29 “Maya 软件”选项卡

步骤09 设置后关闭该对话框。在“渲染视图”窗口中单击“渲染当前帧”按钮，即可进行最终渲染，稍等片刻即可显示渲染的效果。通过设置曝光和Gamma参数对当前画面的明暗和对比度进行调整，如图8-30所示。

图 8-30 最终渲染效果

## ■8.3.4 Arnold渲染器

Arnold渲染器是基于物理算法的新一代高级渲染器，是Maya 2024版本的默认渲染器。它渲染出的图像比较逼真、细腻，是一种基于高度优化设计的光线追踪引擎。该渲染器比较适合渲染影视动画场景效果，目前已成为各类电影、动画制作公司的首选渲染器。

Arnold渲染器自带Arnold材质和Arnold灯光类型。在Hypershade窗口中可选择Arnold材质球，并在“特性编辑器”面板中对该材质球的属性进行相关设置，如图8-31所示。

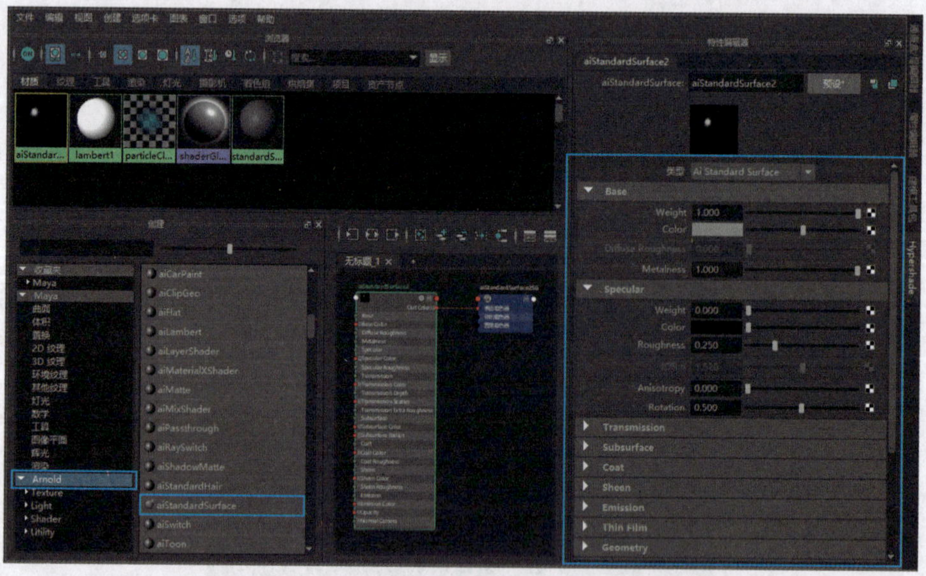

图 8-31 添加 Arnold 材质

在工具架上单击“Arnold”标签，可切换到该工具模式，在此可添加Arnold的灯光类型，如图8-32所示。

图 8-32　Arnold 工具架

在该工具架上单击“ ”按钮，可打开Arnold渲染视图窗口，单击“ ”按钮可对当前视图进行渲染，如图8-33所示。

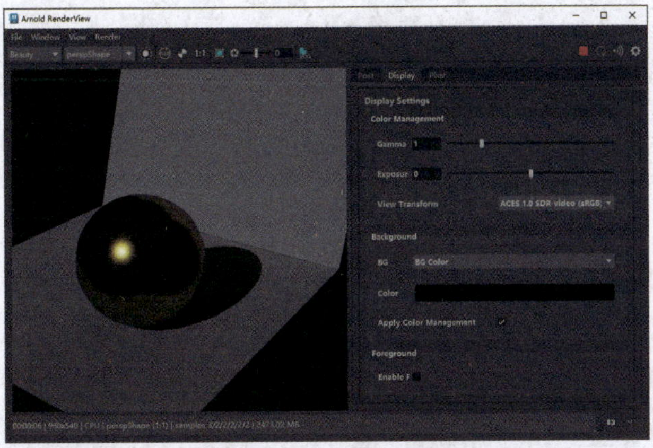


图 8-33　Arnold 渲染视图窗口

## 8.4　课堂演练：渲染玻璃杯模型

本案例以渲染玻璃杯为例，介绍关于玻璃材质的设置及其场景渲染的技巧。

扫码观看视频

**步骤 01** 打开场景文件，可以看到场景中的摄影机及灯光已经布置完毕。打开Hypershade窗口，新建blinn材质球并重命名，如图8-34所示。

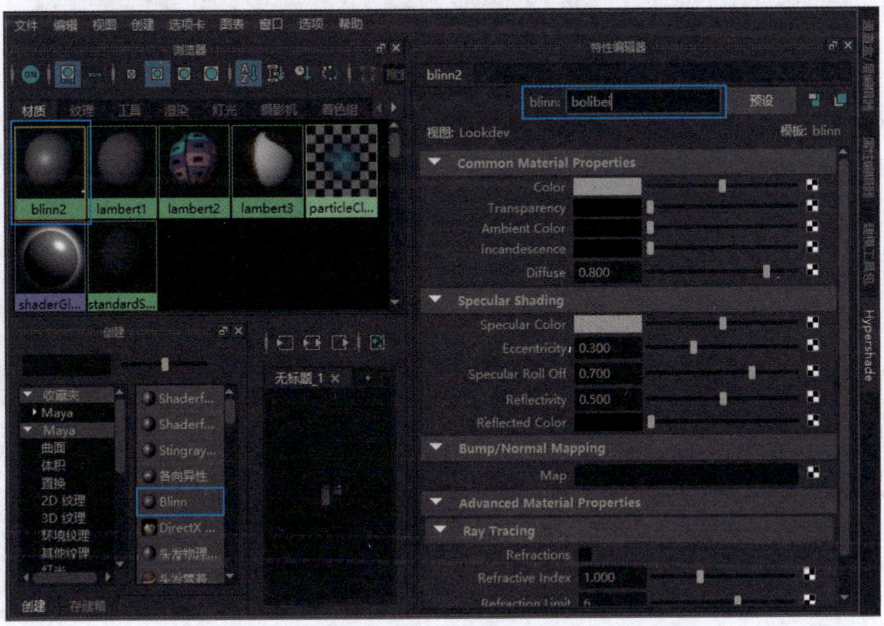


图 8-34　新建玻璃杯材质球

**步骤02** 在“特性编辑器”面板中将Color（颜色）设为纯黑色，将Transparency（透明度）设为纯白色，如图8-35所示。

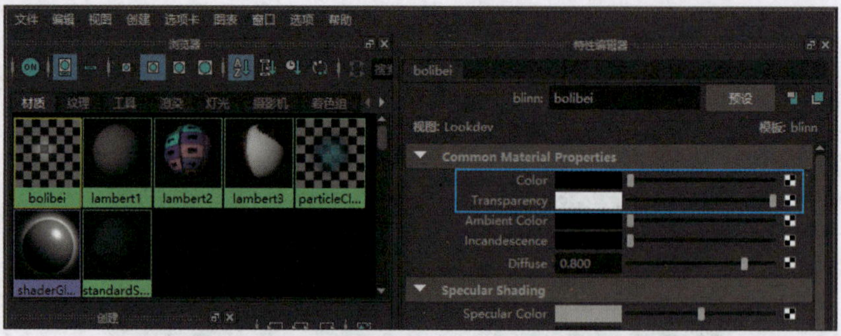


图 8-35　设置颜色及透明度

**步骤03** 在Specular Shading（镜面反射）选项栏中设置反射的颜色、反射率等参数。此时，材质球也会发生相应的变化，如图8-36所示。

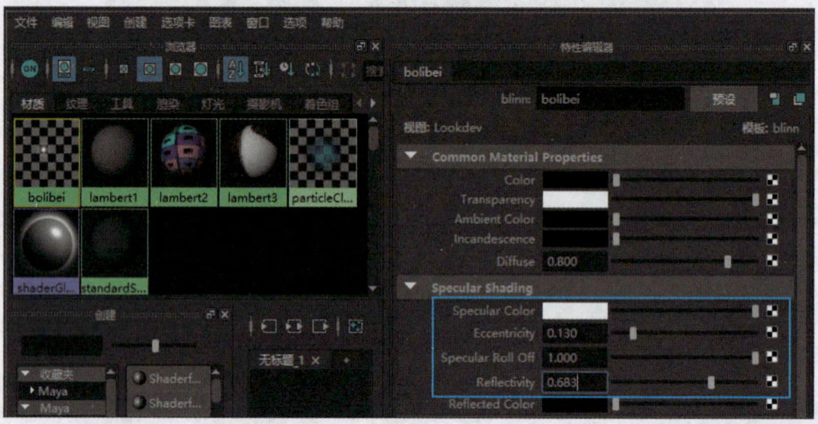


图 8-36　设置镜面反射的相关参数

**步骤04** 切换到“属性编辑器”面板，选择玻璃杯材质选项卡。选择“光线跟踪选项”选项栏，勾选“折射”复选框，并设置折射率、折射限制和反射限制等参数，如图8-37所示。

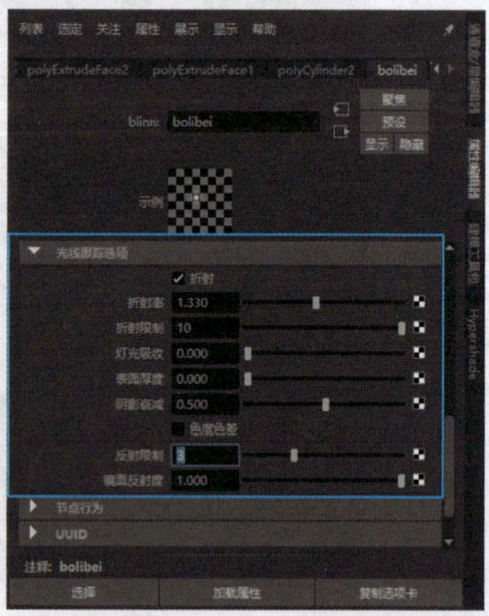


图 8-37　设置光线跟踪选项

**步骤05** 将设置的玻璃材质赋予玻璃杯模型中，如图8-38所示。

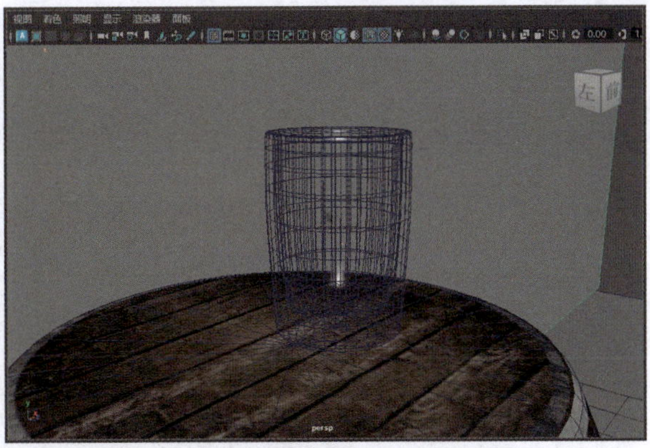

图 8-38　赋予玻璃材质

**步骤06** 设置背景墙材质。在Hypershade窗口中新建Lambert材质球并重命名。在“特性编辑器”面板中单击“Color”选项后的贴图按钮，在打开的“创建渲染节点”窗口中选择“2D纹理”→“文件”选项，选择墙贴图，如图8-39所示。

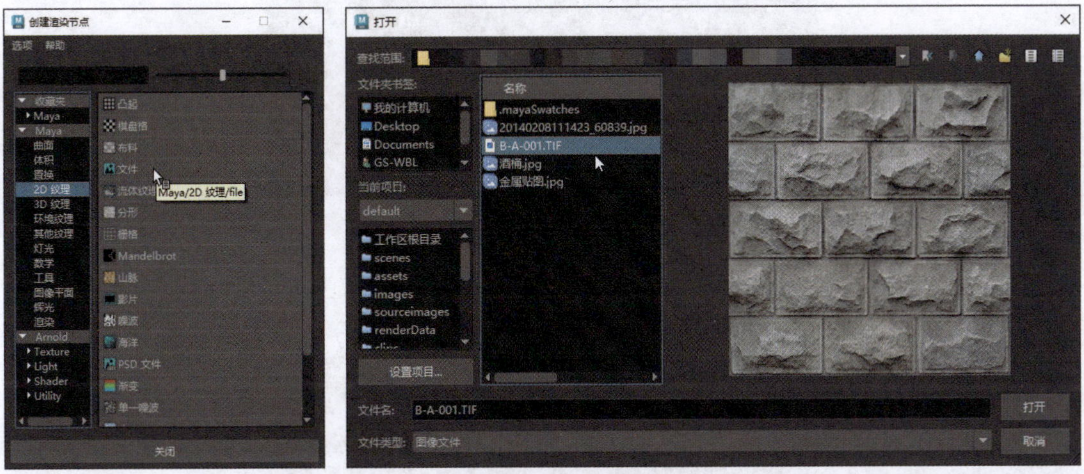


图 8-39　选择墙贴图

**步骤07** 将该贴图赋予背景墙。单击菜单栏中“UV”→“平面”选项后的设置按钮，打开“平面映射选项”对话框，将投影源设为Z轴，拖动UV的控制点，调整贴图大小，效果如图8-40所示。

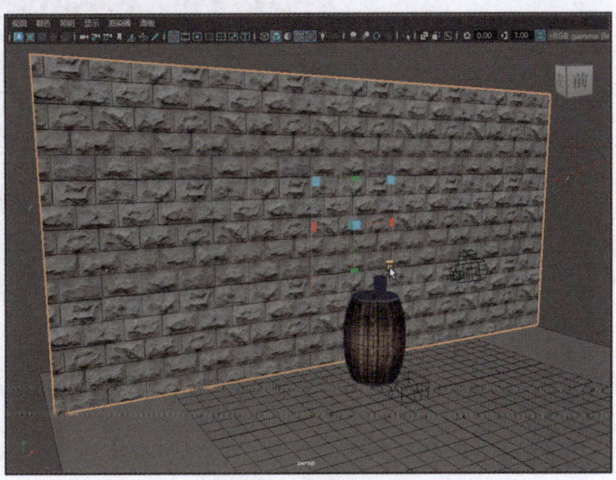

图 8-40　调整贴图 UV

**步骤 08** 场景测试渲染。将视图切换到摄影机视图，同时切换到“渲染”模块。在菜单栏中选择“渲染”→“渲染设置”选项，打开“渲染设置”窗口，选择“Maya软件”渲染器，将可渲染摄影机设为“Camera1”，将图像大小预设为“640×480”，如图8-41所示。

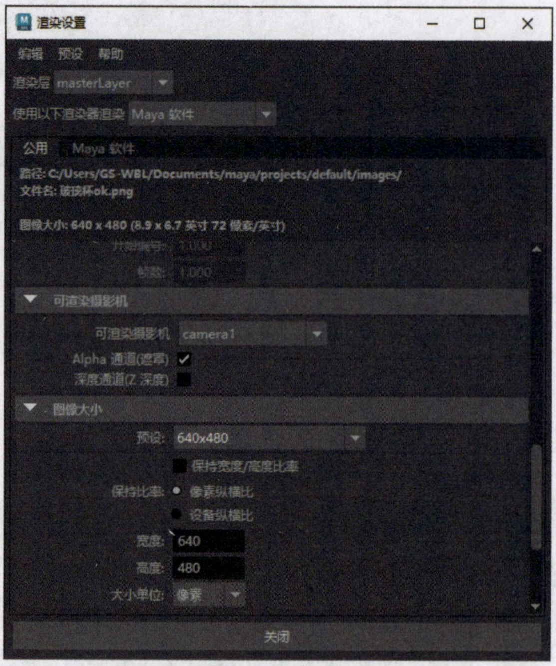

图 8-41　设置测试渲染尺寸

**步骤 09** 切换到“Maya软件”选项卡，将抗锯齿质量设为“预览质量”，如图8-42所示。

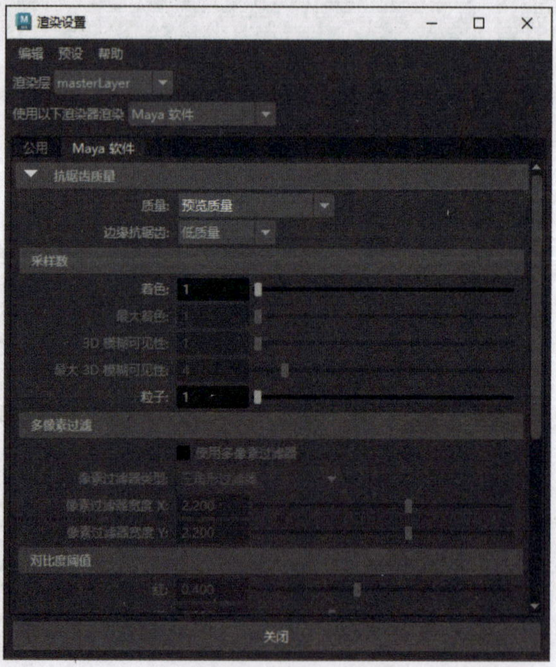

图 8-42　设置抗锯齿质量

**步骤10** 打开“渲染视图”窗口，单击“渲染当前帧”按钮，渲染当前视图，如图8-43所示。

图 8-43 测试渲染

**步骤11** 效果确认后，重新打开“渲染设置”窗口，将图像大小设为“HD 720”。切换到“Maya软件”选项卡，将抗锯齿质量设为“产品级质量”，勾选“使用多像素过滤器”复选框，关闭对话框，如图8-44所示。

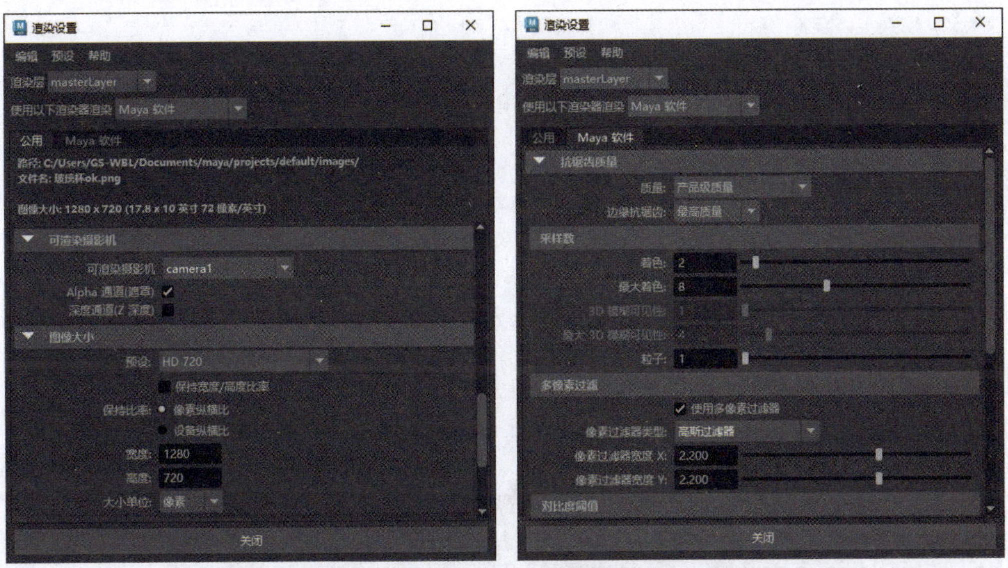


图 8-44 最终渲染设置

**步骤12** 在“渲染视图”窗口中单击“渲染当前帧”按钮，即可进行渲染，最终渲染效果如图8-45所示。

图 8-45 最终渲染效果

# 课后作业

## 一、填空题

1. Maya摄影机可分为3种，分别为＿＿＿＿＿＿，＿＿＿＿＿＿，摄影机、目标和上方向。

2. 胶片背决定了摄影机的＿＿＿＿＿＿和＿＿＿＿＿＿。

3. Maya默认的单位是＿＿＿＿＿＿。

4. Maya 2024默认渲染器是＿＿＿＿＿＿渲染器。

## 二、选择题

1. Maya的内置渲染器有（　　）种。

A. 1　　B. 2

C. 3　　D. 4

2.“保持比率”中的像素纵横比和（　　）纵横比两个选项，分别用于设置不同的图像纵横比。

A. 文件　　B. 大小

C. 设备　　D. 宽高

3. Maya软件渲染是常用的渲染方式，可以用于渲染除了硬件（　　）外的所有效果。

A. 粒子　　B. 质子

C. 中子　　D. 原子

4. 摄影机包括（　　）种类型。

A. 1　　B. 2

C. 3　　D. 4

## 三、操作题

为制作好的场景创建摄影机，调整合适角度，如图8-46所示。

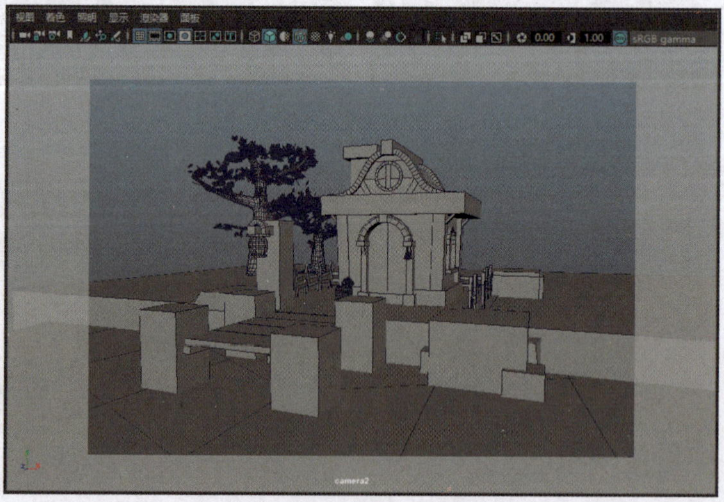


图 8-46　创建摄影机

# 附录 课后作业参考答案

## 第1章

### 一、填空题

1. 标题栏、菜单栏、状态行、工具架、工具箱、视图区、功能设置面板、动画控制区、帮助行、命令行

2. 坐标轴、视图名称、 ViewCube、视图工具栏

3. 通道盒/层编辑器、属性编辑器、建模工具包

4. 模块菜单、公共菜单

### 二、选择题

1. A　2. C　3. B　4. A

## 第2章

### 一、填空题

1. 原位复制、特殊复制、复制并变换
2. *.ma、*.mb
3. 捕捉到栅格　4. 世界坐标轴

### 二、选择题

1. C　2. D　3. A

## 第3章

### 一、填空题

1. 非交互式、交互式
2. 表面光照方向、阴影效果
3. 差集运算
4. 顶点法线

### 二、选择题

1. C　2. B　3. B　4. A

## 第4章

### 一、填空题

1. 添加分段
2. 倒角
3. 提取面
4. 编辑网格、合并到中心、合并

### 二、选择题

1. C　2. D　3. A　4. B

## 第5章

### 一、填空题

1. NURBS曲面、NURBS曲线
2. 控制顶点、编辑点、曲线点、壳线
3. 1线性
4. 附加曲线

### 二、选择题

1. C　2. A　3. D　4. C　5. B

## 第6章

### 一、填空题

1. 等参线、壳线、曲面点、曲面面片、控制顶点、曲面UV

2. 双轨成形1工具、双轨成形2工具、双轨成形3+工具

3. 活动视图、曲面法线

4. 相交工具

### 二、选择题

1. C　2. A　3. B　4. A

## 第7章

### 一、填空题

1. 工具栏、样本分类区

2. 公用材质、镜面反射着色、特殊效果

3. 环境光、平行光、点光源、聚光灯、区域光、体积光

4. 圆柱形、平面、球形、自动

### 二、选择题

1. A　2. C　3. B　4. D

## 第8章

### 一、填空题

1. 摄影机、摄影机和目标
2. 成像区域、渲染输出的尺寸
3. 厘米
4. Arnold

### 二、选择题

1. C　2. C　3. A　4. C

# 参考文献


[1] 来阳. Maya 2023三维建模与制作实战教程: 全彩微课版[M]. 北京: 人民邮电出版社, 2023.

[2] 陈恒. Maya三维动画+游戏建模案例教程: 全彩微课版[M]. 北京: 人民邮电出版社, 2024.

[3] 卢琛. Maya建模案例全解析: 微视频版[M]. 北京: 清华大学出版社, 2024.

[4] 周京来. Maya三维建模技法从入门到实战: 微课视频版[M]. 北京: 清华大学出版社, 2021.

[5] 谭维, 刘畅, 阮筱吟. Maya动画建模案例教程[M]. 北京: 中国纺织出版社有限公司, 2024.

[6] 廖莎莎. 三维建模与渲染: Maya建模与Arnold渲染百问[M]. 上海: 同济大学出版社, 2022.